工业和信息化精品系列教材· **网络技术**

Windows Server 系统配置管理项目化教程

Windows Server 2016 | 微课版

简碧园 黄君羡 | 主编　　正月十六工作室 | 组编

人民邮电出版社
北京

图书在版编目（CIP）数据

Windows Server系统配置管理项目化教程 : Windows Server 2016 : 微课版 / 简碧园, 黄君羡主编 ; 正月十六工作室组编. -- 北京 : 人民邮电出版社, 2022.8
工业和信息化精品系列教材. 网络技术
ISBN 978-7-115-59162-3

Ⅰ. ①W… Ⅱ. ①简… ②黄… ③正… Ⅲ. ①Windows操作系统－网络服务器－系统管理－教材 Ⅳ. ①TP316.86

中国版本图书馆CIP数据核字(2022)第064868号

内 容 提 要

本书围绕 Windows 服务器部署与管理的核心知识和技能，全面、深入地对 Windows Server 2016 系统的配置和管理进行介绍。全书共 14 个项目，覆盖服务器基础配置、局域网组建、基础服务部署和高级服务部署相关内容，主要包括安装 Windows Server 2016 系统、管理信息中心的用户与组、管理信息中心服务器的本地磁盘、部署业务部局域网、部署信息中心文件共享服务、实现公司各部门局域网互联互通、部署企业 DNS 服务、部署企业 DHCP 服务、部署企业 FTP 服务、部署企业 Web 服务、部署企业 NAT 服务、部署企业邮件服务、部署信息中心虚拟化服务和部署企业活动目录服务。本书采用“业务流程驱动学习过程”的编写方式，将各个项目按照真实的实施流程分解为若干个子任务，旨在利用渐进式的讲解形式，帮助读者在学习和理解基础知识的同时，熟练掌握业务的实际操作方法，从而能更加匹配相关岗位的从业要求。

本书可作为高职院校计算机网络技术专业等相关专业的课程教材，也可作为 Windows Server 2016 系统管理和网络管理工作者的参考书。

◆ 主　　编　简碧园　黄君羡
　组　　编　正月十六工作室
　责任编辑　郭　雯
　责任印制　王　郁　焦志炜

◆ 人民邮电出版社出版发行　　北京市丰台区成寿寺路 11 号
　邮编　100164　　电子邮件　315@ptpress.com.cn
　网址　https://www.ptpress.com.cn
　北京盛通印刷股份有限公司印刷

◆ 开本：787×1092　1/16
　印张：21　　2022 年 8 月第 1 版
　字数：619 千字　　2024 年 12 月北京第 2 次印刷

定价：69.80 元

读者服务热线：(010)81055256　印装质量热线：(010)81055316
反盗版热线：(010)81055315
广告经营许可证：京东市监广登字 20170147 号

前言

本书在编写时同时融合了编者的职业院校教学经历、技能竞赛辅导经验，以及企业培训的多年实践，采用容易让读者理解的编排方式和场景化项目案例，将理论与应用密切结合，使技术的应用更具有画面感；通过标准化业务实施流程，使读者熟悉工作过程；通过项目拓展进一步巩固读者的业务能力，促进其养成规范的职业习惯。本书的主要特色如下。

1. 课证赛融通，校企双元开发

本书由高校教师和企业工程师联合编撰。书中关于 Windows 服务的相关知识点引入了微软 MCP 认证考核标准，书中引入了企业的典型项目案例和标准化业务实施流程。高校教师团队按网络专业人才培养要求和教学标准，将企业资源进行教学化改造，形成工作过程系统化教材，使其符合网络系统管理工程师岗位技能的培养要求。

2. 项目贯穿，课产融合

本书采用渐进式、场景化的项目教学法，重构了课程序列。本书围绕网络系统管理工程师岗位对 Windows 服务部署项目实施与管理核心技能的要求，基于工作过程系统化方法，按照 TCP/IP 由低层到高层这一规律，设计了 14 个渐进式项目案例，并将网络知识分块融入各个项目，构建各个项目的内容。本书具体学习架构可参见封底鱼骨图。

不仅如此，本书中各个项目按照企业真实的实施流程分解为若干工作任务，各个项目的结构和其中各模块的主要作用如图 1 所示。通过项目描述、项目分析、相关知识为实际操作环节打基础；实际操作环节则由项目实施和项目验证两个模块构成，符合工程项目实施的一般规律。此外，还在各项目结尾处的练习与实践模块中补充了项目实训题作为项目拓展的内容。读者通过 14 个项目的渐进式学习，能逐步熟悉 IT 系统管理岗位中 Windows 服务器配置与管理知识的应用场景，熟练掌握业务实施流程，培养良好的职业素养。

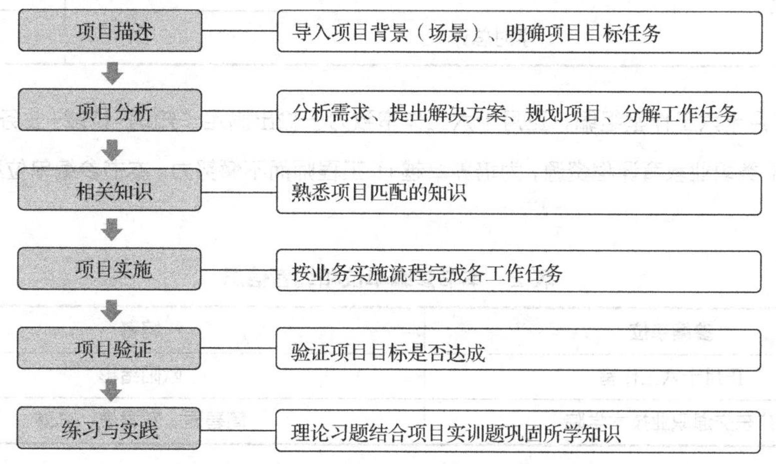

图 1　各个项目的结构和其中各模块的主要作用

3. 实训项目具有复合性和延续性

考虑到企业真实工作项目的复合性，本书精心设计的 14 个项目案例不仅涵盖与本项目相关的知识、技能和业务流程，还涉及前序知识与技能，从而强化各阶段知识点与技能点之间的关联，让读者熟悉知识与技能在实际场景中的应用。

本书的参考学时为 42～72 学时，各项目的详细参考学时如表 1 所示。

表 1　学时分配表

内容模块	课程内容	学时
服务器基础配置	项目 1 安装 Windows Server 2016 系统	2
	项目 2 管理信息中心的用户与组	2～4
	项目 3 管理信息中心服务器的本地磁盘	2～4
	项目 4 部署业务部局域网	2～4
基础服务部署	项目 5 部署信息中心文件共享服务	2～4
	项目 6 实现公司各部门局域网互联互通	2～4
	项目 7 部署企业 DNS 服务	2～4
	项目 8 部署企业 DHCP 服务	2～4
	项目 9 部署企业 FTP 服务	2～4
	项目 10 部署企业 Web 服务	2～4
高级服务部署	项目 11 部署企业 NAT 服务	4～6
	项目 12 部署企业邮件服务	4～6
	项目 13 部署信息中心虚拟化服务	4～6
	项目 14 部署企业活动目录服务	4～6
课程考核	课程考核	6～10
学时总计		42～72

本书由正月十六工作室组编，正月十六工作室致力于输出满足“知识+技能+业务+素养”四维培养需求的 IT 类职业教育课程资源，为培养卓越 IT 工程师而不懈努力。本书参编单位和编者信息如表 2 所示。

表 2　本书参编单位和编者信息

参编单位	编者
正月十六工作室	欧阳绪彬
广东交通职业技术学院	简碧园、黄君羡、李琳

本书在编写过程中参考了大量的网络技术资料和图书，特别引用了 IT 服务商的大量项目案例，在此对这些资料的贡献者表示感谢。

由于编者水平有限，书中难免有不足之处，望广大读者批评指正。

编 者

2021 年 10 月

目录

项目 4

项目 5

项目 6

项目 7

项目 8

项目 9

项目 10

项目 11

项目 12

项目 13

项目 14

项目1 安装Windows Server 2016系统

01

[项目学习目标]

（1）了解Windows Server 2016系统的功能。

（2）掌握Windows Server 2016系统的安装方法。

（3）掌握安装服务器操作系统的业务实施流程。

项目描述

Jan16 公司是一家 IT 职业教育培训公司，公司由办公室、企宣部、合作部和资源研发部等部门组成。随着公司业务的发展，服务器资源日趋紧张，原先租赁的网络系统服务也即将到期。为确保公司网络更加安全和稳定，公司拟在数据中心机房搭建自己的网络服务平台。为此，公司新购置了一批服务器和微软的 Windows Server 2016 数据中心版操作系统。

公司希望基于 Windows Server 2016 系统部署 DNS、DHCP、FTP、Web 等服务，实现网络基础服务本地化。为此，系统管理员赵工需要尽快了解 Windows Server 2016 系统，并将 Windows Server 2016 系统安装到新购置的服务器上。

项目分析

Windows Server 2016 是微软公司开发的服务器操作系统，该系统主要安装在服务器上，赵工需要掌握在服务器上安装服务器操作系统的技能，并最终将 Windows Server 2016 系统安装到服务器上。

相关知识

1.1 Windows Server 2016 系统简介

Windows Server 2016 是微软公司研发的服务器操作系统，于 2016 年 10 月正式发布。除了提供 DNS、DHCP、Web 和 FTP 等传统服务外，Windows Server 2016 系统还提供了多项新功能，主要优化和改善的功能如下。

- 服务器虚拟化：实现更高的性能与跨平台支持。
- 存储：用少量成本获得更高的性能与适应性。
- 网络：混合网络可实现更高的性能与灵活性。
- 服务器管理自动化：针对各种数据中心提高管理效率。
- Web 与应用程序平台：构建并部署现代化应用，在内部和云端进行扩展。
- 访问与信息保护：用户能够用一致且灵活的方式访问企业资源，数据可受到妥善保护。
- 虚拟桌面基础架构：性能更高、更易于部署，具有较高的性价比。

1.2 Windows Server 2016 系统的版本

Windows Server 2016 系统发行的版本主要有 3 个，分别是 Windows Server 2016 Essentials（基础版）、Windows Server 2016 Standard（标准版）和 Windows Server 2016 Datacenter（数据中心版）。

（1）Windows Server 2016 基础版：面向中小企业，用户和设备限制在 25 位和 50 台以内，该版本简化了界面，预先配置云服务连接，不支持虚拟化。

（2）Windows Server 2016 标准版：提供完整的 Windows Server 功能，限制使用两台虚拟主机，支持安装 Nano 服务器。

（3）Windows Server 2016 数据中心版：提供完整的 Windows Server 功能，不限制虚拟主机数量，还提供额外功能，如储存空间直通和存储副本，以及软件定义的数据中心场景所需的功能。

1.3 Windows Server 2016 系统最低配置要求

在安装 Windows Server 2016 系统之前应先了解其配置要求，Windows Server 2016 系统最低配置要求如下。

（1）处理器：1.4GHz 的 64 位处理器。

（2）内存：512MB（若安装带桌面体验的版本则要求最少为 2 GB）。

（3）硬盘空间：32GB。

（4）网络适配器：有百兆速率的以太网适配器。

项目实施

公司购置的 Windows Server 2016 数据中心版提供了完整的 Windows Server 功能。经核实，公司新购置的服务器完全能满足 Windows Server 2016 系统对硬件的要求。因其还未安装操作系统，赵工需要使用 Windows Server 2016 系统安装光盘将该系统安装到服务器上，具体涉及以下步骤。

（1）设置 BIOS，让服务器从安装光盘引导启动。

（2）根据系统安装向导提示安装 Windows Server 2016 系统。

按照以上的规划，具体实施步骤如下。

（1）启动计算机，进行 BIOS 设置，更改计算机的启动顺序，设置第一启动驱动器为光驱并保存。重启计算机，将 Windows Server 2016 系统安装光盘放到光驱中，系统会自动加载图 1-1 所示的 Windows Server 2016 安装向导。

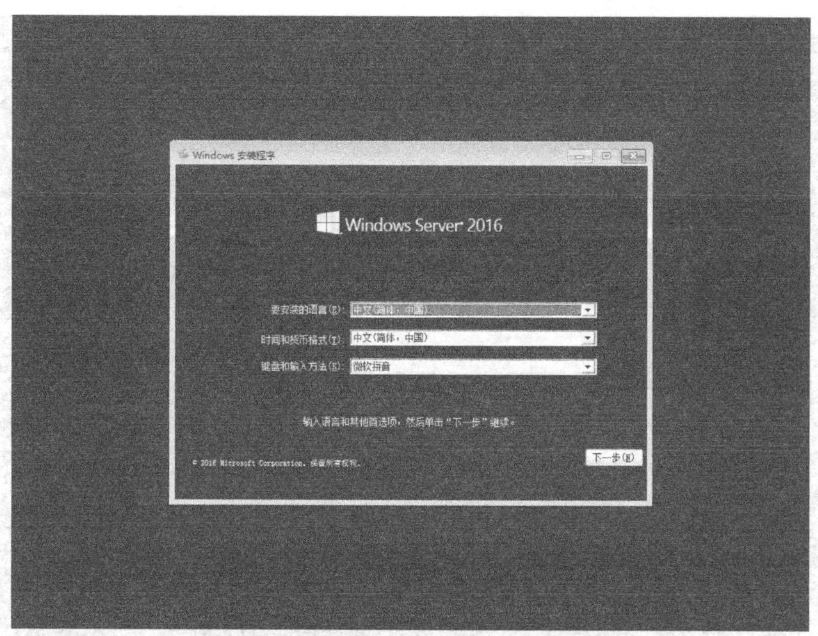

图 1-1　Windows Server 2016 安装向导

（2）选择要安装的语言、时间和货币格式、键盘和输入方法，单击【下一步】按钮，进入图 1-2 所示的界面。

一般情况下，安装程序默认的语言为【中文（简体，中国）】，时间和货币格式为【中文（简体，中国）】，键盘和输入方法为【微软拼音】，因此也可以直接使用默认设置进行安装。

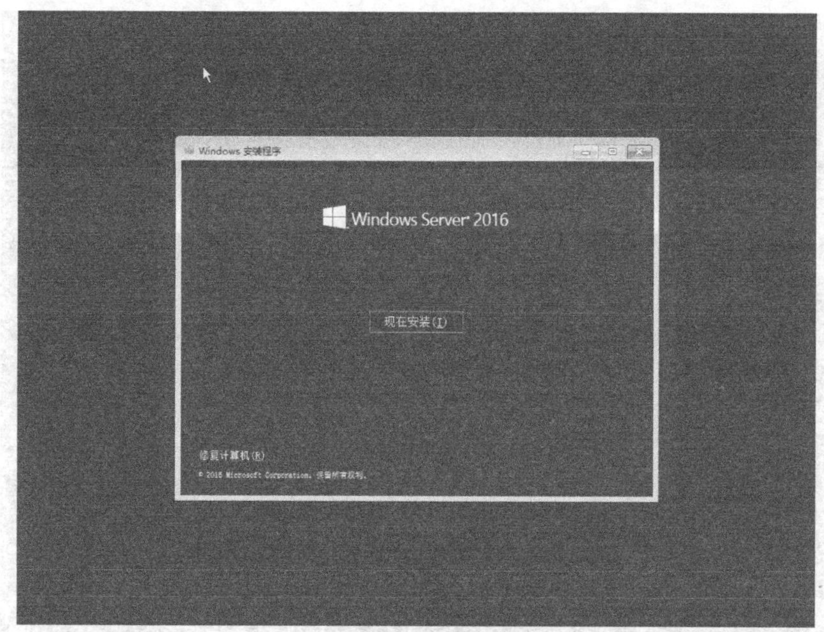

图 1-2 【现在安装】界面

（3）单击【现在安装】按钮，再单击【下一步】按钮，进入图 1-3 所示的界面，在操作系统列表中选择【Windows Server 2016 Datacenter（桌面体验）】选项，单击【下一步】按钮。

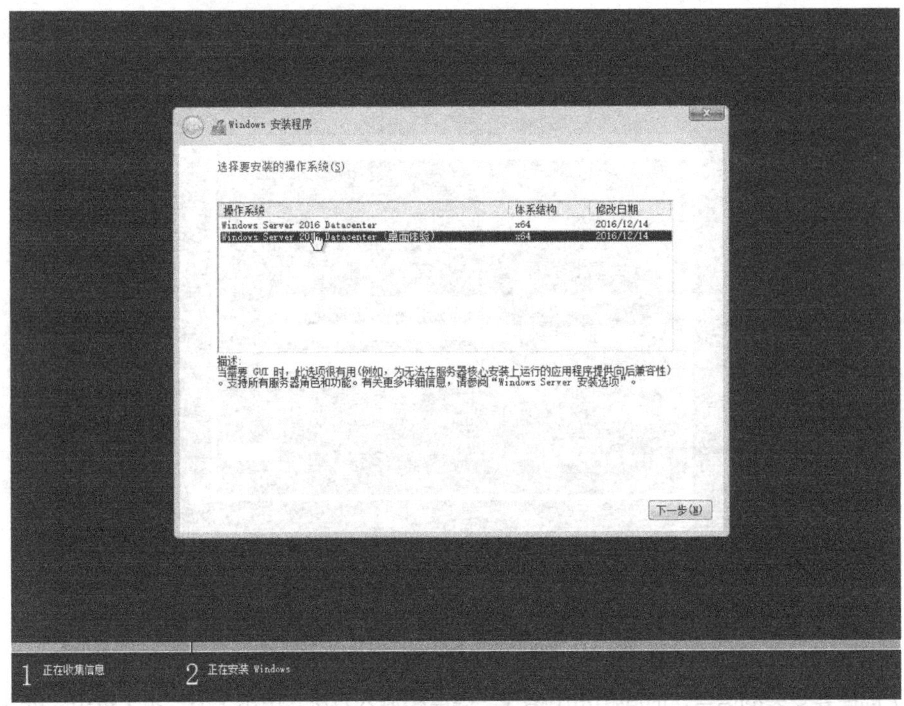

图 1-3 【选择要安装的操作系统】界面

（4）在图 1-4 所示的【适用的声明和许可条款】界面中，勾选【我接受许可条款】复选框，单击【下一步】按钮。

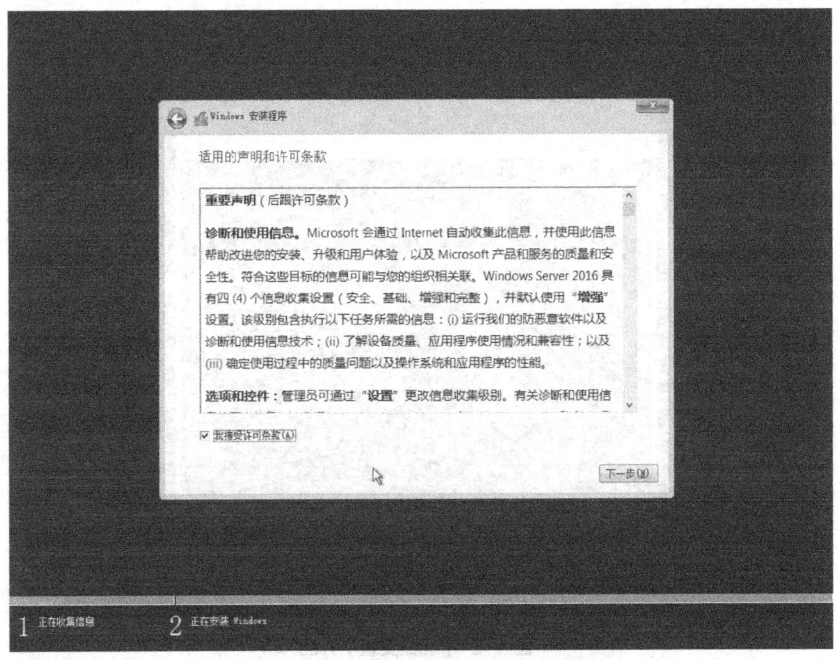

图 1-4 【适用的声明和许可条款】界面

（5）在图 1-5 所示的【你想执行哪种类型的安装】界面中，单击【自定义：仅安装 Windows（高级）】链接，进行全新安装。

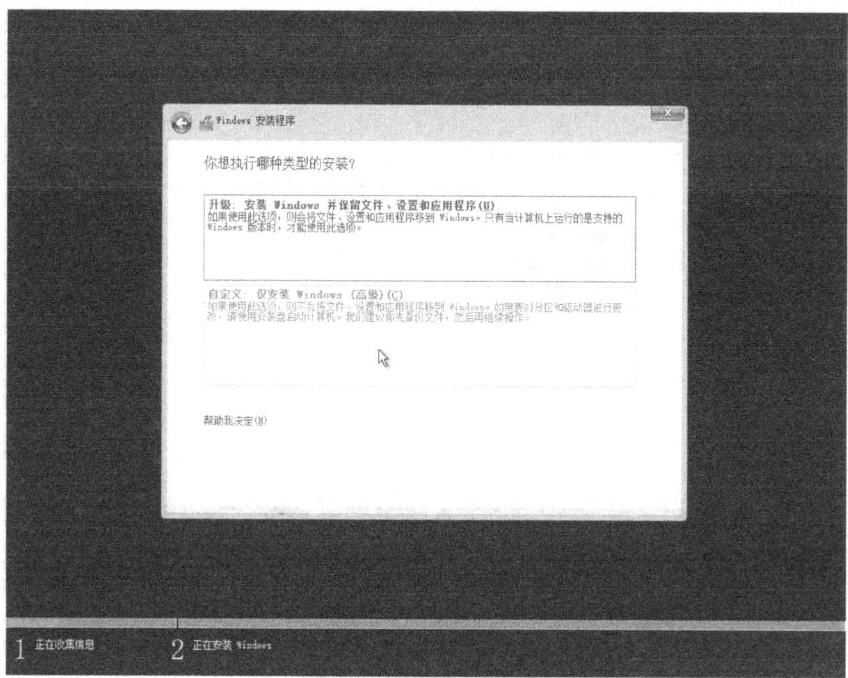

图 1-5 【你想执行哪种类型的安装】界面

（6）在图 1-6 所示的【你想将 Windows 安装在哪里】界面中，单击【新建】按钮可进行磁盘的分区操作。

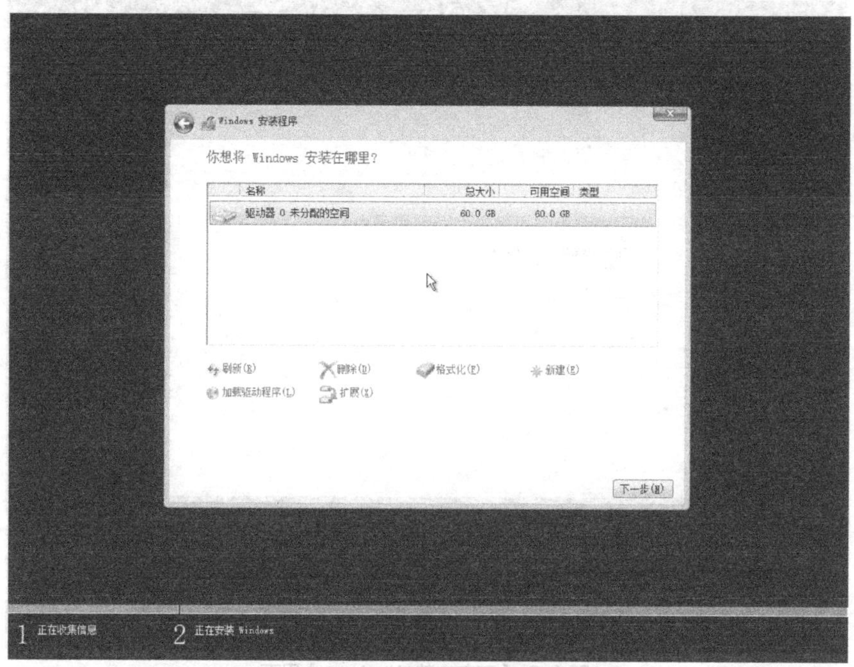

图 1-6 【你想将 Windows 安装在哪里】界面

（7）在【大小】文本框中输入 20480，即 20GB，然后单击【应用】按钮，即可完成一个 20GB 的分区 2 的创建，如图 1-7 所示。

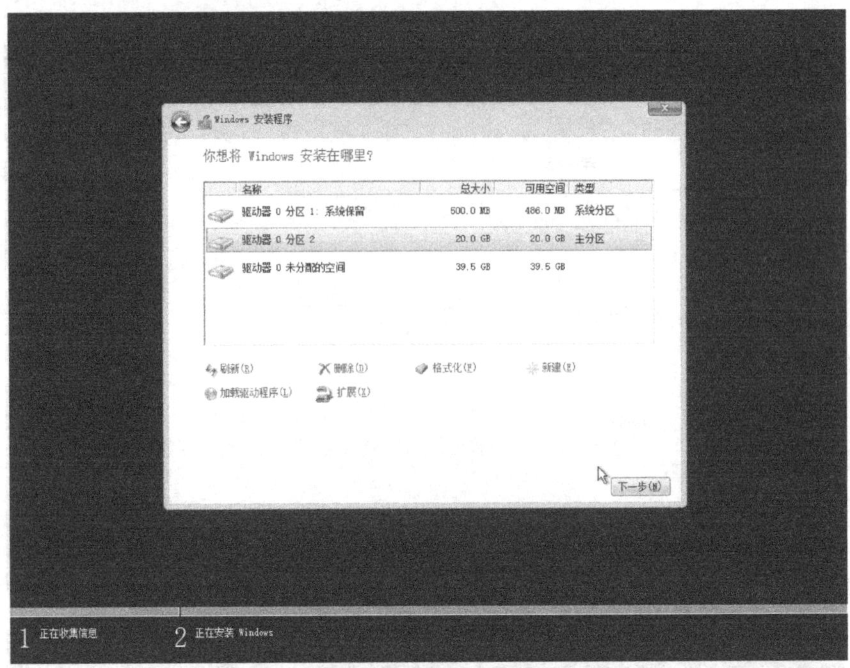

图 1-7　创建分区 2 界面

（8）选择刚刚创建的分区 2，单击【下一步】按钮，安装程序将自动执行复制文件、展开文件、安装功能、安装更新、完成安装等操作。在安装过程中，系统会根据需要自动重新启动，如图 1-8 所示。

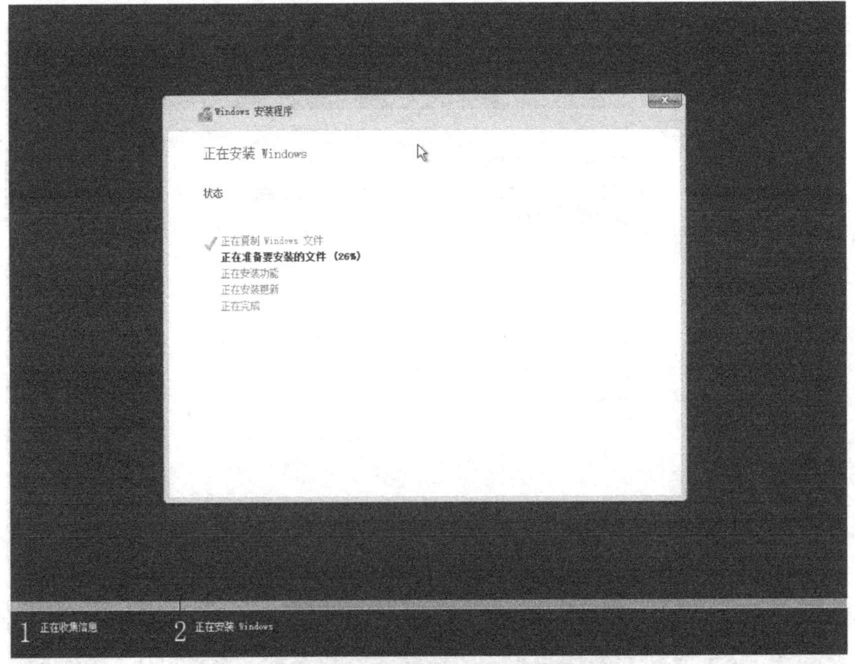

图 1-8 【正在安装 Windows】界面

（9）安装完成后，系统会进入图 1-9 所示的【自定义设置】界面。在【密码】和【重新输入密码】文本框中分别输入密码，单击【完成】按钮，将完成系统管理员密码的设置并进入系统。

注意 在 Windows Server 2016 系统中，密码必须设置为强密码（由大小写字母、符号、数字混合组成，且长度大于等于 8 位），否则系统将提示【密码不匹配】。

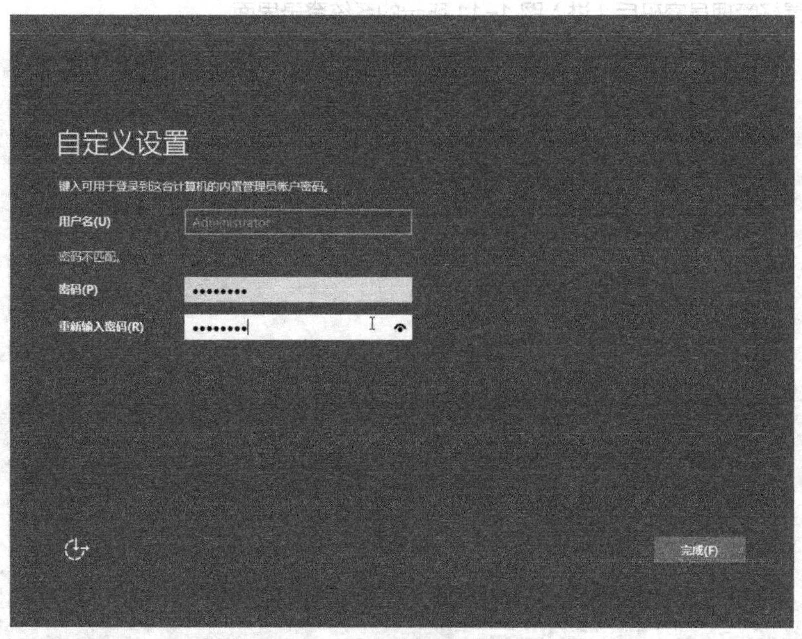

图 1-9 【自定义设置】界面

（10）Windows Server 2016 系统安装完成后，右击桌面左下角的 按钮，在弹出的快捷菜单中选择【系统】选项，打开图 1-10 所示的【系统】窗口。【Windows 激活】栏中显示系统尚未激活，用户可以使用购买的 Windows 激活码来激活 Windows。

图 1-10 【系统】窗口

项目验证

（1）设置好管理员密码后，进入图 1-11 所示的系统登录界面。

图 1-11　系统登录界面

（2）登录系统后，出现图 1-12 所示的界面，表示 Windows Server 2016 系统已安装成功。

图 1-12　Windows Server 2016 系统界面

练习与实践

理论习题

1. Windows Server 2016 系统与以往版本相比，主要优化和改善的功能有（　　）。
   A. 支持服务器虚拟化　　B. 支持服务器管理自动化
   C. 支持存储虚拟化　　D. 访问与信息保护更灵活
2. Windows Server 2016 系统的版本有（　　）。
   A. Foundation　　B. Essentials　　C. Standard　　D. Datacenter

项目实训题

1. 项目背景

系统管理员通过本项目已经熟悉了 Windows Server 2016 系统的安装方法，公司希望赵工尽快给另一台服务器也安装上 Windows Server 2016 系统。

2. 项目要求

（1）安装的系统版本为 Windows Server 2016 数据中心版，安装完成后截取系统信息界面。
（2）系统盘空间大小为 100GB，其他分区待用，安装完成后截取磁盘管理系统界面。
（3）计算机名为 GDCP1，安装完成后截取系统信息界面。
（4）管理员密码为 1qaz@WSX，安装完成后截取管理员账户的属性信息界面。

项目2 管理信息中心的用户与组

[项目学习目标]

（1）掌握系统内置组、内置账户的概念与应用。
（2）掌握系统自定义用户和自定义组的概念与应用。
（3）掌握用户和组权限的继承性的概念与应用。
（4）掌握企业组织架构下用户和组的部署业务实施流程。

项目描述

在项目 1 中，系统管理员赵工完成了 Windows Server 2016 系统的安装，下面需要完成信息中心用户与组的管理工作，根据员工的工作职责，为每一个岗位规划相应的权限。目前，公司信息中心由信息中心主任黄工、网络管理组张工和李工、系统管理组赵工和宋工这 5 位工程师组成，组织架构图如图 2-1 所示。

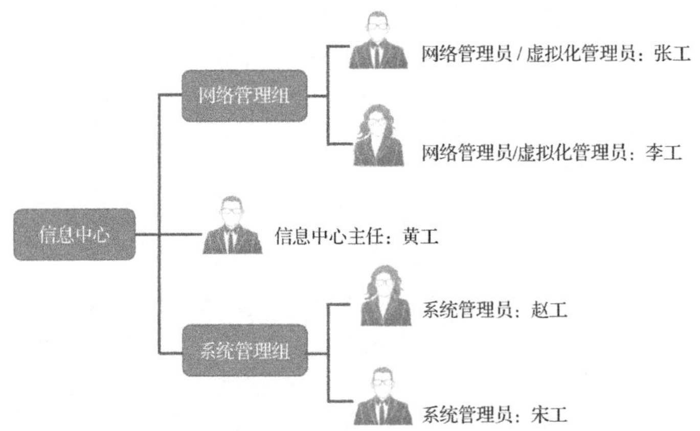

图 2-1　信息中心组织架构图

信息中心员工账户权限如表 2-1 所示。

表 2-1　信息中心员工账户权限

姓名	用户账户	隶属组	权限	备注
黄工	Huang	Sysadmins	系统管理员	信息中心主任

续表

姓名	用户账户	隶属组	权限	备注
张工	Zhang	Netadmins	网络管理员 虚拟化管理员	网络管理组
李工	Li			
赵工	Zhao	Sysadmins	系统管理员	系统管理组
宋工	Song			

项目分析

Windows Server 2016 是一个多用户、多任务的服务器操作系统，系统管理员通过创建用户账户为每一个用户提供系统访问凭证。在实际工作中，基于安全方面的考虑，系统管理员会根据每一个用户的岗位职责来设置系统访问权限，所分配的权限仅涉及其具体工作任务。

Windows Server 2016 系统为满足不同岗位人员的工作任务需求，内置了大量的组账户，每一个组账户对应特定的系统配置权限，系统管理员可以配置用户账户的隶属组来为每一个用户分配系统配置权限。也就是说，对用户账户的授权其实是通过设置用户账户的隶属组来完成的。

因此，本项目需要系统管理员熟悉 Windows Server 2016 系统的用户和组的账户管理，具体的工作任务如下。

（1）管理信息中心的用户账户：为信息中心的员工创建用户账户。

（2）管理信息中心的组账户：为信息中心各岗位创建组账户，根据工作岗位给用户账户分配访问权限。

相关知识

2.1 本地用户账户

本地用户账户是指安装了 Windows Server 2016 系统的计算机在本地安全目录数据库中建立的账户。使用本地账户只能登录到建立了该账户的计算机，并访问该计算机的系统资源。本地用户账户只能在本地计算机上登录，无法访问域中其他的计算机资源。

本地计算机上都有一个管理账户数据的数据库，称为安全账户管理器（Security Account Manager，SAM）。SAM 数据库的文件在系统盘中，一般在“C:\Windows\system32\config\”目录下。在 SAM 中，每个账户被赋予唯一的安全标识符（Security Identifiers，SID），用户要访问本地计算机，需要经过该计算机 SAM 中的 SID 验证。

2.2 内置账户

Windows Server 2016 系统中还有一种账户叫作内置账户，它与服务器的工作模式无关。当 Windows Server 2016 系统安装完毕后，会在服务器上自动创建一些内置账户，Administrator（系统管理员）和 Guest（来宾）是其中最重要的两个。

- Administrator：拥有最高的权限，管理着 Windows Server 2016 系统和域。系统管理员账户的默认名字是 Administrator，系统管理员账户的名字可以被更改，但该账户不能被删除。该账户可以被永久禁用，且不受登录时间和登录计算机的限制。

- Gues：为临时访问计算机而设置的账户。该账户由系统自动生成，可以更改名字，但不能被删除，默认情况下，该账户被禁用。Guest 账户只有很小的权限，例如，当临时的工作人员需要登录公司的计算机时，可以提供 Guest 账户给该工作人员使用，而不需要单独建立一个新的账户。

2.3 组的概念

为了简化用户账户的管理工作，Windows Server 2016 系统提供了组的概念。组是指具有相同或者相似特性的用户集合，当要给一批用户分配同一个权限时，就可以将这些用户归到一个组中，只要给这个组分配此权限，组内的用户就都会拥有此权限。

例如，一个班级或一个部门就相当于一个组，班级里的学生或部门里的成员就是用户。同一个班级的学生可能需要访问很多相同的资源，这时不用逐个向该班级的学生授予对这些资源的访问权限，而可以将这些学生归到同一个组中，从而使这些学生自动获得该组的权限。如果某个学生要退学或转专业，只需将该学生从组中删除，其所拥有的所有访问权限就会随之撤销。与逐个撤销该学生对各类资源的访问权限相比，这种方式实现起来更方便，大大减少了管理员的工作量。

在 Windows Server 2016 系统中，用组账户来表示组，用户只能通过用户账户登录计算机，而不能通过组账户登录计算机。

2.4 内置本地组

内置本地组是在系统安装时默认创建的，并被授予特定权限以便于管理计算机，常见的内置本地组有下面几个。

- Administrators：在系统内具有最高权限，可赋予权限、添加系统组件、升级系统、配置系统参数、配置安全信息等。内置的系统管理员账户是 Administrators 组的成员，而且无法将其从此组中删除。如果将这台计算机加入域中，则域管理员自动加入该组，并且拥有系统管理员的权限。Administrators 组中的成员都具备系统管理员的权限，拥有对这台计算机最大的控制权。
- Guests：内置的 Guest 账户是该组的成员，一般被用于在域中或计算机中没有固定账户的用户临时访问域或计算机。默认情况下不允许 Guest 账户对域或计算机中的设置和资源做出更改，且出于安全考虑，Guest 账户在 Windows Server 2016 系统安装好之后是被禁用的，如果需要可以手动启用。应该注意分配给 Guest 账户的权限，因为其是黑客攻击的主要对象。
- IIS_IUSRS：这是互联网信息服务（Internet Information Service，IIS）使用的内置组。
- Users：一般用户所在的组，所有创建的本地账户都默认属于此组。Users 组的权限受到很大的限制，只有基本的系统权限，如可以运行程序、使用网络，但不能关闭 Windows Server 2016 系统，不能创建共享目录和使用本地打印机。如果这台计算机加入域，则域用户自动加入该组。
- Network Configuration Operators：该组的成员可以更改 TCP/IP 设置，并且可以更新和发布 TCP/IP 地址。该组没有默认的成员。

2.5 内置特殊组

除了以上所述的内置本地组以外，还有一些内置特殊组，他们存在于每一台装有 Windows Server 2016 系统的计算机内。用户无法更改内置特殊组的成员，也就是说，无法在“Active Directory 用户和计算机”或“本地用户与组”内看到并管理这些组。用户只有在设置权限时才能看到这些组，以下列出 3 个常用的内置特殊组。

- Everyone：包括所有访问该计算机的用户账户。如果为 Everyone 组指定了权限，那么在启用 Guest 账户时一定要小心，系统会将没有有效账户的用户当成 Guest 账户，Guest 账户会自动得到 Everyone 组的权限。

- Creator Owner：文件等资源的创建者就是该资源的 Creator Owner。不过，如果创建者是 Administrators 组内的成员，则资源的 Creator Owner 为 Administrators 组。
- Hyper-V Administrators：一般来说，都是系统管理员进行虚拟机设置，但是有时候也需要一些受限用户（也就是普通用户）操作虚拟机。默认情况下，普通用户没有虚拟机管理权限，可以通过添加用户（aaa）或添加 Hyper-V 管理员组（Hyper-V Administrators 组，简称 HVA 组）的方式，将普通用户添加为 Hyper-V 管理员。

项目实施

任务 2-1　管理信息中心的用户账户

V2-1　任务 2-1
演示视频

任务规划

为满足公司信息中心对安装了 Windows Server 2016 系统的服务器的访问需求，系统管理员赵工需要根据表 2-1 为每一位员工创建用户账户。

在 Windows Server 2016 系统的用户管理界面中为信息中心员工创建用户，可通过以下操作步骤实现。

（1）通过向导式菜单为员工创建账户。

（2）通过用户属性管理界面修改账户的相关信息。

（3）在任务验证中使用新用户账户登录系统，测试新用户账户第一次登录是否需要更改密码。

任务实施

1. 通过向导式菜单为员工创建账户

（1）以系统管理员 Administrator 身份登录到服务器，在【服务器管理器】窗口的工具下拉菜单中选择【计算机管理】选项，打开【计算机管理】窗口。

（2）在【计算机管理】窗口的左侧列表中选择【用户】选项，如图 2-2 所示。

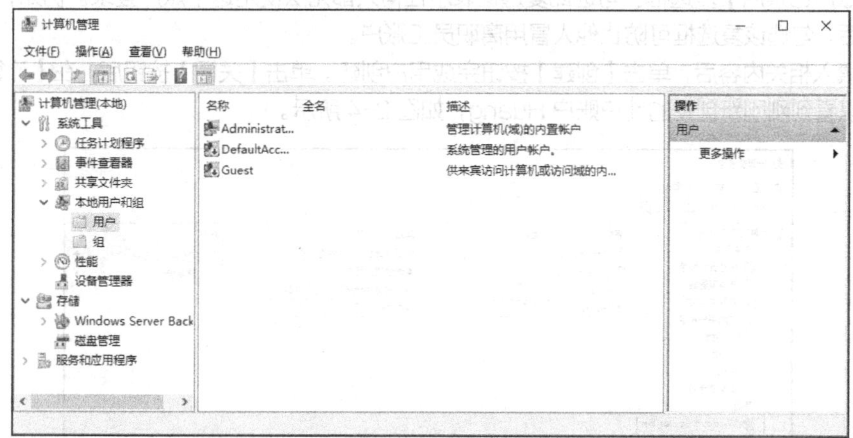

图 2-2　在【计算机管理】窗口中选择【用户】选项

（3）右击【用户】选项，在弹出的快捷菜单中选择【新用户】命令，在打开的【新用户】对话框中输入要创建的用户的相关信息。图 2-3 所示为信息中心主任黄工的相关信息。

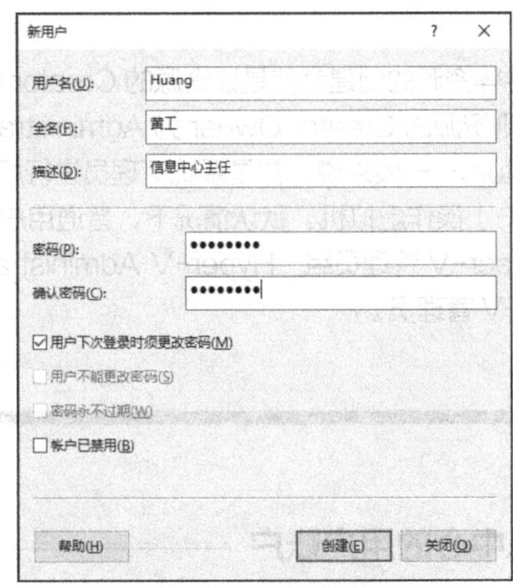

图 2-3 【新用户】对话框

【新用户】对话框中各选项的释义如下。

- 【用户名】文本框：系统本地登录时使用的名称。
- 【全名】文本框：用户的全称，属于辅助性的描述信息，不影响系统的功能。
- 【描述】文本框：关于该用户的说明，方便管理员识别用户，不影响系统的功能。
- 【密码】文本框：用户登录时使用的密码。
- 【确认密码】文本框：为防止密码输入错误，需再输入一遍确认。
- 【用户下次登录时须更改密码】复选框：勾选该复选框，用户首次登录时可使用管理员分配的密码，用户登录后，强制用户更改密码，用户更改后的密码只有自己知道，可提高安全性；取消勾选该复选框后，【用户不能更改密码】和【密码永不过期】这两个复选框将由灰色且不能勾选的状态变为黑色且可勾选的状态。
- 【用户不能更改密码】复选框：只允许用户使用管理员分配的密码。
- 【密码永不过期】复选框：密码默认的有效期为 42 天，超过 42 天系统会提示用户更改密码，勾选此复选框表示系统永远不会提示用户修改密码。
- 【账户已禁用】复选框：勾选此复选框表示任何人都无法使用这个账户登录。例如，企业内某员工离职后，勾选该复选框可防止他人冒用离职员工账户。

（4）填入相关内容后，单击【创建】按钮完成用户创建。单击【关闭】按钮后，在【计算机管理】窗口中可以看到刚刚新创建的用户账户 Huang，如图 2-4 所示。

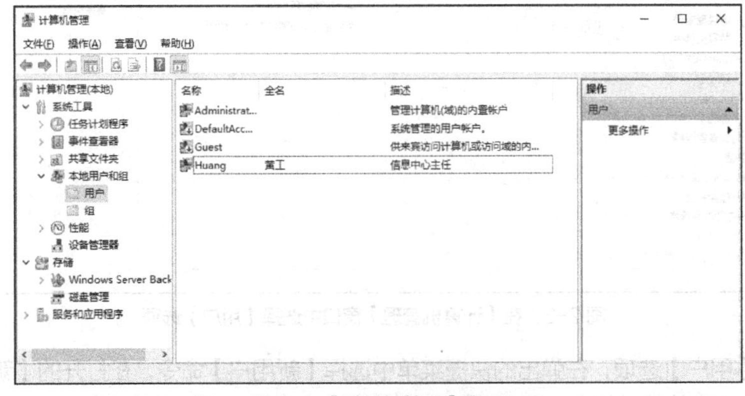

图 2-4 【计算机管理】窗口

2. 通过用户属性管理界面修改账户的相关信息

（1）打开图 2-5 所示的【计算机管理】窗口，在用户账户 Huang 的右键快捷菜单中，管理员可根据实际需要选择命令对账户进行管理操作。

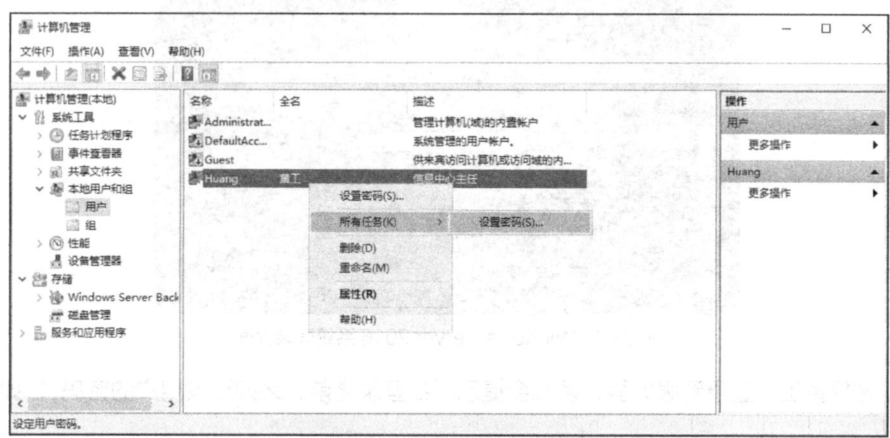

图 2-5　用户账户的右键快捷菜单

用户账户的右键快捷菜单中部分命令的释义如下。

- 【设置密码】命令：可以更改当前用户账户的密码。
- 【删除】命令：可以删除当前用户账户。
- 【重命名】命令：可更改当前用户账户的名称。
- 【属性】命令：在弹出的【用户属性】对话框中，可以实现禁用或激活用户、把用户加入组、编辑用户信息等操作。例如，要停用 Huang 账户，则在【常规】选项卡中勾选【账户已禁用】复选框，然后单击【确定】按钮返回【计算机管理】窗口，这时可以看到停用的账户有一个蓝色的向下箭头标记。

（2）参考前面的步骤，继续完成网络管理组用户 Li 和 Zhang、系统管理组用户 Song 和 Zhao 的账户创建，如图 2-6 所示。

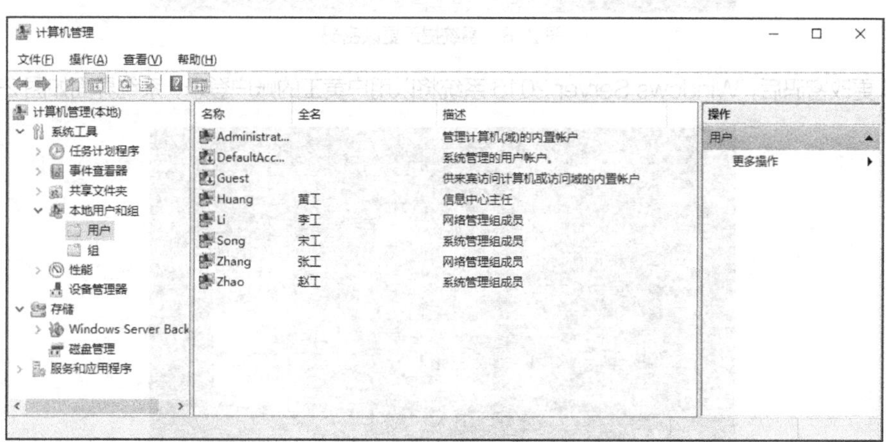

图 2-6　继续创建账户

任务验证

（1）创建用户账户后，注销登录，返回 Windows Server 2016 系统登录界面，如图 2-7 所示，可以看到出现【宋工】【张工】【李工】【赵工】【黄工】的登录选项。

图 2-7　Windows Server 2016 系统登录界面

（2）选择黄工并登录到服务器，系统会提示“在登录之前，必须更改用户的密码。”如图 2-8 所示。

图 2-8　系统提示更改密码

（3）更改密码后，Windows Server 2016 系统将以用户黄工的账户登录，系统界面如图 2-9 所示。

图 2-9　用户黄工登录成功的系统界面

任务 2-2 管理信息中心的组账户

任务规划

V2-2 任务 2-2
演示视频

信息中心网络管理组的员工试用了基于 Windows Server 2016 系统的服务器一段时间后，决定在服务器上部署业务系统进行系统测试，等确定该系统能稳定支撑公司业务后再做业务系统迁移，并打算在这台服务器上创建网络共享，将系统测试文档统一存放在网络共享中。

公司业务系统的管理涉及信息中心网络管理组和系统管理组的所有员工，信息中心需要为每一位员工账户授予管理权限。

根据图 2-1 描述的信息中心组织架构、表 2-1 描述的信息中心员工账户权限和 Windows Server 2016 系统内置组权限情况，赵工对用户账户的隶属组做出如下分析。

（1）该公司信息中心主任是黄工，具有完全控制权限，并且可以向其他用户分配用户权限和访问控制权限，拥有服务器管理的最高权限，即 Administrator 账户，该账户应隶属于 Administrators 组。

（2）网络管理组由张工和李工两位网络管理员组成，需要对该服务器的网络服务做相关配置和管理，负责服务器的网络管理权限。网络管理组可以更改 TCP/IP 设置，更新和发布 TCP/IP 地址，并且对 Hyper-V 虚拟化产品的所有功能具有完全且不受限制的访问权限。张工和李工两个账户应隶属于 Network Configuration Operators 组和 Hyper-V Administrators 组。

（3）系统管理组由赵工和宋工两位系统管理员组成，需要对系统进行修改、管理和维护。系统管理组需要对系统具有完全控制权限，赵工和宋工两个账户应隶属于 Administrators 组。

（4）从信息中心内部组织架构和后续权限管理需求出发，需要分别为网络管理组和系统管理组创建自定义组账户 Netadmins 和 Sysadmins，并将组成员添加到自定义组中。

综上，赵工对信息中心所有用户账户的操作权限和系统内置组做了映射，服务器系统自定义组规划如表 2-2 所示。

表 2-2 服务器系统自定义组规划

用户账户	隶属自定义组	隶属系统内置组	权限
Zhang Li	Netadmins	Network Configuration Operators Hyper-V Administrators	网络管理员、 虚拟化管理员
Huang Zhao Song	Sysadmins	Administrators	系统管理员

因此，本任务的主要操作步骤如下。

（1）创建本地组账户，并将用户账户添加到本地组账户中。

（2）设置用户账户隶属的系统内置组账户，赋予用户对应的系统权限。

自定义组的权限管理与应用将在项目 5 中介绍。

任务实施

1. 创建本地组账户，并将用户账户添加到本地组账户中

（1）以 Administrator 账户登录 Windows Server 2016 服务器，在【计算机管理】窗口中打开【组】管理界面。在【组】的右键快捷菜单中选择【新建组】命令，在弹出的【新建组】对话框中输入组名 Netadmins，并将账户【Zhao】和【Song】加入 Netadmins 组，如图 2-10 所示。

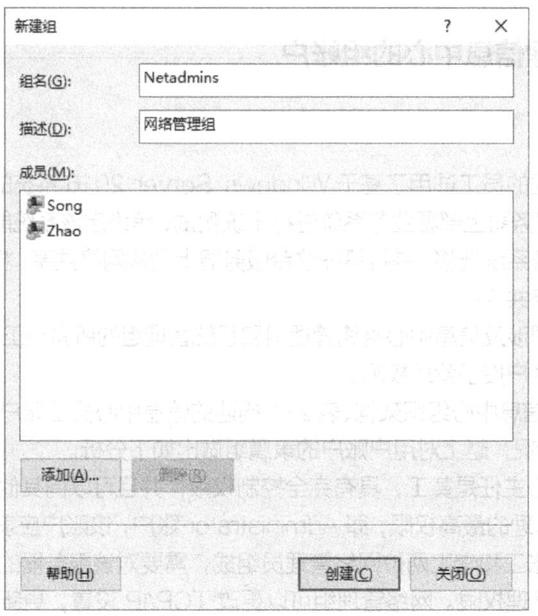

图 2-10 【新建组】对话框

（2）单击【创建】按钮完成 Netadmins 组的创建及成员的加入操作，以类似操作完成 Sysadmins 组的创建及成员的加入，如图 2-11 所示。

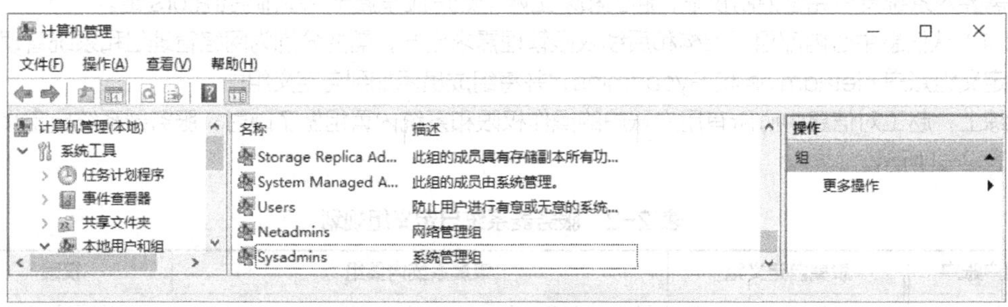

图 2-11 Sysadmins 组的创建及成员的加入

备注 **在【组】管理界面中，除了可以新建组，还可以对现有组进行编辑和修改，右击需要修改的组，在弹出的快捷菜单中可以进行【添加到组】、【删除】等操作，快捷菜单中的命令如下。**

- **【添加到组】命令：更改当前组的成员，增加成员或删除成员。**
- **【删除】命令：删除当前组账户。**
- **【重命名】命令：更改当前组账户的名称。**
- **【属性】命令：修改组的【描述】，更改当前组的成员，即增加成员或删除成员。**

2. 设置用户账户隶属的系统内置组账户，赋予用户对应的系统权限

（1）在账户【Huang】的右键快捷菜单中选择【属性】命令，打开【Huang 属性】对话框。选择【隶属于】选项卡，单击选项卡中的【添加】按钮，弹出图 2-12 所示的【选择组】对话框。

（2）在【选择组】对话框的【输入对象名称来选择】文本框中输入 administrators，单击【检查名称】按钮，完成管理员组的自动添加，单击【确定】按钮完成将账户 Huang 加入管理员组 Administrators 的操作，如图 2-13 所示。

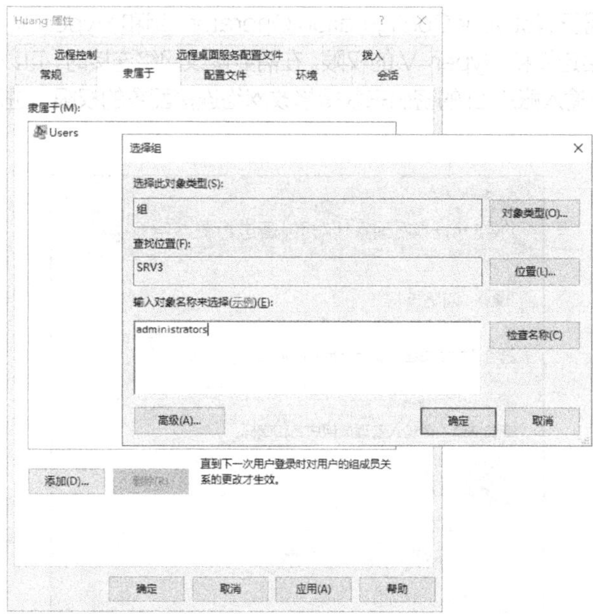

图 2-12 【选择组】对话框

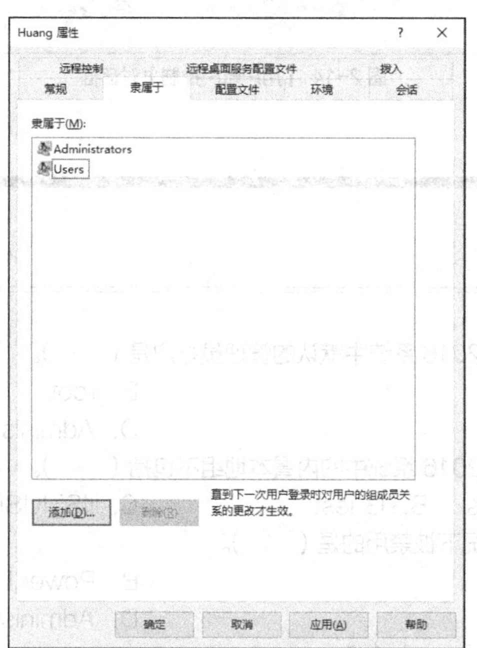

图 2-13 【Huang 属性】对话框

（3）重复以上操作步骤，将账户 Zhao 和 Song 加入 Administrators 组，将账户 Zhang 和 Li 加入 Network Configuration Operators 组和 Hyper-V Administrators 组。

任务验证

自定义用户一开始仅具有基本的系统操作权限，但将用户账户添加到系统内置组账户后，它通过组的继承性关系可以获得相应的系统内置组权限。因此，本任务中的用户账户可以通过组的继承性关系获得所隶属的系统内置组的权限。

例如，账户 Li 隶属于 Network Configuration Operators 组和 Hyper-V Administrators 组，因此账户 Li 具有修改网络连接和 Hyper-V 的权限。在需要修改网络连接时，可以在图 2-14 所示的【用户账户控制】对话框中输入账户 Li 的密码来获得修改网络连接配置的权限，进而完成网络连接的修改操作。

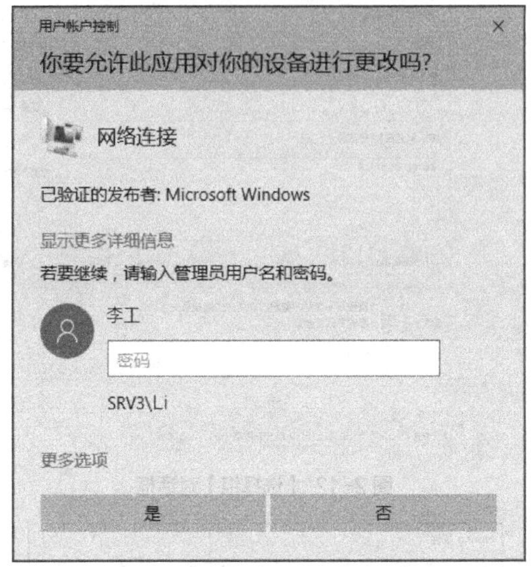

图 2-14 【用户账户控制】对话框

练习与实践

理论习题

1. Windows Server 2016 系统中默认的管理员账户是（　　）。
   A. admin　　B. root
   C. supervisor　　D. Administrator
2. Windows Server 2016 系统中的内置本地组不包括（　　）。
   A. Administrators　　B. Guest　　C. IIS_IUSRS　　D. Users
3. 以下账户在默认情况下被禁用的是（　　）。
   A. Administrator　　B. Power Users
   C. Guest　　D. Administrators
4. 一个用户可以加入（　　）个组。
   A. 1　　B. 2　　C. 3　　D. 多
5. 关于用户账户，以下说法中正确的是（　　）。
   A. 用户账户的权限由它的隶属组决定，权限继承自隶属组的权限
   B. 用户账户的密码必须使用复杂性密码
   C. Windows Server 2016 系统允许创建两个相同名称的用户账户，因为它们的 SID 不同
   D. 为方便用户访问 Windows Server 2016 系统，Guest 用户账户默认是未禁用的

项目实训题

实训一

1. 项目背景

在 Windows Server 2016 系统上建立本地组 STUs 和本地账户 st1、st2、st3，并将这 3 个账户加入 STUs 组中。

2. 项目要求

（1）设置账户 st1 下次登录时须更改密码，设置账户 st2 不能更改密码且密码永不过期，停用账户 st3。

（2）用 Administrator 账户登录计算机，在计算机用户和组管理界面中做如下操作。

① 创建账户 test，使 test 账户隶属于 Power Users 组。

② 注销后用 test 账户登录，通过【whoami】命令记录自己的安全标识符。

③ 在桌面创建一个文本文件，命名为 test.txt。

④ 注销后重新用 Administrator 账户登录，观察这时是否可以在桌面上看到刚才创建的文本文件，如果看不到，请思考应该在哪里找到它。

⑤ 删除 test 账户，重新创建一个 test 账户，注销后用 test 账户登录。此时查看刚刚创建的文本文件是否在桌面上，以及这个新的 test 账户的安全标识符是否和原先删除的 test 账户的一样。

实训二

1. 项目背景

公司研发部由研发部主任赵工、软件开发组钱工和孙工、软件测试组李工和简工这 5 位工程师组成，组织架构图如图 2-15 所示。

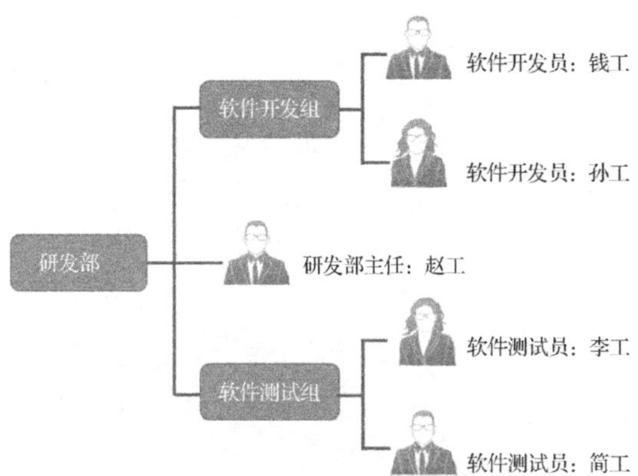

图 2-15 研发部组织架构图

研发部为满足新开发软件产品部署需要，特采购了一台安装了 Windows Server 2016 系统的服务器供部门进行软件部署和测试。研发部根据员工的岗位需要，为每一个岗位设置了相应权限，员工账户具体权限如表 2-3 所示。

表 2-3 研发部员工账户权限

姓名	用户账户	权限	备注
赵工	Zhao	系统管理员	研发部主任
钱工	Qian	系统管理员	软件开发组
孙工	Sun		

续表

姓名	用户账户	权限	备注
李工	Li	网络管理员 系统备份员 打印管理员	软件测试组
简工	Jian		

2. 项目要求

（1）根据项目背景、研发部员工账户权限、自定义组信息和用户隶属组关系，完成用户账户和组账户权限的规划，并填入表 2-4 中。

表 2-4　研发部用户账户和组账户权限规划

自定义组名称	隶属系统内置组	组成员	权限

（2）根据表 2-4 的规划，在研发部的服务器上实施（要求所有用户第一次登录系统时必须修改密码），并完成以下操作。

① 截取【用户】管理界面，并截取所有用户属性对话框中的【隶属组】选项卡界面。

② 截取【组】管理界面。

项目3 管理信息中心服务器的本地磁盘

[项目学习目标]

（1）掌握基本磁盘、主分区、扩展分区、逻辑分区的概念与应用。

（2）掌握动态磁盘、扩展卷、跨区卷、镜像卷、RAID-5卷的概念与应用。

（3）掌握镜像卷和RAID-5卷的故障及恢复。

（4）掌握企业服务器磁盘的部署的业务实施流程。

项目描述

Windows Server 2016 系统在磁盘管理方面继承了 2012 版的各种优势，并支持 SATA SSD 和 NVMe 等新型磁盘设备。系统管理员赵工已为公司服务器安装了 Windows Server 2016 数据中心版操作系统。

考虑到公司文件系统中数据的安全性、稳定性和可靠性等多重因素，公司希望系统管理员尽快熟悉 Windows Server 2016 系统在本地磁盘方面的管理与配置业务，为后续文件服务器的数据和服务迁移做好准备。服务器磁盘信息的基本情况如表 3-1 所示。

表 3-1 服务器磁盘信息的基本情况

编号	磁盘名称	容量	用途	未分配空间
1	磁盘 0	60GB	系统盘	20GB
2	磁盘 1	120GB	数据盘	120GB
3	磁盘 2	120GB	数据盘	120GB
4	磁盘 3	120GB	数据盘	120GB
5	磁盘 4	120GB	数据盘	120GB

为让系统管理员赵工尽快熟悉服务器存储管理业务，服务器供应商给赵工分配了以下操作考核任务，以便验证赵工是否具备服务器本地磁盘的管理能力，具体要求如下。

（1）使用系统盘的剩余空间创建一个分区 E，并格式化为 NTFS 格式。

（2）对 E 盘进行压缩，然后用压缩后出现的未分配空间创建一个分区 F，格式化为 NTFS 格式，并验证被压缩的分区文件是否可以访问。

（3）将磁盘 1、磁盘 2、磁盘 3、磁盘 4 转换为动态磁盘。

（4）在磁盘 1 中创建一个简单卷 G，大小为 120GB。

（5）使用扩展卷功能，利用磁盘 2 的空间，将简单卷 G 扩展到 150GB。

（6）使用磁盘 2 和磁盘 3 创建一个带区卷 H，大小为 60GB。
（7）使用磁盘 2 和磁盘 3 创建一个镜像卷 I，大小为 30GB。
（8）使用磁盘 2、磁盘 3 和磁盘 4 创建一个 RAID-5 卷 J，大小为 60GB。

项目分析

Windows Server 2016 系统提供了丰富的本地磁盘管理功能，它支持 FAT、NTFS、ReFS 等文件系统，支持基本磁盘和动态磁盘，系统管理员可以根据业务需求部署相应的文件系统和磁盘管理系统。

因此，本项目需要系统管理员熟悉 Windows Server 2016 系统的文件系统、基本磁盘和动态磁盘的配置与管理，涉及以下工作任务。

（1）基本磁盘的配置与管理：按项目要求完成主分区、扩展分区和逻辑分区的划分，并在此基础上，实现各分区文件系统的管理。

（2）动态磁盘的配置与管理：按项目要求完成简单卷、跨区卷、带区卷、镜像卷、RAID-5 卷的创建。

相关知识

3.1 文件系统

在 Windows 操作系统中，文件系统是用于命名、存储、组织文件的综合结构。Windows Server 2016 系统主要支持 FAT、NTFS 和 ReFS 这 3 种类型的文件系统。

1. FAT

FAT（File Allocation Table，文件分配表）是用来记录文件所在位置的表格。FAT16 使用 16 位的空间来表示每个扇区（Sector）配置文件的情形，最多只能支持 2GB 的分区。

FAT32 是 Windows 系统硬盘分区格式的一种。这种格式采用 32 位的文件分配表，对磁盘的管理能力大大增强，突破了 FAT16 对每一个分区的容量只有 2GB 的限制。由于现在的硬盘生产成本下降，其容量越来越大，运用 FAT32 的分区格式后，我们可以将一个大硬盘定义成一个分区而不必分为几个分区使用，大大方便了对磁盘的管理。但由于 FAT32 分区不支持大于 4GB 的单个文件，且性能不佳，易产生磁盘碎片，因此目前 FAT32 分区格式已被性能更优异的 NTFS 分区格式所取代。

2. NTFS

NTFS（New Technology File System，新技术文件系统）是一种能够提供各种 FAT 版本所不具备的性能，以及安全性、可靠性与先进特性的高级文件系统。例如，NTFS 可通过标准事务日志功能与恢复技术确保卷的一致性，即如果系统出现故障，NTFS 能够使用日志文件与检查点信息来恢复文件系统的一致性；NTFS 可为共享资源、文件夹及文件设置访问许可权限；NTFS 还可使用磁盘配额对用户使用磁盘空间进行管理等。

3. ReFS

ReFS（Resilient File System，弹性文件系统）是新引入的一种文件系统，目前只能应用于存储数据，还不能引导系统，并且在移动媒介上也无法使用。

ReFS 与 NTFS 大部分是兼容的，其主要目的是保持较高的稳定性，可以自动验证数据是否损坏，并尽力恢复数据。如果和引入的存储空间（Storage Spaces）联合使用，则可以提供更佳的数据防护，同时针对大文件的处理性能也有所提升。

3.2 基本磁盘

磁盘根据使用方式可以分为两类：基本磁盘和动态磁盘。

基本磁盘只允许将同一硬盘上的连续空间划分为一个分区。我们平时使用的磁盘类型一般都是基本磁盘。如图 3-1 所示，在基本磁盘上最多只能建立 4 个分区，并且扩展分区数量最多也只能有 1 个，因此 1 个硬盘最多可以有 4 个主分区或者 3 个主分区加 1 个扩展分区。如果想在一个硬盘上建立更多的分区，需要创建扩展分区，然后在扩展分区上划分逻辑分区。

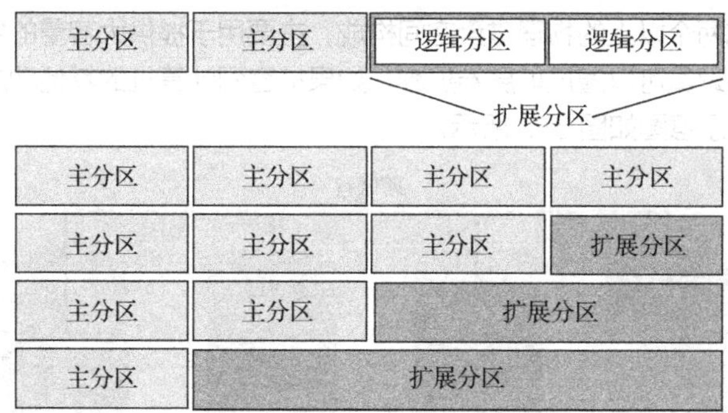

图 3-1 主分区、扩展分区与逻辑分区

3.3 动态磁盘

动态磁盘是磁盘的另一种属性，它没有分区的概念，而是以“卷”命名。相对于基本磁盘的分区只能隶属于一个磁盘，动态磁盘的卷则可以跨越多达 32 个物理磁盘，可满足更多大存储应用场景的要求。

动态磁盘和基本磁盘相比，有以下优势。

（1）卷集（Volume）和分区的数量。动态磁盘在一个硬盘上可创建的卷集个数没有限制。而基本磁盘在一个硬盘上最多只能建立 4 个主分区。

（2）磁盘空间管理。动态磁盘可以把不同磁盘的分区创建成一个卷集，并且这些分区可以是非邻接的，这样磁盘空间就是几个磁盘分区空间的总和。基本磁盘则不能跨硬盘分区，并且要求分区必须是连续的空间，因此每个分区的容量最大只能是单个硬盘的最大容量。

（3）磁盘容量大小管理。动态磁盘允许在不重新启动机器的情况下调整动态磁盘的大小，而且不会丢失和损坏已有的数据。而基本磁盘的分区调整后需要重启机器才能生效。

（4）磁盘配置信息管理和容错。动态磁盘将磁盘配置信息存放在磁盘中，如果是 RAID 容错系统，这些信息将会被复制到其他动态磁盘上，当某个硬盘损坏时，系统会自动调用另一个硬盘的数据，确保数据的有效性。而基本磁盘将配置信息存放在引导区，没有容错功能。

动态磁盘针对有大容量、高 I/O、高可靠等需求的应用场景，系统管理员可以在动态磁盘中创建简单卷、跨区卷、带区卷、镜像卷、RAID-5 卷等卷集类型，以满足不同应用场景需求。

1. 简单卷

简单卷是动态磁盘中的一个独立单元，它由一块磁盘的一个连续存储单元构成。扩展相同磁盘的简单卷后，该卷仍然为简单卷，且可以继续进行扩展、镜像等操作。简单卷结构示意图如图 3-2 所示。

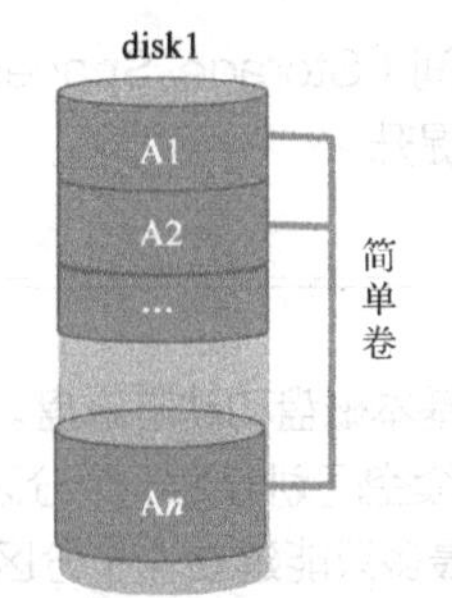

图 3-2　简单卷结构示意图

2. 跨区卷

跨区卷采用两个或两个以上的物理磁盘空间构成，主要用于提供大容量的数据存储空间。当简单卷空间不足时，系统管理员可以通过扩展卷扩容，如果扩容到计算机的其他动态磁盘，则它将变成一个跨区卷。跨区卷结构示意图如图 3-3 所示。

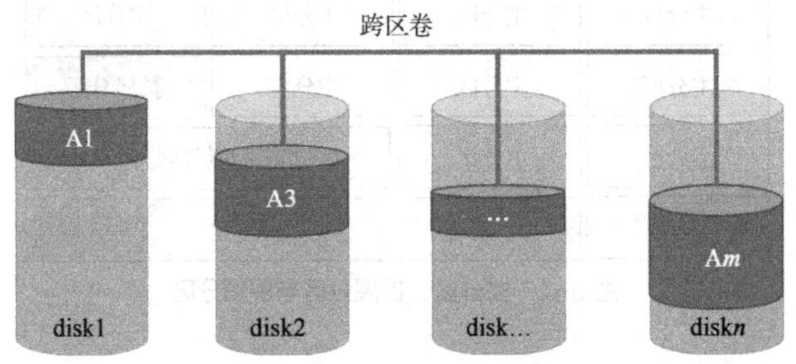

图 3-3　跨区卷结构示意图

跨区卷存储信息时，先存储完其中一个成员的磁盘，再存储下一个，因此，它不能提升卷的读写性能，但是可以利用不同磁盘的未分配空间组成一个更大的逻辑连续存储空间，提升卷的容量。

跨区卷创建后，系统不能删除它的任何一个磁盘空间（部分），系统管理员只能通过删除整个跨区卷来释放磁盘空间。

3. 带区卷

带区卷（RAID 0）是由两个或两个以上物理磁盘的等容量可用空间组成的一个逻辑卷。系统在带区卷上读写时，会均衡地同时在多个磁盘上进行读写数据操作，从而提高了卷的 I/O 性能。但是，如果其中一个磁盘出现故障，将导致整个带区卷不可用。带区卷结构示意图如图 3-4 所示。

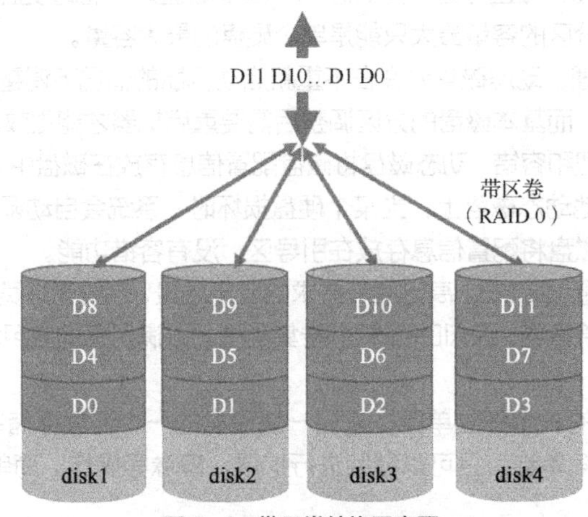

图 3-4　带区卷结构示意图

因此，带区卷主要用于对磁盘读写速率要求较高且需要大容量存储空间的场合，如视频监控服务、视频点播服务等。

4. 镜像卷

镜像卷（RAID 1）是由两个物理磁盘的等容量可用空间组成的一个逻辑卷，它将数据同时存储在两个磁盘中，因此具有容错功能，可确保在其中一个磁盘发生故障时，保存的数据仍可以被读取。镜像卷结构示意图如图 3-5 所示。

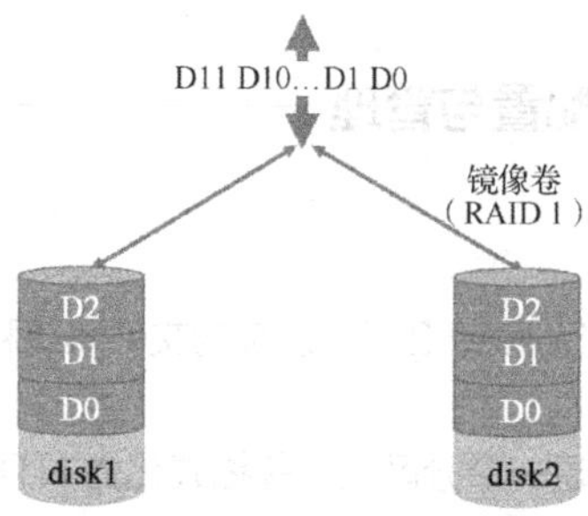

图 3-5 镜像卷结构示意图

镜像卷磁盘的写入数据性能等同于简单卷，但读取数据时，可以同时从两个硬盘中读取，因此读取性能会有所提高。镜像卷常用于关键业务系统等对数据安全要求较高的场景。

5. RAID-5 卷

RAID-5 卷是由 3 个或 3 个以上物理磁盘的等容量可用空间组成的一个逻辑卷，它将数据分成大小相同的数据块，均匀保存到各磁盘中。同时，为实现容错性，它按特定的规则把用于奇偶校验的冗余信息也均匀保存到各磁盘中。这些校验数据是由被保存的数据通过计算得来的，当一个磁盘损坏或部分数据丢失时，可以通过剩余数据和校验信息来恢复丢失的数据。因此，RAID-5 卷可确保在其中一个磁盘发生故障时，保存的数据仍可以被读取。RAID-5 卷结构示意图如图 3-6 所示。

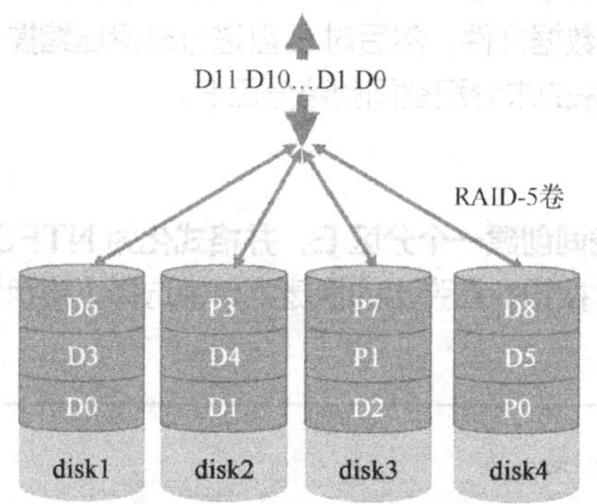

图 3-6 RAID-5 卷结构示意图

RAID-5 卷在写入数据时，因要计算奇偶校验信息，故写入速率相对于简单卷要稍慢一些；但读取数据时，可以同时读取多个磁盘的数据，读取性能提升较大。因此，相对于镜像卷，RAID-5 卷在磁盘利用率和读取性能上较优，存储成本较低，是目前运用最广泛的存储方案，适用于各种应用场景。

3.4 基本磁盘和动态磁盘的转换

基本磁盘和动态磁盘是可以相互转换的。

1. 基本磁盘转换为动态磁盘

基本磁盘可以直接转换为动态磁盘，转换完成后，所有的分区将转换为简单卷。

2. 动态磁盘转换为基本磁盘

当动态磁盘中存在卷时，动态磁盘无法转换为基本磁盘。因此，系统管理员需要将卷中的数据迁移，然后删除所有的卷，这时，才可以将动态磁盘转换为基本磁盘。

项目实施

任务 3-1　基本磁盘的配置与管理

V3-1　任务 3-1 演示视频

任务规划

公司要求赵工熟悉 Windows Server 2016 系统的文件系统和基本磁盘的配置与管理相关功能，具体内容如下。

（1）使用系统盘的剩余空间创建一个分区 E，并格式化为 NTFS 格式。

（2）对 E 盘进行压缩，然后对压缩后出现的未分配空间创建一个分区 F，并格式化为 NTFS 格式。

（3）验证被压缩的分区是否可以正常访问。

在 Windows Server 2016 系统的【磁盘管理】窗口中，右击磁盘的未分配空间，在弹出的快捷菜单中可以对磁盘进行分区管理，包括新建分区（如新建简单卷）、查看属性等操作，选择相应的命令后，根据弹出的配置向导界面可以快速完成新建分区的操作。

在 Windows Server 2016 系统的【磁盘管理】窗口中，右击已有的磁盘分区，在弹出的快捷菜单中可以对磁盘分区进行管理，包括格式化、扩展分区、压缩等操作。选择相应的命令后，根据弹出的配置向导界面可以快速完成格式化、磁盘压缩等操作。

为此，本任务可通过以下几个步骤完成。

（1）使用系统盘的未分配空间创建一个分区 E，并格式化为 NTFS 格式。

（2）在 E 盘创建一个测试数据文件，然后对 E 盘进行磁盘压缩操作。

（3）使用磁盘压缩释放出来的未分配空间创建分区 F。

任务实施

1. 使用系统盘的未分配空间创建一个分区 E，并格式化为 NTFS 格式

（1）右击桌面左下角的■按钮，在弹出的快捷菜单中选择【磁盘管理】命令，打开【磁盘管理】窗口，如图 3-7 所示。

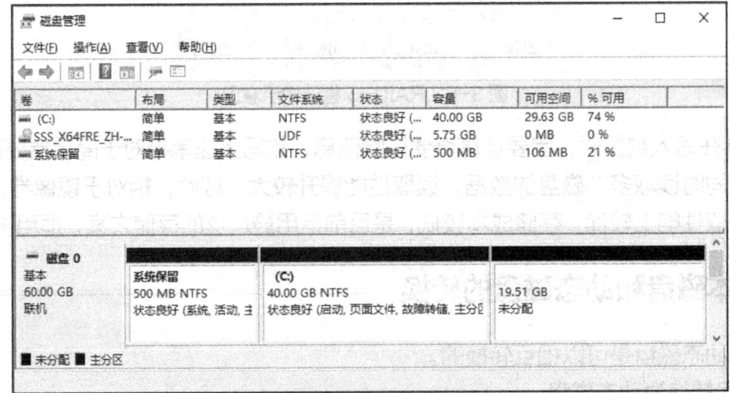

图 3-7 【磁盘管理】窗口

在【磁盘管理】窗口中，我们可以看到磁盘的基本信息，包括磁盘的类型、大小、是否联机，分区（或卷）的大小、文件系统及空间使用情况等。其中，磁盘 0 为一个 60GB 的基本磁盘，包含一个大小为 40GB、文件系统为 NTFS 的主分区（C 盘），一个 500MB 的系统保留分区，其余约 20GB 为未分配空间。

（2）选择磁盘 0 的未分配空间，在右键快捷菜单中选择【新建简单卷】命令，如图 3-8 所示。

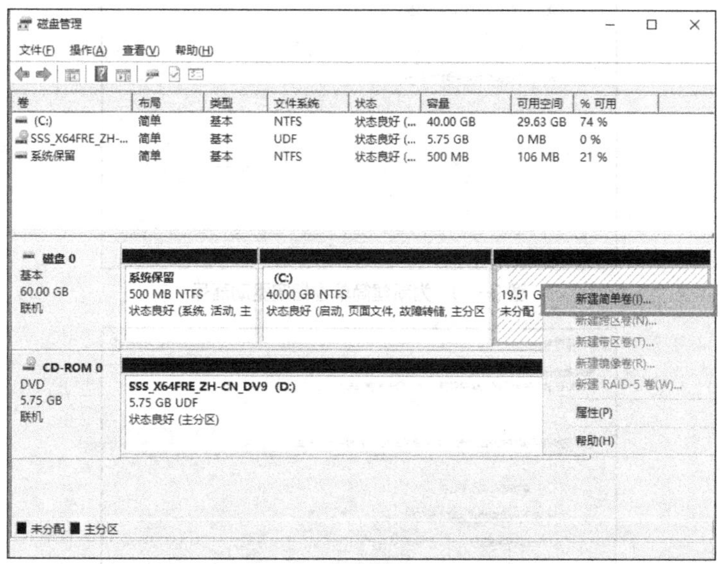

图 3-8 【新建简单卷】命令

（3）在打开的【新建简单卷向导】对话框的【指定卷大小】界面中，设置【简单卷大小(MB)】为需要创建卷的大小（默认值为可用磁盘空间的最大值，单位为 MB）。根据任务要求，该对话框选择默认大小（最大空间约 20GB），如图 3-9 所示，然后单击【下一步】按钮。

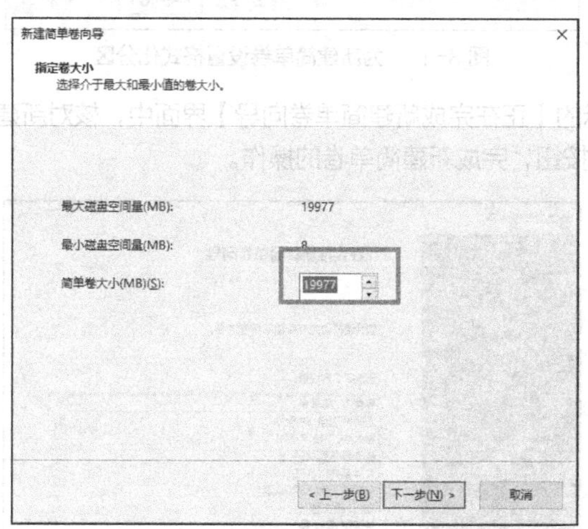

图 3-9 设置新建简单卷的大小

（4）在【分配驱动器号和路径】界面中，选择驱动器号 E，如图 3-10 所示，然后单击【下一步】按钮。

（5）在【格式化分区】界面中，设置【文件系统】为 NTFS，其他选项保持默认设置，如图 3-11 所示，然后单击【下一步】按钮。

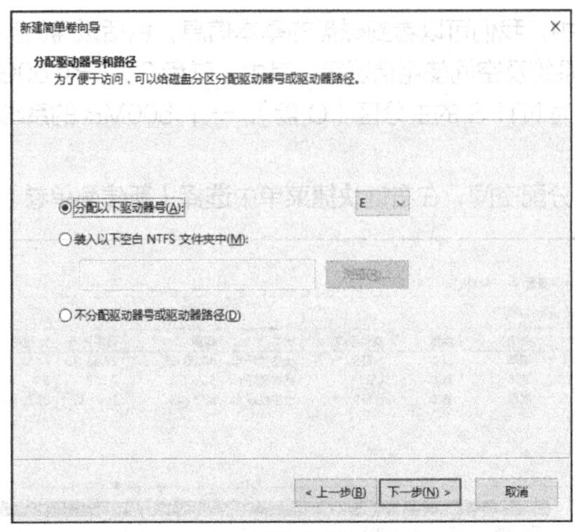

图 3-10　为新建简单卷指定驱动器号

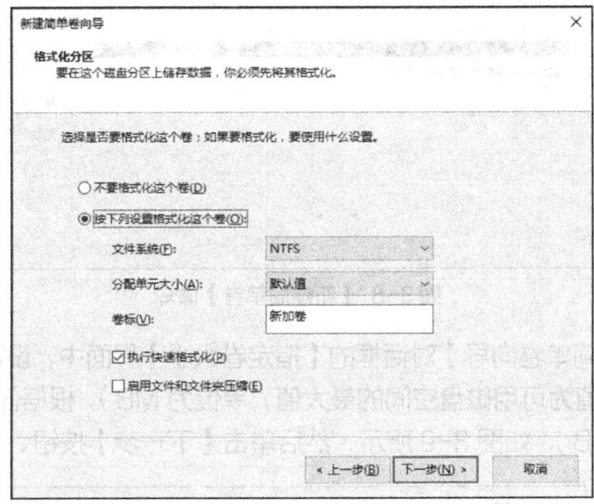

图 3-11　为新建简单卷设置格式化分区

（6）在图 3-12 所示的【正在完成新建简单卷向导】界面中，核对新建简单卷的相关设置信息，确认无误后单击【完成】按钮，完成新建简单卷的操作。

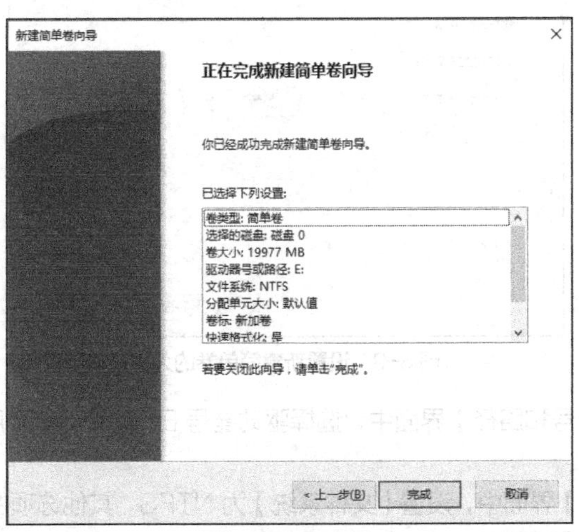

图 3-12　核对新建简单卷的相关设置信息

2. 在 E 盘创建一个测试数据文件，然后对 E 盘进行磁盘压缩操作

当我们需要减少卷的磁盘空间时，可以采用压缩卷的方式来释放磁盘空间，该操作不会导致数据丢失，但是在进行压缩卷的操作时，可压缩的空间大小最大为压缩前总空间的 50%，并且不得超过可用空间的大小。

接下来赵工将对刚刚新建的 E 盘进行压缩，并使用释放的空间新建分区 F。在 E 盘新建一个文本文件“压缩卷测试.txt”，文件内容如图 3-13 所示。

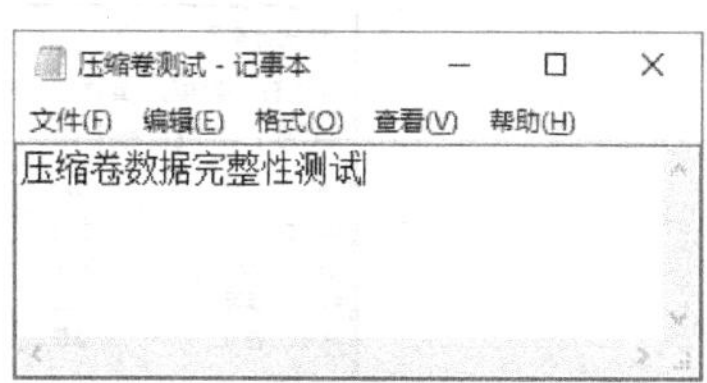

图 3-13 压缩卷测试文本文件的内容

（1）右击需要进行压缩的卷【E:】，在弹出的快捷菜单中选择图 3-14 所示的【压缩卷】命令。

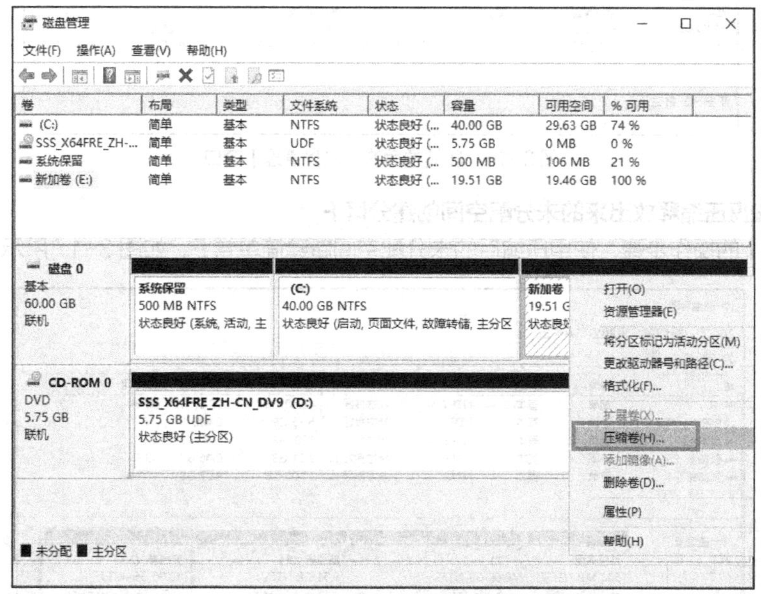

图 3-14 选择【压缩卷】命令

（2）在打开的【压缩 E:】对话框中，系统会自动进行可压缩空间的计算，得出当前可用于压缩的空间大小。

在【输入压缩空间量(MB)】文本框中输入需要压缩的空间量，这里为 10240（约 10GB）;在【压缩后的总计大小(MB)】文本框中会实时显示压缩后的剩余空间大小，如图 3-15 所示。单击【压缩】按钮将执行压缩卷操作。

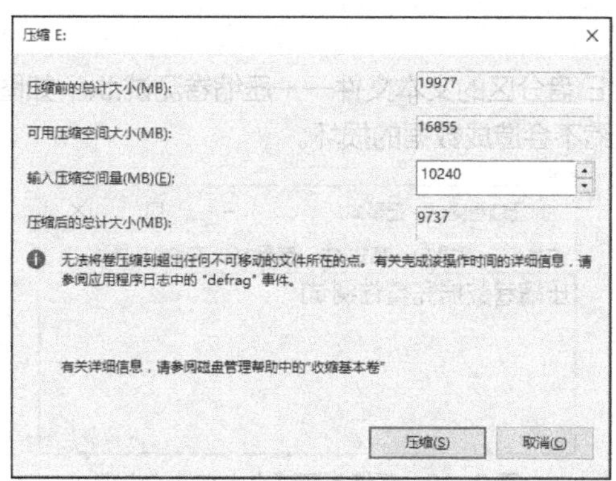

图 3-15 【压缩 E:】对话框

（3）压缩卷操作完成后，可以看到 E 盘的大小变小了，同时出现了一个约 10GB 的未分配空间，如图 3-16 所示。

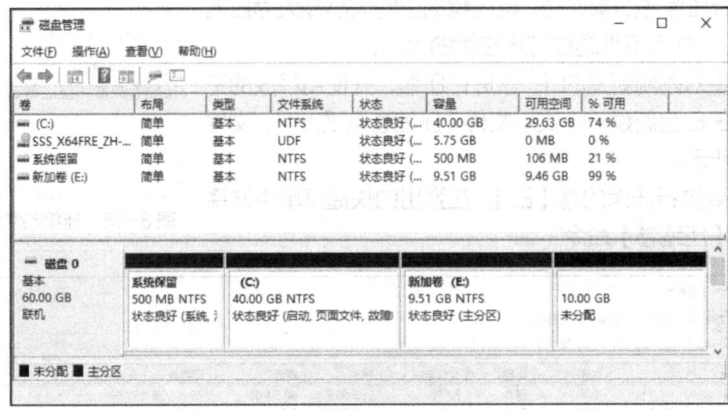

图 3-16 压缩卷后的【磁盘管理】窗口

3. 使用磁盘压缩释放出来的未分配空间创建分区 F

参照步骤 1 的操作步骤，使用压缩后的未分配空间新建简单卷 F，如图 3-17 所示。

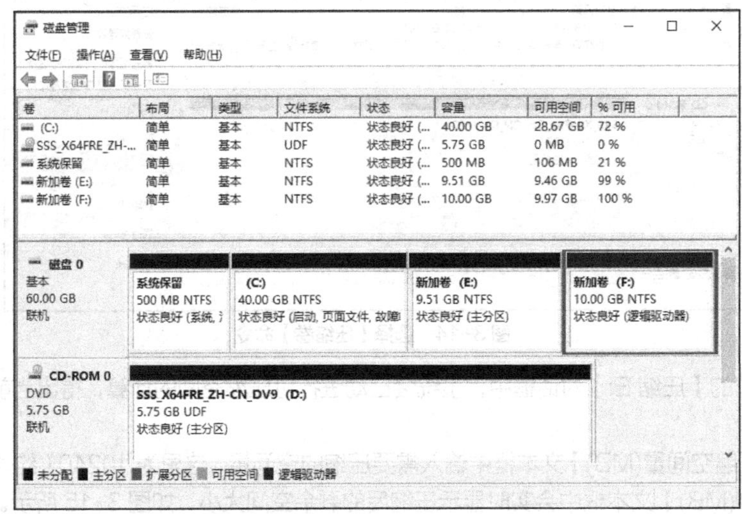

图 3-17 新建简单卷 F 后的【磁盘管理】窗口

任务验证

任务完成后管理员查看 E 盘分区的文本文件——压缩卷测试.txt，如图 3-18 所示，数据既没有丢失也没有损坏。可见磁盘压缩不会造成数据的损坏。

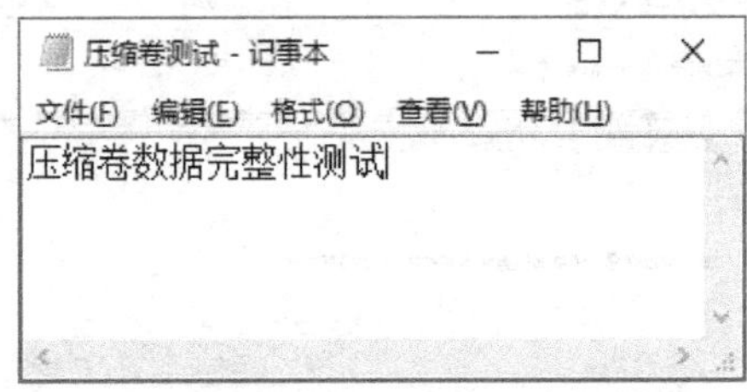

图 3-18 压缩卷测试文本文件的内容

任务 3-2 动态磁盘的配置与管理

任务规划

V3-2 任务3-2
演示视频

Jan16 公司要求赵工熟悉 Windows Server 2016 系统动态磁盘的配置与管理相关功能，具体要求如下。

（1）在磁盘 1 中新建一个简单卷 G，大小为 120GB。

（2）使用扩展卷功能，利用磁盘 2 的空间，将简单卷 G 扩展到 150GB。

（3）使用磁盘 2 和磁盘 3 新建一个带区卷 H，大小为 60GB。

（4）使用磁盘 2 和磁盘 3 新建一个镜像卷 I，大小为 30GB。

（5）使用磁盘 2、磁盘 3 和磁盘 4 新建一个 RAID-5 卷 J，大小为 60GB。

要实现本任务的磁盘配置与管理工作，可通过以下几个步骤来完成。

（1）初始化硬盘磁盘 1～磁盘 4，并转换为动态磁盘。

（2）使用磁盘 1 的全部空间新建简单卷 G，大小为 120GB，然后利用磁盘 2 将卷 G 扩展到 150GB。

（3）使用磁盘 2 和磁盘 3 新建一个带区卷 H，大小为 60GB。

（4）使用磁盘 2 和磁盘 3 新建一个镜像卷 I，大小为 30GB。

（5）使用磁盘 2、磁盘 3 和磁盘 4 新建一个 RAID-5 卷 J，大小为 60GB。

任务实施

1. 初始化硬盘磁盘 1～磁盘 4，并转换为动态磁盘

（1）将 4 块硬盘全部安装在存储服务器，重启并进入 Windows Server 2016 系统后，在【计算机管理】窗口中选择【磁盘管理】选项，进入【磁盘管理】界面，可以看到 4 个新磁盘，其容量均为 120GB 且处于【没有初始化】状态，如图 3-19 所示。

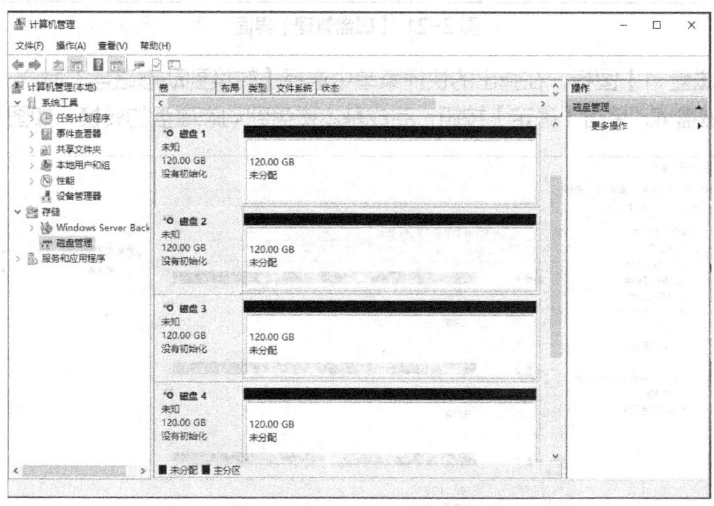

图 3-19 【磁盘管理】界面

（2）对所有新磁盘进行【联机】操作后，右击【磁盘 1】图标，在弹出的快捷菜单中选择【初始化磁盘】命令，进入图 3-20 所示的【初始化磁盘】对话框。勾选磁盘 1～磁盘 4，磁盘分区形式选择【MBR（主启动记录）】单选项，单击【确定】按钮，完成磁盘的初始化。此时在【磁盘管理】界面中可以看到 4 个磁盘的类型为基本磁盘，如图 3-21 所示。

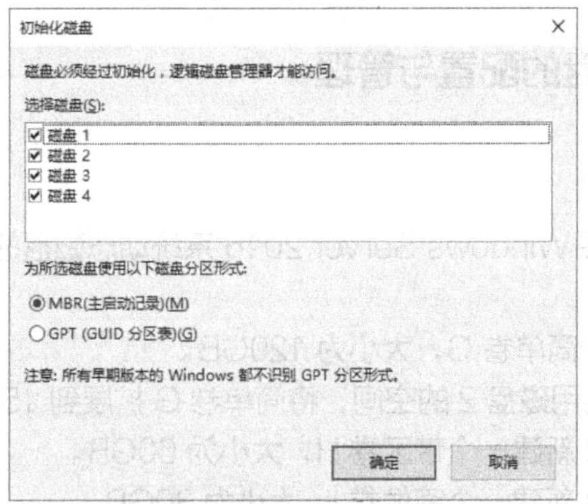

图 3-20 【初始化磁盘】对话框

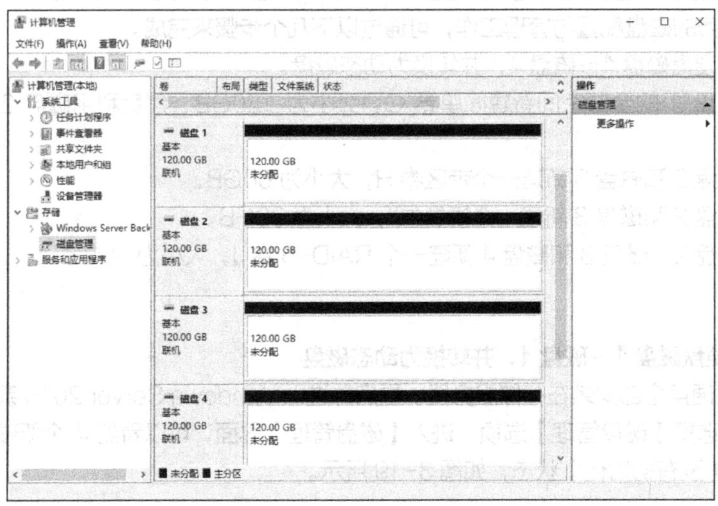

图 3-21 【磁盘管理】界面

（3）右击【磁盘 1】图标，在弹出的快捷菜单中选择【转换到动态磁盘】命令，在打开的对话框中勾选磁盘 1～磁盘 4，单击【确定】按钮，完成基本磁盘到动态磁盘的转换，如图 3-22 所示。

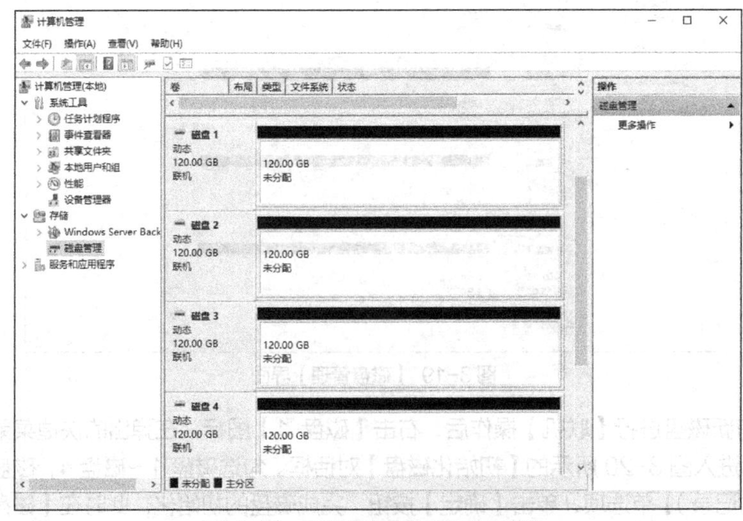

图 3-22 将基本磁盘转换为动态磁盘

2. 使用磁盘 1 的全部空间新建简单卷 G，大小约为 120GB，然后利用磁盘 2 将卷 G 扩展到 150GB

（1）右击【磁盘 1】的【未分配】区域，在弹出的快捷菜单中选择【新建简单卷】命令，如图 3-23 所示。打开【指定卷大小】界面，将【简单卷大小(MB)】选项设置为全部空间大小（约为 120GB），单击【下一步】按钮，如图 3-24 所示。

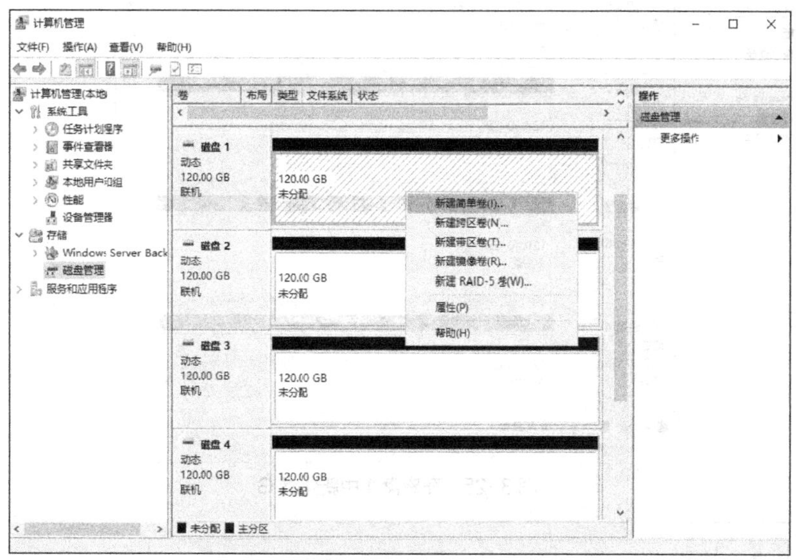

图 3-23 选择【新建简单卷】命令

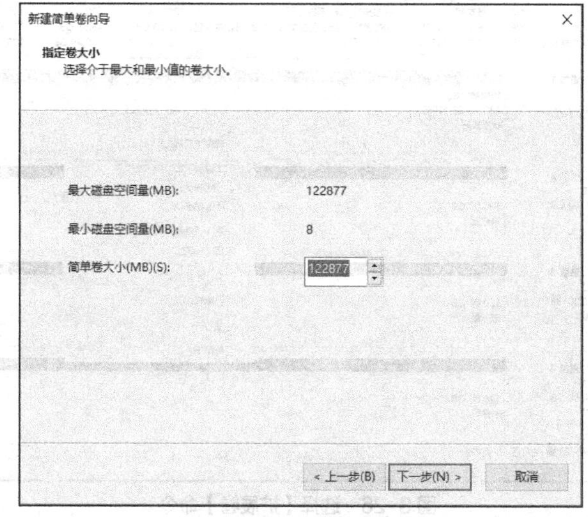

图 3-24 分配磁盘空间

（2）将新加卷命名为 G，文件系统为 NTFS，格式化完成后，可以看到在磁盘 1 中新建了一个大小为 120GB 的卷 G，如图 3-25 所示。

接下来，我们将利用磁盘 2 中的未分配磁盘空间来扩展卷 G，将卷 G 空间扩展到约 150GB。完成后卷 G 将由两个磁盘的空间组成，这种卷就是跨区卷。

（3）在磁盘 1 上右击【新加卷（G:）】区域，在弹出的快捷菜单中选择【扩展卷】命令，如图 3-26 所示。

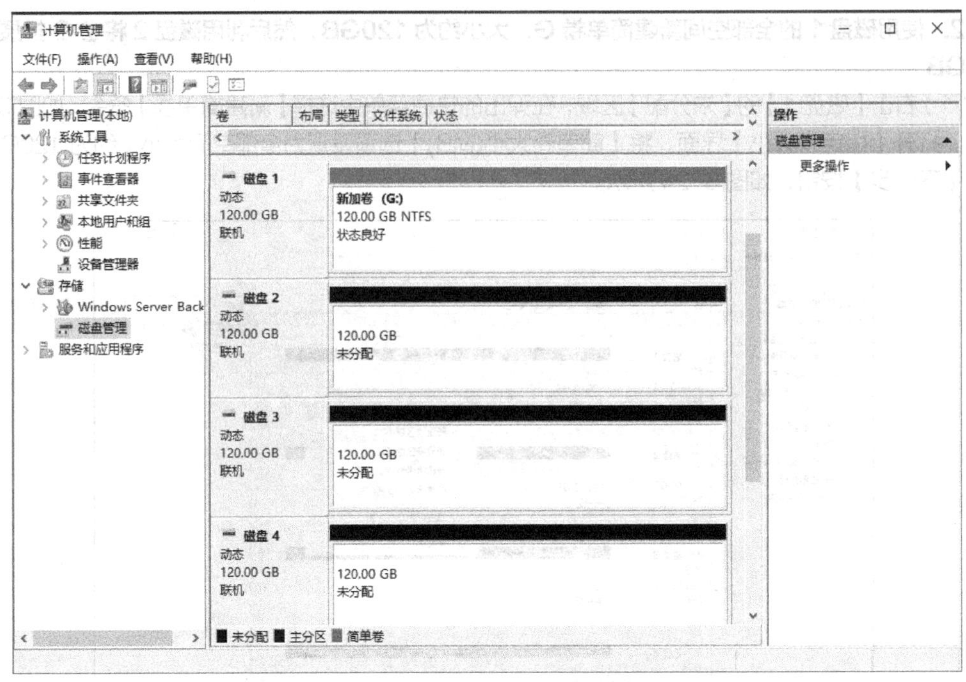

图 3-25　在磁盘 1 中新建卷 G

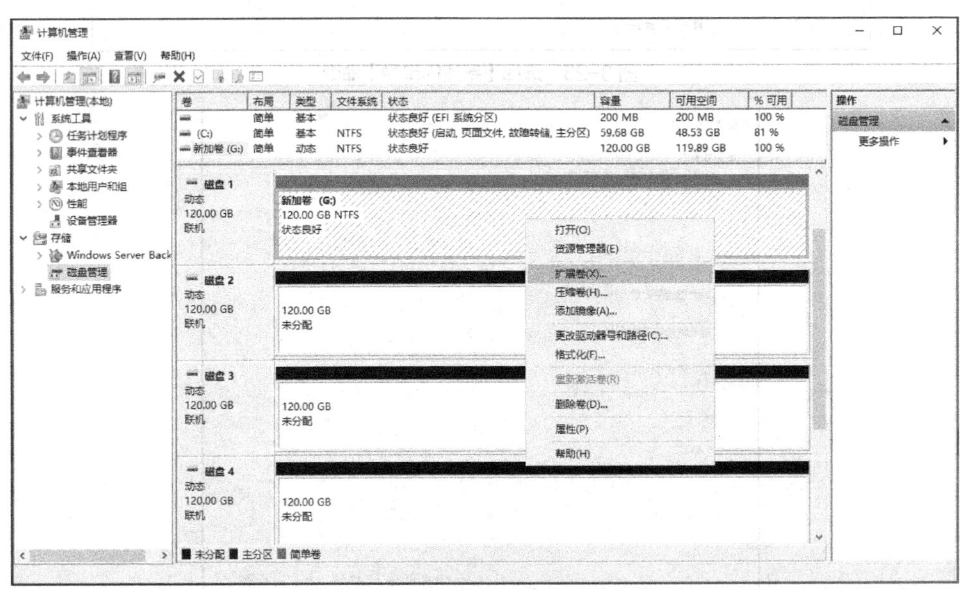

图 3-26　选择【扩展卷】命令

（4）弹出【选择磁盘】界面，在【可用】磁盘列表中列出了可用于扩展的磁盘。按任务要求，添加【磁盘 2】到【已选的】磁盘列表中，并在【选择空间量(MB)】文本框中输入 30720（约 30GB），如图 3-27 所示。调整后的卷大小约为 150GB，单击【下一步】按钮。

（5）在确认【完成扩展卷向导】对话框显示的相关操作信息无误后，单击【完成】按钮完成卷 G 磁盘空间的扩展。

（6）打开图 3-28 所示的【磁盘管理】界面，可以看到原来容量为 120GB 的简单卷 G 已变成容量为 150GB 的跨区卷。

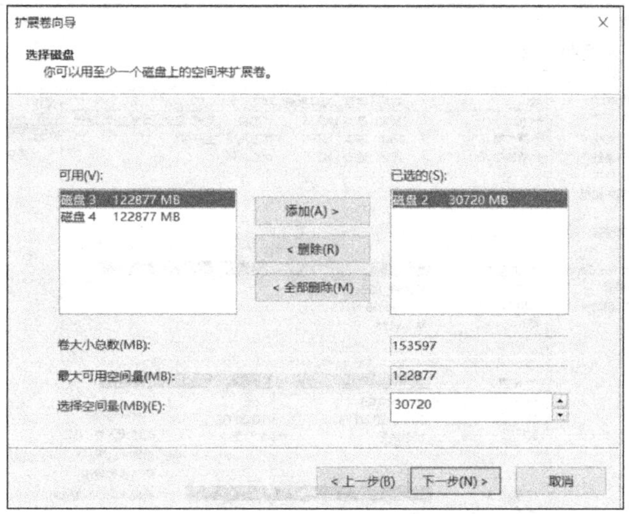

图 3-27　选择磁盘和磁盘空间量

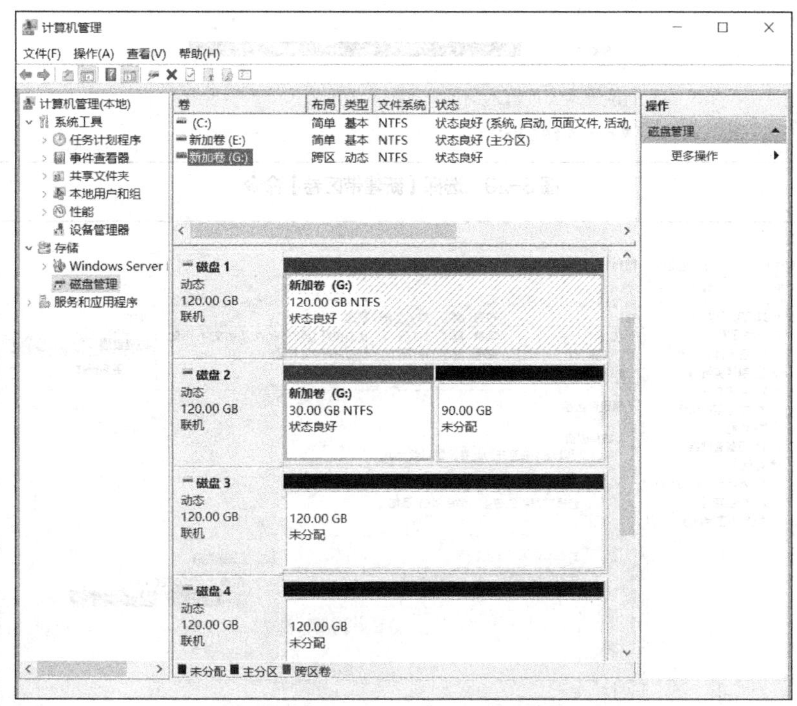

图 3-28　跨区卷创建完成后的【磁盘管理】界面

3. 使用磁盘 2 和磁盘 3 新建一个带区卷 H，大小为 60GB

带区卷是由两个或两个以上物理磁盘的等容量可用空间组成的一个逻辑卷，它的空间大小是所有物理磁盘空间大小的总和。因此，要在两个磁盘上新建一个 60GB 的带区卷，每个磁盘使用的空间大小为 30GB，具体操作步骤如下。

（1）在磁盘 2 中右击【未分配】区域，在弹出的快捷菜单中选择【新建带区卷】命令，如图 3-29 所示。

（2）在弹出的【选择磁盘】界面中，添加【磁盘 2】和【磁盘 3】到【已选的】磁盘列表中；在【选择空间量（MB）】文本框中输入 30720（约 30GB），单击【下一步】按钮，如图 3-30 所示。

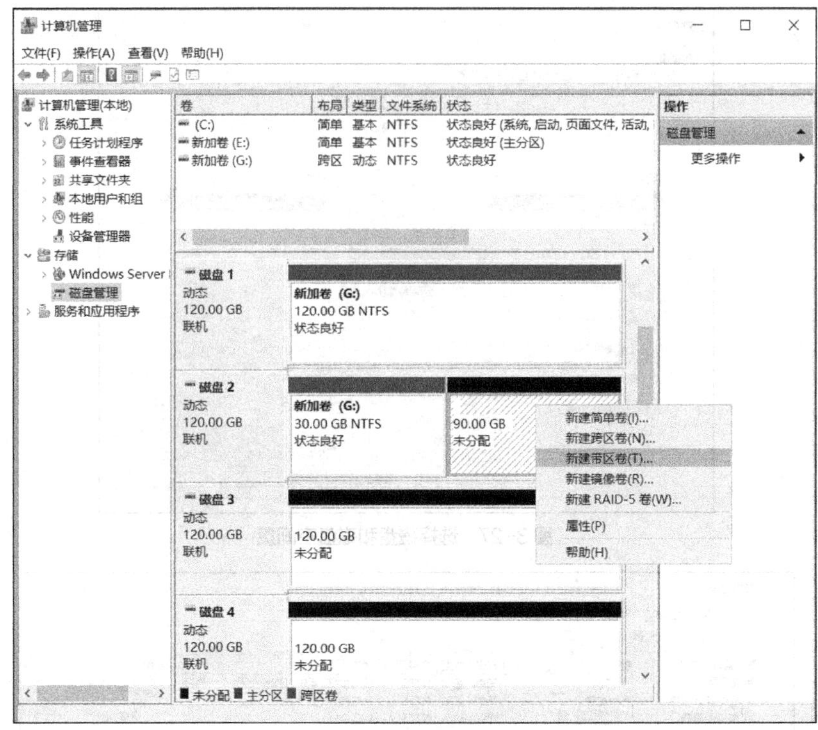

图 3-29 选择【新建带区卷】命令

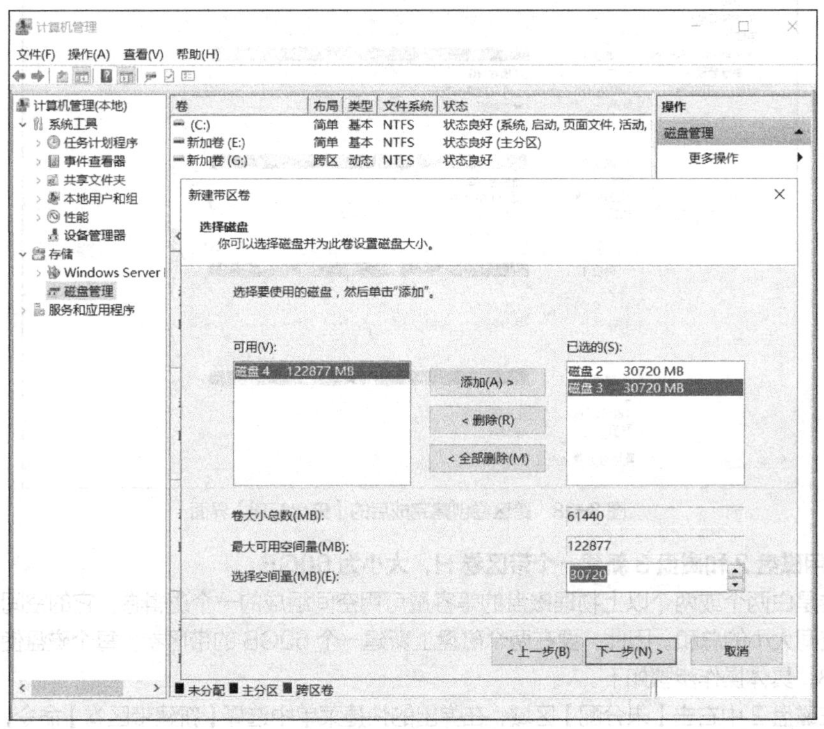

图 3-30 【选择磁盘】界面

（3）设置驱动器号为 H，单击【完成】按钮，完成带区卷的创建。创建完成后的【磁盘管理】界面如图 3-31 所示。

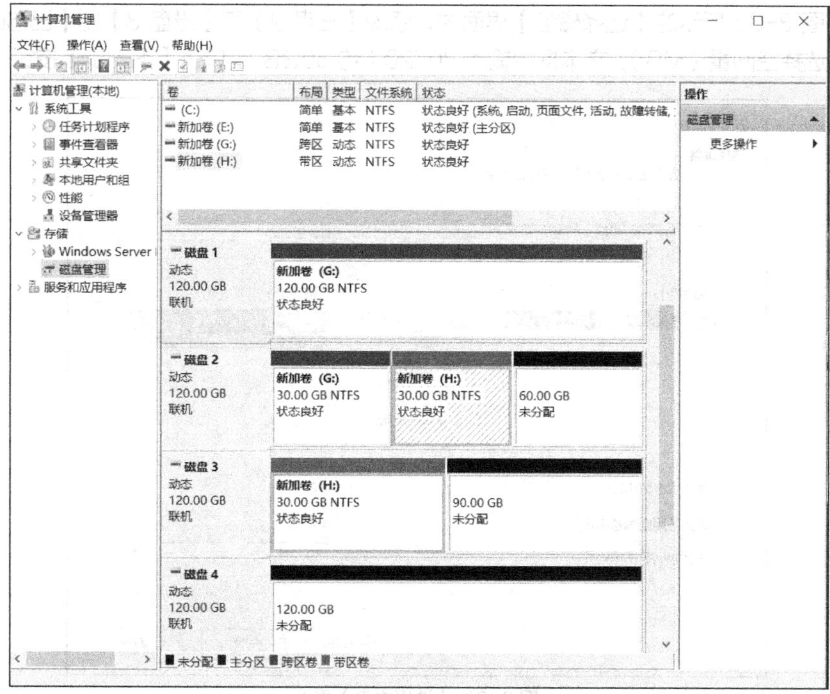

图 3-31 带区卷创建完成后的【磁盘管理】界面

4. 使用磁盘 2 和磁盘 3 新建一个镜像卷 I，大小为 30GB

使用两个磁盘创建镜像卷时，磁盘的空间利用率为 50%，因此使用两个磁盘新建一个 30GB 的镜像卷时，每个磁盘需要提供 30GB 的磁盘空间，具体操作步骤如下。

（1）在磁盘 2 中右击【未分配】区域，在弹出的快捷菜单中选择【新建镜像卷】命令，如图 3-32 所示。

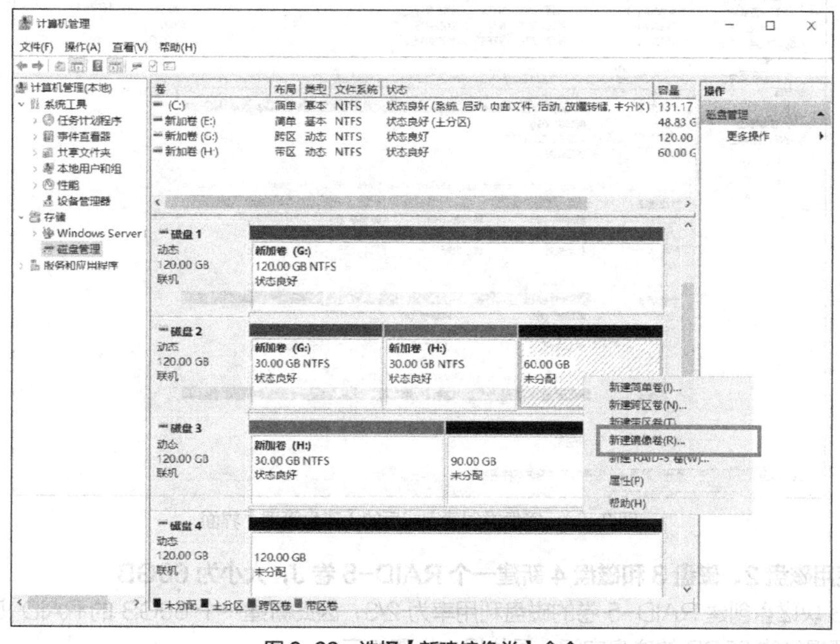

图 3-32 选择【新建镜像卷】命令

（2）在图 3-33 所示的【选择磁盘】界面中，添加【磁盘 2】和【磁盘 3】到【已选的】磁盘列表中；在【选择空间量（MB）】文本框中输入 30720（约 30GB），单击【下一步】按钮。

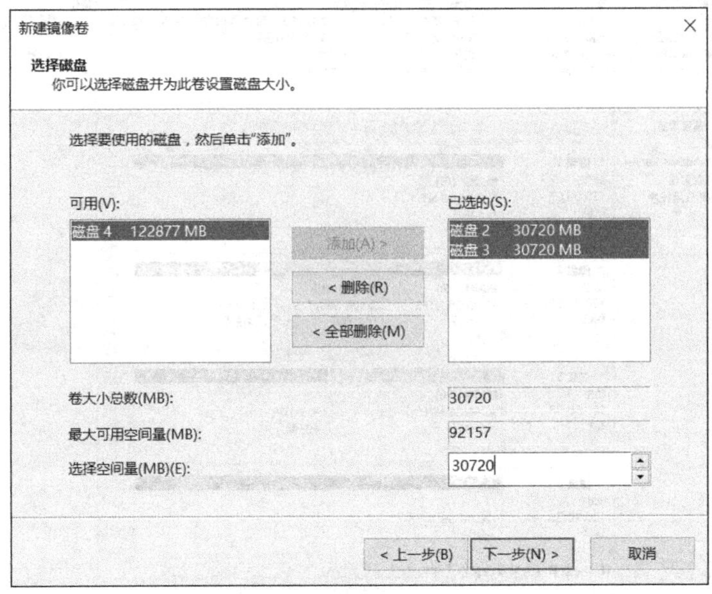

图 3-33 【选择磁盘】界面

（3）设置驱动器号为 I，单击【完成】按钮，完成镜像卷的创建。创建完成后的【磁盘管理】界面如图 3-34 所示。

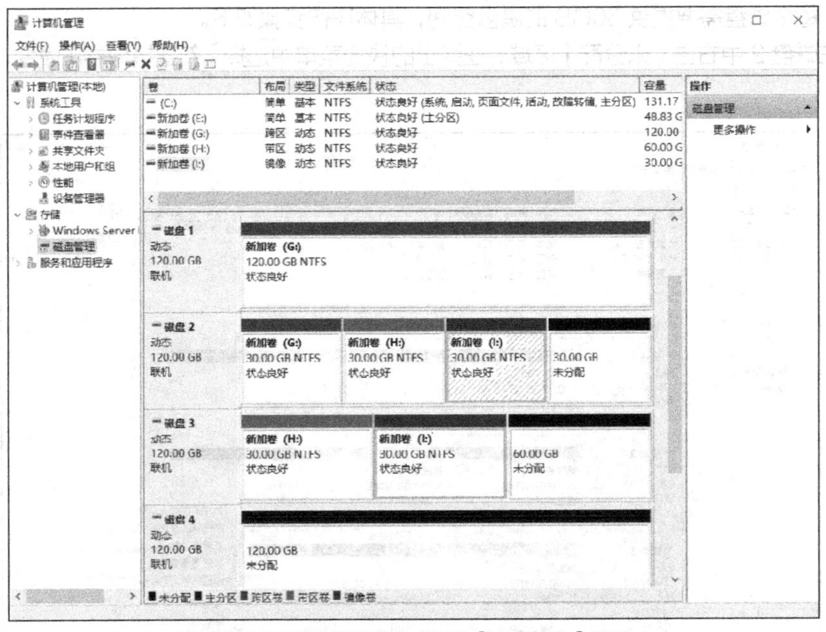

图 3-34 镜像卷创建完成后的【磁盘管理】界面

5. 使用磁盘 2、磁盘 3 和磁盘 4 新建一个 RAID-5 卷 J，大小为 60GB

使用 3 块磁盘创建 RAID-5 卷的磁盘利用率为 2/3，因此新建一个 60GB 的 RAID-5 卷时，每个磁盘需要提供约 30GB 的磁盘空间，具体操作步骤如下。

（1）右击磁盘 2 的【未分配】区域，在弹出的快捷菜单中选择【新建 RAID-5 卷】命令，如图 3-35 所示。

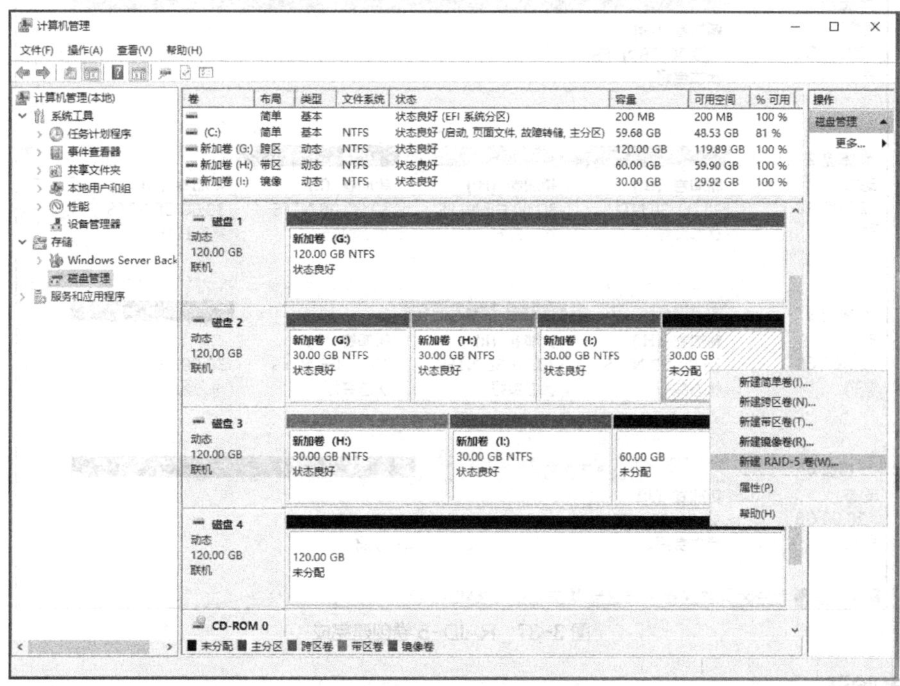

图 3-35　新建 RAID-5 卷

（2）在弹出的【选择磁盘】界面中，添加【磁盘 2】【磁盘 3】【磁盘 4】到【已选的】磁盘列表中；在【选择空间量】(MB)】文本框中输入 30717（约 30GB），单击【下一步】按钮，如图 3-36 所示。

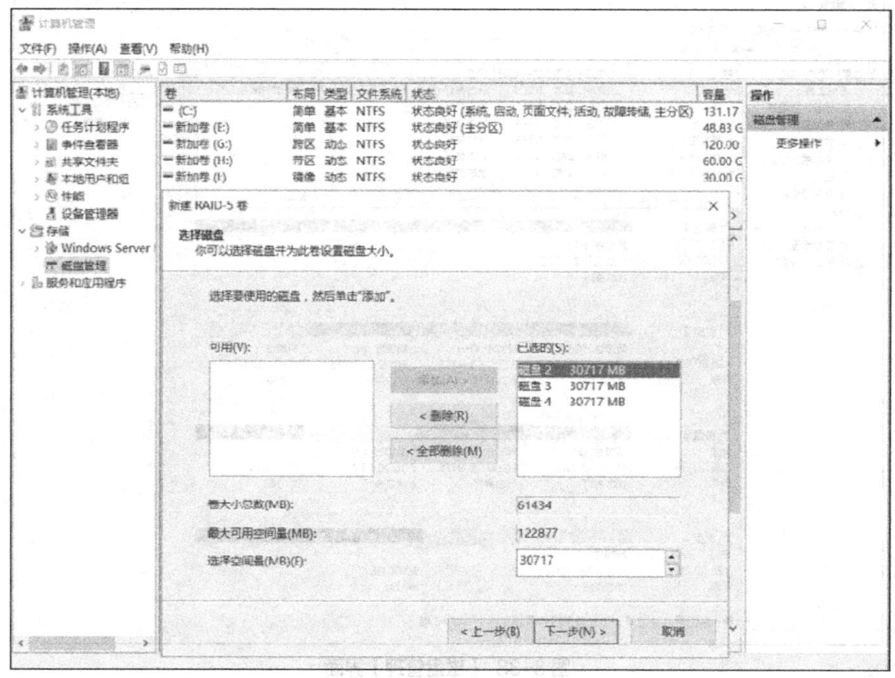

图 3-36　新建 RAID-5 卷

（3）设置驱动器号为 J，单击【完成】按钮，完成 RAID-5 卷的创建，如图 3-37 所示。

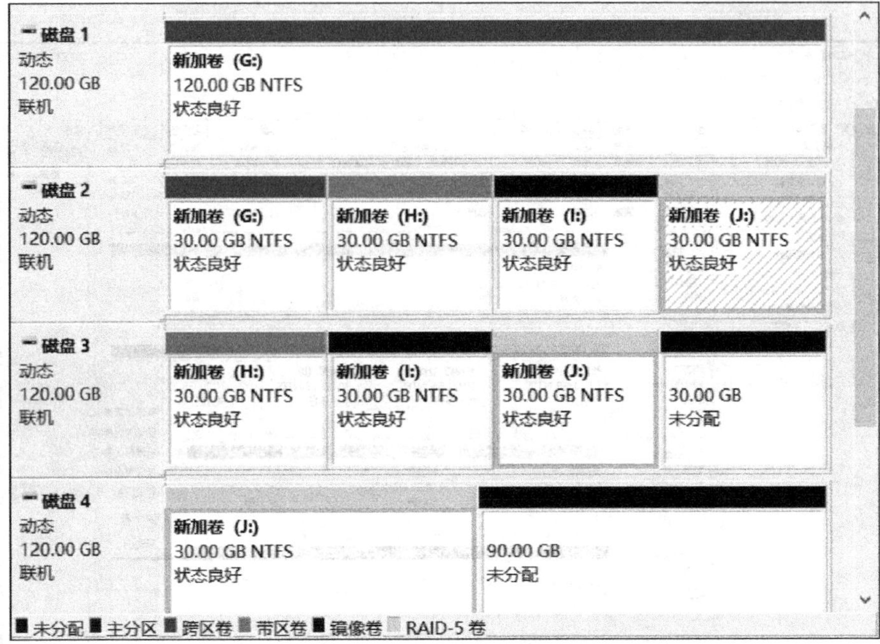

图 3-37 RAID-5 卷创建完成

任务验证

打开【磁盘管理】界面，从中可以看到按任务要求创建完成的扩展卷（跨区卷）、带区卷、镜像卷和 RAID-5 卷，如图 3-38 所示。

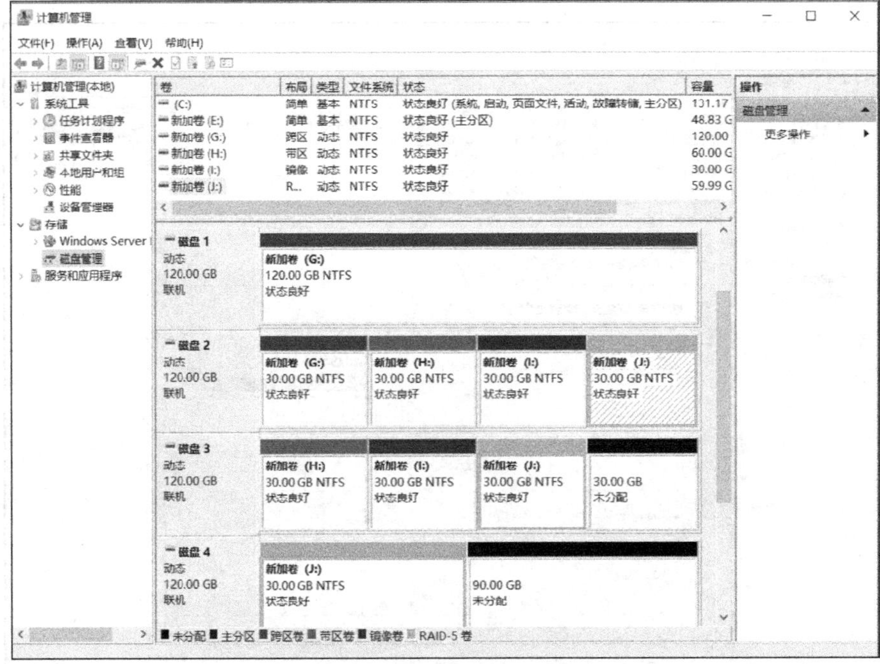

图 3-38 【磁盘管理】界面

练习与实践

理论习题

1. 在 Windows Server 2016 系统的动态磁盘中，具有容错性的是（　　）。
   A. 简单卷　　B. 跨区卷　　C. 镜像卷　　D. RAID-5 卷
2. 下列动态磁盘在损坏一块磁盘时，仍然可以被访问的是（　　）。
   A. 简单卷　　B. 跨区卷　　C. 镜像卷　　D. RAID-5 卷
3. 在以下文件系统类型中，能使用文件访问许可权的是（　　）。
   A. FAT16　　B. EXT　　C. NTFS　　D. FAT32
4. （　　）对磁盘空间的利用率只有 50%。
   A. 跨区卷　　B. 带区卷　　C. 镜像卷　　D. RAID-5 卷
5. （　　）至少需要 3 块磁盘。
   A. 跨区卷　　B. 带区卷　　C. 镜像卷　　D. RAID-5 卷

项目实训题

实训一

1. 项目背景

Jan16 公司有市场部、项目部、业务部、研发部等 4 个部门，因业务快速发展，公司规模不断扩大，文件越来越多。为了便于各部门文件的集中管理，公司采购了一台服务器，并安装了 Windows Server 2016 系统，专门用于文件管理。

服务器配备了 4 块新磁盘，容量均为 1T，公司要求赵工根据公司文件管理规划，完成该服务器磁盘的配置与管理。

2. 项目要求

（1）将新磁盘联机、初始化并转换为动态磁盘管理。

（2）使用磁盘 1、2 新建一个带区卷 E，提供给业务部存放文件，大小为 500GB。

（3）使用磁盘 2、3 新建一个镜像卷 F，提供给项目部存放文件，大小为 300GB。

（4）使用磁盘 1、2、3 新建一个 RAID-5 卷 G，提供给研发部存放文件，大小为 500GB。

（5）使用磁盘 1、2、3、4 的剩余空间新建一个跨区卷 H，提供给市场部存放文件。

3. 提交项目实施的关键界面截图

（1）提交动态磁盘的界面截图。

（2）新建一个带区卷 E，大小为 500GB，提交【磁盘管理】界面截图。

（3）新建一个镜像卷 F，大小为 300GB，提交【磁盘管理】界面截图。

（4）新建一个 RAID-5 卷 G，大小为 500GB，提交【磁盘管理】界面截图。

（5）新建一个跨区卷 H，提交【磁盘管理】界面截图。

实训二

1. 项目背景

Jan16 公司有一台服务器，安装了 Windows Server 2016 系统，该服务器有 4 块磁盘，容量分别为 100GB、110GB、120GB、130GB，请根据以下要求管理该服务器的磁盘。

2. 项目要求

（1）新建一个 2GB 的带区卷 D，并在新建的卷上创建一个文本文件（输入一些数据），卸载一个磁盘（模拟存储中的一个磁盘损坏情况），查看能否成功读取刚刚创建的文件。

（2）新建一个 2GB 的镜像卷 E，并在新建的卷上创建一个文本文件（输入一些数据），卸载一个磁盘（模拟存储中的一个磁盘损坏情况），查看能否成功读取刚刚创建的文件；重新添加一个磁盘到计算机，查看能否在新磁盘上重建镜像卷。

（3）新建一个 2GB 的 RAID-5 卷 F，并在新建的卷上创建一个文本文件（输入一些数据），卸载一个磁盘（模拟存储中的一个磁盘损坏情况），查看能否成功读取刚刚创建的文件；重新添加一个磁盘到计算机，查看能否在新磁盘上重建 RAID-5 卷。请思考，如果同时损坏两块磁盘，RAID 的数据能否重建。

3. 提交项目实施的关键界面截图

（1）带区卷任务。

- 截取带区卷 D 被卸载一个磁盘时的【磁盘管理】界面。
- 带区卷 D 是否还可以读写文件？请截取关键截图，并简要分析原因。

（2）镜像卷任务。

- 截取镜像卷 E 被卸载一个磁盘时的【磁盘管理】界面。
- 镜像卷 E 是否还可以读写文件？请截取关键截图，并简要分析原因。
- 镜像卷 E 是否可以重建？如果可以，请截取任务实现的关键截图。

（3）RAID-5 卷任务。

- 截取 RAID-5 卷 F 被卸载一个磁盘时的【磁盘管理】界面。RAID-5 卷 F 是否还可以读写文件？请截取关键截图，并简要分析原因。RAID-5 卷 F 是否可以重建？如果可以，请截取任务实现的关键截图。
- 截取 RAID-5 卷 F 被卸载两个磁盘时的【磁盘管理】界面。RAID-5 卷 F 是否还可以读写文件？请截取关键截图，并简要分析原因。RAID-5 卷 F 是否可以重建？如果可以，请截取任务实现的关键截图。

项目4 部署业务部局域网

04

[项目学习目标]

（1）了解以太网、快速以太网、吉比特以太网和10吉比特以太网的概念。

（2）掌握IP地址的分类、专用地址与特殊地址的概念与应用。

（3）掌握局域网ARP的概念、工作原理与应用。

（4）掌握局域网的组建与维护、局域网常见故障检测与排除的业务实施流程。

项目描述

Jan16 公司新成立了业务部，为方便业务部员工使用 QQ、淘宝、微信等互联网平台开展品牌推广活动，公司为每个员工配备了一台计算机，并为部门部署了一台文件服务器，用于存放公司简介、产品简介、市场营销软文等内容。

公司要求网络管理员尽快为这批计算机配置 IP 地址，实现员工计算机和文件服务器的互联，并做好局域网的维护工作，为这批计算机后续接入信息中心网络及文件共享服务做好准备。业务部与信息中心互联拓扑图如图 4-1 所示。

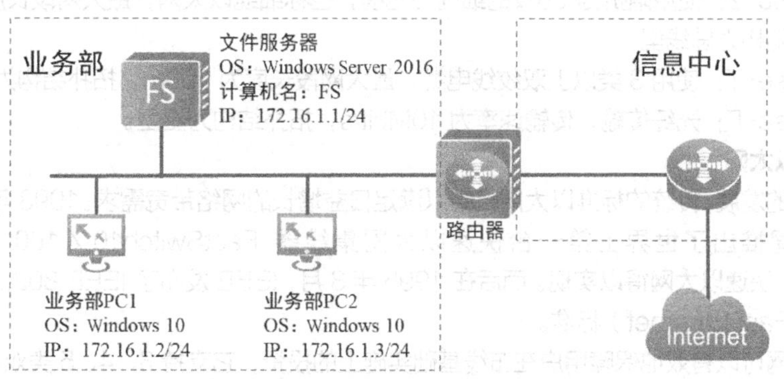

图 4-1 业务部与信息中心互联拓扑图

项目分析

局域网的组建需要网络管理员了解以太网的定义、ARP、IP 地址、MAC 通信等相关知识，局域网的运维则需要网络管理员熟练掌握局域网故障检测、局域网故障排除等技能。

在本项目中，文件服务器安装了 Windows Server 2016 系统，业务部的计算机 PC1 和 PC2 安装了 Windows 10 操作系统。根据项目目标，网络管理员需要为这些计算机配置 IP 地址，然后测试员工计算机和服务器之间是否能相互通信，涉及以下工作任务。

（1）组建业务部局域网：为业务部计算机和服务器配置 IP 地址，完成业务部局域网的组建。

（2）局域网维护与管理：掌握局域网常见的维护与管理技能，及时处理局域网故障。

相关知识

4.1 以太网

以太网最早由 Xerox 公司创建。1980 年，DEC、Intel 和 Xerox 这 3 家公司联合开发出以太网的统一标准。以太网是应用最为广泛的局域网，包括标准以太网（10Mbit/s）、快速以太网（100Mbit/s）、吉比特以太网（1Gbit/s）和 10 吉比特以太网（10Gbit/s），它们采用的是 CSMA/CD 访问控制法，都符合 IEEE 802.3 标准。

IEEE 802.3 标准规定了包括物理层的连线、电信号和介质访问层协议的内容。以太网是当前应用最普遍的局域网技术之一。20 世纪末，快速以太网飞速发展，目前吉比特以太网甚至 10 吉比特以太网正在国际组织和企业的推动下不断拓展应用范围。

1. 标准以太网

标准以太网只有 10Mbit/s 的吞吐量，使用的是带有冲突检测的载波侦听多路访问（CSMA/CD）的访问控制方法。标准以太网可以使用粗同轴电缆、细同轴电缆、非屏蔽双绞线、屏蔽双绞线和光纤等多种传输介质进行连接，IEEE 802.3 标准为不同的传输介质制定了不同的物理层规范。

常见的标准以太网所使用的规范如下。

- 10Base-5：使用阻抗为 50Ω 的粗同轴电缆，也称粗缆以太网，最大网段长度为 500m，基带传输，拓扑结构为总线型。
- 10Base-2：使用阻抗为 50Ω 的细同轴电缆，也称细缆以太网，最大网段长度为 185m，基带传输，拓扑结构为总线型。
- 10Base-T：使用 3 类以上双绞线电缆，最大网段长度为 100m，拓扑结构为星型。
- 10Base-F：光纤传输，传输速率为 10Mbit/s，拓扑结构为星型。

2. 快速以太网

随着网络的发展，传统的标准以太网已难以满足日益增长的网络带宽需求。1993 年 10 月，Grand Junction 公司推出了世界上第一台快速以太网集线器 FastSwitch10 / 100 和网络接口卡 FastNIC100，快速以太网得以实现。而后在 1995 年 3 月，IEEE 发布了 IEEE 802.3u 100Base-T 快速以太网（Fast Ethernet）标准。

快速以太网可以有效地保障用户在布线基础实施上的投资，它支持 3、4、5 类双绞线及光纤的连接，能有效地利用现有的设施。常见的快速以太网规范如下。

- 100Base-TX：一种使用 5 类以上双绞线的快速以太网。它使用两对双绞线，一对用于发送，一对用于接收数据，支持全双工的数据传输，信号频率为 125MHz。它的最大网段长度为 100m，拓扑结构为星型。
- 100Base-FX：一种使用光缆的快速以太网，可使用单模和多模光纤（62.5μm 和 125μm），多模光纤连接的最大距离为 550m，单模光纤连接的最大距离为 3000m。它支持全双工的数据传输，拓扑结构为星型。100Base-FX 特别适合有电气干扰的环境、较大距离连接或高保密环境等场合下使用。

3. 吉比特以太网

吉比特以太网是一种高速局域网，它可以提供 1Gbit/s 的通信带宽，采用和标准以太网、快速以太网同样的 CSMA/CD 协议、帧格式和帧长，技术规范完全兼容。因此吉比特以太网除了具有继承自标准以太网的优点，还具有升级平滑、实施容易、性价比高和易管理等优点。吉比特以太网技术适用于大中规模的园区网主干，从而实现吉比特主干、百兆交换到桌面的主流网络应用模式。

吉比特以太网技术有两个标准：IEEE 802.3z 和 IEEE 802.3ab。IEEE 802.3z 制定了光纤和短距离铜线连接方案的规范；IEEE 802.3ab 制定了 5 类双绞线上较长距离连接方案的规范。

（1）IEEE 802.3z

IEEE 802.3z 定义了基于光纤和短距离铜线的全双工链路规范，实现了 1000Mbit/s 的传输速率。IEEE 802.3z 的吉比特以太网规范如下。

- 1000Base-SX：传输介质为直径 62.5μm 或 50μm 的多模光纤，传输距离为 220～550m。
- 1000Base-LX：传输介质为直径 9μm 或 10μm 的单模光纤，传输距离为 5000m。
- 1000Base-CX：传输阻挠为 150Ω 的屏蔽双绞线（STP），传输距离为 25m。
- 1000Base-TX：传输介质为 6 类以上双绞线，用两对线发送，两对线接收，每对线支持 500Mbit/s 的单向数据速率，速率为 1Gbit/s，最大线缆长度为 100m。由于每对线缆本身不进行双向的传输，线缆之间的串扰就能大大降低。这种技术对网络的接口要求比较低，不需要非常复杂的电路设计，降低了网络接口的成本。但要达到 1000Mbit/s 的传输速率，要求带宽超过 100MHz，所以要求使用 6 类以上双绞线两对线接收，两对线发送，网络设备无须回声消除技术，这只有 6 类或更高的布线系统才能支持。

（2）IEEE 802.3ab

IEEE 802.3ab 定义了基于 5 类 UTP 的 1000Base-T 规范，其目的是在 5 类 UTP 上实现 1000Mbit/s 的传输速率。IEEE 802.3ab 标准的意义主要有以下两点。

- 保护用户在 5 类 UTP 布线系统上的投资。
- 1000Base-T 是 100Base-T 的自然扩展，与 10Base-T、100Base-T 完全兼容。不过，在 5 类 UTP 上达到 1000Mbit/s 的传输速率需要解决 5 类 UTP 的串扰和衰减问题。

IEEE 802.3ab 的吉比特以太网规范为 1000Base-T。1000Base-T 的传输介质为 5 类以上双绞线，用两对线发送，两对线接收，每对线支持 250Mbit/s 的双向数据速率（半双工），速率为 1Gbit/s，最大线缆长度为 100m。如果要全双工传输数据，则要求网络设备支持串扰/回声消除技术，并且布线系统必须为超 5 类以上。1000Base-T 不支持 8B/10B 编码方式，而是采用更加复杂的编码方式。1000Base-T 的优点是用户可以在原来 100Base-T 的基础上平滑升级到 1000Base-T。

4. 10 吉比特以太网

10 吉比特以太网的标准和规范都比较繁多，在标准方面，有 2002 年的 IEEE 802.3ae，2004 年的 IEEE 802.3ak，2006 年的 IEEE 802.3an 和 IEEE 802.3aq 等。仅上述 IEEE 标准中发布的规范就有 10 多个，这些规范在局域网中的应用可以根据传输介质分为以下两类。

（1）基于光纤的局域网 10 吉比特以太网规范

用于局域网的光纤 10 吉比特以太网规范有：10GBase-SR、10GBase-LR、10GBase-LRM、10GBase-ER、10GBase-ZR 和 10GBase-LX4 这 6 个。

- 10GBase-SR：10GBase-SR 中的 SR 是 Short Range（短距离）的缩写，表示仅用于短距离连接。
- 10GBase-LR：10GBase-LR 中的 LR 是 Long Range（长距离）的缩写，表示主要用于

长距离连接。

- 10GBase-LRM：10GBase-LRM 中的 LRM 是 Long Reach Multimode（长距离延伸多点模式）的缩写，表示主要用于长距离的多点连接模式；它在连接长度方面不如 10GBase-LX4，但是它的光纤模块比 10GBase-LX4 的光纤模块具有更低的成本和更低的电源消耗。
- 10GBase-ER：10GBase-ER 中的 ER 是 Extended Range（超长距离）的缩写，表示连接距离可以非常长，有效传输距离为 2m～40km。
- 10GBase-ZR：10GBase-ZR 中的 ZR 是 Ze best Range（最长距离）的缩写，表示连接距离最长，可达 80km。
- 10GBase-LX4：10GBase-LX4 规范在 IEEE 802.3ae 标准中发布，使用多模或单模暗光纤，主要适用于需要在一个光纤模块中同时支持多模和单模光纤的环境。多模光纤传输距离为 240～300m，单模光纤 10km 以上，根据电缆类型和质量，还能达到更远的距离。

（2）基于双绞线（或铜线）的局域网 10 吉比特以太网规范

在 2002 年发布的几个 10 吉比特以太网规范中并没有支持铜线这种廉价传输介质的，但事实上，像双绞线这类铜线在局域网中的应用是最普遍的，不仅成本低，而且还容易维护。所以在 2006 年后的几年间，IEEE 相继推出了多个基于双绞线（6 类以上）的 10 吉比特以太网规范，包括 10GBase-CX4、10GBase-KX4、10GBase-KR、10GBase-T。下面分别予以简单介绍。

- 10GBase-CX4：10GBase-CX4 规范使用 IEEE 802.3ae 中定义的 XAUI（10 吉比特附加单元接口）和用于 InfiniBand 的 4X 连接器，传输介质为“CX4 铜缆”（一种屏蔽双绞线）。它的有效传输距离仅 15m。
- 10GBase-KX4 和 10GBase-KR：10GBase-KX4 和 10GBase-KR 两个规范主要用于设备背板连接，如刀片服务器、路由器和交换机的集群线路卡，所以又称为“背板以太网”。
- 10GBase-T：10GBase-T 是基于屏蔽或非屏蔽双绞线，主要用于局域网的 10 吉比特以太网规范，最长传输距离为 100m。这可以算是 10 吉比特以太网一项革命性的进步，因为在此之前，人们普遍认为在双绞线上不可能实现这么高的传输速率，原因就是运行在这么高工作频率（至少为 500MHz）基础上的损耗太大。但标准制定者依靠以下 4 项技术构件使 10GBase-T 变为现实：损耗消除、模拟到数字转换、线缆增强和编码改进。

4.2 IP 与 IP 地址

Internet 使用的一个关键的底层协议是互联网协议（Internet Protocol，IP）。Internet 中的计算机使用一个共同遵守的通信协议，从而使 Internet 成为一个允许连接不同类型计算机和不同操作系统的网络。要在两台计算机之间进行通信，必须让两台计算机使用同一种“语言”。通信协议正像两台计算机交换信息所使用的“共同语言”，它规定了通信双方在通信中所应共同遵守的约定。

计算机的通信协议精确地定义了计算机在通信过程中的所有细节。例如，每台计算机发送的信息格式和含义，在什么情况下应发送规定的特殊信息，以及接收方的计算机应做出哪些应答等。IP 具有能适应各种各样网络硬件的灵活性，对底层网络硬件几乎没有任何要求，任何一个网络只要可以从一个地点向另一个地点传送二进制数据，就可以使用 IP 加入 Internet。如果希望能在 Internet 上进行交流和通信，则连上 Internet 的每台计算机都必须遵守 IP。为此使用 Internet 的每台计算机都必须运行 IP 软件，以便时刻准备发送或接收信息。

IP 对于网络通信有着重要的意义：网络中的计算机通过安装 IP 软件，使许许多多的局域网组成了一个庞大而又严密的通信系统，从而使 Internet 看起来好像是真实存在的，但实际上它是一种并不存在的虚拟网络，只不过是利用 IP 把所有愿意接入 Internet 的局域网连接起来，使得它们彼此之间能够进行通信。

4.2.1 IP 地址及其分类

IP 地址是按照 IP 规定的格式，为每一个正式接入 Internet 的主机所分配的、供全世界标识的唯一通信地址。目前全球广泛应用的 IP 是 4.0 版本，记为 IPv4，本书所讲 IP 地址除特殊说明外均指的是 IPv4 地址。

下面讲解 IP 地址的结构和编址方案。IP 地址使用 32 位二进制值来标识网络中的一个逻辑地址。习惯上把这个 32 位的数字划分为 4 个 8 位组，组之间用“.”隔开，然后用 0～255 的十进制数来表示这 4 个 8 位组，这就是点分十进制，其主要目的是方便记忆，如图 4-2 所示。

32位二进制数

网络号	主机号

每8位表示成一个十进制数

172	16	122	204

128 64 32 16 8 4 2 1

10101100	00010000	01111010	11001100

图 4-2　IP 地址结构

主机地址由网络号（netid）和主机号（hostid）两部分构成。网络号确定了该台主机所在的物理网络，它的分配必须全球唯一；主机号确定了在某一物理网络上的一台主机，它可由本地分配，不需要全球唯一。

根据网络规模，IP 地址分为 A～E 共 5 类，其中 A、B、C 类地址称为基本类，用于主机地址，大量 IP 地址都属于此类；D 类地址用于多播地址；E 类地址为保留地址，用于研究，如图 4-3 所示。

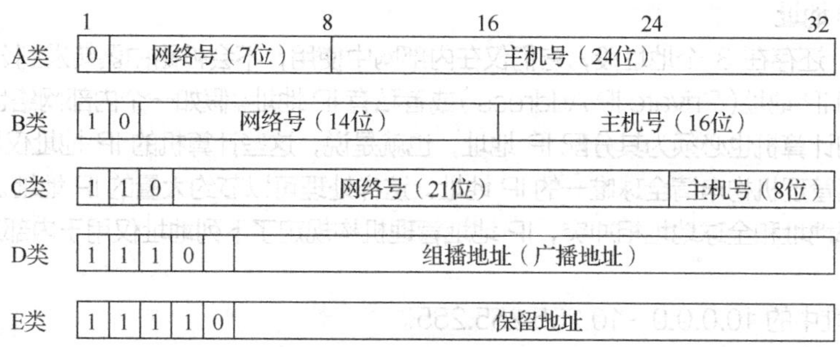

图 4-3　IP 地址编址方案

（1）A 类地址

A 类地址适用于超大型网络，前 8 位为网络号，后 24 位为主机号。A 类地址的特点如下。

- 第 1 位为 0。
- 网络号的范围为 1.0.0.0～126.0.0.0。
- 子网掩码为 255.0.0.0。
- 最大网络数为 127 个（1～126 是可用的，127 为测试使用的环回地址）。

网络中的最大主机数为 16777214（即 2^{24}-2）个，减 2 的原因是去掉一个主机号全 0 的地址和主机号全 1 的地址。全 0 的主机地址表示该网络的地址，全 1 的主机地址表示该网络的广播地址。

（2）B 类地址

B 类地址适用于中等规模的网络，前 16 位为网络号，后 16 位为主机号。B 类地址的特点如下。

- 前两位为 10。
- 网络号的范围为 128.0.0.0～191.255.0.0。

- 子网掩码为 255.255.0.0
- 最大网络数为 16384。
- 网络中的最大主机数为 65534（即 $2^{16}-2$）个。

（3）C 类地址

C 类地址适用于小规模的网络，前 24 位为网络号，后 8 位为主机号。C 类地址的特点如下。

- 前 3 位为 110。
- 网络号的范围为 192.0.0.0～223.255.255.0。
- 子网掩码为 255.255.255.0
- 最大网络数为 254。
- 网络中的最大主机数为 254（即 $2^{8}-2$）个。

（4）D 类地址

D 类地址用于多播，多播就是同时把数据发送给一组主机，只有那些已经登记可以接收多播地址的主机才能接收多播数据包。D 类地址的特点如下。

- 前 4 位为 1110。
- 网络号的范围为 224.0.0.0～239.255.255.255。
- 子网掩码为 255.255.255.255。

（5）E 类地址

E 类地址为保留地址，其特点如下。

- 前 4 位为 1111。

4.2.2 专用地址与特殊地址

1. 专用 IP 地址

IP 地址中，还存在 3 个地址段，它们仅在内部网中使用，不会被路由器转发到公网中。这些 IP 地址被称为专用 IP 地址（Private IP Address）或者私有 IP 地址。假如一个内部网络也采用 TCP/IP，那么对于内部的计算机也必须为其分配 IP 地址，也就是说，这些计算机的 IP 地址仅用于内部通信，而无须向互联网管理机构申请全球唯一的 IP 地址。这样处理可以节约大量的 IP 地址。

为避免内部地址和全球地址相冲突，IP 地址管理机构规定了下列地址仅用于内部通信而不作为全球地址。

- A 类地址中的 10.0.0.0～10.255.255.255。
- B 类地址中的 172.16.0.0～172.32.0.0。
- C 类地址中的 192.168.0.0～192.168.255.255。

2. 特殊 IP 地址

除了以上介绍的各类 IP 地址外，还有一些特殊的 IP 地址，它们中有的不能用作设备的 IP 地址，也不能用于互联网，具体如下。

（1）环回地址。127 网段的所有地址都称为环回地址，主要用于测试网络协议是否正常工作。例如执行 ping 127.0.0.1 命令就可以测试本地 TCP/IP 是否已经正常加载。在系统内部，环回地址还可用于机器内进程间的通信。

在 Windows 系统中，环回地址还称为 localhost，127 网段不允许出现在任何网络上。

（2）0.0.0.0。该地址用于表示默认路由，如果网络中设置了网关，系统就会自动产生一条目标地址为 0.0.0.0 的默认路由。

此外，0.0.0.0 还可以在 IP 数据包中用作源 IP 地址。例如在 DHCP 环境中，客户机启动时还没有 IP 地址，它在向 DHCP 服务器申请 IP 时，就可以把 0.0.0.0 作为自己的 IP 地址，目标地址为 255.255.255.255。

（3）255.255.255.255。该地址用于向局域网内所有主机通信，路由器会过滤这样的数据包，所以该地址仅用于局域网内部，如（2）中的示例。

（4）主机号全为 1 的地址。全为 1 的主机地址称为多播地址，主机用这类地址将一个 IP 数据包发送到本地网络的所有设备上，通常路由器会过滤这类地址，但是允许通过配置，将该数据包发送到特定网络的主机上。

多播地址只能用作目标地址。

（5）主机号全为 0 的地址。全为 0 的主机地址称为网络地址，用于表示本地网络。

（6）169.254.0.0/16。如果局域网中没有部署 DHCP 服务，那么客户机在试图自动获取 IP 地址时会因没有响应而为自己随机分配一个该网段（169.254.0.0/16）的 IP 地址，以用于与相同状况的客户机通信。如果网络中的主机的 IP 地址属于该网段，那么网络很可能出现了故障。

除了专用 IP 地址和特殊 IP 地址外，其余的 A、B、C 类地址可以在互联网上使用，它们被称为公网 IP 地址（Public IP Address）。

4.3 MAC 地址与 ARP

1. MAC 地址

MAC（Media Access Control，介质访问控制）地址是烧录在网卡里的。MAC 地址，也叫物理地址或硬件地址，长度为 48 位（6byte），由十六进制的数字组成，如 00-1F-3B-43-CF-97。

在网络底层的物理传输过程中，需要通过物理地址来识别主机。例如以太网卡，其物理地址是 48 位的整数，如 00-1F-3B-43-CF-97，以机器可读的方式存入主机接口中。以太网地址管理机构将以太网地址（也就是 48 位的不同组合）分为若干独立的连续地址组，生产以太网网卡的厂家就购买其中一组，具体生产时，逐个将唯一地址赋予以太网卡。

形象地说，MAC 地址就如同我们的身份证号码，具有全球唯一性。

2. ARP

IP 数据包常通过以太网发送，以太网设备并不识别 32 位 IP 地址，它们以 48 位以太网地址传输以太网数据包。因此，必须把 IP 目标地址转换成以太网目标地址。在以太网中，一个主机要和另一个主机进行直接通信，必须要知道目标主机的 MAC 地址。但这个目标 MAC 地址是如何获得的呢？它是通过地址解析协议获得的。ARP（Address Resolution Protocol，地址解析协议）用于将网络中的 IP 地址解析为硬件地址（MAC 地址），以保证通信的顺利进行。

（1）ARP 报文结构

ARP 的报文结构如图 4-4 所示。

<table>
<tr><td colspan="2">硬件类型</td><td colspan="2">协议类型</td></tr>
<tr><td>硬件地址长度</td><td>协议长度</td><td colspan="2">操作类型</td></tr>
<tr><td colspan="4">发送方的硬件地址（0～3字节）</td></tr>
<tr><td colspan="2">源物理地址（4～5字节）</td><td colspan="2">源IP地址（0～1字节）</td></tr>
<tr><td colspan="2">源IP地址（2～3字节）</td><td colspan="2">目标硬件地址（0～1字节）</td></tr>
<tr><td colspan="4">目标硬件地址（2～5字节）</td></tr>
<tr><td colspan="4">目标IP地址（0～3字节）</td></tr>
</table>

图 4-4　ARP 的报文结构

- 硬件类型：指明了发送方想知道的硬件接口类型，以太网的值为 1。
- 协议类型：指明了发送方提供的高层协议类型，IP 为 0800（十六进制）。
- 硬件地址长度和协议长度：指明了硬件地址和高层协议地址的长度，这样 ARP 报文就可以在任意硬件和任意协议的网络中使用。

- 操作类型：用来表示这个报文的类型，ARP 请求为 1，ARP 响应为 2，RARP 请求为 3，RARP 响应为 4。
- 发送方的硬件地址（0～3 字节）：源主机硬件地址的前 4 个字节。
- 源物理地址（4～5 字节）：源主机硬件地址的后两个字节。
- 源 IP 地址（0～1 字节）：源主机硬件地址的前两个字节。
- 源 IP 地址（2～3 字节）：源主机硬件地址的后两个字节。
- 目标硬件地址（0～1 字节）：目标主机硬件地址的前两个字节。
- 目标硬件地址（2～5 字节）：目标主机硬件地址的后 4 个字节。
- 目标 IP 地址（0～3 字节）：目标主机的 IP 地址。

（2）ARP 的工作原理

ARP 工作流程如图 4-5 所示。

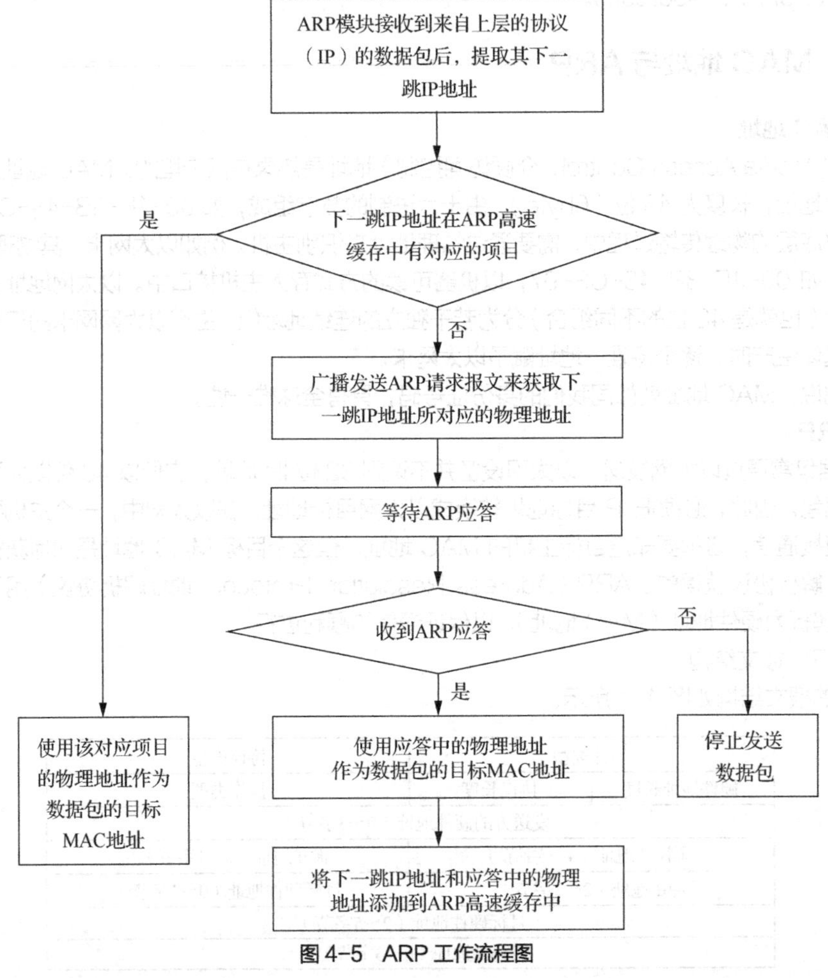

图 4-5　ARP 工作流程图

① 每台主机都会在自己的 ARP 缓冲区（ARP Cache）中建立一个 ARP 列表，以表示 IP 地址和 MAC 地址的对应关系。

② 当源主机需要将一个数据包发送到目标主机时，会先检查自己的 ARP 列表中是否存在该 IP 地址对应的 MAC 地址，如果有，就直接将数据包发送到这个 MAC 地址；如果没有，就向本地网段发起一个 ARP 请求的广播包，查询此目标主机对应的 MAC 地址。此 ARP 请求数据包包括源主机的

IP 地址、硬件地址，以及目标主机的 IP 地址。

③ 网络中所有的主机收到这个 ARP 请求后，会检查数据包中的目标 IP 地址是否和自己的 IP 地址一致。如果不相同就忽略此数据包；如果相同，该主机就将发送端的 MAC 地址和 IP 地址添加到自己的 ARP 列表中。如果 ARP 表中已经存在该 IP 地址的信息，则将其覆盖，然后给源主机发送一个 ARP 响应数据包，告诉对方自己是它需要查找的 MAC 地址。

④ 源主机收到这个 ARP 响应数据包后，将得到的目标主机的 IP 地址和 MAC 地址添加到自己的 ARP 列表中，并利用此信息开始数据的传输。如果源主机一直没有收到 ARP 响应数据包，表示 ARP 查询失败。

项目实施

任务 4-1 组建业务部局域网

V4-1 任务 4-1 演示视频

任务规划

业务部拥有 3 台计算机，其网络拓扑图如图 4-6 所示。

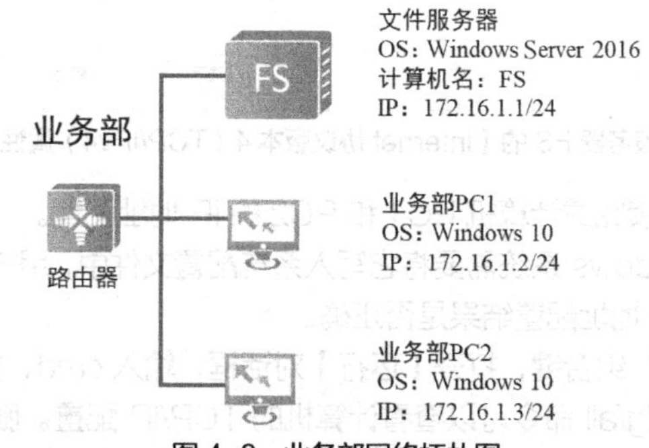

图 4-6 业务部网络拓扑图

网络管理员需要根据业务部网络拓扑为这 3 台计算机配置 IP 地址，实现业务部计算机间的互联互通，可通过以下几个步骤来完成。

（1）根据网络拓扑，为计算机和服务器配置 IP 地址。

（2）为方便测试，暂时禁用计算机和服务器的防火墙。

任务实施

1. 根据网络拓扑，为计算机和服务器配置 IP 地址

为服务器和计算机配置 IP 地址的过程是相同的，下面以服务器 FS 的 IP 地址配置过程为例来讲解 IP 地址的配置，具体步骤如下。

（1）右击桌面左下角的⊞按钮，在弹出的快捷菜单中选择【网络连接】命令。

（2）在弹出的【网络连接】管理窗口中，右击需要配置的网络适配器，在弹出的快捷菜单中选择【属性】命令。

（3）在弹出的【网络适配器属性】对话框中双击【Internet 协议版本 4（TCP/IPv4）】选项。

（4）在弹出的【Internet 协议版本 4（TCP/IPv4）属性】对话框中，选择【使用下面的 IP 地址】单选项，如图 4-7 所示。

（5）在【IP 地址】文本框中输入 172.16.1.1，在【子网掩码】文本框中输入 255.255.255.0，其余保持默认设置。最后单击【确定】按钮，完成 IP 地址的配置。

Internet 协议版本 4 (TCP/IPv4) 属性

常规

如果网络支持此功能，则可以获取自动指派的 IP 设置。否则，你需要从网络系统管理员处获得适当的 IP 设置。

○自动获得 IP 地址(O)
◉使用下面的 IP 地址(S):
IP 地址(I): 172 . 16 . 1 . 1
子网掩码(U): 255 . 255 . 255 . 0
默认网关(D): . . .
○自动获得 DNS 服务器地址(B)
◉使用下面的 DNS 服务器地址(E):
首选 DNS 服务器(P): . . .
备用 DNS 服务器(A): . . .
☐退出时验证设置(L) 高级(V)...
确定 取消

图 4-7 服务器 FS 的【Internet 协议版本 4（TCP/IPv4）属性】对话框

参考前面的步骤，可继续完成计算机 PC1 和 PC2 的 IP 地址配置。

配置好 IP 地址后，Windows 系统需要将它写入系统配置文件中，用户可以执行 ipconfig/all 命令查看系统配置文件，确认 IP 地址配置结果是否正确。

（6）按"Windows+R"组合键，打开【运行】对话框，输入 cmd，打开命令提示符窗口，在命令提示符窗口中执行 ipconfig/all 命令可以查看计算机的 TCP/IP 配置。服务器 FS、计算机 PC1 和 PC2 的 IP 和物理地址分别如图 4-8～图 4-10 所示。

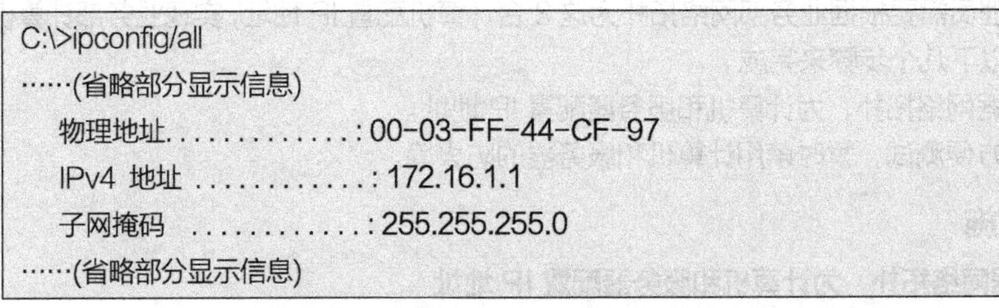

```
C:\>ipconfig/all
……(省略部分显示信息)
   物理地址. . . . . . . . . . . . . : 00-03-FF-44-CF-97
   IPv4 地址 . . . . . . . . . . . . : 172.16.1.1
   子网掩码  . . . . . . . . . . . . : 255.255.255.0
……(省略部分显示信息)
```

图 4-8 服务器 FS 的 IP 和 MAC 地址

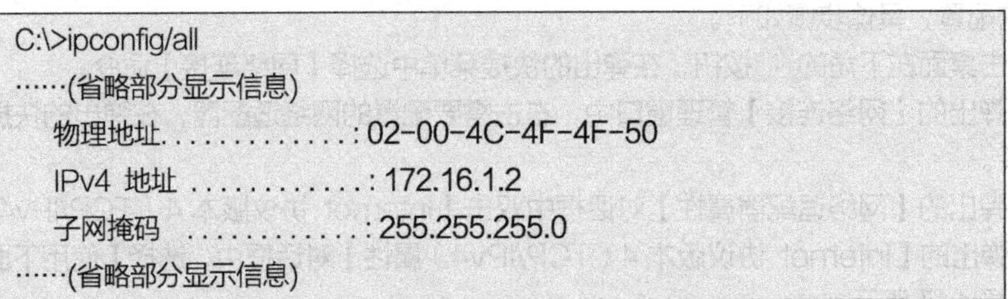

```
C:\>ipconfig/all
……(省略部分显示信息)
   物理地址. . . . . . . . . . . . . : 02-00-4C-4F-4F-50
   IPv4 地址 . . . . . . . . . . . . : 172.16.1.2
   子网掩码  . . . . . . . . . . . . : 255.255.255.0
……(省略部分显示信息)
```

图 4-9 计算机 PC1 的 IP 和 MAC 地址

```
C:\>ipconfig/all
……(省略部分显示信息)
  物理地址. . . . . . . . . . . . . : 00-03-FF-4A-CF-97
  IPv4 地址 . . . . . . . . . . . . : 172.16.1.3
  子网掩码  . . . . . . . . . . . . : 255.255.255.0
……(省略部分显示信息)
```

图 4-10 计算机 PC2 的 IP 和 MAC 地址

注意 **在实际运用中，经常会出现图形界面配置结果与 ipconfig/all 命令执行结果不一致的情况，这表明通过图形界面配置的 IP 地址并没有写入系统配置文件中。此时，可以通过插拔网线、禁用/启用网卡等方式解决。**

2. 为方便测试，暂时禁用计算机和服务器的防火墙

Windows Server 2016 系统默认启用了 Windows 防火墙，当没有更改任何设置时，用户在使用 ping[目标 IP]命令测试计算机间的连通性时，执行的结果为“请求超时”，如图 4-11 所示。

```
C:\>ping 172.16.1.2
正在 Ping 172.16.1.2 具有 32 字节的数据:
请求超时。
请求超时。
请求超时。
请求超时。
172.16.1.2 的 Ping 统计信息:
  数据包: 已发送 = 4，已接收 = 0，丢失 = 4 (100% 丢失)
```

图 4-11 防火墙阻止 ping 命令执行

因此，为满足网络测试需求，可以暂时禁用计算机的 Windows 防火墙，具体步骤如下。

（1）打开图 4-12 所示的【网络和共享中心】窗口，单击左下角的【Windows 防火墙】链接。

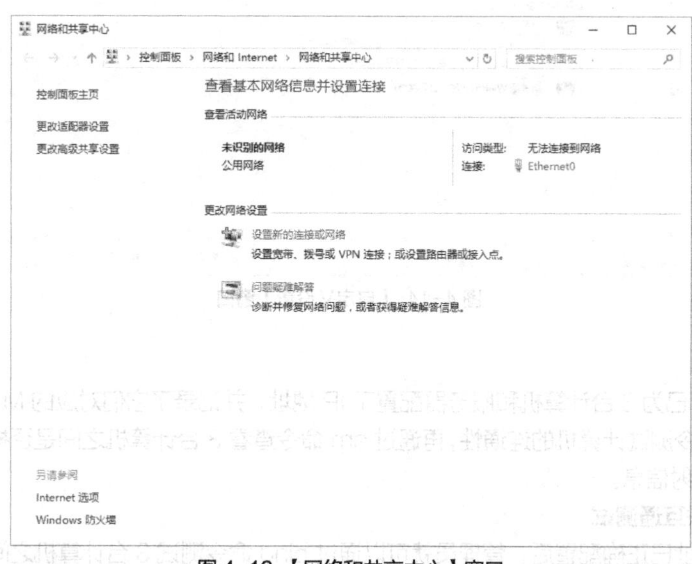

图 4-12 【网络和共享中心】窗口

（2）进入图 4-13 所示的【Windows 防火墙】窗口，单击窗口中左侧的【启用或关闭 Windows 防火墙】链接。

图 4-13 【Windows 防火墙】窗口

（3）进入【自定义设置】窗口后，选择【专用网络设置】和【公用网络设置】的【关闭 Windows 防火墙（不推荐）】单选项，如图 4-14 所示。然后单击【确定】按钮，完成关闭 Windows 防火墙的操作。

图 4-14 【自定义设置】窗口

任务验证

在本任务中，已为 3 台计算机和服务器配置了 IP 地址，并记录了它们对应的 MAC 地址，接下来可以通过 ping 命令测试计算机的连通性，再通过 arp 命令查看 3 台计算机之间是否相互学习到对方的 IP~MAC 地址映射信息。

计算机的互联互通测试

在确认 IP 地址已正确配置后，管理员就可以通过 ping 命令测试 3 台计算机之间能否相互通信。

在 3 台计算机中分别使用 ping[目标 IP]命令来测试本机能否访问另外两台计算机。

（1）在服务器 FS 上执行 ping 命令的结果如图 4-15 所示。

```
C:\>ping 172.16.1.2
正在 Ping 172.16.1.2 具有 32 字节的数据:
来自 172.16.1.2 的回复: 字节=32 时间=1ms TTL=128
来自 172.16.1.2 的回复: 字节=32 时间<1ms TTL=128
来自 172.16.1.2 的回复: 字节=32 时间<1ms TTL=128
来自 172.16.1.2 的回复: 字节=32 时间<1ms TTL=128
172.16.1.2 的 Ping 统计信息:
    数据包: 已发送 = 4，已接收 = 4，丢失 = 0 (0% 丢失),
往返行程的估计时间(以毫秒为单位):
    最短 = 0ms，最长 = 0ms，平均 = 0ms

C:\>ping 172.16.1.3
正在 Ping 172.16.1.3 具有 32 字节的数据:
来自 172.16.1.3 的回复: 字节=32 时间<1ms TTL=128
来自 172.16.1.3 的回复: 字节=32 时间<1ms TTL=128
来自 172.16.1.3 的回复: 字节=32 时间<1ms TTL=128
来自 172.16.1.3 的回复: 字节=32 时间<1ms TTL=128
172.16.1.3 的 Ping 统计信息:
    数据包: 已发送 = 4，已接收 = 4，丢失 = 0 (0% 丢失),
往返行程的估计时间(以毫秒为单位):
最短 = 0ms，最长 = 0ms，平均 = 0ms
```

图 4-15　执行 ping 命令的结果

在图 4-15 中可以看到服务器 FS 可以同 PC1 和 PC2 通信，执行 arp -a 命令可以进一步查看计算机学习到的 IP~MAC 地址映射信息。

（2）在服务器 FS 上执行 arp -a 命令的结果如图 4-16 所示，从中可以看到服务器 FS 已经学习到了 PC1 和 PC2 的 MAC 地址。

```
C:\>arp -a
接口: 172.16.1.1 --- 0x4
  Internet 地址        物理地址              类型
  172.16.1.2           02-00-4c-4f-4f-50     动态
  172.16.1.3           00-03-ff-4a-cf-97     动态
```

图 4-16　执行 arp -a 命令的结果

（3）在计算机 PC1 和 PC2 上执行 ping [目标 IP]和 arp -a 命令验证计算机连通性和查看 MAC 地址学习情况的操作同在服务器 FS 上类似，读者可以自行验证。

任务 4-2　局域网维护与管理

任务规划

业务部员工使用局域网一段时间后，发现部分计算机突然无法和其他计算机相互通信，网络管理员需要及时对网络故障进行检测，找到网络故障位置并排除故障。

依据局域网工作原理，可从物理层到数据链路层逐层进行故障排查。局域网故障的检测与排除可按照以下步骤实施。

（1）检测通信信号。

（2）检测 TCP/IP 是否正常加载。

（3）测试计算机 TCP/IP 是否正确配置。

（4）测试计算机同局域网其他主机能否正常通信。

任务实施

1. 检测通信信号

计算机和交换机连通后，网卡和交换机对应端口的指示灯都会出现亮灯和闪烁现象。闪烁表示有数据在传输，灯的不同颜色表示不同的传输速率。关于交换机和网卡灯的颜色信息可以查阅产品资料，不同厂商的标准略有不同。

当设备上的指示灯不亮时，可以通过以下步骤进行故障定位与排除。

（1）重新接插跳线，如果故障依然存在，可以更换跳线进行测试。

（2）当跳线不存在问题时，可以使用网络通断测线仪对网络传输链路进行测试，该项测试可以检测端接模块和线缆内部是否存在短路、开路和接线故障。

最常见的故障是端接模块故障，由于网络面板内的端接模块常常进行拔插操作，并且常年暴露在空气中，可能导致金属老化和氧化，所以可能会出现短路、开路（弹簧片没有弹性导致接触不良）等问题。如果是端接模块故障，则需要更换端接模块。

2. 检测 TCP/IP 是否正常加载

计算机在安装网络适配器驱动或者重新配置 TCP/IP 时，可能导致系统 TCP/IP 加载错误，并导致通信故障。

127.0.0.1 是一个环回地址，用户可以执行 ping 127.0.0.1 命令来检测本地计算机是否成功加载了 TCP/IP。

127.0.0.1 是给本机环回接口所预留的 IP 地址，它用于让上层应用联系本机。当数据到了 IP 层发现目标地址是自己，则会被环回驱动程序送回。因此通过这个地址也可以测试 TCP/IP 的加载是否成功。

TCP/IP 加载成功的执行结果如图 4-17 所示。

```
C:\>ping 127.0.0.1
正在 Ping 127.0.0.1 具有 32 字节的数据:
来自 127.0.0.1 的回复: 字节=32 时间<1ms TTL=128
来自 127.0.0.1 的回复: 字节=32 时间<1ms TTL=128
来自 127.0.0.1 的回复: 字节=32 时间<1ms TTL=128
来自 127.0.0.1 的回复: 字节=32 时间<1ms TTL=128
127.0.0.1 的 Ping 统计信息:
    数据包: 已发送 = 4，已接收 = 4，丢失 = 0 (0% 丢失),
往返行程的估计时间(以毫秒为单位):
    最短 = 0ms，最长 = 0ms，平均 = 0ms
```

图 4-17　TCP/IP 加载成功的执行结果

如果 TCP/IP 加载错误，则执行结果如图 4-18 所示。其中，"错误代码 1231"是指不能访问网络位置，目标主机无法到达。

当检测到TCP/IP 未能正常加载时，可以通过以下步骤进行故障定位与排除。

（1）右击桌面左下角的按钮，在弹出的快捷菜单中选择【设备管理器】命令，在【设备管理器】窗口中选择【网络适配器】选项，在展开的列表中可以看到本机安装的网络适配器的列表。如果计算机安装有多个网络适配器，用户可右击出现网络故障的相应网络适配器，在弹出的快捷菜单中选择【卸载】命令，卸载该网络适配器，如图 4-19 所示。

```
C:\>ping 127.0.0.1
正在 Ping 127.0.0.1 具有 32 字节的数据:
PING: 传输失败，错误代码 1231。
PING: 传输失败，错误代码 1231。
PING: 传输失败，错误代码 1231。
PING: 传输失败，错误代码 1231。
127.0.0.1 的 Ping 统计信息:
  数据包: 已发送 = 4，已接收 = 0，丢失 = 4 (100% 丢失)
```

图 4-18　TCP/IP 加载错误的执行结果

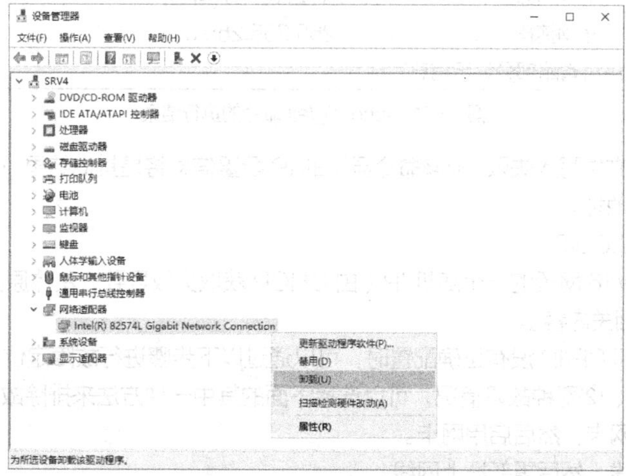

图 4-19　卸载网络适配器

（2）卸载完成后，右击【网络适配器】选项，在弹出的快捷菜单中选择【扫描检测硬件改动】命令，如图 4-20 所示。系统将通过自动搜索新硬件，完成刚刚卸载的网络驱动器的安装，相应的 TCP/IP 驱动也将自动重新加载。

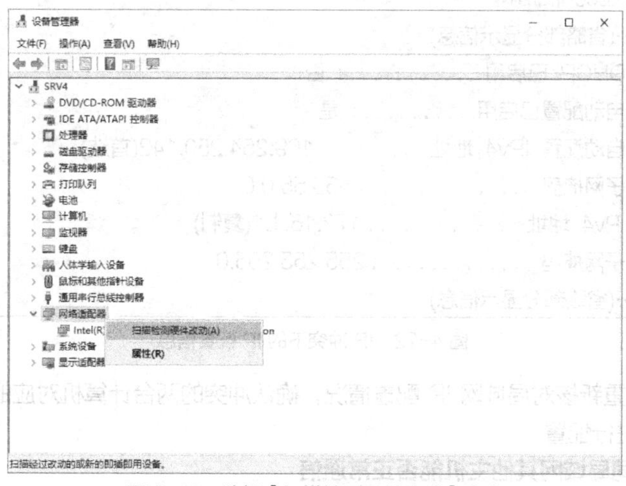

图 4-20　选择【扫描检测硬件改动】命令

3. 测试计算机 TCP/IP 是否正确配置

在给计算机配置 IP 地址时，计算机会将图形界面的配置结果写入系统配置文件中。但 Windows 系统写入配置文件的过程并不是 100%成功的，当写入失败时，计算机将无法正常通信。因此，这种故障往往较为隐蔽。我们可以通过执行 ipconfig/all 命令来查看网络的详细配置信息，确认系统配置文件的 IP 地址是否写入成功。

例如给一台计算机配置 IP 地址（IP 地址为 172.16.1.1，子网掩码为 255.255.255.0）后，可以查看 ipconfig/all 命令的执行结果。正确的配置结果应如图 4-21 所示。

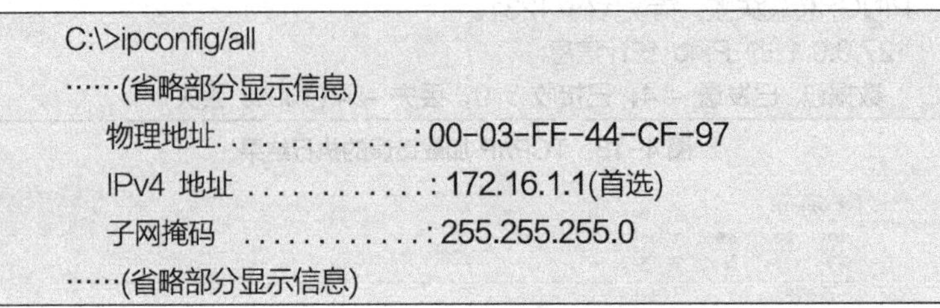

```
C:\>ipconfig/all
……(省略部分显示信息)
    物理地址. . . . . . . . . . . . : 00-03-FF-44-CF-97
    IPv4 地址 . . . . . . . . . . . : 172.16.1.1(首选)
    子网掩码  . . . . . . . . . . . : 255.255.255.0
……(省略部分显示信息)
```

图 4-21 ipconfig/all 命令的执行结果

如果系统的配置文件写入失败，则该命令显示的 IP 配置信息将是其他结果，可能是如下几种情况。

① 变更前的 IP 地址。

② IP 地址为 0.0.0.0/0。

③ 169.254.0.0/16 网段的一个随机 IP（由 DHCP 获取失败导致，具体原因查看“项目 8 部署企业 DHCP 服务”相关内容）。

当检测到计算机 TCP/IP 没有正确配置时，可以通过以下步骤进行故障定位与排除。

（1）如果是第①、②两种故障情况，可以选择下面的其中一种方法来排除故障。

方法 1：先禁用网卡，然后启用网卡。

方法 2：拔出网线，然后重新插上网线。

（2）如果是第③种故障情况，则是因为该计算机配置的 IP 地址和局域网的其他计算机 IP 地址一致，引发 IP 冲突。这时，计算机会弹出警告对话框，提示 IP 地址冲突（如果出现 IP 冲突情况，计算机将给本机随机分配 169.254.0.0/16 网段的一个 IP）。IP 冲突下的 IP 配置信息如图 4-22 所示。

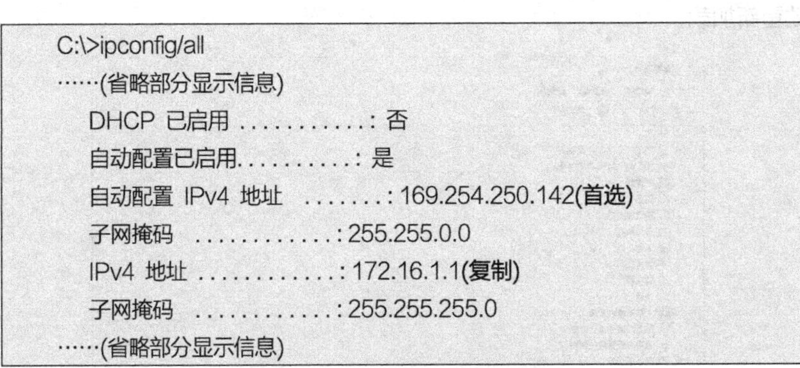

```
C:\>ipconfig/all
……(省略部分显示信息)
    DHCP 已启用 . . . . . . . . . . . : 否
    自动配置已启用. . . . . . . . . . : 是
    自动配置 IPv4 地址  . . . . . . . : 169.254.250.142(首选)
    子网掩码  . . . . . . . . . . . . : 255.255.0.0
    IPv4 地址 . . . . . . . . . . . . : 172.16.1.1(复制)
    子网掩码  . . . . . . . . . . . . : 255.255.255.0
……(省略部分显示信息)
```

图 4-22 IP 冲突下的 IP 配置信息

这时，用户应该重新核对局域网 IP 配置情况，确认冲突的两台计算机对应的 IP 地址，并按正确的 IP 地址对计算机进行配置。

4. 测试计算机同局域网其他主机能否正常通信

确认计算机的 TCP/IP 正常加载和配置后，用户可以使用 ping 命令测试计算机与局域网的其他计算机能否正常通信，正常通信的结果如图 4-23 所示。

```
C:\>ping 172.16.1.2
正在 Ping 172.16.1.2 具有 32 字节的数据:
来自 172.16.1.2 的回复: 字节=32 时间=1ms TTL=128
来自 172.16.1.2 的回复: 字节=32 时间<1ms TTL=128
来自 172.16.1.2 的回复: 字节=32 时间<1ms TTL=128
来自 172.16.1.2 的回复: 字节=32 时间<1ms TTL=128
172.16.1.2 的 Ping 统计信息:
    数据包: 已发送 = 4，已接收 = 4，丢失 = 0 (0% 丢失),
往返行程的估计时间(以毫秒为单位):
    最短 = 0ms，最长 = 1ms，平均 = 0ms
```

图 4-23　执行 ping 172.16.1.2 命令正常通信的结果

但是如果出现网络故障，则 ping 命令会出现几种不同的响应结果，下面就介绍几种常见的故障及相应的排查步骤。

执行 ping 命令的结果为“请求超时”，如图 4-24 所示。

```
C:\>ping 172.16.1.3
正在 Ping 172.16.1.3 具有 32 字节的数据:
请求超时。
请求超时。
请求超时。
请求超时。
172.16.1.3 的 Ping 统计信息:
    数据包: 已发送 = 4，已接收 = 0，丢失 = 4 (100% 丢失),
```

图 4-24　执行 ping 172.16.1.3 命令超时

此时，可以针对以下几种故障现象进行故障排除。

① 对方主机拒绝 ICMP 回复。

如果目标主机运行了防火墙（如系统默认启用的 Windows 防火墙或者安装了安全卫士软件，如 360 杀毒软件等），在执行 ping 命令时就会出现“请求超时”现象。

在执行 ping 命令时，ARP 会尝试解析目标主机（IP）的 MAC 地址，如果对方存在，则会主动响应 ARP，此时本机应该在 ARP 缓存中记录目标主机的 IP～MAC 地址映射信息。我们可以执行 arp -a 命令查看结果，正常的结果如图 4-25 所示。

```
C:\>arp -a
接口: 172.16.1.1 --- 0xb
  Internet 地址         物理地址              类型
  172.16.1.3            00-03-ff-4a-cf-97     动态
……(省略部分显示信息)
```

图 4-25　执行 arp -a 命令正常的结果

能学习到目标主机的 MAC 地址证明本机和目标主机通信成功，测试期间临时关闭防火墙后，ping 命令就可以收到对方的响应数据包。

因此，ping 命令返回错误并不代表目标主机无法连通，此时可以通过 arp -a 命令来进一步验证。

② 对方主机不存在。

对方可能运行的是 Windows Server 2008 或者更老版本的操作系统，用户必须到目标主机上检查其是否开机或 IP 地址配置是否正确。

如果对方的 IP 地址没有正确配置或者对方主机不存在，在 Windows Server 2016 系统上执行 ping 命令的结果为“目标主机无法访问”，如图 4-26 所示。此时同样需要到对方主机上核查。

```
C:\>ping 172.16.1.4
正在 Ping 172.16.1.4 具有 32 字节的数据:
来自 172.16.1.1 的回复: 目标主机无法访问。
来自 172.16.1.1 的回复: 目标主机无法访问。
来自 172.16.1.1 的回复: 目标主机无法访问。
来自 172.16.1.1 的回复: 目标主机无法访问。
172.16.1.4 的 Ping 统计信息:
    数据包: 已发送 = 4，已接收 = 4，丢失 = 0 (0% 丢失),
```

图 4-26　执行 ping 172.16.1.4 命令的结果

③ 本机 ICMP 通信故障。

如果本机的 ARP 表没有学习到目标主机的 MAC 地址，则需要到目标主机上做进一步测试。

在目标主机上测试时，如果目标主机与其他计算机通信正常，而本机始终无法与其他计算机通信，则本机的 ICMP 可能出现了故障，可以参考本任务的第 3 点进行排障。

以下是其他常见局域网通信故障的检测与排除方法。

（1）永久链路性能故障

永久链路一般在工程验收时都做过验收测试，且该链路出现故障的概率较低，除非未进行验收的认证测试或者是使用时发生了改变链路通信质量的事件。

例 1：工程验收后又在线缆附近安装了大功率的电器，导致线缆经过该区域时受到强电磁场影响，造成信号衰减和失真。

例 2：在无专业人员指导的情况下改动网络链路，可能因为二次施工导致线缆内部结构被破坏而产生串扰、回波损耗等故障。

如果怀疑是线缆通信质量问题，可以通过福禄克/安捷伦线缆认证测试仪进行故障测试，可根据仪表的测试结果进行故障定位，再根据故障位置进行修复。如果无法修复就只能重新布线。

（2）网卡硬件故障

网络适配器在使用过程中，可能会由于静电、短路等导致网络适配器损坏，有时只会损坏一些元件。有些元件的损坏只会影响网络的通信，但是计算机还是可以正确识别网络适配器，并正确安装相应驱动。这种故障隐蔽性较强，用户如果完成以上所有故障排查后仍然无法解决，可以尝试更换一个网络适配器来验证。

如果确定为网卡硬件故障，则必须更换网络适配器。

练习与实践

理论习题

1．ARP 的主要功能是（　　）。

A．将 IP 地址解析为物理地址　　　　B．将物理地址解析为 IP 地址

C. 将主机名解析为 IP 地址　　D. 将 IP 地址解析为主机名

2. (　　) 不属于数据链路层的功能。

A. 组帧　　B. 物理编址　　C. 接入控制　　D. 服务点编址

3. 在 Cat5e 传输介质上运行吉比特以太网的协议是 (　　)。

A. 100Base-T　　B. 1000Base-T

C. 1000Base-TX　　D. 1000Base-LX

4. 以下对 MAC 地址描述正确的是 (　　)。

A. 由 32 位二进制数组成　　B. 由 48 位二进制数组成

C. 前 6 位二进制由 IEEE 分配　　D. 后 6 位十六进制由 IEEE 分配

5. IP 地址是 202.114.18.10，子网掩码是 255.255.255.252，其广播地址是 (　　)。

A. 202.114.18.255　　B. 202.114.18.12

C. 202.114.18.11　　D. 202.114.18.8

6. 192.108.192.0 属于 (　　) IP 地址。

A. A 类　　B. B 类　　C. C 类　　D. D 类

7. 如果子网掩码是 255.255.255.128，主机地址为 195.16.15.14，则在该子网掩码下最多可以容纳 (　　) 个主机。

A. 254　　B. 126　　C. 30　　D. 62

8. IP 地址是 202.114.18.190/26，其网络地址是 (　　)。

A. 202.114.18.128　　B. 202.114.18.191

C. 202.114.18.0　　D. 202.114.18.190

9. IP 地址 (　　) 可以和 202.101.35.45/27 直接通信。

A. 202.101.35.31/27　　B. 202.101.36.12/27

C. 202.101.35.60/27　　D. 202.101.35.63/27

10. (　　) 不能用在互联网上。

A. 172.16.20.5　　B. 10.103.202.1

C. 202.103.101.1　　D. 192.168.1.1

11. IP 地址 (　　) 属于私有地址。

A. 10.1.2.1　　B. 191.108.3.5

C. 224.106.9.10　　D. 172.33.10.9

项目实训题

1. 项目背景与需求

Jan16 公司为满足财务部数字化办公的需求，近期采购了 4 台计算机，并已完成综合布线，将这 4 台计算机接入一台交换机。财务部网络拓扑图如图 4-27 所示。

公司要求网络管理员尽快完成财务部局域网的组建，具体需求如下。

（1）考虑到财务部的特殊性，财务部计算机不接入公司网络，独立运行。

（2）为财务部各计算机规划 IP 地址。

（3）根据规划，为财务部 4 台计算机配置 IP 地址。

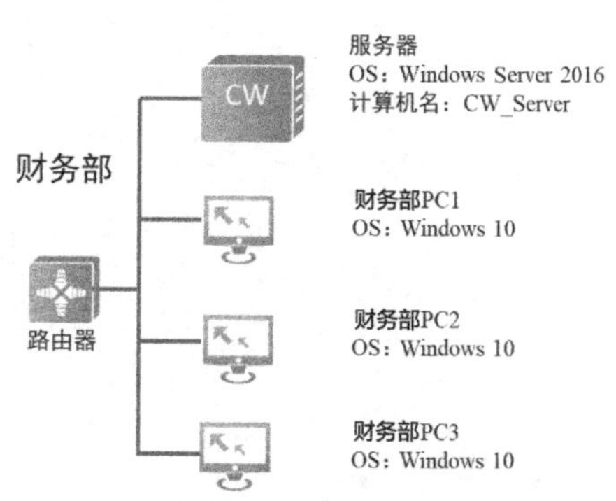

图 4-27　财务部网络拓扑图

2. 项目实施要求

（1）根据项目背景规划财务部各计算机的 IP 信息，完成后填入表 4-1～表 4-4 中。

表 4-1 服务器的 IP 信息规划表

IP 信息	
计算机名	
IP/掩码	
网关	

表 4-2 PC1 的 IP 信息规划表

IP 信息	
计算机名	
IP/掩码	
网关	

表 4-3 PC2 的 IP 信息规划表

IP 信息	
计算机名	
IP/掩码	
网关	

表 4-4 PC3 的 IP 信息规划表

IP 信息	
计算机名	
IP/掩码	
网关	

（2）根据项目要求，完成计算机的互联互通，并截取以下结果的界面。

- 在 4 台计算机的命令提示符窗口执行 ipconfig/all 命令的结果。
- 在服务器的命令提示符窗口执行 ping[PC1~PC3]命令的结果。
- 在服务器的命令提示符窗口执行 arp -a 命令的结果。

（3）结合本项目相关知识和该实训任务，简要描述 ARP 的工作过程。

项目5
部署信息中心文件共享服务

[项目学习目标]

（1）掌握文件共享、文件共享权限的概念与应用。

（2）掌握实名共享与匿名共享的概念与应用。

（3）掌握NTFS权限中标准访问权限和特殊访问权限的概念与应用。

（4）掌握文件共享权限与NTFS权限的协同应用。

（5）掌握企业文件共享服务的部署业务实施流程。

项目描述

Jan16 公司信息中心由网络管理组和系统管理组构成，分别负责公司基础网络和应用服务的日常维护与管理。

维护与管理公司网络的过程需要填写大量的纸质日志和文档，为方便这些日志和文档的管理，信息中心决定将它们以电子文档的形式存放在公司的文件服务器上，项目相关信息如下。

（1）信息中心组织结构图如图 5-1 所示，信息中心网络拓扑规划图如图 5-2 所示。

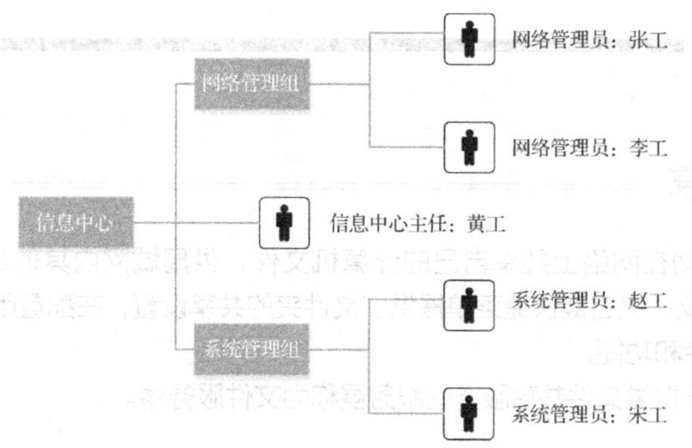

图 5-1　信息中心组织结构图

（2）公司的文件服务器安装了 Windows Server 2016 系统，对提供的文件共享服务要求如下。

① 为信息中心所有员工提供一个“网络运维工具”共享目录，允许上传和下载。

② 为信息中心所有员工提供一个“私有共享空间”，方便员工办公。

③ 为信息中心建立“信息中心日志文档”目录，并建立两个子目录“网络管理组”和“系统管理

组”。要求网络管理组员工可以读写“网络管理组”文件夹，可以读取“系统管理组”文件夹；要求系统管理组员工可以读写“系统管理组”文件夹，可以读取“网络管理组”文件夹，方便信息中心员工维护日志、协同信息。

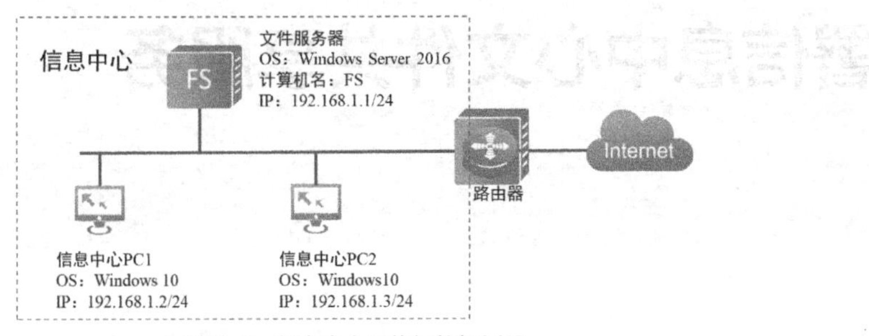

图 5-2　信息中心网络拓扑规划图

项目分析

Windows Server 2016 系统的文件共享服务可以提供匿名共享和实名共享服务，在访问权限的设置上还可依据 NTFS 权限为用户或组进行不同的设置，将共享服务、共享服务权限和 NTFS 权限配合使用即可实现本项目的要求。

根据该公司网络拓扑规划和项目需求，本项目可以通过以下工作任务来完成。

（1）为信息中心部署网络运维工具下载服务：在文件服务器部署“网络运维工具”匿名共享目录，允许所有人上传和下载。

（2）为信息中心员工部署个人网盘：在文件服务器部署实名共享目录（个人网盘），仅允许信息中心员工本人访问。

（3）为网络管理组和系统管理组部署资源协同空间：在文件服务器部署共享，实现网络管理组和系统管理组信息的协同。

相关知识

5.1　文件共享

文件共享是指主动在网络上共享自己的计算机文件，供局域网内其他计算机使用。Windows Server 2016 系统的文件夹右键快捷菜单提供了文件夹的共享设置，在配置用户共享时，系统会自动安装文件共享服务角色和功能。

在网络中专门用于提供文件共享服务的服务器称为文件服务器。

5.2　文件共享权限

在文件服务器上部署共享可以设置多种用户访问权限，常见的有读取、读取/写入权限。

- 读取：允许用户浏览和下载共享目录及子目录的文件。
- 读取/写入：用户除具备读取的权限外，还可以新建、删除和修改共享目录及子目录的文件和文件夹。

5.3 文件共享的访问账户类型

文件服务器针对访问账户设置了两种类型：匿名账户和实名账户。

- 匿名账户：在 Windows 系统中匿名账户一般指 Guest 账户，但在匿名访问的共享目录中授权时通常用 Everyone 账户进行授权。客户端要访问共享目录，需要在文件服务器启用 Guest 账户。
- 实名账户：用户在访问共享目录时需要输入特定的账户名称和密码。默认情况下这些账户都是由文件服务器创建的，并用于共享目录的授权。如果有大量的账户需要授权，则一般会新建组账户，然后在共享中对组账户授权来间接完成用户账户的授权（用户账户继承组账户的权限）。

5.4 NTFS 权限

相对于 FAT 和 FAT32，NTFS 具有支持长文件名、数据保护、数据恢复、更大的磁盘/卷空间、文件加密、磁盘压缩、磁盘限额等功能。因此，NTFS 目前已成为 Windows 服务器常用的文件系统。

NTFS 权限的配置与管理通常分为两类：标准访问权限和特殊访问权限。

5.4.1 标准访问权限

标准访问权限主要是指常用的 NTFS 权限，包括读取、写入、列出文件夹目录、读取与运行、修改、完全控制。

- 读取：用户可以查看目录中的文件和子文件夹，还可以查看文件的属性、权限和所有权。
- 写入：用户可以创建新文件和子文件夹，还可以更改文件夹的属性及查看文件夹权限和所有权。
- 列出文件夹目录：用户除了拥有“读取”的所有权限，还可以遍历子文件夹。
- 读取和执行：用户除了“读取”的所有权限，还可以运行文件夹下的可执行文件，权限和“列出文件夹目录”的相同，只是权限继承方面有所区别。“列出文件夹目录”权限只能由文件夹继承，而“读取和执行”是由文件夹和文件同时继承。
- 修改：除了能够执行“读取”“写入”“列出文件夹目录”“读取和执行”权限提供的操作，用户还可以删除、重命名文件和文件夹。
- 完全控制：用户可以执行所有其他权限的操作，可以取得所有权、更改权限及删除文件和子文件夹。

5.4.2 特殊访问权限

标准访问权限可以满足大部分场景，但对于权限管理要求严格的项目，标准访问权限就无法满足需求了，示例如下。

例 1：只赋予指定用户创建文件夹的权限，但没有创建文件的权限。

例 2：只允许指定用户删除当前目录中的文件，但不允许删除当前目录中的子目录。

显然这两个示例都无法通过设置标准访问权限来完成，它需要用到更高级的特殊访问权限功能。特殊访问权限主要包括遍历文件夹/运行文件、列出文件夹/读取数据、读取属性、读取扩展属性、创建文件/写入数据、创建文件夹/附加数据、写入属性、写入扩展属性、删除子文件夹及文件、删除当前文件夹及文件、读取权限、更改权限、取得所有权，具体如下。

- 遍历文件夹/运行文件：该权限允许用户在文件夹及其子文件夹之间移动（遍历），即使这些文件夹本身没有访问权限。对于文件来说，还允许用户执行程序文件。
- 列出文件夹/读取数据：该权限允许用户查看文件夹中的文件名称、子文件夹名称和查看文件中的数据。

- 读取属性：该权限允许用户查看文件或文件夹的属性（如只读、隐藏等属性）。
- 读取扩展属性：允许或拒绝查看文件或文件夹的扩展属性。
- 创建文件/写入数据：该权限允许用户在文件夹中创建新文件，也允许将数据写入现有文件并覆盖现有文件中的数据。
- 创建文件夹/附加数据：该权限允许用户在文件夹中创建新文件夹或允许用户在现有文件的末尾添加数据，但不能对文件现有的数据进行覆盖、修改，也不能删除数据。
- 写入属性：该权限允许用户更改文件或文件夹的属性，例如只读或隐藏。
- 写入扩展属性：该权限允许用户对文件或文件夹的扩展属性进行修改。
- 删除子文件夹及文件：该权限允许用户删除文件夹中的子文件夹及文件。
- 删除当前文件夹及文件：该权限允许用户删除当前文件夹及文件。
- 读取权限：该权限允许用户读取文件或文件夹的权限列表。
- 更改权限：该权限允许用户改变文件或文件夹上的现有权限。
- 取得所有权：该权限允许用户获取文件或文件夹的所有权，一旦获取了所有权，用户就可以对文件或文件夹进行全权控制。

5.5 文件共享权限与 NTFS 权限

在文件服务器中可以通过文件共享权限配置用户对共享目录的访问权限，但是如果该共享目录所在磁盘为 NTFS 磁盘，则该目录的访问权限还会受到 NTFS 权限的限制。

因此，用户访问 NTFS 共享文件夹时，将受到 NTFS 权限和共享权限的双重约束。例如：用户 user 对共享目录 share 具有写入权限，但 NTFS 权限限制 user 写入，则用户 user 将不具备该共享目录的写入权限，也就是只有当文件共享权限和 NTFS 权限都允许写入时，用户才被允许写入。

在实际应用中，经常在文件共享权限中配置较大的权限，然后通过限制 NTFS 权限来实现用户对文件服务器共享目录的访问权限的配置。这个原则可以用一句话来概括：共享权限最大化，NTFS 权限最小化。

项目实施

任务 5-1 为信息中心部署网络运维工具下载服务

V5-1 任务 5-1
演示视频

任务规划

公司网络管理部需要在文件服务器上创建共享文件夹“网络运维工具”，并将日常运维工具放置在该共享文件夹中，以方便信息中心员工在维护和管理公司网络和计算机时使用这些工具，信息中心员工对该共享文件夹有上传和下载权限。

要实现本任务的文件共享服务，可通过以下两个步骤来完成。

（1）在文件服务器上创建一个“网络运维工具”文件夹。

（2）将“网络运维工具”文件夹配置为共享，共享权限为允许任何人读取和写入。

任务实施

1. 在文件服务器上创建一个“网络运维工具”文件夹

在 IP 为 192.168.1.1 的文件服务器的 D 盘下创建名为“网络运维工具”的文件夹。

2. 将“网络运维工具”文件夹配置为共享，共享权限为允许任何人读取和写入

（1）右击“网络运维工具”文件夹，在弹出的快捷菜单中选择【共享】子菜单下的【特定用户】命令，如图 5-3 所示。

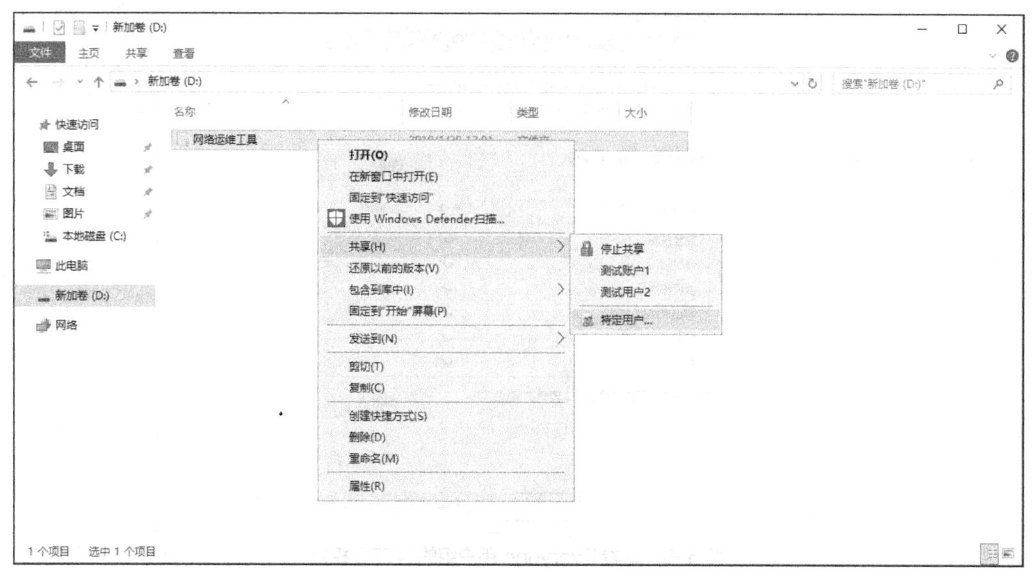

图 5-3　共享特定用户

（2）在打开的【文件共享】窗口的用户列表中选择【Everyone】选项，单击【添加】按钮，将“Everyone 用户组的权限级别设置为读取/写入，如图 5-4 所示。

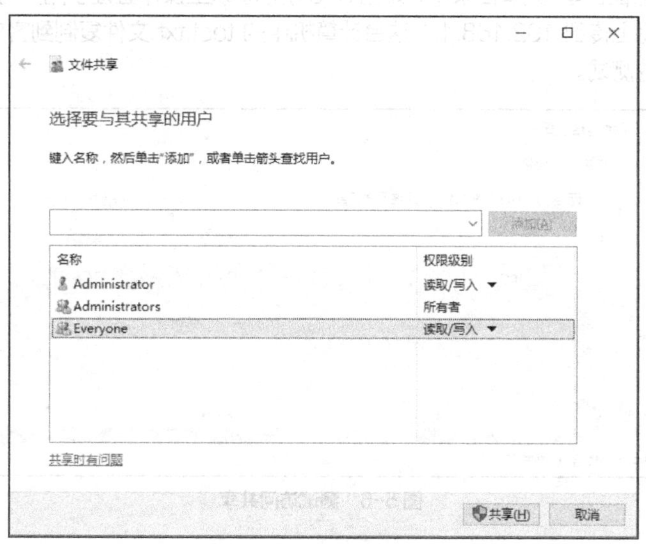

图 5-4　共享权限配置

（3）单击【共享】按钮，在弹出的【网络发现和文件共享】对话框中单击【是，启用所有公用网络的网络发现和文件共享】按钮，完成文件共享任务的实施。

（4）右击“网络运维工具”文件夹，在弹出的快捷菜单中选择【属性】命令，在打开的【网络运维工具 属性】对话框的【安全】选项卡中，可以看到“Everyone 用户组已具备完全控制权限。配置共享文件夹后，文件夹的 NTFS 权限会自动与共享文件夹的权限保持一致，如图 5-5 所示。

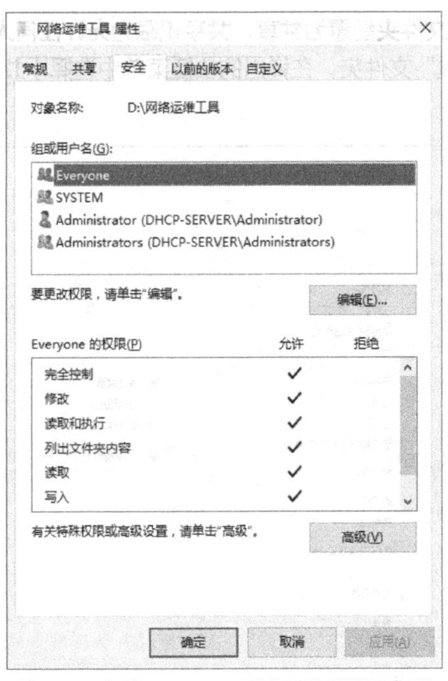

图 5-5　查看 Everyone 用户组的 NTFS 权限

任务验证

在客户机的资源管理器中访问地址\\192.168.1.1，打开网络共享文件夹，将客户机上的 test.txt 文件上传到“网络运维工具”共享目录中，如图 5-6 所示。以上操作验证了用户可以访问该共享目录，并具备写入权限；将上传到 192.168.1.1 这台计算机中的 test.txt 文件复制到客户机的任何目录中，即可完成下载权限的测试。

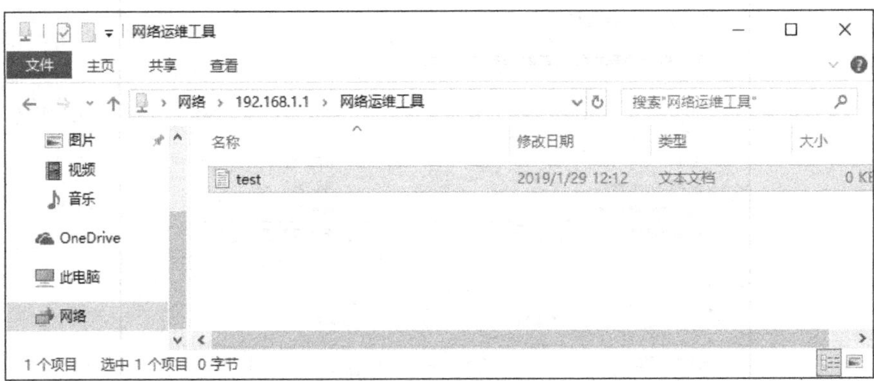

图 5-6　测试访问共享

任务 5-2　为信息中心员工部署个人网盘

V5-2　任务 5-2
演示视频

任务规划

信息中心网络管理组和系统管理组员工在维护公司内部网络和计算机时，还需要填写维护日志文档，员工希望在文件服务器上建立个人目录用于存放该文档。

为满足员工存储文档的需求，文件服务器将为部门的每一位员工部署个人网盘，即为每一位员工创建共享目录，用户可以将文件上传至自己的共享目录，并且该共享目录只有用户本人具备读取和写入权限，其他人不能访问。

要实现本任务的文件共享服务，可通过以下几个步骤来完成。

（1）创建员工账户。在文件服务器上为每一位员工创建用户账户，本任务中将创建张工、李工、赵工和宋工的账户。

（2）创建“维护日志文档”目录和对应员工的子目录。在文件服务器上创建“维护日志文档”目录，然后在“维护日志文档”目录下为每一位员工创建个人目录，用于存放员工的个人文档，目录以员工账户用户名命名。

（3）设置共享目录和权限。设置“维护日志文档”目录为共享目录，共享权限为允许所有用户读取和写入。

（4）设置员工个人目录的权限。为每一位员工的子目录设置 NTFS 权限，安全权限为仅允许对应员工账户读取和写入。

任务实施

1. 创建员工账户

打开【计算机管理】窗口，进入【用户】界面，在文件服务器上创建网络管理组张工和李工的用户账户、系统管理组赵工和宋工的用户账户，如图 5-7 所示。

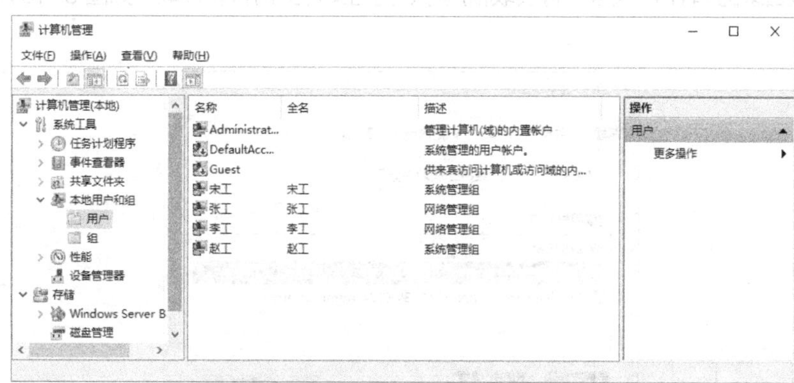

图 5-7 【计算机管理】窗口的【用户】界面

2. 创建“维护日志文档”目录和对应员工的子目录

在文件服务器的 C 盘下创建名为“维护日志文档”的目录，并在该目录下创建“张工”“李工”“赵工”和“宋工”4 个子目录，如图 5-8 所示。

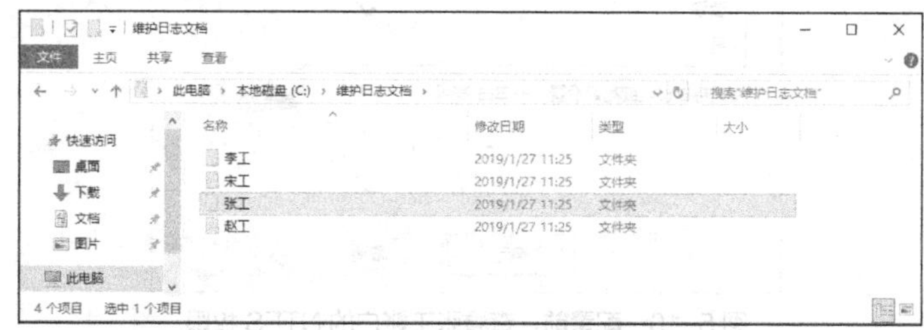

图 5-8 “维护日志文档”目录及其子目录

3. 设置共享目录的权限

参考任务 5-1，设置“维护日志文档”目录为共享目录，允许所有用户读取和写入，如图 5-9 所示。

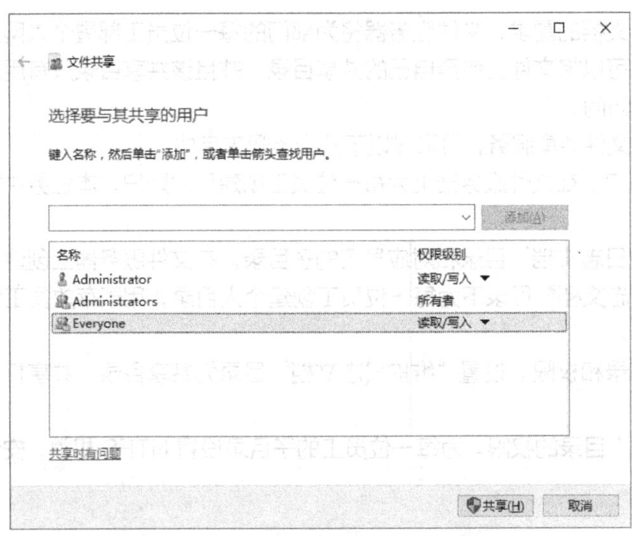

图 5-9　设置"维护日志文档"目录，允许所有用户读取和写入

4. 设置员工个人目录的权限

设置员工个人目录的 NTFS 权限为仅允许对应员工账户读取和写入，以"张工"目录为例。查看张工账户对该目录的 NTFS 权限，有读取和执行、列出文件夹内容和读取，如图 5-10 所示，目前没有写入权限。

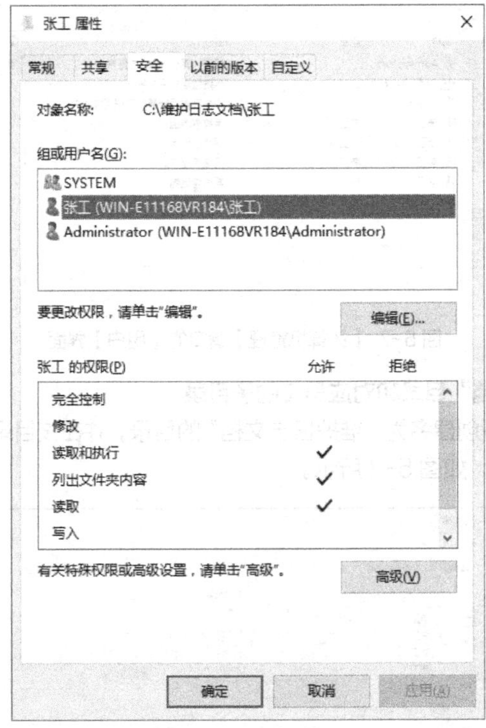

图 5-10　配置前，查看张工账户的 NTFS 权限

重启操作系统，并以管理员身份登录系统。在【张工 属性】对话框（见图 5-10）中，单击【编辑】按钮，弹出【张工 的权限】对话框，如图 5-11 所示。

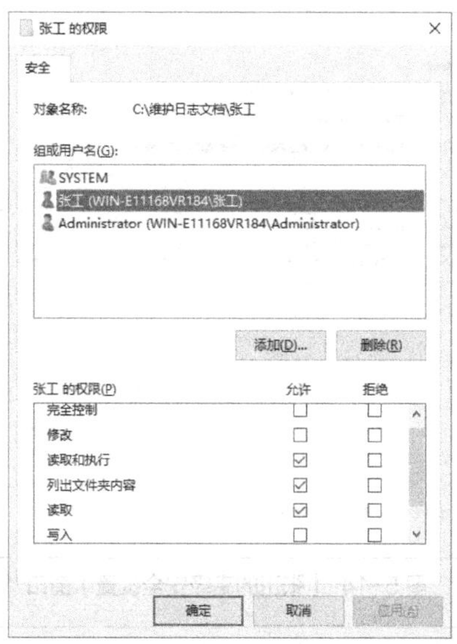

图 5-11　设置【张工】目录的 NTFS 权限

勾选【完全控制】选项的【允许】复选框，如图 5-12 所示。单击【确定】按钮，返回【张工 属性】对话框，此时张工账户对该目录的 NTFS 权限已经是完全控制权限了，即张工账户对该目录的权限有修改和写入权限了，如图 5-13 所示。

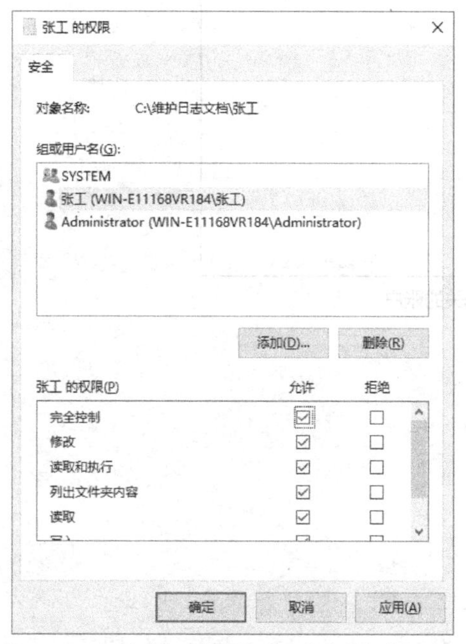

图 5-12　勾选【完全控制】选项的【允许】复选框

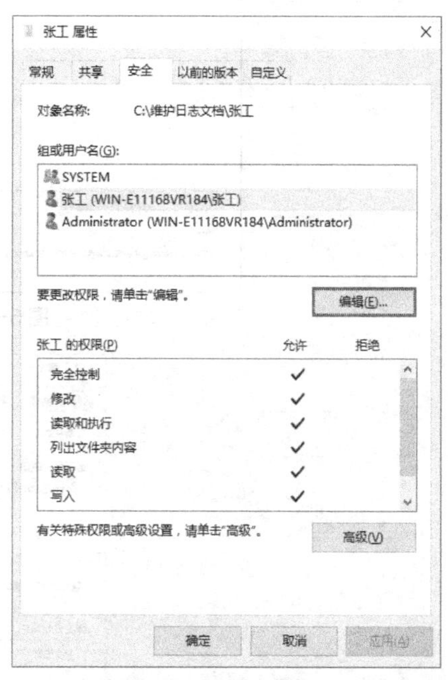

图 5-13　配置后，查看张工账户的 NTFS 权限

注意　**配置员工账户目录的权限，要在【高级】选项卡中取消该目录 NTFS 权限的继承性。在图 5-13 所示的对话框中，单击【高级】按钮，弹出图 5-14 所示的窗口，单击【禁用继承】按钮，并将无关的账户删除，如图 5-15 所示。然后单击【确定】按钮，返回【张工 属性】对话框，如图 5-16 所示，再单击【确定】按钮，即取消了该目录的 NTFS 权限的继承性。**

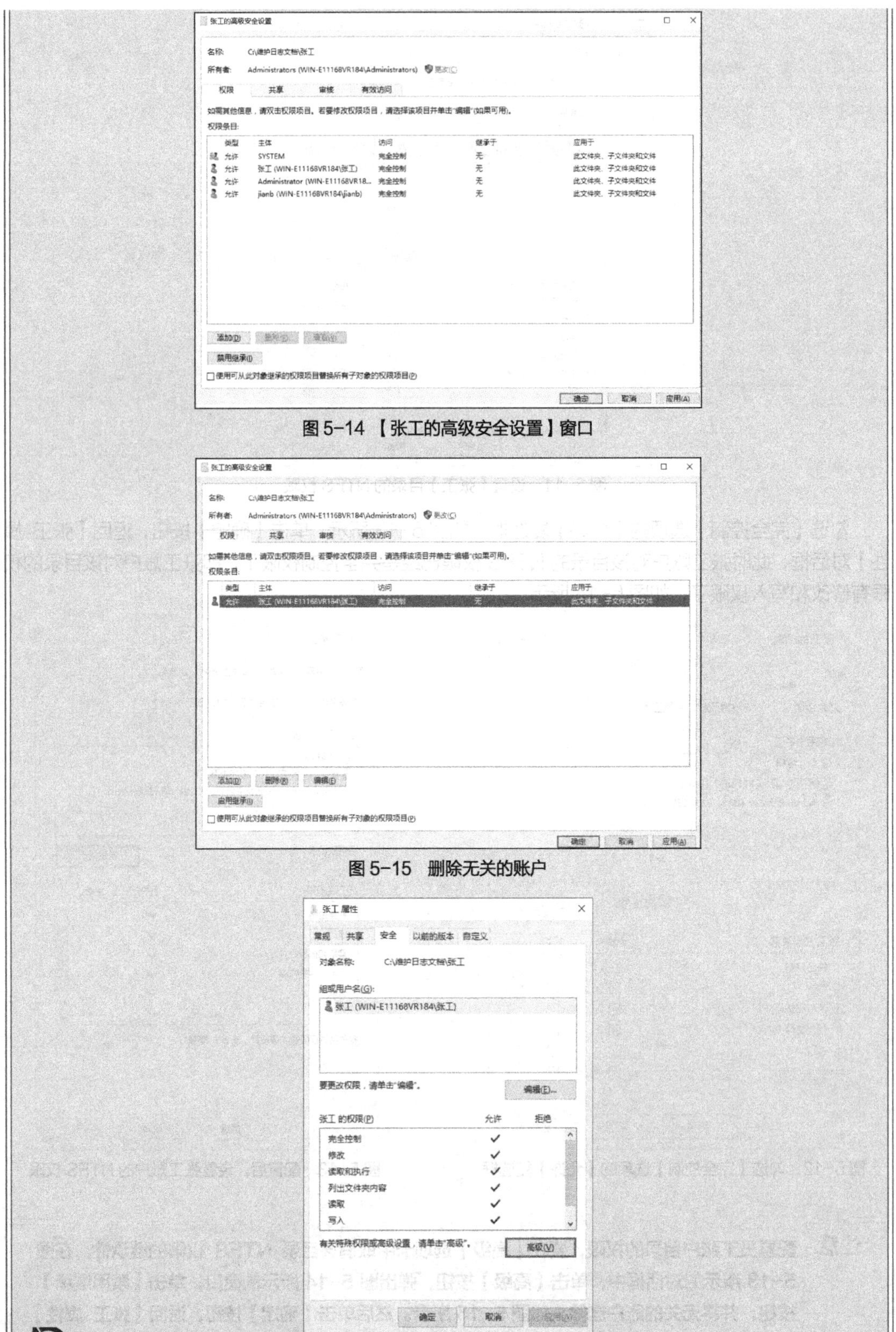

图 5-14 【张工的高级安全设置】窗口

图 5-15 删除无关的账户

图 5-16 查看取消继承性之后“张工”目录的 NTFS 权限

任务验证

在 PC1 上用李工账户访问文件服务器上的“张工”共享目录，系统将提示“你没有权限访问\\192.168.1.1\维护日志文档\张工……”，如图 5-17 所示。使用李工账户访问“李工”共享目录时，可以正常访问，并且可以写入和删除数据，如图 5-18 所示。

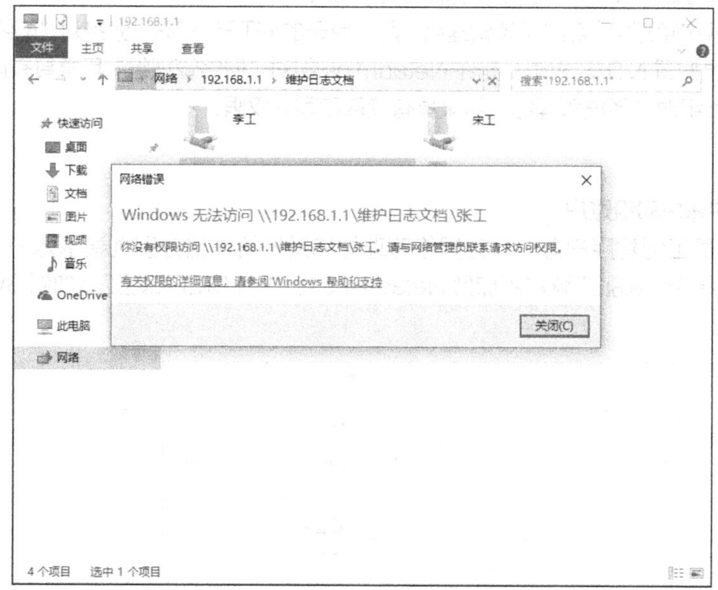

图 5-17 用李工账户访问“张工”共享目录

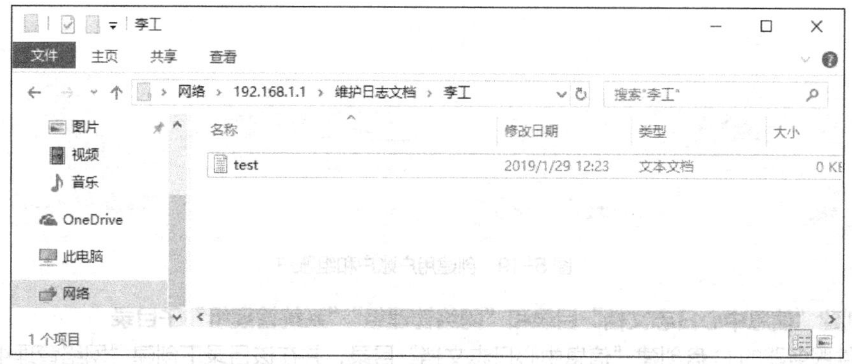

图 5-18 用李工账户访问“李工”共享目录

任务 5-3 为网络管理组和系统管理组部署资源协同空间

任务规划

V5-3 任务 5-3
演示视频

信息中心有网络管理组和系统管理组两个组，每个组在运维时也希望通过网络共享存储相关日志文档。各组的日志文档权限为：组内部成员具备读取和写入权限，其他组成员仅具备读取权限。

要实现本任务的文件共享服务，需要通过以下几个步骤来完成。

（1）创建用户账户和组账户。在文件服务器上为每一位员工创建用户账户，为系统管理组和网络管理组分别创建组账户 Sysadmins 和 Netadmins。然后将张工和李工账户加入 Netadmins 组，将赵工和宋工账户加入 Sysadmins 组。

(2)创建“信息中心日志文档”目录和“网络管理组”“系统管理组”子目录。

(3)设置“信息中心日志文档”目录的文件共享权限。设置“信息中心日志文档”目录为共享目录，共享权限：允许 Netadmins 和 Sysadmins 两个组具有读取和写入权限；NTFS 权限：仅允许 Netadmins 和 Sysadmins 两个组具有读取和执行权限。

(4)配置“网络管理组”和“系统管理组”两个目录的 NTFS 权限。分别对“网络管理组”和“系统管理组”子目录配置 NTFS 权限：允许 Netadmins 组对“网络管理组”目录具有读取和写入权限，允许 Sysadmins 组对“系统管理组”目录具有读取和写入权限。

任务实施

1. 创建用户账户和组账户

为信息中心员工创建用户账户、为网络管理组和系统管理组分别创建组账户 Netadmins 和 Sysadmins，并将李工和张工账户添加到 Netadmins 组中，将宋工和赵工添加到 Sysadmins 组中，如图 5-19 所示。

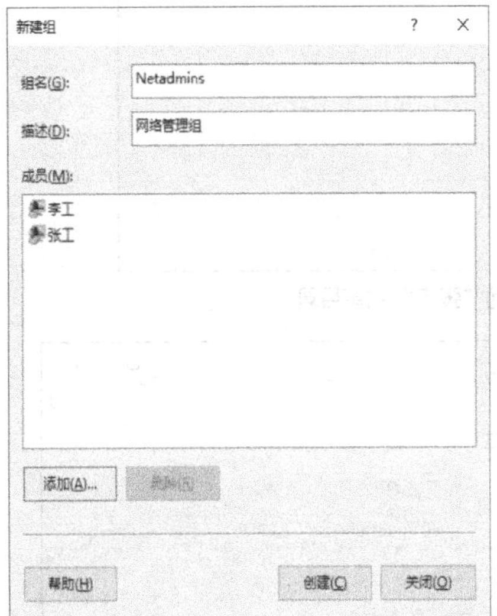

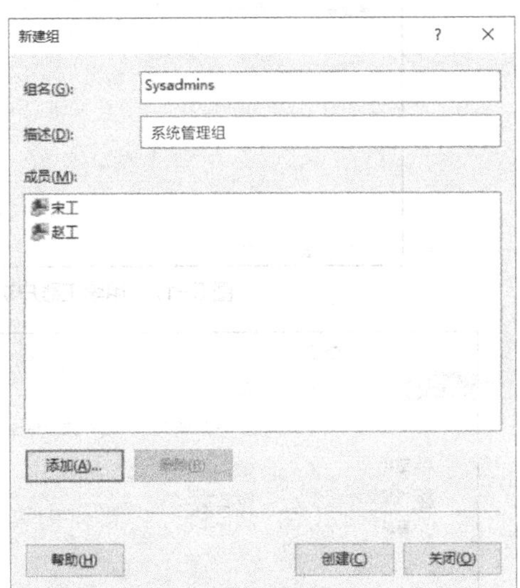

图 5-19 创建用户账户和组账户

2. 创建“信息中心日志文档”目录和“网络管理组”“系统管理组”子目录

在文件服务器的 C 盘创建“信息中心日志文档”目录，并在该目录下创建“网络管理组”和“系统管理组”子目录，如图 5-20 所示。

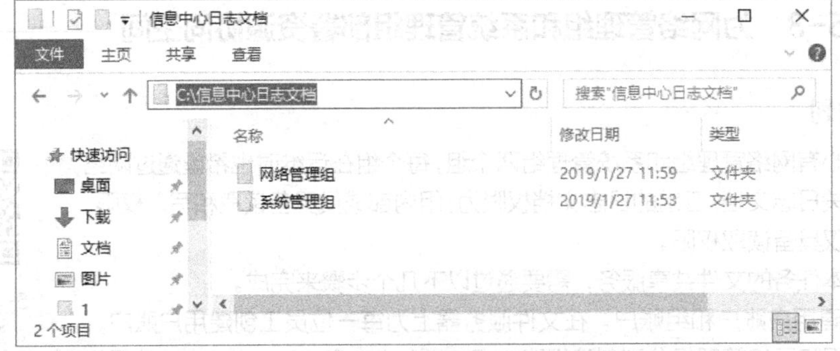

图 5-20 在“信息中心日志文档”目录中创建的两个子目录

3. 设置“信息中心日志文档”目录的文件共享权限

（1）设置“信息中心日志文档”目录为共享目录，共享权限设置为仅允许 Netadmins 和 Sysadmins 两个组账户的权限级别为读取/写入，如图 5-21 所示。

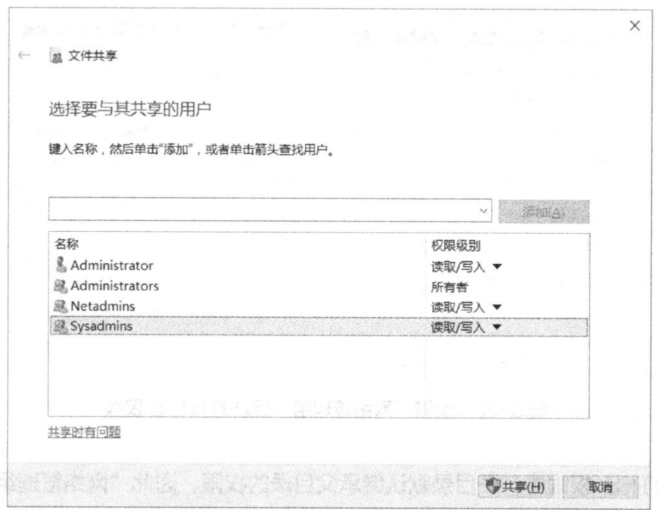

图 5-21　设置“信息中心日志文档”目录的文件共享权限

（2）设置“信息中心日志文档”目录的 NTFS 权限，仅允许 Netadmins 和 Sysadmins 两个组账户具有读取和执行权限（管理员账户权限暂不做处理），如图 5-22 所示。

图 5-22　设置【信息中心日志文档】目录的 NTFS 权限

4. 设置“网络管理组”和“系统管理组”两个目录的 NTFS 权限

（1）根据任务要求，需要设置“网络管理组”目录的 NTFS 权限为允许 Netadmins 组账户具有读取和写入权限（Sysadmins 组本身已经具备读取和执行权限）。因此，右击“网络管理组”目录，在快捷菜单中选择【属性】命令，在打开的【网络管理组 属性】对话框中，选择【安全】选项卡，单击【编辑】按钮打开【网络管理组 的权限】对话框，在该对话框中选择 Netadmins 组，然后增加修改和写入权限，如图 5-23 所示。

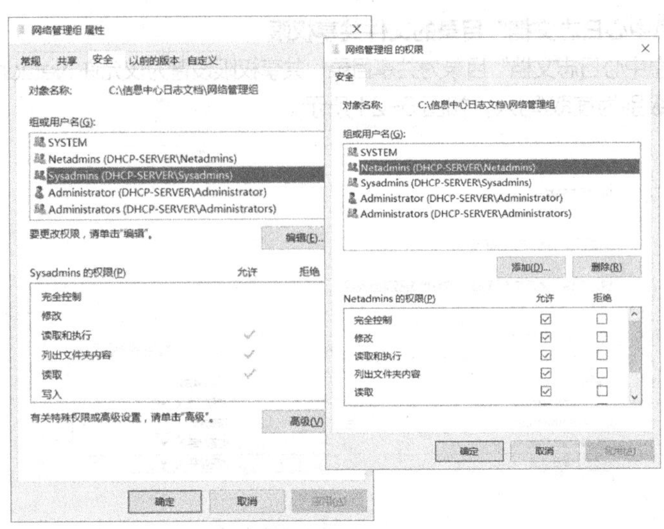

图 5-23　设置“网络管理组”目录的 NTFS 权限

提示

- **在 NTFS 权限中，子目录默认继承父目录的权限，因此“网络管理组”目录无须再对 Netadmins 和 Sysadmins 组授权，仅需增加 Netadmins 组的读取和写入权限即可。**
- **在本任务中也可以预先给“网络管理组”目录配置读取和写入权限，而在图 5-23 所示的对话框中拒绝 Sysadmins 组的修改和写入权限。**

（2）需要设置“系统管理组”目录的 NTFS 权限为允许 Sysadmins 组账户具有读取和写入权限，操作过程同（1），完成后的权限如图 5-24 所示。

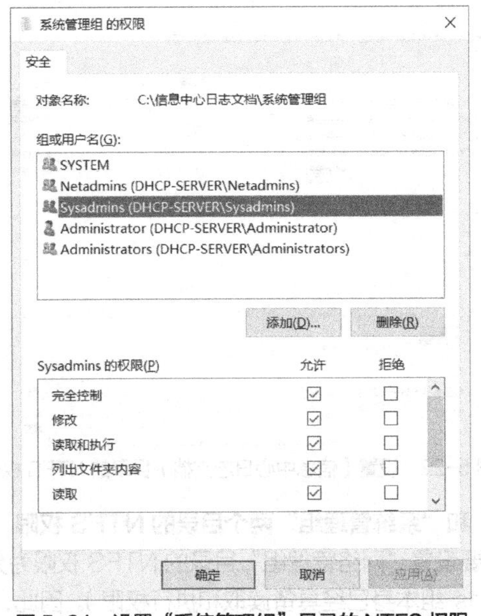

图 5-24　设置“系统管理组”目录的 NTFS 权限

任务验证

（1）在 PC1 中访问\\192.168.1.1\信息中心日志文档，在弹出的对话框中输入用户张工的用户名和密码。

（2）访问“系统管理组”目录并尝试删除该目录的文件，系统会提示“文件访问被拒绝”，如图 5-25 所示。这是因为张工隶属于 Netadmins 组，而 Netadmins 组仅能读取“系统管理组”目录的文件，不能写入和修改文件。

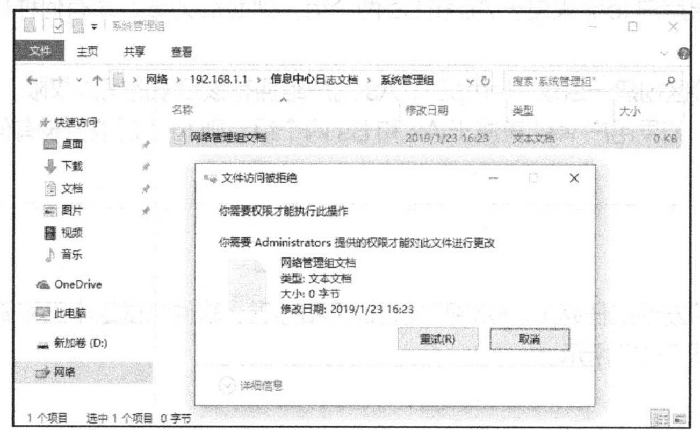

图 5-25　用户无法删除“系统管理组”目录的文件

（3）访问“网络管理组”目录，成功上传一个测试文档，如图 5-26 所示。这是由于 Netadmins 组对该目录具有读取和写入权限，显然用户张工继承了组账户的权限。

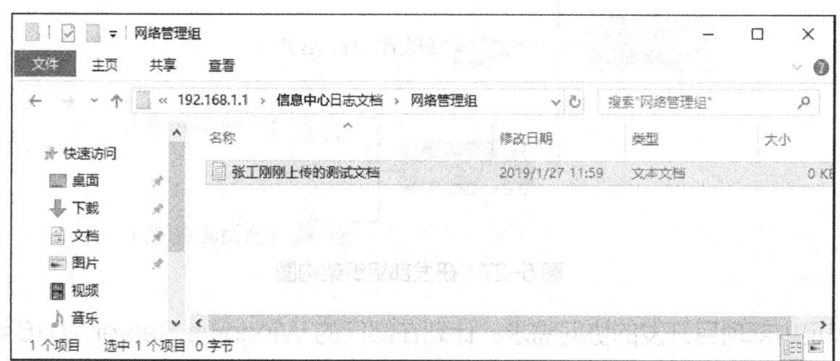

图 5-26　Netadmins 组的用户可以写入文件

练习与实践

理论习题

1. NTFS 权限可以应用在（　　）文件系统上。
   A. FAT32　　B. FAT　　C. NTFS　　D. EXT3
2. 属于 NTFS 权限的有（　　）。
   A. 读取　　B. 写入　　C. 完全控制　　D. 修改
3. （　　）的 NTFS 权限可以执行对文件夹的删除操作。
   A. 读取　　B. 写入　　C. 遍历文件夹　　D. 修改
4. NTFS 权限可以控制对（　　）对象的访问。
   A. 文件　　B. 文件夹　　C. 计算机　　D. 某一个硬件

5. Everyone 组对“Public”目录有完全控制权限，同时对文件 FileA 具有 NTFS 的读取权限。那么 Everyone 组对文件 FileA 的有效权限是（　　）。

A. 读取　　B. 写入　　C. 完全控制　　D. 修改

6. 在 NTFS 分区创建一目录“temp1”，As 用户组拥有该目录的只读权限，Bs 用户组拥有该目录的写入权限。如果用户 test 隶属于 As 和 Bs 两个组，则 test 对该目录有何种权限?

7. 在 NTFS 分区创建一目录“temp2”，As 用户组拥有该目录的写入权限，Bs 用户组拥有该目录的拒绝写入权限。如果用户 test 隶属于 As 和 Bs 两个组，则 test 对该目录有何种权限?

项目实训题

1. 项目背景

公司研发部由研发部主任赵工、软件开发组钱工和孙工、软件测试组李工和简工这 5 位工程师组成，组织架构图如图 5-27 所示。

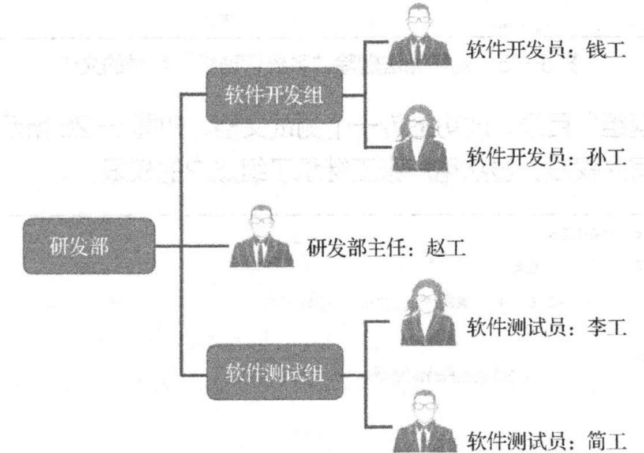

图 5-27　研发部组织架构图

研发部为满足内部项目开发的协同需求，计划在部门的 Windows Server 2016 服务器上部署文件共享服务，具体内容如下。

（1）为研发部所有员工提供一个“软件开发工具”共享目录，允许上传和下载。

（2）为研发部所有员工提供个人共享目录，方便员工办公。

（3）为研发部建立“研发部日志文档”共享目录，并建立两个子目录“软件开发组”和“软件测试组”。要求软件开发组员工可以读写“软件开发组”文件夹，可以读取“软件测试组”文件夹；要求软件测试组员工可以读写“软件测试组”文件夹，可以读取“软件开发组”文件夹。

研发部员工的用户账户信息如表 5-1 所示。

表 5-1　研发部员工的用户账户信息

姓名	用户账户	备注
赵工	Zhao	研发部主任
钱工	Qian	软件开发组
孙工	Sun	
李工	Li	软件测试组
简工	Jian	

2. 项目要求

（1）根据项目背景规划研发部自定义组信息和用户隶属组关系，完成后填入表 5-2 中。

表 5-2　研发部用户和组账户隶属规划表

自定义组名称	组成员

（2）根据表 5-2 的规划和项目需求，在研发部的服务器上实施本项目，并完成以下操作。

① 截取用户管理界面，并截取所有用户属性对话框中的【隶属组】选项卡界面。

② 截取组管理界面。

③ 截取“软件开发工具”共享目录的 NTFS 权限界面。

④ 截取研发部个人共享目录的 NTFS 权限界面。

⑤ 截取“研发部日志文档”“软件开发组”“软件测试组”目录的 NTFS 权限界面。

项目6 实现公司各部门局域网互联互通

06

[项目学习目标]

（1）掌握路由和路由器的概念。
（2）掌握直连路由、静态路由、默认路由、动态路由的概念与应用。
（3）掌握园区网多中心互联服务的部署业务实施流程。

项目描述

Jan16 公司有两个园区、两个厂区，下设信息中心、研发部等部门，每个部门都建好了局域网。为满足公司业务发展需求，公司要求网络管理员将各局域网互联，实现公司内部的相互通信和资源共享，具体要求如下。

（1）实现信息中心和研发部的互联。

（2）实现中心园区 1、中心园区 2、厂区 1、厂区 2 的互联。

Jan16 公司网络拓扑图如图 6-1 所示。

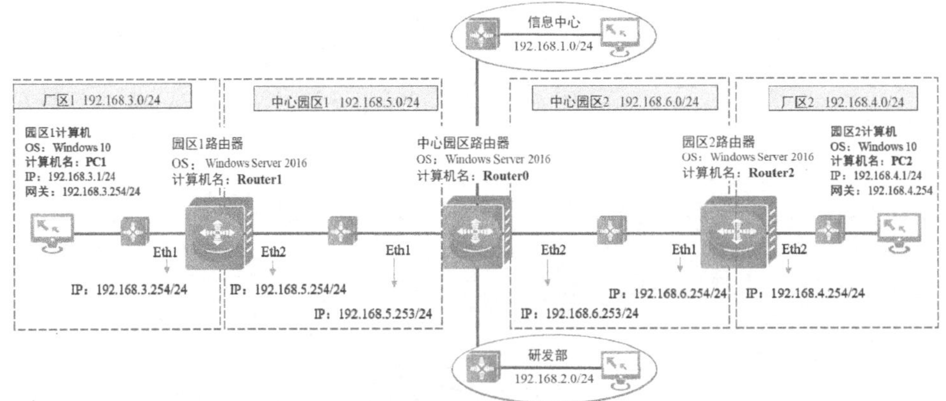

图 6-1　Jan16 公司网络拓扑图

项目分析

在网络中，路由器用于实现局域网的互联，企业常常使用两种路由器：软件路由器和硬件路由器。Windows Server 2016 系统的路由和远程访问服务功能就是典型的软件路由，本项目可以利用软件路由器，实现局域网的互联。

根据该公司的网络拓扑和项目需求，本项目可以通过以下工作任务来完成。其中，实现公司所有区域网络的互联有多种方法，本项目将提供静态路由、默认路由和动态路由 3 种解决方案。工作任务具体如下。

（1）基于直连路由实现信息中心和研发部的互联：使用中心园区的 Router0 路由器，通过直连路由配置实现两个部门网络的互联互通。

（2）基于静态路由实现公司所有区域的互联：在 Router0、Router1 和 Router2 这 3 台路由器上配置静态路由条目，实现公司所有区域网络的互联。

（3）基于默认路由实现公司所有区域的互联：在 Router0、Router1 和 Router2 这 3 台路由器上配置默认路由条目，实现公司所有区域网络的互联。

（4）基于动态路由实现公司所有区域的互联：在 Router0、Router1 和 Router2 这 3 台路由器上配置动态路由条目，实现公司所有区域网络的互联。

相关知识

6.1 路由和路由器的相关概念

1. 路由

在网络通信中，路由（Route）是一个网络层的术语：作为名词，它是指从某一网络设备出发去往某个目的地的路径；作为动词，它是指跨越一个从源主机到目标主机的网络来转发数据包。

简言之，从源主机到目标主机的数据包转发过程就称为路由。在图 6-2 所示的网络环境中，主机 1 和主机 2 进行通信时就要经过中间的路由器，当这两台主机中间存在多条链路时，就会面临多个数据包转发链路选择问题。例如是按 R1→R2→R4 的路径，还是按 R1→R3→R4 的路径进行转发。

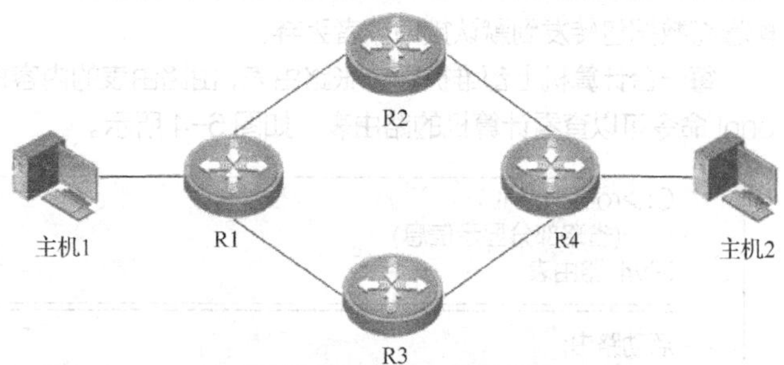

图 6-2 主机 1 到主机 2 的路径选择

在实际应用中，Internet 上路由器的数目会更多，两台主机之间数据包转发存在的路径也就更多。为了提高网络访问速度，就需要一种方法来判断从源主机到达目标主机的最佳路径，从而进行数据转发，这就是路由技术。

2. 路由器

路由器（Router）是执行路由动作的一种网络设备，它能够将数据包转发到正确的目的地，并在转发过程中选择最佳的路径。路由器工作在网络层，用来连接不同的逻辑子网，它分为硬件路由器和软件路由器两种。

（1）硬件路由器：专门设计用于路由的设备。如锐捷、华为等公司生产的系列路由器产品。硬件路由器实质上也是一台计算机，不同于普通计算机的是，它运行的操作系统主要用来进行路由维护，不能运行程序。硬件路由器的优点是路由效率高，但其缺点是价格较昂贵，配置也较为复杂。

（2）软件路由器：在一台安装有 Windows Server 2016 系统的计算机上启用路由和远程访问服务功能，则这台计算机就可以称为软件路由器。由于路由器必须有多个接口连接不同的 IP 子网，所以充当软件路由器的计算机一般安装有多个网卡。软件路由器的优点是价格相对较低且配置简单，但其缺点是路由效率低，一般只在较小型网络中使用。

3. 路由表

路由表（Routing Table）是若干条路由信息的一个集合体。在路由表中，一条路由信息也被称为一个路由项或一个路由条目，路由设备根据路由表的路由信息做路径选择。

在现实生活中，人们如果想去某一个地方，在大脑中就会有一张地图，其中包含到达目的地可以走的多条路径。路由器中的路由表就相当于人脑中的地图。正是由于路由表的存在，路由器才可以依据路由表进行数据包的转发，图 6-3 所示为两台路由器的路由表信息。

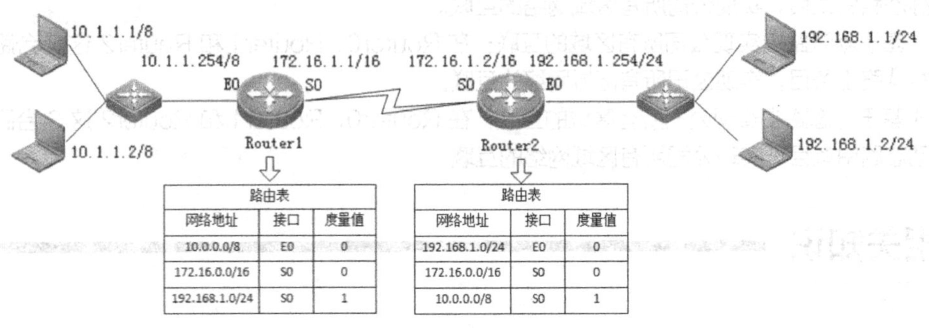

图 6-3 路由器中的路由表

在路由表中有该路由器掌握的所有目标网络地址，以及通过路由器到达这些地址的最佳路径。最佳路径指的是路由器的某个接口或与其相邻的下一跳路由器的接口地址。当路由器收到一个数据包时，它会将数据包目标 IP 地址的网络地址和路由表中的路由条目进行对比，如果有去往目标网络地址的路由条目，就根据该路由条目将数据包转发到相应的接口；如果没有相应的路由条目，则根据路由器的配置将数据包转发到默认接口或者丢弃。

每一台计算机上都维护着一张路由表，由路由表的内容控制计算机与其他主机的通信，执行 route print 命令可以查看计算机的路由表，如图 6-4 所示。

```
C:\>route print
……(省略部分显示信息)
IPv4 路由表
===========================================================================
活动路由:
        网络目标          网络掩码          网关            接口          跃点数
          0.0.0.0          0.0.0.0      192.168.1.1   192.168.1.100      30
        127.0.0.0        255.0.0.0         在链路上        127.0.0.1     306
        127.0.0.1  255.255.255.255         在链路上        127.0.0.1     306
      192.168.1.0    255.255.255.0         在链路上    192.168.1.100     286
      192.168.1.1  255.255.255.255         在链路上    192.168.1.100     286
    192.168.1.255  255.255.255.255         在链路上    192.168.1.100     286
        224.0.0.0        240.0.0.0         在链路上        127.0.0.1     306
        224.0.0.0        240.0.0.0         在链路上    192.168.1.100     286
  255.255.255.255  255.255.255.255         在链路上        127.0.0.1     306
  255.255.255.255  255.255.255.255         在链路上    192.168.1.100     286
===========================================================================
永久路由:
  网络地址          网络掩码     网关地址       跃点数
  0.0.0.0           0.0.0.0     10.1.1.254      默认
……(省略部分显示信息)
```

图 6-4 执行 route print 命令查看路由表

4. 路径选择过程

一般地，路由器会根据图 6-5 所示的步骤进行路径选择。

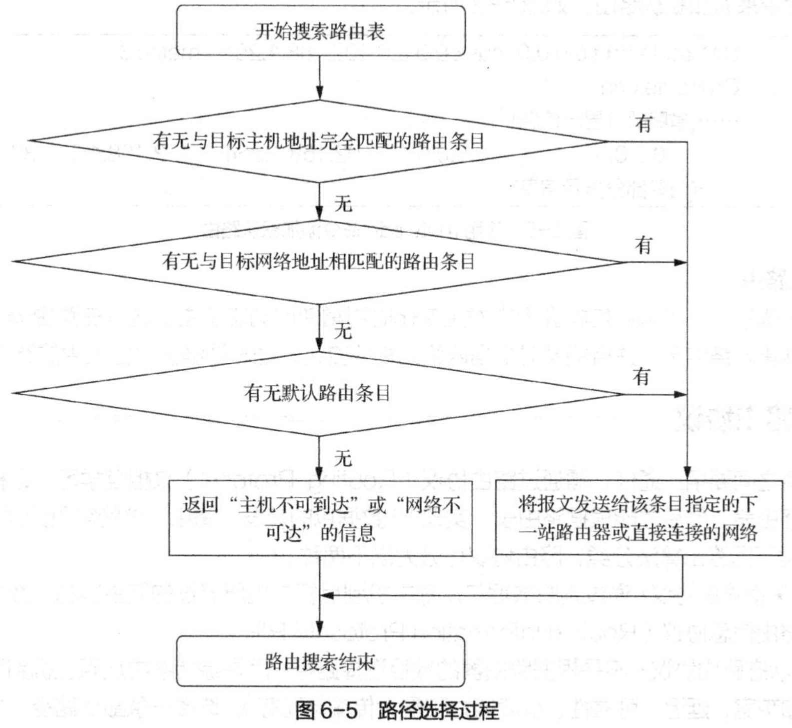

图 6-5 路径选择过程

6.2 路由的类型

路由通常可以分为静态路由、默认路由和动态路由。

1. 静态路由

静态路由是由管理员手动进行配置的，在静态路由中必须明确指出从源主机到目标主机所经过的路径，一般在网络规模不大，且拓扑结构相对稳定的网络中常使用静态路由。

使用具有管理员权限的用户账户登录 Windows Server 2016 服务器，打开命令提示符窗口，使用 route add 命令可以添加静态路由，如图 6-6 所示。

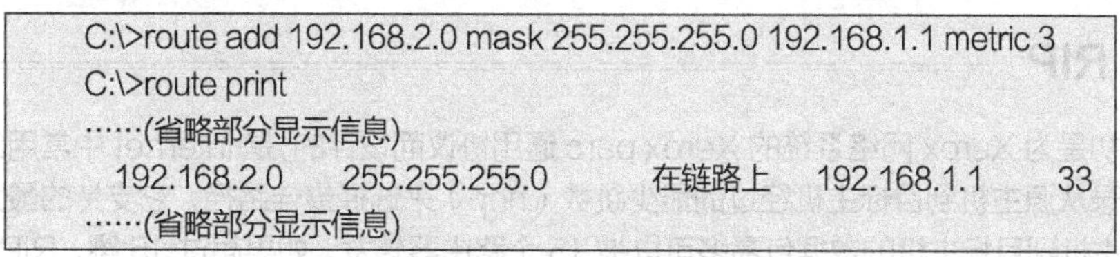

```
C:\>route add 192.168.2.0 mask 255.255.255.0 192.168.1.1 metric 3
C:\>route print
……(省略部分显示信息)
  192.168.2.0     255.255.255.0       在链路上     192.168.1.1      33
……(省略部分显示信息)
```

图 6-6 使用 route add 命令添加静态路由

使用 route delete 命令可以手动删除一条路由信息，如图 6-7 所示。

```
C:\> route delete 192.168.2.0
```

图 6-7 使用 route delete 命令删除静态路由

2. 默认路由

默认路由是一种特殊的静态路由，也是由管理员手动配置的，它为那些在路由表中没有找到明确匹配的路由信息的数据包指定下一跳地址。

在 Windows Server 2016 服务器上配置默认网关时，就为其指定了默认路由，也可以通过执行 route add 命令来添加默认路由，如图 6-8 所示。

```
C:\> route add 0.0.0.0 mask 0.0.0.0 192.168.1.254   metric 3
C:\>route print
……(省略部分显示信息)
      0.0.0.0          0.0.0.0      192.168.1.254    192.168.1.1    33
……(省略部分显示信息)
```

图 6-8　使用 route add 命令添加默认路由

3．动态路由

当网络规模较大，且网络结构会经常发生变化时通常使用动态路由。通过在路由器上配置路由协议可以自动搜集网络信息，并且能及时根据网络结构的变化，动态地维护路由表中的路由信息。

6.3　路由协议

路由设备之间要相互通信，需通过路由协议（Routing Protocol）来相互学习，以构建一个到达其他设备的路由表，然后才能根据路由表，实现 IP 数据包的转发。路由协议的常见分类如下。

（1）根据不同路由算法分类，路由协议可分为以下两种。

① 距离矢量路由协议：通过判断数据包从源主机到目标主机所经过的路由器的个数来决定选择哪条路由，如路由信息协议（Routing Information Protocol，RIP）。

② 链路状态路由协议：不是根据路由器的数目选择路径，而是综合考虑从源主机到目标主机间的各种情况（如带宽、延迟、可靠性、承载能力和最大传输单元等），选择一条最优路径，如开放式最短路径优先（Open Shortest Path First，OSPF）路由协议。

（2）根据不同的工作范围，路由协议可分为以下两种。

① 内部网关协议（Interior Gateway Protocol，IGP）：在一个自治系统内进行路由信息交换的路由协议，如 RIP、OSPF 路由协议等。

② 外部网关协议（Exterior Gateway Protocol，EGP）：在不同自治系统间进行路由信息交换的路由协议，如边界网关协议（Border Gateway Protocol，BGP）。

（3）根据手动配置或自动学习两种不同的方式建立路由表，路由协议可分为以下两种。

① 静态路由协议：由网络管理人员手动配置路由器的路由信息。

② 动态路由协议：路由器自动学习路由信息，动态构建路由表，如 RIP、OSPF 路由协议等。

6.4　RIP

RIP 最初是为 Xerox 网络系统的 Xerox parc 通用协议而设计的，是 Internet 中常用的路由协议。RIP 通过记录从源主机到目标主机经过的最少跳数（hop）来选择最佳路径，它支持的最大跳数为 15 跳，即从源主机到目标主机的数据包最多可以被 15 个路由器转发，如果超过 15 跳，RIP 就认为目标主机不可达。由于单纯地以跳数作为路由的依据，不能充分描述路径特性，可能会导致所选的路径不是最优路径，因此 RIP 只适用于中小型的网络。

运行 RIP 的路由器默认情况下每隔 30 秒会自动向它的邻居发送自己的全部路由表信息，因此会消耗较多的带宽资源。同时，由于路由信息是一跳一跳地进行传递，因此 RIP 的收敛速度会比较慢。当网络拓扑结构发生变化时，RIP 通过触发更新的方式进行路由更新，而不必等待下一个发送周期。例如，当路由器检测到某条链路失败时，它将立即更新自己的路由表并发送新的路由，每个接收到该触发更新的路由器都会立即修改其路由表，并继续转发该触发更新。

项目实施

任务 6-1　基于直连路由实现信息中心和研发部互联

任务规划

Jan16 公司的信息中心和研发部均设在中心园区，前期信息中心和研发部均实现了内部互联。信息中心提供了一台装有 Windows Server 2016 系统的双网卡服务器作为两个部门互联的路由器，网络拓扑图如图 6-9 所示。网络管理员需要根据网络拓扑配置 Windows Server 2016 系统的路由和远程访问服务，实现两个部门的互联。

V6-1　任务 6-1
演示视频

图 6-9　信息中心和研发部网络拓扑图

在双网卡服务器上安装 Windows Server 2016 系统，部署并启用路由和远程访问服务，将该服务器配置为路由器，它可实现两个直接连接的局域网互联。因此，本任务可通过以下步骤来实施。

（1）配置信息中心计算机和研发部计算机的 IP 地址、子网掩码和网关地址。

（2）在 Windows Server 2016 服务器上安装路由和远程访问服务。

（3）配置并启用路由和远程访问，实现信息中心和研发部的相互通信。

任务实施

1. 配置信息中心计算机和研发部计算机的 IP 地址、子网掩码和网关地址

（1）使用具有管理员权限的用户账户登录 PC1 和 PC2，将 IP 地址、子网掩码和网关配置到本地连接中，如图 6-10 和图 6-11 所示。

图 6-10　PC1 的 TCP/IP 配置

图 6-11　PC2 的 TCP/IP 配置

（2）在 PC1 中打开命令提示符窗口，执行 ping 192.168.1.253 命令检查其默认网关的通信情况，结果显示通信成功；执行 ping 192.168.2.1 命令检查与另一子网的 PC2 的通信情况，结果显示连接超时，如图 6-12 所示。

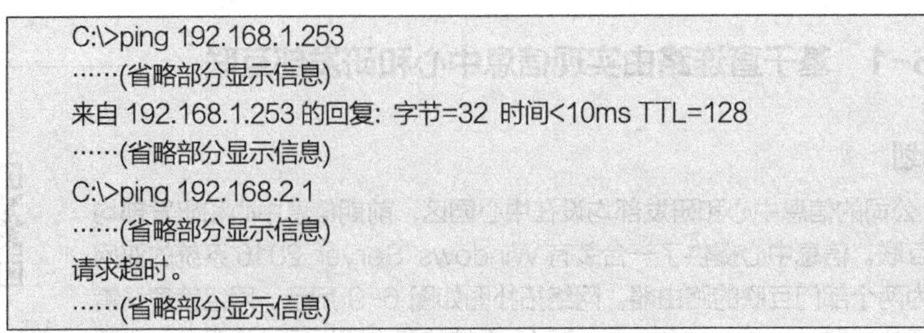

```
C:\>ping 192.168.1.253
……(省略部分显示信息)
来自 192.168.1.253 的回复: 字节=32 时间<10ms TTL=128
……(省略部分显示信息)
C:\>ping 192.168.2.1
……(省略部分显示信息)
请求超时。
……(省略部分显示信息)
```

图 6-12　PC1 的 ping 命令测试结果

（3）同理，对 PC2 做类似的测试，可以发现局域网内部和网关的通信良好，但是无法和另一个局域网的计算机通信。

注意

为更好地显示 ping 命令测试效果，建议先关闭计算机的 Windows 防火墙。

2. 在 Windows Server 2016 服务器上安装路由和远程访问服务

（1）在【服务器管理器】窗口中单击【添加角色和功能】链接，进入【添加角色和功能向导】窗口。

（2）按默认设置连续单击【下一步】按钮，直到进入图 6-13 所示的【选择服务器角色】界面，勾选【远程访问】复选框（路由功能服务组件）。

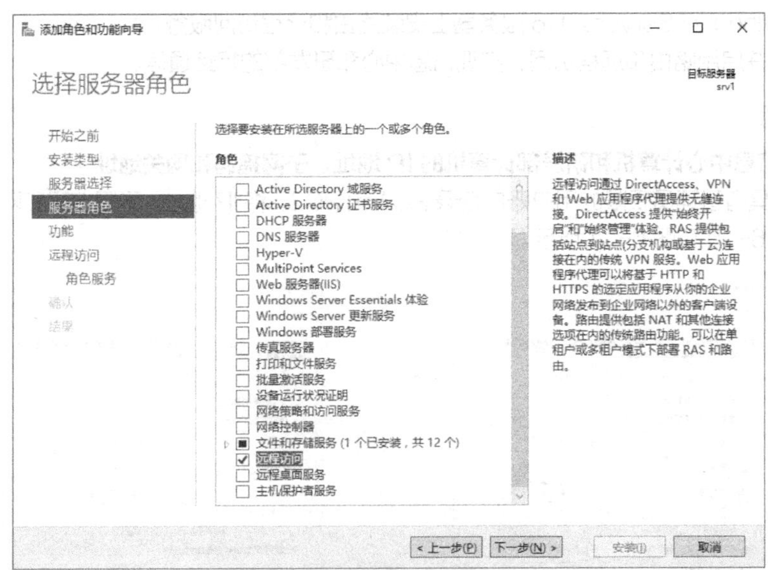

图 6-13　【选择服务器角色】界面

（3）按默认选择连续单击【下一步】按钮，直到进入图 6-14 所示的【选择角色服务】界面，勾选【路由】复选框（【DirectAccess 和 VPN(RAS)】会被自动勾选）。同时，在弹出的【添加 路由 所需的功能？】界面中，按默认设置单击【添加功能】按钮，然后单击【下一步】按钮。

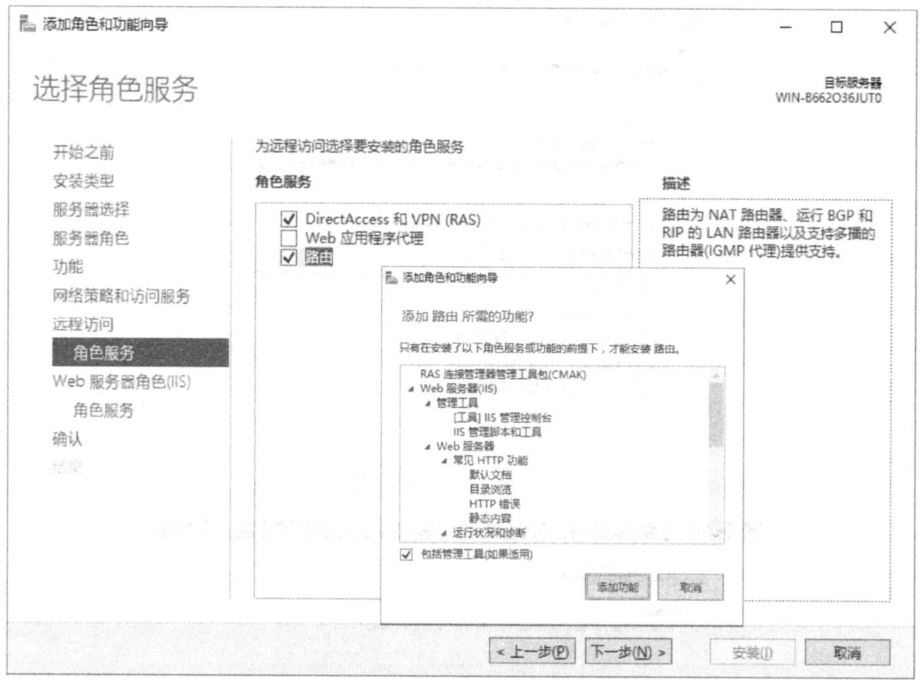

图 6-14 【选择角色服务】界面

（4）按默认设置继续执行【添加角色和功能向导】中的步骤，完成路由和远程访问服务的安装。

3. 配置并启用路由和远程访问，实现信息中心和研发部相互通信

（1）在【服务器管理器】窗口的【工具】下拉菜单中选择【路由和远程访问】选项，打开【路由和远程访问】窗口。在窗口中右击【ROUTER（本地）】服务器，在弹出的快捷菜单中选择【配置并启用路由和远程访问】命令，如图 6-15 所示。

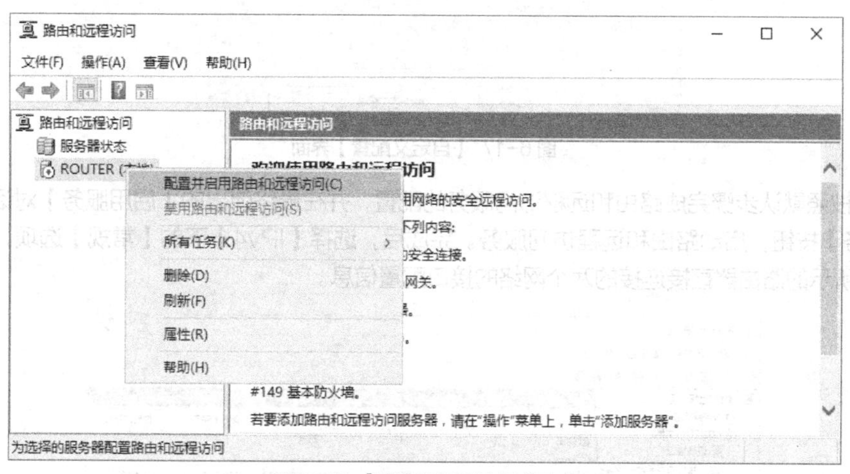

图 6-15 【路由和远程访问】窗口

（2）在弹出的【路由和远程访问服务器安装向导】对话框的【配置】界面中，选择【自定义配置】单选项，然后单击【下一步】按钮，如图 6-16 所示。

（3）进入【自定义配置】界面，勾选【LAN 路由】复选框（用于提供不同局域网的互联路由服务），然后单击【下一步】按钮，如图 6-17 所示。

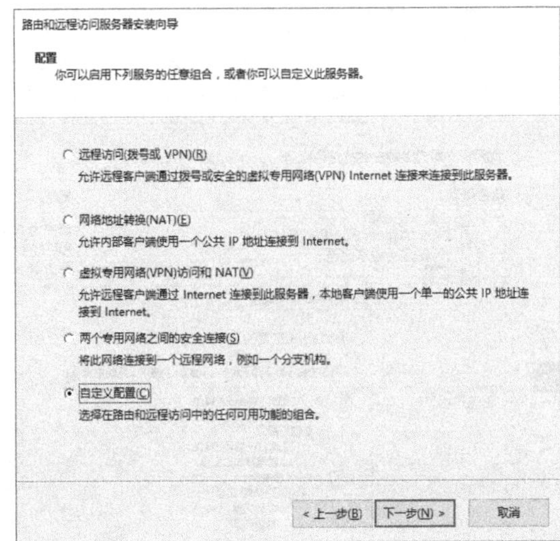

图 6-16 【路由和远程访问服务器安装向导】对话框的【配置】界面

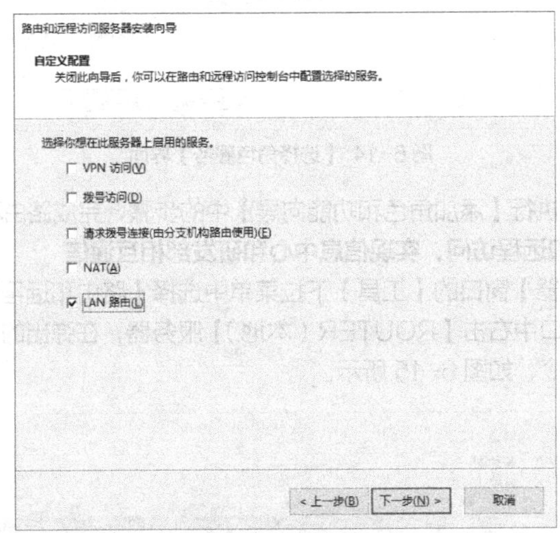

图 6-17 【自定义配置】界面

（4）按照默认步骤完成路由和远程访问服务的配置，并在最终弹出的【启用服务】对话框中单击【启用服务】按钮，启动路由和远程访问服务。完成后，选择【IPv4】下的【常规】选项，可以看到图 6-18 所示的路由器直接连接的两个网络的接口配置信息。

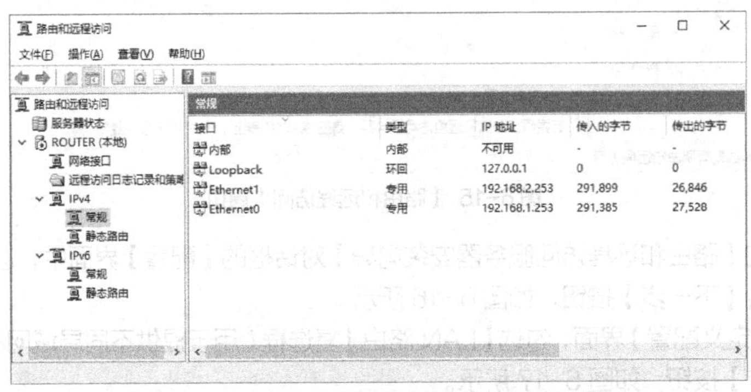

图 6-18 路由器直接连接的两个网络的接口配置信息

任务验证

（1）在 PC1 上执行 ping 192.168.2.1 命令，再次检查与 PC2 的连接，从图 6-19 所示的界面可以看到，分属两个不同网段的两台计算机可以相互通信了。

```
C:\>ping 192.168.2.1
……(省略部分显示信息)
来自 192.168.2.1 的回复: 字节=32 时间<10ms TTL=127
……(省略部分显示信息)
```

图 6-19 测试直连路由的连通性

（2）同理，可以在 PC2 上执行 ping 192.168.1.1 命令测试与 PC1 的连通性。TTL 值应为 127，表示数据包经过了一个路由器的转发，每经过一个路由器，TTL 值减 1（Windows 系统的 TTL 初始值默认为 128）。

任务 6-2 基于静态路由实现公司所有区域互联

V6-2 任务 6-2 演示视频

任务规划

Jan16 公司有两个厂区和两个园区，每个区域都已各自组建好局域网并分别通过园区 1 路由器和园区 2 路由器连接到园区中心。现需要配置静态路由以实现整个园区网的网络互联，公司园区网拓扑图如图 6-20 所示。

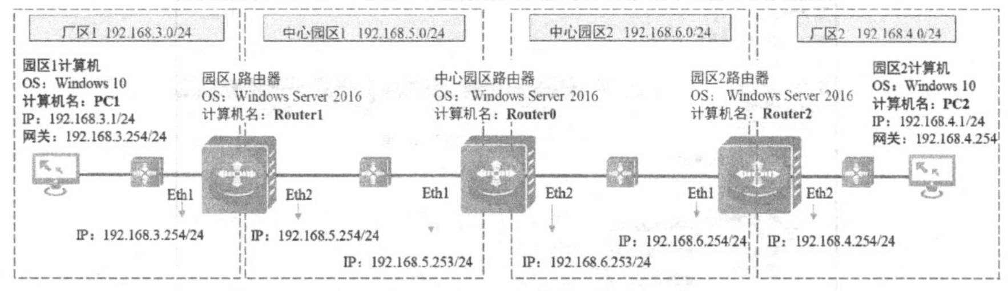

图 6-20 Jan16 公司园区网拓扑图

与任务 6-1 类似，通过配置 Router0、Router1 和 Router2 这 3 台 Windows Server 2016 服务器的路由和远程访问服务，实现基本的直连网络互通；在 Router0、Router1 和 Router2 上配置静态路由，就可以实现 3 个区域的互联互通。因此，本任务可通过以下步骤来实施。

（1）配置园区 1 计算机和园区 2 计算机 IP 地址、子网掩码和网关地址。

（2）在 Router0、Router1 和 Router2 这 3 台 Windows Server 2016 服务器上安装路由和远程访问服务。

（3）在 Router0、Router1 和 Router2 上配置静态路由，实现园区网络的互联互通。

任务实施

1. 配置园区 1 计算机和园区 2 计算机的 IP 地址、子网掩码和网关地址

（1）参考任务 6-1，完成 PC1 和 PC2 的 TCP/IP 配置。

（2）完成后可以对 PC1 和 PC2 进行网络的连通性测试，可以发现局域网内部和网关可以相互通信，但是无法和另一个局域网的计算机通信。

2. 在 Router0、Router1 和 Router2 这 3 台 Windows Server 2016 服务器上安装路由和远程访问服务

参考任务 6-1，完成 Router0、Router1 和 Router2 这 3 台路由器的路由和远程访问服务的

安装。

3. 在Router0、Router1和Router2上配置静态路由，实现园区网络的互联互通

参考任务6-1，分别在Router0、Router1和Router2的路由和远程访问服务上启用【LAN路由】功能。此时，如果进行局域网间的连通性测试，可以发现3台路由器的相邻网络之间可以相互通信，但是非相邻网络还是不能相互通信。

因此，可以在三台路由器上配置静态路由，并为每台路由器的非直连网络添加静态路由条目信息，这样才能实现不同局域网间的互联互通。各路由器需要添加的静态路由信息如表6-1所示。

表6-1 静态路由信息规划表

路由器	目标网段	下一跳(网关)	(转发)接口	跃点数
Router0	192.168.3.0/24	192.168.5.254	Eth1	默认
	192.168.4.0/24	192.168.6.254	Eth2	默认
Router1	192.168.4.0/24	192.168.5.253	Eth2	默认
	192.168.6.0/24	192.168.5.253	Eth2	默认
Router2	192.168.3.0/24	192.168.6.253	Eth1	默认
	192.168.5.0/24	192.168.6.253	Eth1	默认

(1)在Router0的【路由和远程访问】窗口中打开图6-21所示的【静态路由】管理界面，然后在【静态路由】的右键快捷菜单中选择【新建静态路由】命令，打开【IPv4静态路由】对话框。

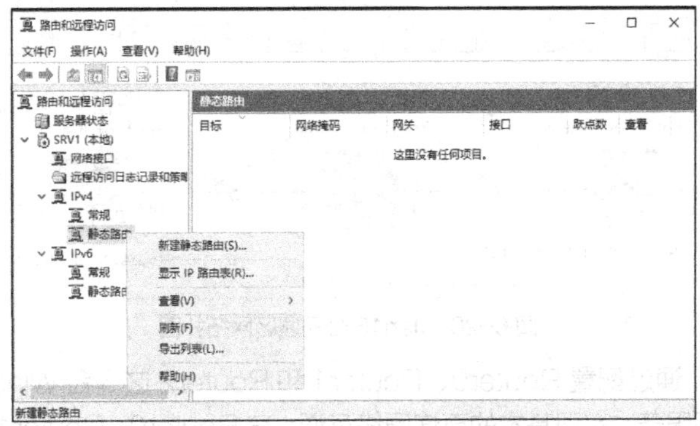

图6-21 在Router0上新建静态路由

(2)按表6-1所示的静态路由信息规划表，在【IPv4静态路由】对话框中添加静态路由信息，如图6-22所示。

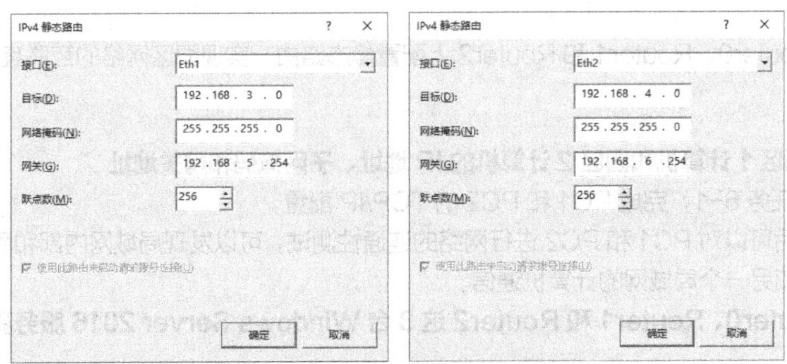

图6-22 在Router0上添加静态路由信息

（3）完成后返回【路由和远程访问】窗口。在【静态路由】的右键快捷菜单中选择【显示 IP 路由表】命令，在打开的【Router0-IP 路由表】窗口中可以看到该路由器的所有路由信息，其中包括刚刚添加的两条静态路由信息，如图 6-23 所示。

ROUTER0 - IP 路由表

目标	网络掩码	网关	接口	跃点数	协议
127.0.0.0	255.0.0.0	127.0.0.1	Loopback	76	本地
127.0.0.1	255.255.255.255	127.0.0.1	Loopback	331	本地
192.168.3.0	255.255.255.0	192.168.5.254	Eth1	281	静态 (非请求拨号)
192.168.4.0	255.255.255.0	192.168.6.254	Eth2	281	静态 (非请求拨号)
192.168.5.0	255.255.255.0	0.0.0.0	Eth1	281	本地
192.168.5.253	255.255.255.255	0.0.0.0	Eth1	281	本地
192.168.5.255	255.255.255.255	0.0.0.0	Eth1	281	本地
192.168.6.0	255.255.255.0	0.0.0.0	Eth2	281	本地
192.168.6.253	255.255.255.255	0.0.0.0	Eth2	281	本地
192.168.6.255	255.255.255.255	0.0.0.0	Eth2	281	本地
224.0.0.0	240.0.0.0	0.0.0.0	Eth2	281	本地
255.255.255.255	255.255.255.255	0.0.0.0	Eth2	281	本地

图 6-23　在 Router0 上查看 IP 路由表

（4）由于通信是双向的，因此在 Router1 和 Router2 上也要创建静态路由。采用同样的方法，按静态路由信息规划表在 Router1 和 Router2 上添加静态路由信息，如图 6-24 和图 6-25 所示。

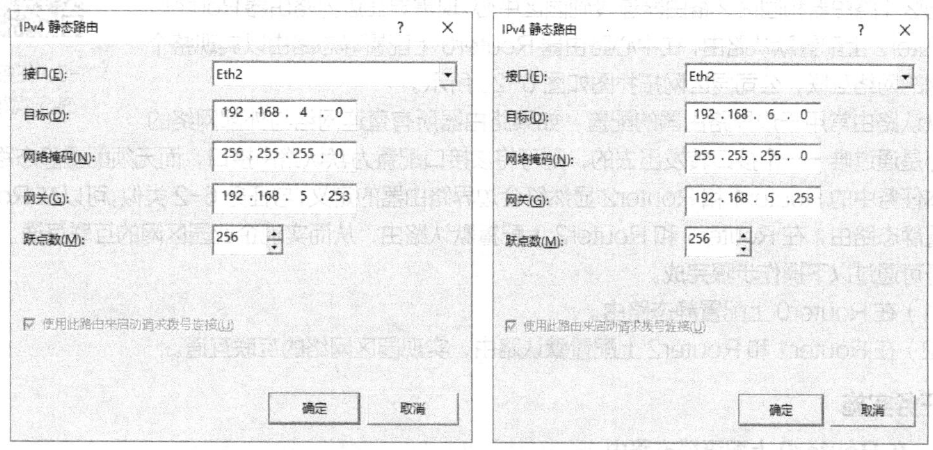

图 6-24　在 Router1 上添加静态路由信息

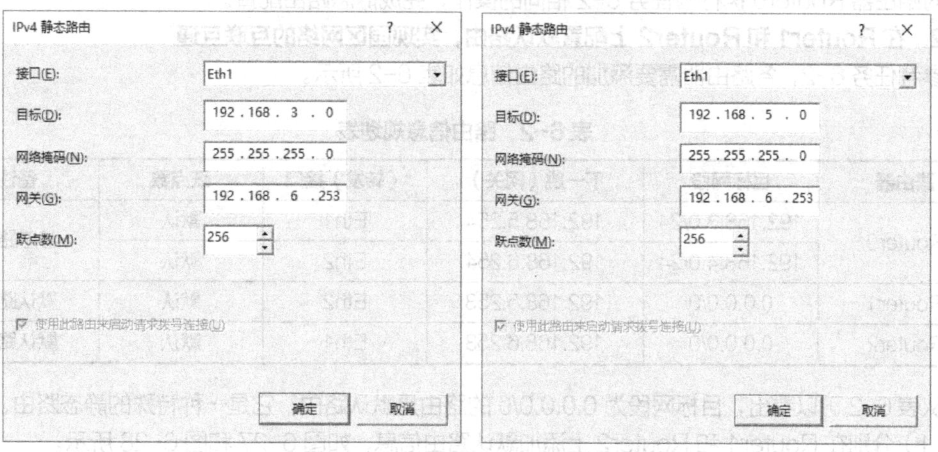

图 6-25　在 Router2 上添加静态路由信息

任务验证

（1）在 PC1 上执行 ping 192.168.4.1 命令测试其与 PC2 的连通性，如图 6-26 所示，两台计算机实现了相互通信。TTL 值为 125，说明该数据包经过了 Router0、Router1 和 Router2 这 3 台路由器的转发。

```
C:\>ping 192.168.4.1
……(省略部分显示信息)
来自 192.168.4.1 的回复: 字节=32 时间<10ms TTL=125
……(省略部分显示信息)
```

图 6-26 测试静态路由的连通性

（2）同理，也可以通过 PC2 与 PC1 通信，由此，通过配置静态路由实现了园区网络的互联互通。

任务 6-3 基于默认路由实现公司所有区域互联

任务规划

V6-3 任务 6-3 演示视频

Jan16 公司有两个厂区和两个园区，每个区域都已各自组建好局域网并分别通过园区 1 路由器和园区 2 路由器连接到园区中心。现需要在边界路由器 Router1 和 Router2 上配置默认路由，在中心路由器 Router0 上配置静态路由以实现整个园区网的网络互联，公司园区网拓扑图如图 6-20 所示。

默认路由常用于边界路由器的配置，如果路由器所有直连网络与外部网络的通信都是通过唯一一个接口转发出去的，则可将该接口配置为默认路由接口，而无须配置静态路由。

本任务中的 Router1 和 Router2 显然符合边界路由器的定义，与任务 6-2 类似，可以在 Router0 上配置静态路由，在 Router1 和 Router2 上配置默认路由，从而实现企业园区网的互联互通。因此，本任务可通过以下操作步骤完成。

（1）在 Router0 上配置静态路由。

（2）在 Router1 和 Router2 上配置默认路由，实现园区网络的互联互通。

任务实施

1. 在 Router0 上配置静态路由

对路由器 Router0 执行与任务 6-2 相同的操作，完成静态路由配置。

2. 在 Router1 和 Router2 上配置默认路由，实现园区网络的互联互通

参考任务 6-2，各路由器需要添加的路由信息如表 6-2 所示。

表 6-2 路由信息规划表

路由器	目标网段	下一跳（网关）	（转发）接口	跃点数	备注
Router0	192.168.3.0/24	192.168.5.254	Eth1	默认	静态路由
	192.168.4.0/24	192.168.6.254	Eth2	默认	
Router1	0.0.0.0/0	192.168.5.253	Eth2	默认	默认路由
Router2	0.0.0.0/0	192.168.6.253	Eth1	默认	默认路由

从表 6-2 可以看出，目标网段为 0.0.0.0/0 的路由是默认路由，它是一种特殊的静态路由。

（1）分别在 Router1 和 Router2 上添加默认路由信息，如图 6-27 和图 6-28 所示。

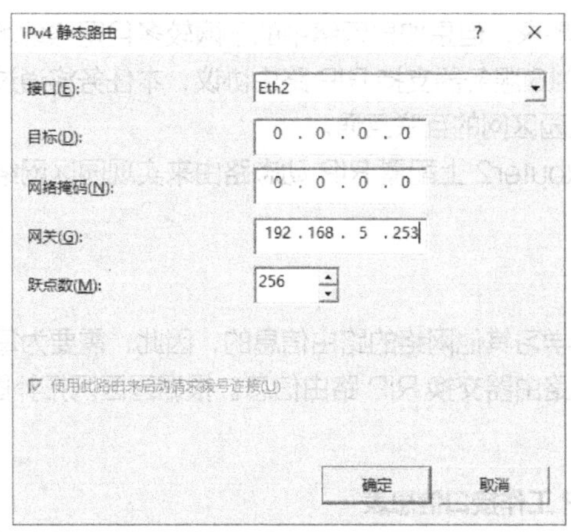

图 6-27 在 Router1 上添加默认路由信息

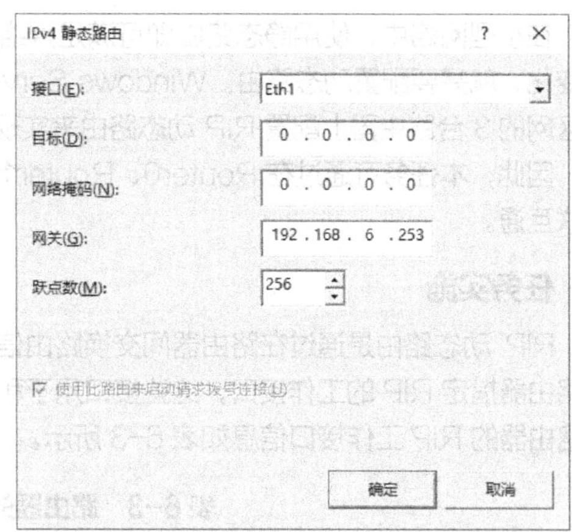

图 6-28 在 Router2 上添加默认路由信息

（2）打开 Router1 的 IP 路由表，从中可以看到刚添加的默认路由信息，如图 6-29 所示。

ROUTER1 - IP 路由表

目标	网络掩码	网关	接口	跃点数	协议
0.0.0.0	0.0.0.0	192.168.5.253	Eth2	281	静态 (非请求拨号)
127.0.0.0	255.0.0.0	127.0.0.1	Loopback	76	本地
127.0.0.1	255.255.255.255	127.0.0.1	Loopback	331	本地
192.168.3.0	255.255.255.0	0.0.0.0	Eth1	281	本地
192.168.3.254	255.255.255.255	0.0.0.0	Eth1	281	本地
192.168.3.255	255.255.255.255	0.0.0.0	Eth1	281	本地
192.168.5.0	255.255.255.0	0.0.0.0	Eth2	281	本地
192.168.5.254	255.255.255.255	0.0.0.0	Eth2	281	本地
192.168.5.255	255.255.255.255	0.0.0.0	Eth2	281	本地
224.0.0.0	240.0.0.0	0.0.0.0	Eth1	281	本地
255.255.255.255	255.255.255.255	0.0.0.0	Eth1	281	本地

图 6-29 在 Router1 上查看 IP 路由表

任务验证

在 PC1 上再次执行 ping 192.168.4.1 命令测试与 PC2 的连接，结果如图 6-30 所示，两台计算机通信成功，表示实现了园区网 3 个生产中心的互联互通。

```
C:\>ping 192.168.4.1
……(省略部分显示信息)
来自 192.168.4.1 的回复: 字节=32 时间<10ms TTL=125
……(省略部分显示信息)
```

图 6-30 测试默认路由的连通性

任务 6-4 基于动态路由实现公司所有区域互联

V6-4 任务 6-4 演示视频

任务规划

Jan16 公司有两个厂区和两个园区，每个区域都已各自组建好局域网并分别通过园区 1 路由器和园区 2 路由器连接到园区中心。现需要在路由器 Router0、Router1 和 Router2 上配置 RIP 动态路由以实现整个园区网的网络互联，公司园区网拓扑图如图 6-20 所示。

在小型网络中，使用静态路由即可满足网络互联需求，但是如果网络中的子网较多且网络地址经常变化，就需要配置动态路由。Windows Server 2016 服务器支持 RIP 路由协议，本任务将通过在园区网的 3 台路由器上配置 RIP 动态路由来实现企业园区网的互联互通。

因此，本任务可通过在 Router0、Router1 和 Router2 上配置 RIP 动态路由来实现园区网络的互联互通。

任务实施

RIP 动态路由是通过在路由器间交换路由信息来学习其他网络的路由信息的，因此，需要为每一台路由器指定 RIP 的工作接口，这些接口用于和其他路由器交换 RIP 路由信息。根据园区网拓扑图，各路由器的 RIP 工作接口信息如表 6-3 所示。

表 6-3　路由器的 RIP 工作接口信息表

路由器	接口	相邻路由器	启用的路由协议
Router0	Eth1	Router1	RIPv2
	Eth2	Router2	RIPv2
Router1	Eth1	无	无
	Eth2	Router0	RIPv2
Router2	Eth1	Router0	RIPv2
	Eth2	无	无

（1）在 Router1 的【路由和远程访问】窗口中右击【IPv4】下的【常规】选项，然后在弹出的快捷菜单中选择【新增路由协议】命令，如图 6-31 所示。

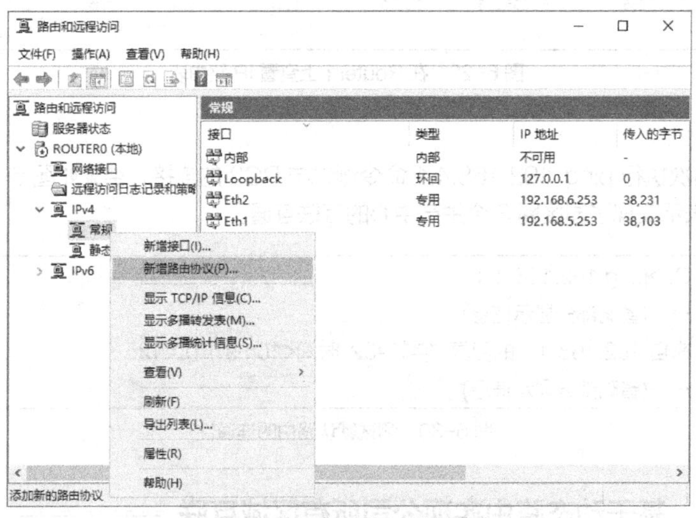

图 6-31　选择【新增路由协议】命令

（2）在弹出的【新路由协议】对话框中选择【RIP Version 2 for Internet Protocol】选项，然后单击【确定】按钮，完成路由器【RIP】功能的添加，如图 6-32 所示。

（3）右击【IPv4】下的【RIP】选项，在弹出的快捷菜单中选择【新增接口】命令，如图 6-33 所示。

（4）根据任务规划，在弹出的【RIP Version 2 for Internet Protocol 的新接口】对话框中，Router1 应该选择【Eth2】接口启用 RIP，如图 6-34 所示。

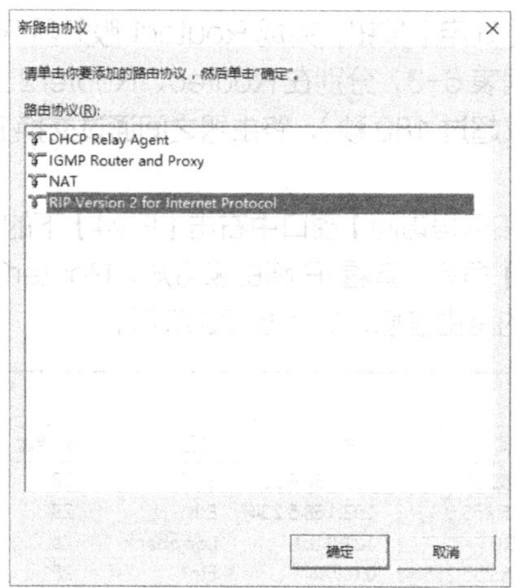

图 6-32 【新路由协议】对话框

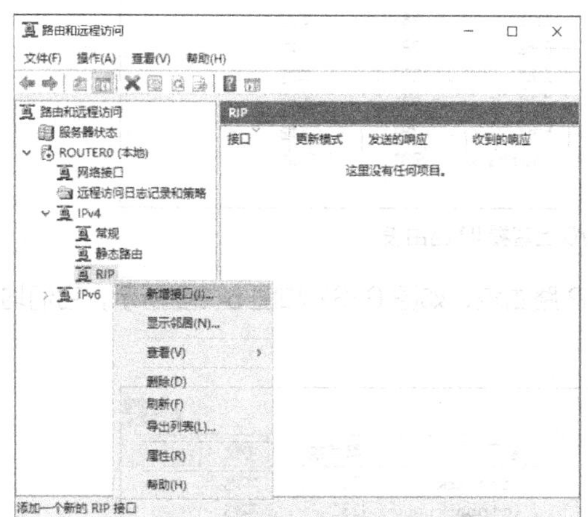

图 6-33 选择【新增接口】命令

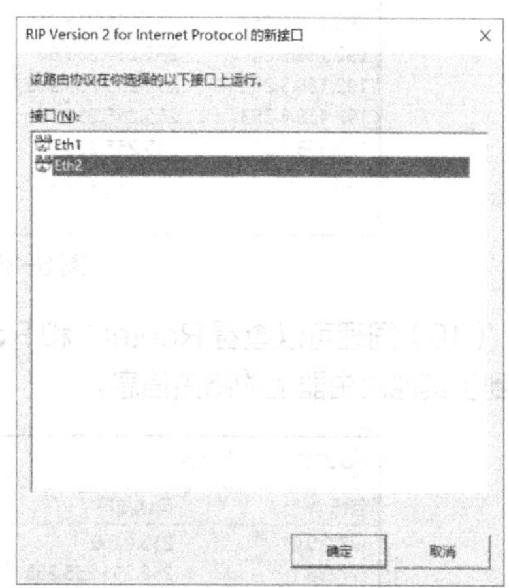

图 6-34 为 Router1 选择 RIP 的工作接口

（5）单击【确定】按钮，弹出【RIP 属性-Eth2 属性】对话框，如图 6-35 所示。

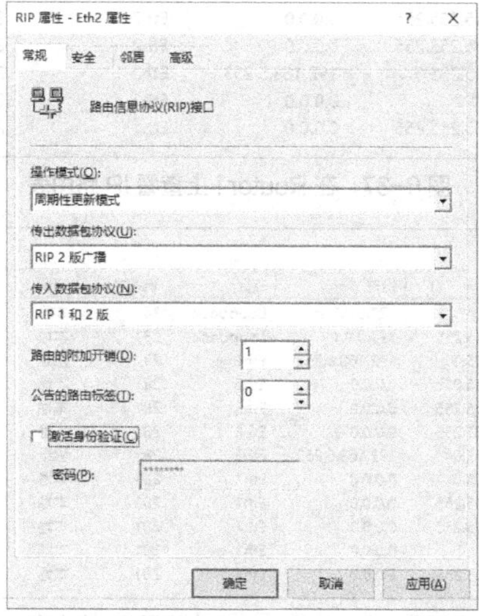

图 6-35 【RIP 属性-Eth2 属性】对话框

（6）保持默认配置，单击【确定】按钮，完成 Router1 服务器 RIP 的配置。

（7）按照同样的方法，依据表 6-3，分别在 Route0、Router2 上也启用 RIP 动态路由。

（8）间隔一段时间后（建议超过 180 秒），路由器之间通过交换 RIP 数据包，应学习到整个园区网所有网段的路由信息。

（9）在 Router0 的【路由和远程访问】窗口中右击【IPv4】下的【静态路由】选项，在弹出的快捷菜单中选择【显示 IP 路由表】命令，查看 IP 路由表可知，Router0 已通过 RIP 动态路由学习到了 192.168.3.0 和 192.168.4.0 的路由信息，如图 6-36 所示。

ROUTER0 - IP 路由表

目标	网络掩码	网关	接口	跃点数	协议
192.168.4.0	255.255.255.0	192.168.6.254	Eth2	28	翻录
192.168.3.0	255.255.255.0	192.168.5.254	Eth1	28	翻录
127.0.0.0	255.0.0.0	127.0.0.1	Loopback	76	本地
255.255.255.255	255.255.255.255	0.0.0.0	Eth1	281	本地
224.0.0.0	240.0.0.0	0.0.0.0	Eth1	281	本地
192.168.6.255	255.255.255.255	0.0.0.0	Eth2	281	本地
192.168.6.253	255.255.255.255	0.0.0.0	Eth2	281	本地
192.168.6.0	255.255.255.0	0.0.0.0	Eth2	281	本地
192.168.5.255	255.255.255.255	0.0.0.0	Eth1	281	本地
192.168.5.253	255.255.255.255	0.0.0.0	Eth1	281	本地
192.168.5.0	255.255.255.0	0.0.0.0	Eth1	281	本地
127.0.0.1	255.255.255.255	127.0.0.1	Loopback	331	本地

图 6-36　在 Router0 上查看 IP 路由表

（10）同理可以查看 Router1 和 Router2 的 IP 路由表，如图 6-37 和图 6-38 所示，它们均学习到了其他路由器上的路由信息。

ROUTER1 - IP 路由表

目标	网络掩码	网关	接口	跃点数	协议
127.0.0.0	255.0.0.0	127.0.0.1	Loopback	76	本地
127.0.0.1	255.255.255.255	127.0.0.1	Loopback	331	本地
192.168.3.0	255.255.255.0	0.0.0.0	Eth1	281	本地
192.168.3.254	255.255.255.255	0.0.0.0	Eth1	281	本地
192.168.3.255	255.255.255.255	0.0.0.0	Eth1	281	本地
192.168.4.0	255.255.255.0	192.168.5.253	Eth2	29	翻录
192.168.5.0	255.255.255.0	0.0.0.0	Eth2	281	本地
192.168.5.254	255.255.255.255	0.0.0.0	Eth2	281	本地
192.168.5.255	255.255.255.255	0.0.0.0	Eth2	281	本地
192.168.6.0	255.255.255.0	192.168.5.253	Eth2	28	翻录
224.0.0.0	240.0.0.0	0.0.0.0	Eth1	281	本地
255.255.255.255	255.255.255.255	0.0.0.0	Eth1	281	本地

图 6-37　在 Router1 上查看 IP 路由表

ROUTER2 - IP 路由表

目标	网络掩码	网关	接口	跃点数	协议
127.0.0.0	255.0.0.0	127.0.0.1	Loopback	76	本地
127.0.0.1	255.255.255.255	127.0.0.1	Loopback	331	本地
192.168.3.0	255.255.255.0	192.168.6.253	Eth1	29	翻录
192.168.4.0	255.255.255.0	0.0.0.0	Eth2	281	本地
192.168.4.254	255.255.255.255	0.0.0.0	Eth2	281	本地
192.168.4.255	255.255.255.255	0.0.0.0	Eth2	281	本地
192.168.5.0	255.255.255.0	192.168.6.253	Eth1	28	翻录
192.168.6.0	255.255.255.0	0.0.0.0	Eth1	281	本地
192.168.6.254	255.255.255.255	0.0.0.0	Eth1	281	本地
192.168.6.255	255.255.255.255	0.0.0.0	Eth1	281	本地
224.0.0.0	240.0.0.0	0.0.0.0	Eth1	281	本地
255.255.255.255	255.255.255.255	0.0.0.0	Eth1	281	本地

图 6-38　在 Router2 上查看 IP 路由表

任务验证

在 PC1 上再次执行 ping 192.168.4.1 命令测试与 PC2 的连接，结果如图 6-39 所示，两台计算机相互通信成功表示实现了园区网 3 个生产中心的互联互通。

```
C:\>ping 192.168.4.1
……(省略部分显示信息)
来自 192.168.4.1 的回复: 字节=32 时间<10ms TTL=125
……(省略部分显示信息)
```

图 6-39 测试动态路由的连通性

练习与实践

理论习题

1. (　　) 是静态路由。
   A. 路由器为本地接口生成的路由
   B. 路由器上静态配置的路由
   C. 路由器通过路由协议学来的路由
   D. 路由器上目标为 255.255.255.255/32 的路由
2. (　　) 命令可以在 Windows Server 2016 系统中查看本机的路由表。
   A. ipconfig/all　　B. route print　　C. route table　　D. ping
3. 关于 Windows Server 2016 系统的路由功能，以下说法不正确的是 (　　)。
   A. Windows 需要安装路由和远程访问角色并启用路由和远程访问服务才具备路由功能
   B. Windows 的路由和远程访问服务无须定义就可以自动从接口学习 RIP 路由信息
   C. Windows 启用路由和远程访问服务后就可以实现直连网络的互联互通
   D. 0/0 是一种特殊的静态路由
4. 关于静态路由配置，以下说法不正确的是 (　　)。
   A. 配置目标为 192.168.1.20/24 主机的静态路由时，目标网络为 192.168.1.0/24
   B. 配置目标为 192.168.1.20/24 主机的静态路由时，目标网络为 192.168.1.20/24
   C. 边界路由器可以配置默认路由，默认路由的目标网络为 0/0
   D. 路由器需要为路由器直连网络配置静态路由信息，以实现直连网络的互联
5. 关于 RIP 动态路由，以下说法不正确的是 (　　)。
   A. RIP 是一种基于路由跳数的动态路由协议　　B. RIP 支持的最大跳数为 16 跳
   C. RIP 适用于大型区域网络的互联　　D. RIPv2 兼容 RIPv1

项目实训题

1. 项目背景

Jan16 公司有 3 个园区，下设财务部、IT 信息中心、市场部 3 个部门，每个部门都建好了局域网。现为了满足公司业务发展需求，要求网络管理员将各局域网互联，实现公司内部的相互通信和资源共享，具体要求和网络拓扑如下。

分别通过静态路由、默认路由和 RIP 动态路由的方式实现 3 个园区的网络互联，公司网络拓扑图

如图 6-40 所示。

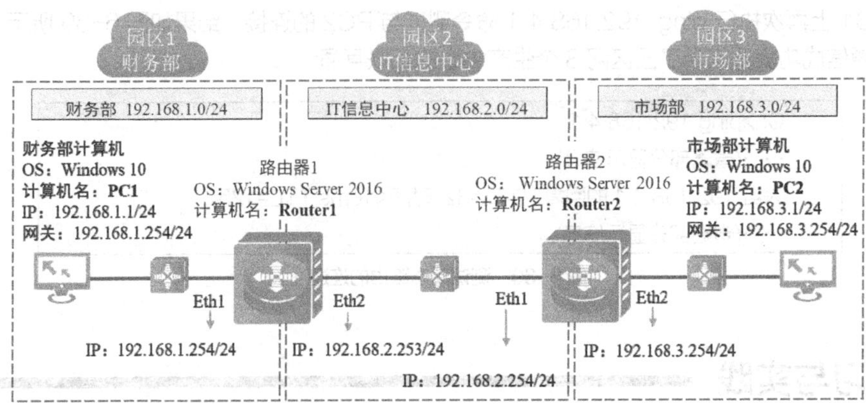

图 6-40 公司网络拓扑图

2. 项目要求

根据项目背景，实现公司 3 个园区的互联互通，并完成以下操作。

① 截取 PC1 和 PC2 的 ipconfig/all 命令的执行结果界面。

② 截取 PC1 和 PC2 的连通性测试界面。

③ 截取 Router1 和 Router2 在静态路由下的路由表界面。

④ 截取 Router1 和 Router2 在默认路由下的路由表界面。

⑤ 截取 Router1 和 Router2 在 RIP 动态路由下的路由表界面。

项目7 部署企业DNS服务

07

[项目学习目标]

（1）了解DNS的基本概念。
（2）掌握DNS域名的解析过程。
（3）掌握主要DNS、辅助DNS、委派DNS等服务的概念与应用。
（4）掌握DNS服务器的备份与还原等常规维护与管理技能。
（5）掌握多区域企业组织架构下DNS服务的部署业务实施流程。

项目描述

Jan16 公司总部位于北京，子公司位于广州，并在香港设有公司办事处。北京总部和广州子公司建有公司大部分的应用服务器，香港办事处仅有少量的应用服务器。

现阶段，公司内部全部通过 IP 地址实现相互访问，员工经常抱怨 IP 地址众多且难以记忆，访问相关的业务系统时非常麻烦。公司要求网络管理员尽快部署域名解析系统，实现使用域名访问公司的业务系统的需求，以提高工作效率。

基于此，公司信息部网络高级工程师针对公司拓扑和服务器情况做了一份域名系统（Domain Name System，DNS）部署规划方案，具体内容如下(假定 Jan16 公司域名为 Network.com)。

（1）DNS 服务器的部署。主 DNS 服务器部署在北京，负责公司 Network.com 域名的管理和总部计算机域名的解析；在广州子公司部署一个委派 DNS 服务器，负责 GZ.Network.com 域名的管理和广州区域计算机域名的解析；在香港办事处部署一个辅助 DNS 服务器，负责香港区域计算机域名的解析。

（2）公司域名规划。公司为主要应用服务器做了规划，规划的目的是分别确定主 DNS 服务器、Web 服务器、委派 DNS 服务器、文件服务器和辅助 DNS 服务器各自的服务器角色、服务器名称、IP 地址、域名和位置等项目之间的映射关系，具体规划如表 7-1 所示。

表 7-1　映射关系规划

服务器角色	服务器名称	IP 地址	域名	位置
主 DNS 服务器	DNS	192.168.1.1/24	DNS.Network.com	北京总部
Web 服务器	Web	192.168.1.10/24	WWW.Network.com	北京总部
委派 DNS 服务器	GZDNS	192.168.1.100/24	DNS.GZ.Network.com	广州子公司
文件服务器	FS	192.168.1.101/24	FS.GZ.Network.com	广州子公司
辅助 DNS 服务器	HKDNS	192.168.1.200/24	HKDNS.Network.com	香港办事处

(3)公司 DNS 服务器的日常管理。网络管理员应具备对 DNS 服务器进行日常维护的能力，包括启动和关闭 DNS 服务、DNS 递归查询管理等。此外，要求网络管理员每月备份一次 DNS 的数据，从而在 DNS 服务器出现故障时能利用备份数据快速重建。

(4)公司网络拓扑图如图 7-1 所示。

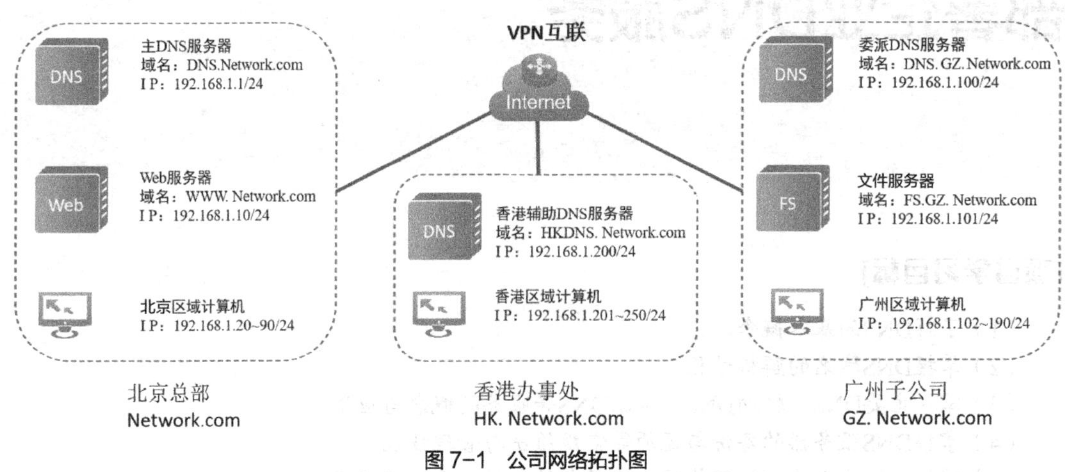

图 7-1 公司网络拓扑图

项目分析

DNS 服务被应用于域名和 IP 地址的映射，相对于 IP 地址，域名更容易被用户记忆，通过部署 DNS 服务器，员工可以使用域名来访问各应用服务器，能够提高工作效率。

在企业网络中，常根据企业地理位置和所管理域名的数量，部署不同类型的 DNS 服务器来解决域名解析问题，常见的 DNS 服务器角色包括主 DNS 服务器、辅助 DNS 服务器、委派 DNS 服务器等。

根据该公司网络拓扑和项目需求，本项目可以通过以下工作任务来完成，具体如下。

(1)实现总部主 DNS 服务器的部署：在总公司部署主 DNS 服务器。

(2)实现子公司委派 DNS 服务器的部署：在广州子公司部署委派 DNS 服务器。

(3)实现办事处辅助 DNS 服务器的部署：在香港办事处部署辅助 DNS 服务器。

(4)实现对 DNS 服务器的管理：熟悉 DNS 服务器的常规管理任务。

相关知识

在 TCP/IP 网络中，计算机之间需要依靠 IP 地址进行通信。然而，由于 IP 地址是一些数字的组合，对于普通用户来说，记忆和使用都非常不方便。为解决该问题，需要为用户提供一种友好且方便记忆和使用的名称，还要能够将该名称转换为 IP 地址以实现网络通信。DNS 就是一套用简单易记的名称映射 IP 地址的解决方案。

7.1 DNS 的基本概念

1. DNS

DNS 是 Domain Name System （域名系统）的缩写。域名虽然便于人们记忆，但计算机只能通过 IP 地址来通信，它们之间的转换工作称为域名解析。域名解析需要由专门的域名解析服务器来完成，DNS 服务器就是进行域名解析的服务器。

DNS 名称采用全限定域名（Fully Qualified Domain Name，FQDN）的形式，由主机名和域名两部分组成。例如，www.baidu.com 就是一个典型的 FQDN，其中，baidu.com 是域名，表示一个区域；www 是主机名，表示 baidu.com 区域内的一台主机。

2. 域名体系层次结构

DNS 的域名体系层次结构是一种分布式的层次结构。DNS 域名结构包括根域（Root Domain）、顶级域（Top-Level Domain）、二级域（Second-Level Domain）及子域（Subdomain）。例如，www.ptpress.com.cn 中域名中最右侧的“.”代表根域，cn 为顶级域，com 为二级域，ptpress 为子域，www 为主机名，如图 7-2 所示。需要说明的是，com、edu 可作为顶级域，也可作为二级域。

DNS 规定，域名中的标号（Label）都由英文字母和数字组成，每一个标号不超过 63 个字符，其中的英文字母不区分大小写。标号中除了连字符（-），不能使用其他的标点符号。级别最低的域名写在最左边，而级别最高的域名写在最右边。由多个标号组成的完整域名总共不超过 255 个字符。

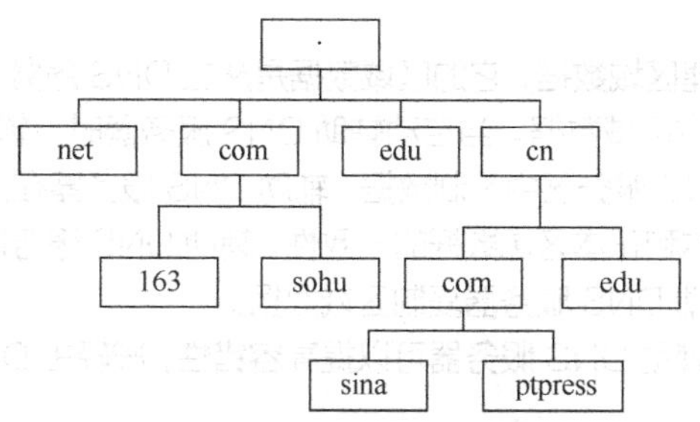

图 7-2　域名体系层次结构

顶级域主要有两种类型：机构域和地理域。表 7-2 所示为常用的机构域和地理域。

表 7-2　常用的机构域和地理域

机构域		地理域	
.com	商业组织	.cn	中国
.edu	教育组织	.us	美国
.net	网络支持组织	.org	非商业性组织
.gov	政府机构	.int	国际组织

7.2　DNS 域名的类型与解析

1. DNS 域名的解析方式

DNS 域名解析可以分为两个基本步骤：本地解析和 DNS 服务器解析。

（1）本地解析

在 Windows 系统中有一个 Hosts 文件（“%systemroot%\system32\drivers\etc”），它在本地存储了 IP 地址和 Host name（主机名）的映射关系。根据系统规则，Windows 系统在进行 DNS 请求之前，会先检查自己的 Hosts 文件中是否有这个地址映射关系，如果有则调用这个 IP 地址映射，如果没有则继续在以前的 DNS 查询应答的响应缓存中查找，如果缓存没有就向 DNS 服务器请求域名解析，也就说明 Hosts 的请求级别比 DNS 高。

（2）DNS 服务器解析

DNS 服务器是目前广泛采用的一种域名解析方法，全世界有大量的 DNS 服务器，它们协同工作构成一个分布式的DNS解析网络。例如，Network.com的DNS服务器只负责本域内数据的更新，而其他DNS服务器并不知道也无须知道Network.com域内有哪些主机，但它们知道Network.com域的位置；当需要解析www.Network.com时，它们就会向Network.com域的DNS服务器发出请求以完成该域名的解析。通过采用这种分布式DNS解析结构，DNS数据的更新只需要在一台或者几台DNS服务器上进行，从而使得整体的解析效率大大提高。

2. DNS服务器的类型

DNS服务器用于实现域名和IP地址的双向解析，将域名解析为IP地址的称为正向解析，将IP地址解析为域名的称为反向解析。在网络中，主要存在4种DNS服务器：主DNS服务器、辅助DNS服务器、转发DNS服务器和唯缓存DNS服务器。

（1）主DNS服务器

主DNS服务器是特定DNS域内所有信息的权威性信息源。主DNS服务器保存着自主生产的区域文件，该文件是可读写的。当DNS区域中的信息发生变化时，这些变化都会保存到主DNS服务器的区域文件中。

（2）辅助DNS服务器

辅助DNS服务器不创建区域数据，它的区域数据是从主DNS服务器复制来的，因此，区域数据只能读不能修改，也称为副本区域数据。当启动辅助DNS服务器时，辅助DNS服务器会和主DNS服务器建立联系，并从主DNS服务器中复制数据。辅助DNS服务器在工作时，会定期地更新副本区域数据，以尽可能地保证副本和正本区域数据的一致性。辅助DNS服务器除了可以从主DNS服务器复制数据，还可以从其他辅助DNS服务器复制区域数据。

在一个区域中设置多个辅助DNS服务器可以提高容错性，减轻主DNS服务器的负担，同时可以加快DNS解析的速度。

（3）转发DNS服务器

转发DNS服务器用于将DNS解析请求转发给其他DNS服务器。当DNS服务器收到客户端的请求后，它会尝试从本地数据库中查找，找到后将解析结果返回给客户端；若未找到，则需要向其他DNS服务器转发解析请求，其他DNS服务器完成解析后会返回解析结果，转发DNS服务器会将该结果存储在自己的缓存中，同时返回给客户端。之后如果客户端再次请求解析相同的名称，转发DNS服务器会根据缓存记录回复该客户端。

（4）唯缓存DNS服务器

唯缓存DNS服务器可以提供域名解析服务，但没有任何本地数据库文件。唯缓存DNS服务器必须同时是转发DNS服务器，它将客户端的解析请求转发给其他DNS服务器，并将解析结果存储在缓存中。其与转发DNS服务器的区别在于没有本地数据库文件。唯缓存服务器不是权威性的服务器，因为它所提供的所有信息都是间接信息。

3. DNS的查询模式

根据DNS服务器对DNS客户端的不同响应方式，域名解析可分为两种类型：递归查询和迭代查询。

（1）递归查询

递归查询发生在DNS客户端向DNS服务器发出解析请求时，DNS服务器会向DNS客户端返回两种结果：查询到的结果或查询失败。如果当前DNS服务器无法解析名称，它不会告知DNS客户端，而是自行向其他DNS服务器查询并完成解析，并将解析结果反馈给DNS客户端。

（2）迭代查询

迭代查询通常在一台DNS服务器向另一台DNS服务器发出解析请求时使用。发起者向DNS服务器发出解析请求，如果当前DNS服务器未能在本地查询到请求的数据，则当前DNS服务器将另一台DNS服务器的IP地址告知查询DNS服务器；然后由发起查询的DNS服务器自行向另一台DNS

服务器发起查询；以此类推，直到查询到所需数据为止。

迭代的意思是：若在某地查不到，该地就会告知查询者其他地址，从而转到其他地址去查。

4. DNS 名称的解析过程

DNS 名称的解析过程如图 7-3 所示。

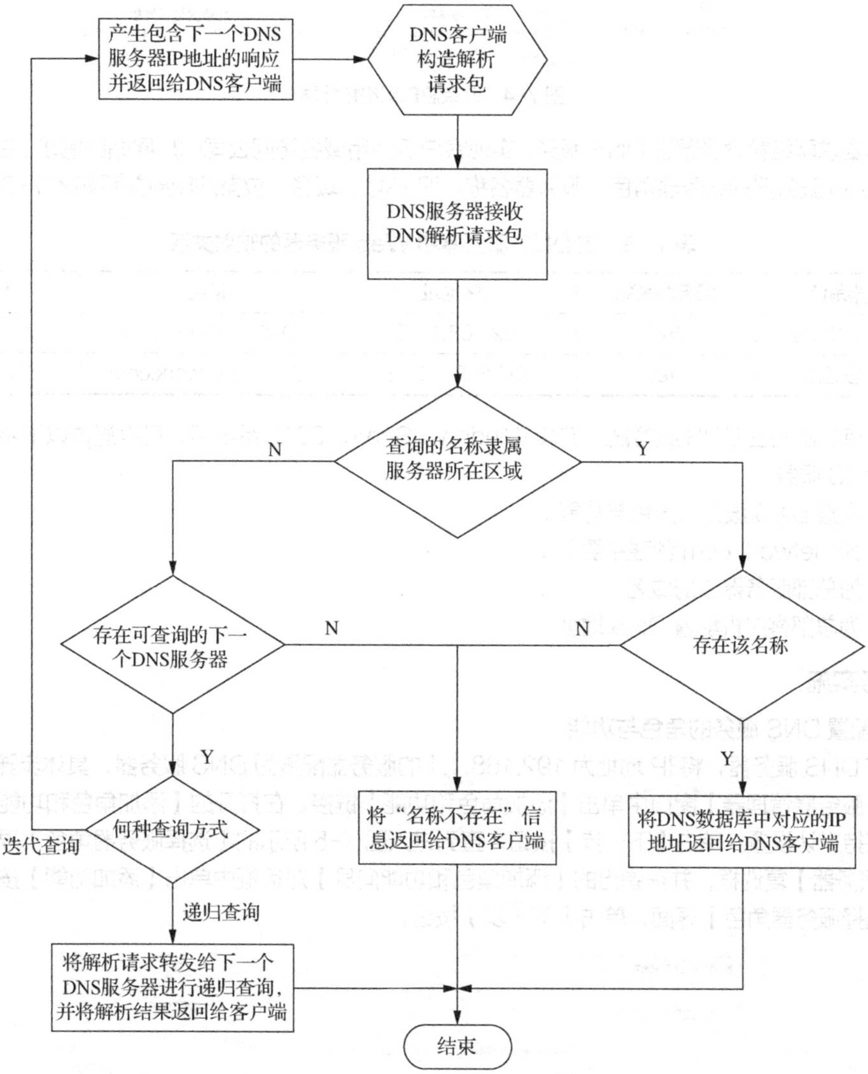

图 7-3 DNS 名称的解析过程

项目实施

任务 7-1 实现总部主 DNS 服务器的部署

V7-1 任务 7-1
演示视频

任务规划

北京总部为部署 DNS 服务，已准备好一台安装有 Windows Server 2016 系统的服务器，北京总部网络拓扑图如图 7-4 所示。

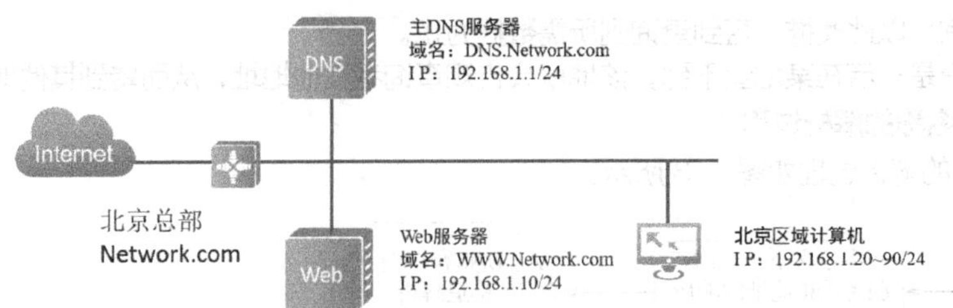

图 7-4　北京总部网络拓扑图

总部要求网络管理员部署 DNS 服务，实现客户机使用域名访问公司门户网站的需求。主 DNS 服务器和 Web 服务器的服务器角色、服务器名称、IP 地址、域名、位置的映射关系如表 7-3 所示。

表 7-3　主 DNS 服务器和 Web 服务器的映射关系

服务器角色	服务器名称	IP 地址	域名	位置
主 DNS 服务器	DNS	192.168.1.1/24	DNS.Network.com	北京总部
Web 服务器	Web	192.168.1.10/24	WWW.Network.com	北京总部

在北京总部的主 DNS 服务器上安装 Windows Server 2016 系统后，可以通过以下步骤来部署总部的 DNS 服务。

（1）配置 DNS 服务的角色与功能。

（2）为 Network.com 创建主要区域。

（3）为总部服务器注册域名。

（4）为总部客户机配置 DNS 地址。

任务实施

1．配置 DNS 服务的角色与功能

安装 DNS 服务器，将 IP 地址为 192.168.1.1 的服务器配置为 DNS 服务器，具体步骤如下。

在【服务器管理器】窗口中单击【添加角色和功能】链接。在打开的【添加角色和功能向导】窗口中，保持默认设置，单击【下一步】按钮，直到进入图 7-5 所示的【选择服务器角色】界面。勾选【DNS 服务器】复选框，并在弹出的【添加角色和功能向导】对话框中单击【添加功能】按钮，然后返回【选择服务器角色】界面，单击【下一步】按钮。

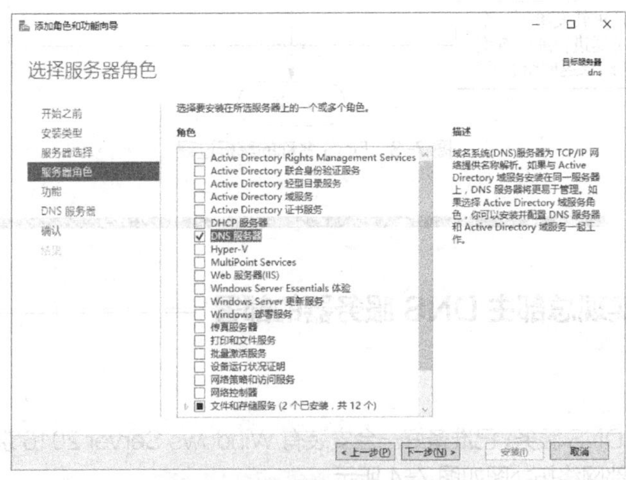

图 7-5 【选择服务器角色】界面

在后续的操作中保持默认设置，单击【下一步】按钮，直到完成 DNS 服务的配置。

2. 为 Network.com 创建主要区域

根据任务规划，管理员只需要实现域名到 IP 地址的映射，因此可以在 DNS 服务器上创建正向解析区域 Network.com，具体步骤如下。

（1）打开【服务器管理器】窗口，在【工具】下拉菜单中选择【DNS】选项，打开【DNS 管理器】窗口。

（2）在【DNS 管理器】窗口左侧的控制台树中右击【正向查找区域】选项，在图 7-6 所示的快捷菜单中选择【新建区域】命令，打开【新建区域向导】对话框，然后单击【下一步】按钮。

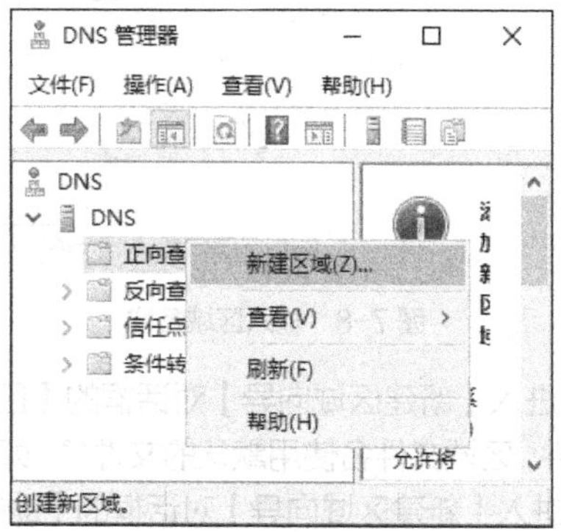

图 7-6 新建正向查找区域

（3）在【新建区域向导】对话框的【区域类型】界面中，网络管理员可根据需要选择 DNS 区域的类型。本任务需要创建一个 DNS 主要区域用于管理 Network.com 的域名，因此这里选择【主要区域】单选项，然后单击【下一步】按钮，如图 7-7 所示。

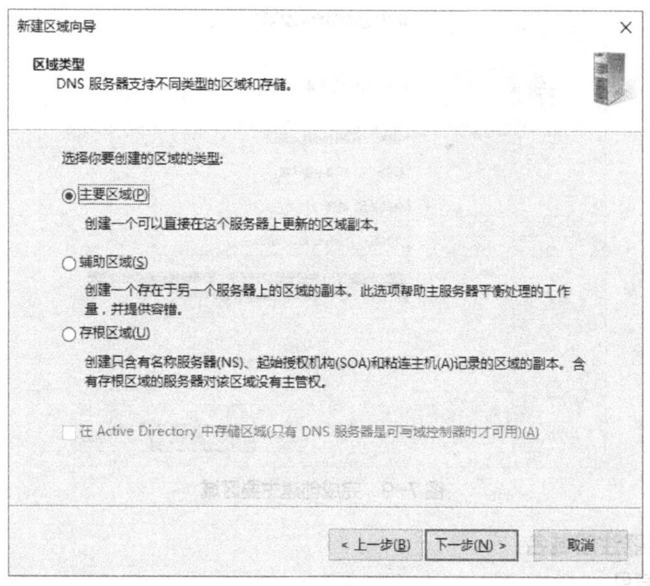

图 7-7 选择区域类型

（4）在【新建区域向导】对话框的【区域名称】界面中，网络管理员可以输入要创建的 DNS 区域名称，该区域名称通常为申请单位的根域，即单位向 ISP 申请到的域名名称。在本任务中，公司根域为 Network.com，因此，在【区域名称】文本框中输入 Network.com，如图 7-8 所示。

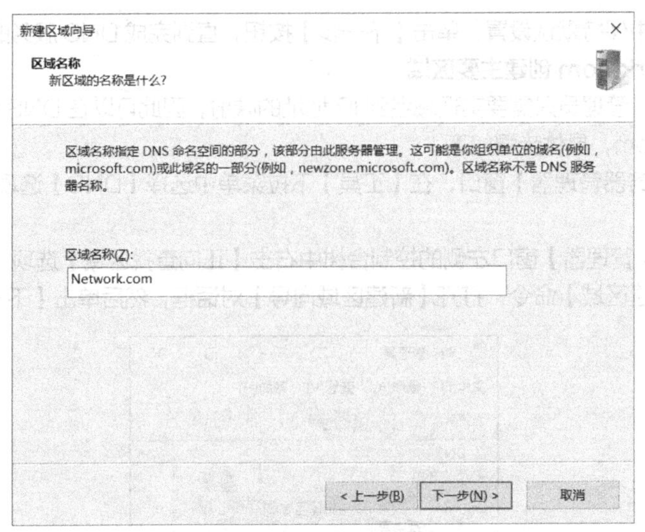

图 7-8　输入区域名称

（5）单击【下一步】按钮，进入【新建区域向导】对话框的【区域文件】界面。在 DNS 服务器中，每一个区域都会对应一个文件，区域文件名使用默认的文件名，即默认配置的 Network.com.dns。

（6）单击【下一步】按钮，进入【新建区域向导】对话框的【动态更新】界面。DNS 服务器允许基于客户端域名（A 记录）IP 地址的变化，动态更新域名映射的 IP 地址，常应用于 DNS 和 DHCP 服务器的集成。在本任务中，公司并没有动态更新需求，这里选择默认选项【不允许动态更新】，然后单击【下一步】按钮完成 Network.com 区域的创建，单击【完成】按钮，如图 7-9 所示。

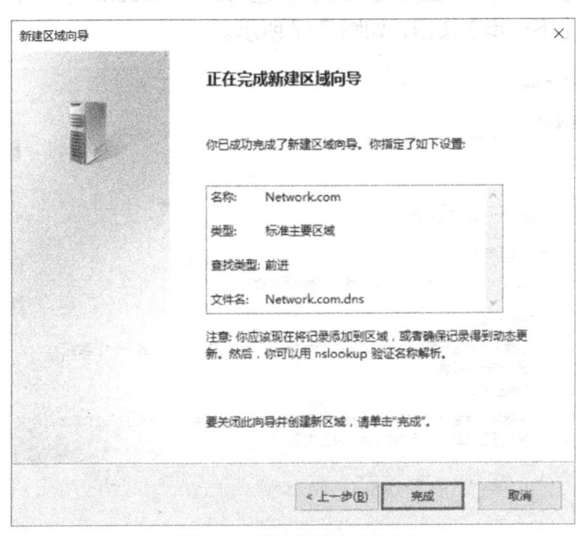

图 7-9　完成创建主要区域

3．为总部服务器注册域名

（1）配置根域信息

创建完 Network.com 主要区域后，需要对该区域进行配置，添加根域记录。

① 在正向查找区域列表下所建立的 Network.com 区域上右击，在弹出的快捷菜单中选择【属性】命令，在弹出的【Network.com 属性】对话框中选择【名称服务器】选项卡，单击【添加】按钮添加根域记录，如图 7-10 所示。

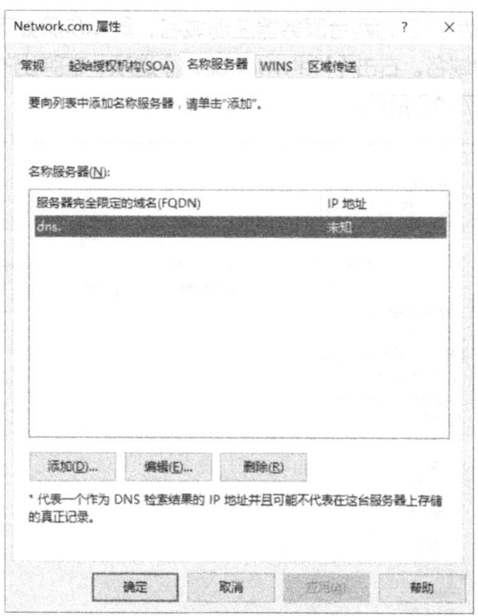

图 7-10　添加根域记录

② 在弹出的【新建名称服务器记录】对话框中的【服务器完全限定的域名(FQDN)】栏中输入根域 Network.com，在下面的栏中输入对应的 IP 地址 192.168.1.1，系统自动验证成功后，单击【确认】按钮，完成根域信息的配置，如图 7-11 所示。

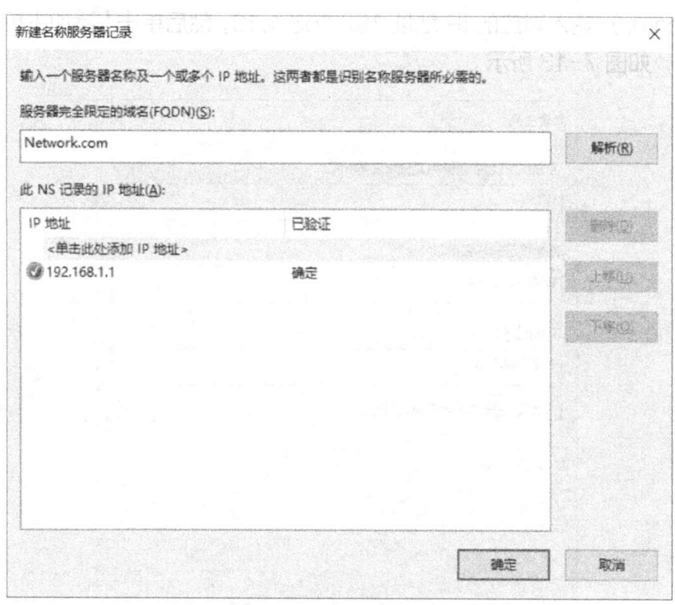

图 7-11　配置根域信息

（2）注册域名记录

DNS 主要区域允许管理员注册多种类型的资源记录，常见资源记录如下。

- 主机（A）资源记录：新建一个域名到 IP 地址的映射。
- 别名（CNAME）资源记录：新建一个域名映射到另一个域名。
- 邮件交换器（MX）资源记录：和邮件服务器配套使用，用于指定邮件服务器的地址。

在本任务中，需要根据表 7-3 为两台服务器注册域名，具体步骤如下。

① 注册 Web 服务器的域名。右击【Network.com】选项，在弹出的快捷菜单中选择【新建主机(A 或 AAAA)】命令，如图 7-12 所示。

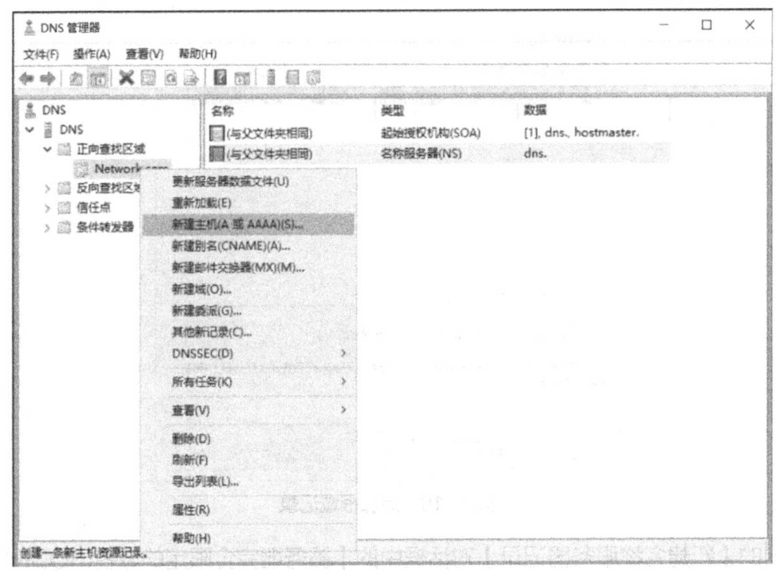

图 7-12　新建主机

在弹出的【新建主机】对话框中，输入 Web 服务器的名称 WWW（完全限定的域名就是 WWW.Network.com.），输入对应的 IP 地址 192.168.1.10，然后单击【添加主机】按钮，完成 Web 服务器域名的注册，如图 7-13 所示。

图 7-13　注册 Web 服务器的域名

② 注册 DNS 服务器的域名。操作与上一步类似，在【新建主机】对话框中，输入 DNS 服务器的名称 DNS，输入对应的 IP 地址 192.168.1.1，最后单击【添加主机】按钮，完成 DNS 服务器域名的注册，如图 7-14 所示。

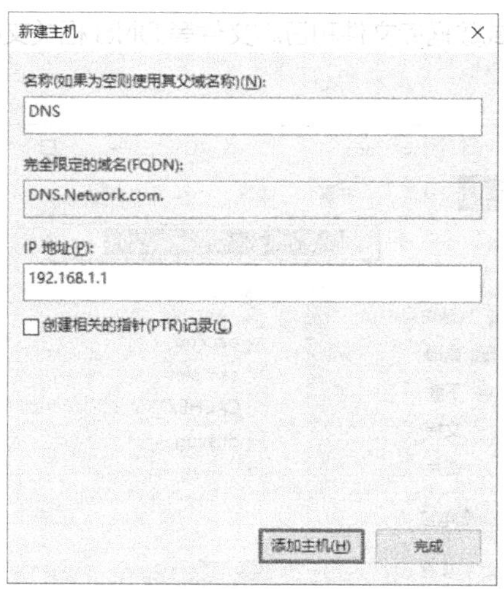

图 7-14　注册 DNS 服务器的域名

4. 为总部客户机配置 DNS 地址

计算机要实现域名解析，需要在 TCP/IP 配置中指定 DNS 服务器的地址。任意选择一台客户机，打开客户机以太网适配器属性对话框，然后双击【Internet 协议版本 4(TCP/Ipv4)】选项，在弹出的对话框中将【首选 DNS 服务器】位置指向总部的 DNS 服务器地址 192.168.1.1，如图 7-15 所示。

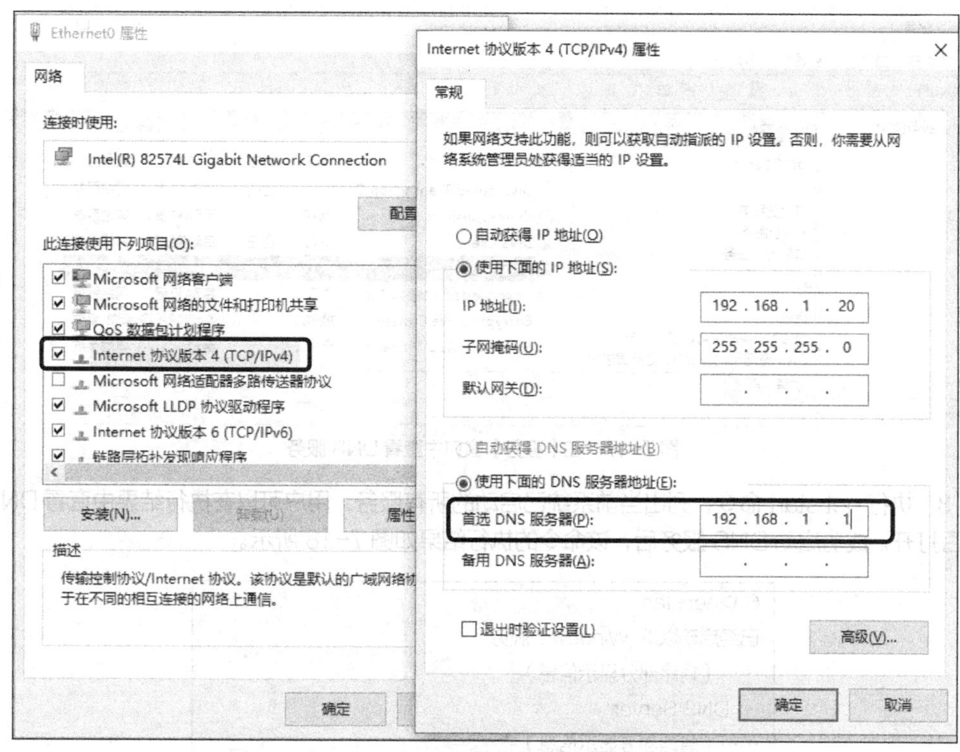

图 7-15　客户机 DNS 的配置

任务验证

1. 测试 DNS 服务是否安装成功

（1）如果 DNS 服务安装成功，在“C:\Windows\System32”目录下会自动创建一个名为 dns

的文件夹，其中包含 DNS 区域数据库文件和日志文件等 DNS 相关文档。dns 文件夹结构如图 7-16 所示。

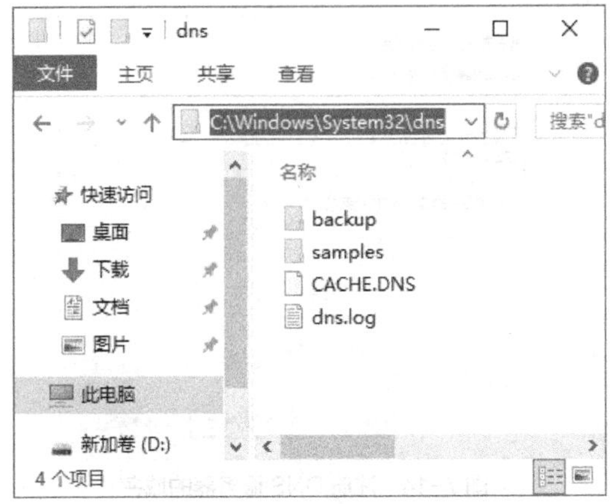

图 7-16　dns 文件夹结构

（2）DNS 服务器成功安装后，会自动启动 DNS 服务。在【服务器管理器】窗口的【工具】下拉菜单中选择【服务】选项，在打开的【服务】窗口中，可以看到已经启动的 DNS 服务，如图 7-17 所示。

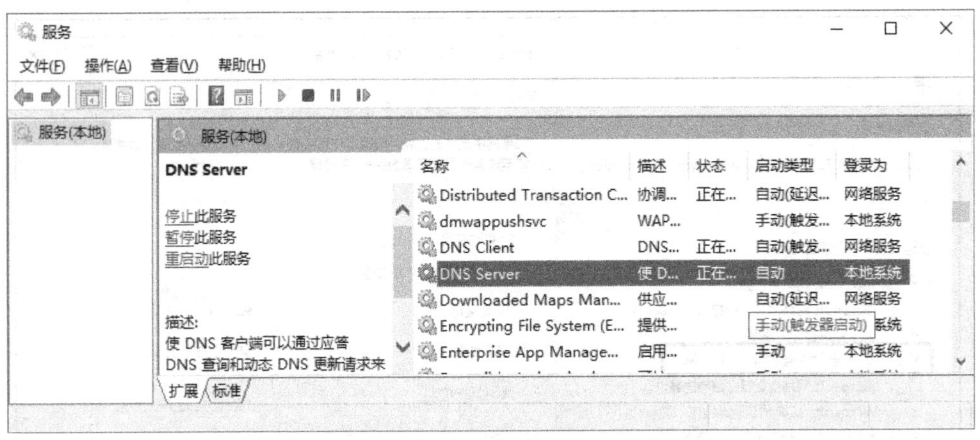

图 7-17　在【服务】窗口中查看 DNS 服务

（3）执行 net start 命令，列出当前系统已启动的所有服务，用户可以在执行结果中查看 DNS 服务是否打开。成功启动 DNS 服务后，该命令的执行结果如图 7-18 所示。

```
C:\>net start
已经启动以下 Windows 服务:
……（省略部分显示信息）
   DNS Server
……（省略部分显示信息）
```

图 7-18　执行 net start 命令查看 DNS 服务是否启动

2. 测试 DNS 解析功能

DNS 配置好后，对 DNS 解析的测试通常通过 ping、nslookup、ipconfig /displaydns 等命令

进行。

（1）在客户机上打开命令提示符窗口，执行 ping WWW.Network.com 命令，测试域名是否能正常解析，命令返回结果如图 7-19 所示，域名 WWW.Network.com 已经正确解析为 IP 地址 192.168.1.10。

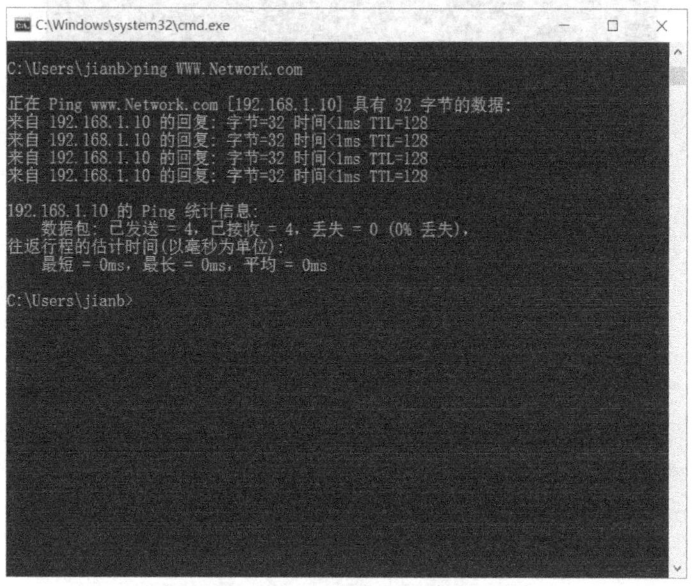

图 7-19 DNS 的 ping 测试

（2）nslookup 是一个专门用于 DNS 测试的命令，在命令提示符窗口中，执行 nslookup DNS.Network.com 命令，命令返回结果如图 7-20 所示，可以看出，DNS 服务器解析 DNS.Network.com 对应的 IP 地址为 192.168.1.1。

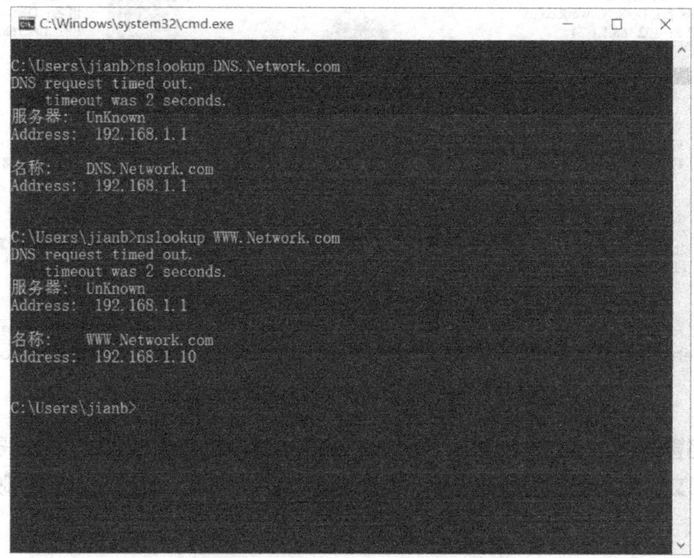

图 7-20 DNS 的 nslookup 测试

（3）客户机向域名服务器请求域名解析后，会将域名解析的结果存储在本地缓存中，以便下次再次解析相同域名时，不用再向域名服务器请求解析。执行 ipconfig /displaydns 命令，可以查看客户机已学习到的 DNS 缓存记录，命令返回结果如图 7-21 所示。

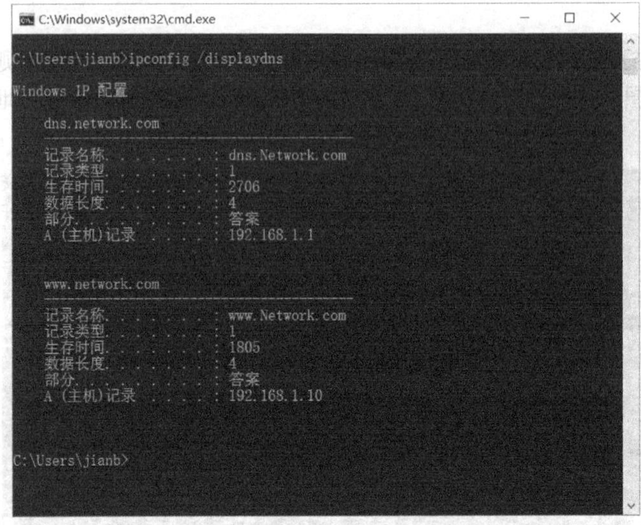

图 7-21　DNS 的 ipconfig /displaydns 测试

任务 7-2　实现子公司 DNS 委派服务器的部署

V7-2　任务 7-2 演示视频

任务规划

广州子公司是一个相对独立运营的实体，希望能更加便捷地管理自己的域名系统。为此，广州子公司准备了一台安装有 Windows Server 2016 系统的服务器，广州子公司与北京总部的网络拓扑图如图 7-22 所示。

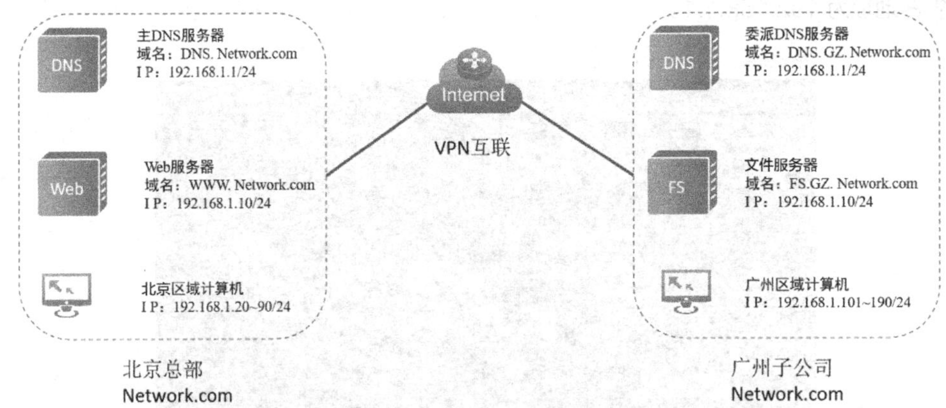

图 7-22　广州子公司与北京总部的网络拓扑图

公司要求网络管理员为子公司部署 DNS 服务，实现客户机使用域名访问公司各网站的需求。委派 DNS 服务器和文件服务器的服务器角色、服务器名称、IP 地址、域名、位置的映射关系如表 7-4 所示。

表 7-4　委派 DNS 服务器和文件服务器的映射关系

服务器角色	服务器名称	IP 地址	域名	位置
委派 DNS 服务器	GZDNS	192.168.1.100/24	DNS.GZ.Network.com	广州子公司
文件服务器	FS	192.168.1.101/24	FS.GZ.Network.com	广州子公司

公司如果在多个区域办公，本地部署的 DNS 服务器将提高本地客户机解析域名的速度。在子公司部署委派 DNS 服务器，可以将子域的域名管理委托给下一级 DNS 服务器，从而降低主 DNS 服务器的负担，并给子域域名的管理带来便捷。委派 DNS 服务器常用于子公司的应用场景。

要在子公司部署委派 DNS 服务器，可以通过以下步骤来完成。

（1）在总部主 DNS 服务器上创建委派区域 GZ.Network.com。

（2）在广州子公司 DNS 服务器上创建主要区域 GZ.Network.com，并注册子公司服务器的域名。

（3）在广州子公司 DNS 服务器上创建 Network.com 的辅助 DNS 服务器。

（4）设置总部主 DNS 服务器，允许广州子公司复制 DNS 数据。

（5）在总部 DNS 服务器上创建 GZ.Network.com 的辅助 DNS 服务器。

（6）为广州子公司客户机配置 DNS 地址。

任务实施

1. 在总部主 DNS 服务器上创建委派区域 GZ.Network.com

（1）在总部的 DNS 服务器中打开【DNS 管理器】窗口。在控制台树中，右击【Network.com】选项，在弹出的快捷菜单中选择【新建委派】命令，如图 7-23 所示。

图 7-23 新建委派

（2）在【新建委派向导】对话框【受委派域名】界面的【委派的域】文本框中输入要委派的子域名称 GZ，然后单击【下一步】按钮，如图 7-24 所示。

（3）在【新建名称服务器记录】对话框中输入子域的 FQDN 和 IP 地址，设置子域委派服务器，如图 7-25 所示。

（4）系统自动验证通过后，单击【完成】按钮，完成 DNS 子域的委派。

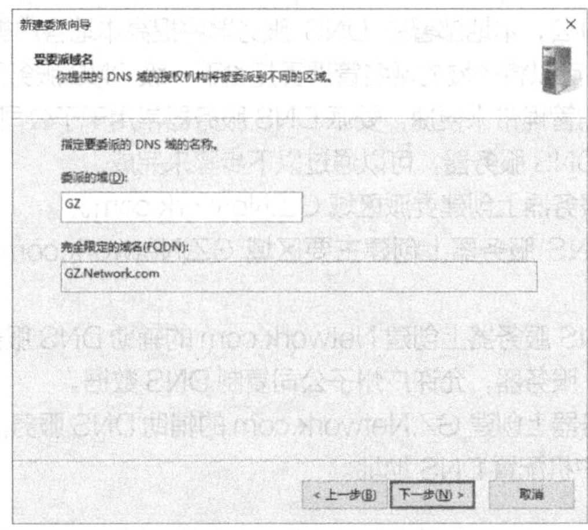

图 7-24　委派子域 GZ

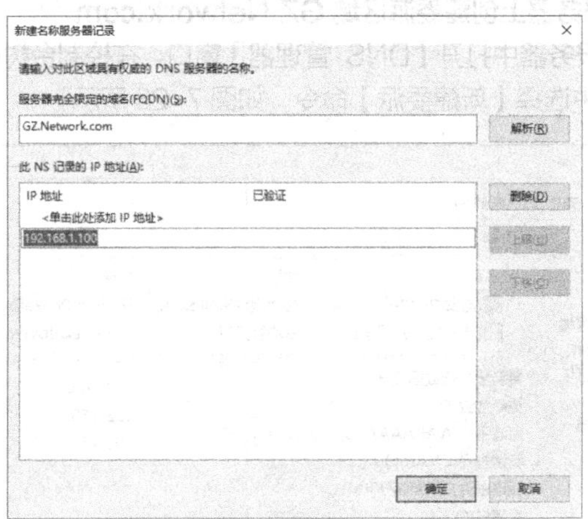

图 7-25　设置子域委派服务器

2. 在广州子公司 DNS 服务器上创建主要区域 GZ.Network.com，并注册子公司服务器的域名

在广州子公司的 DNS 服务器上配置 DNS 服务角色与功能。参照任务 7-1 完成主要区域 GZ.Network.com 的创建，如图 7-26 所示。

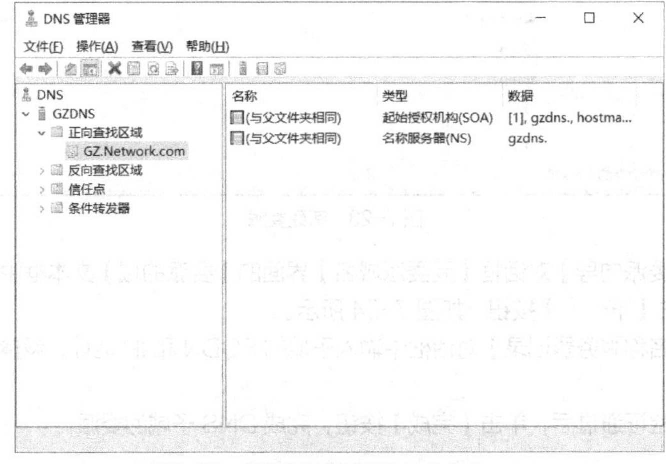

图 7-26　创建主要区域 GZ.Network.com

（1）添加文件服务器和委派 DNS 服务器的主机记录

添加文件服务器的主机记录，域名为 FS.GZ.Network.com；添加委派 DNS 服务器的主机记录，域名为 DNS.GZ.Network.com。添加完成后，记录如图 7-27 所示。

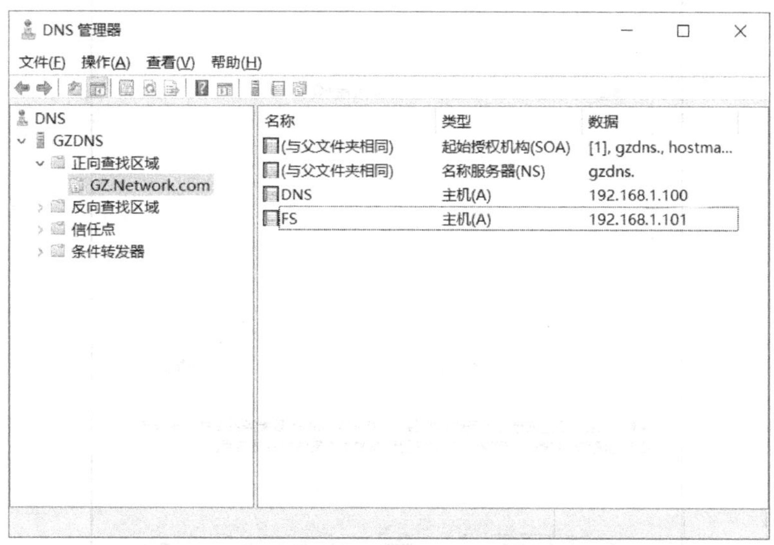

图 7-27　添加文件服务器和委派 DNS 服务器的主机记录

（2）配置子域 DNS 服务器的转发器为主 DNS 服务器

为确保子域 DNS 也能正常解析全域的 DNS 记录，需要配置子域 DNS 服务器的转发器指向公司的主 DNS 服务器。

① 在广州子公司的【DNS管理器】窗口的控制台树中，右击【GZDNS】选项，在弹出的快捷菜单中选择【属性】命令，如图 7-28 所示。在弹出的【GZDNS 属性】对话框的【转发器】选项卡中，单击【编辑】按钮，如图 7-29 所示。

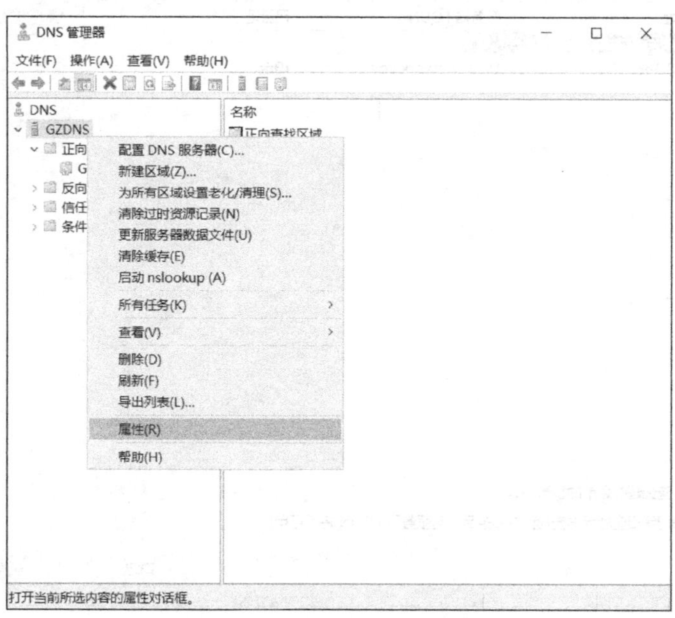

图 7-28　查看主机 GZDNS 的属性

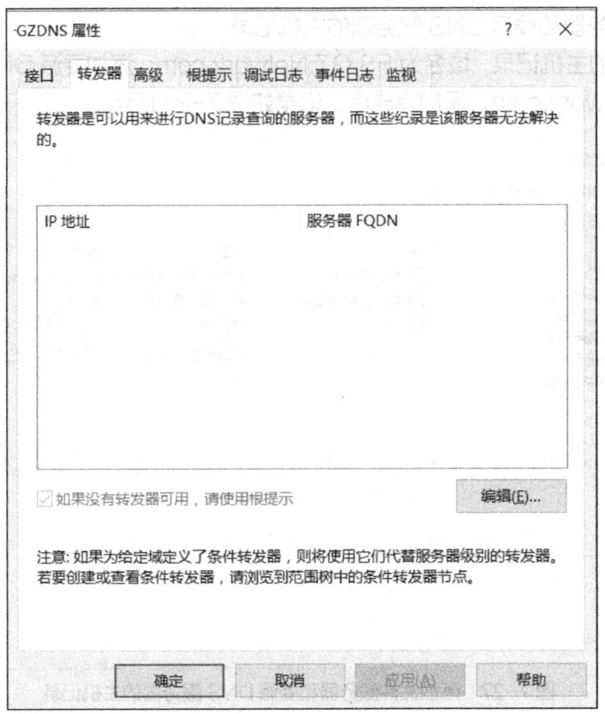

图 7-29 【转发器】选项卡

② 在打开的【编辑转发器】对话框中，输入主 DNS 的 IP 地址，验证成功后，单击【确定】按钮，如图 7-30 所示。完成子域 DNS 服务器的转发器配置，如图 7-31 所示。

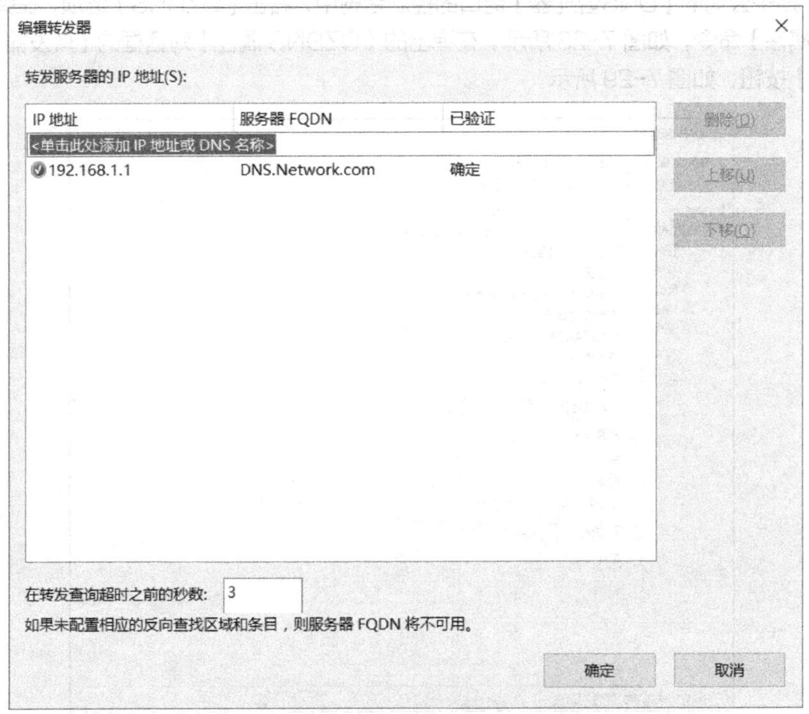

图 7-30 【编辑转发器】对话框

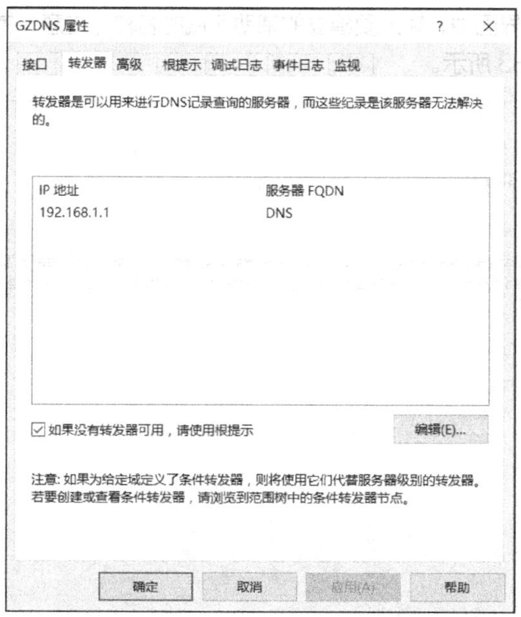

图 7-31 完成子域 DNS 服务器的转发器配置

3. 在广州子公司 DNS 服务器上创建 Network.com 的辅助 DNS 服务器

广州区域的客户机在解析北京总部的域名时，因为距离较远，往往响应时间较长。考虑到广州本地也部署了 DNS 服务器，通常网络管理员也会在广州的 DNS 服务器创建公司其他区域的辅助 DNS，这样广州区域的客户机在解析其他区域域名时，能有效地缩短域名解析时间。

在广州子公司 DNS 服务器上创建北京总公司 Network.com 区域的辅助 DNS 服务器的具体步骤如下。

（1）在【DNS 管理器】的控制台树中，右击【GZDNS】选项，在弹出的快捷菜单中选择【新建区域】命令以打开【新建区域向导】对话框。

（2）在弹出的【新建区域向导】对话框的【区域类型】界面中，选择【辅助区域】单选项，然后单击【下一步】按钮，如图 7-32 所示。

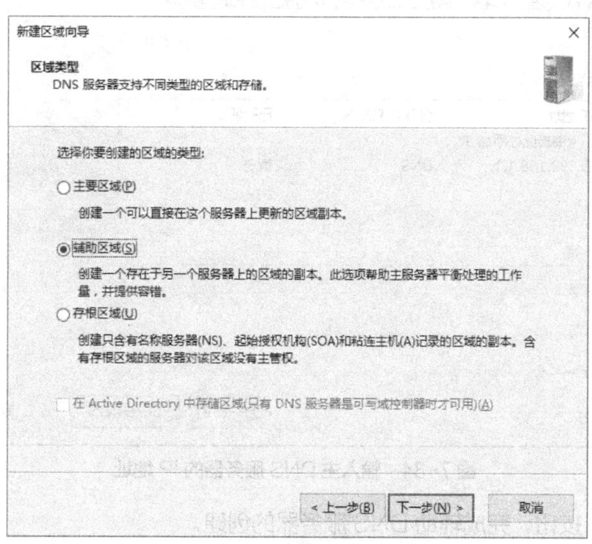

图 7-32 选择辅助区域类型

（3）在【区域名称】界面中，输入要建立的辅助区域的名称（注意，辅助区域的名称要和主要区域的名称相同），如图 7-33 所示。

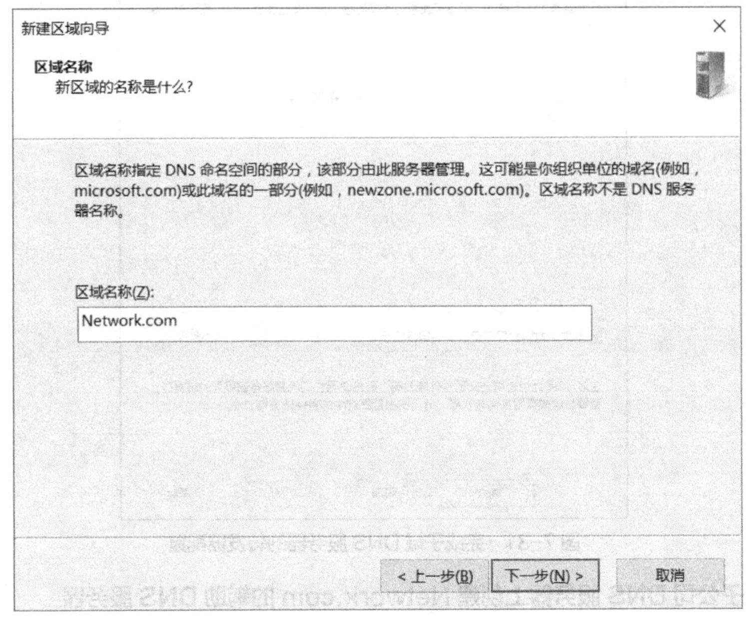

图 7-33　设置辅助区域名称

（4）如果辅助区域可以从多个 DNS 服务器上复制 DNS 记录，我们可以在图 7-34 所示的【主 DNS 服务器】界面中添加并设置这些复制源的顺序（优先级）。由于本项目只有一个复制源，所以这里仅输入北京总部 DNS 服务器的 IP 地址 192.168.1.1，单击【下一步】按钮。

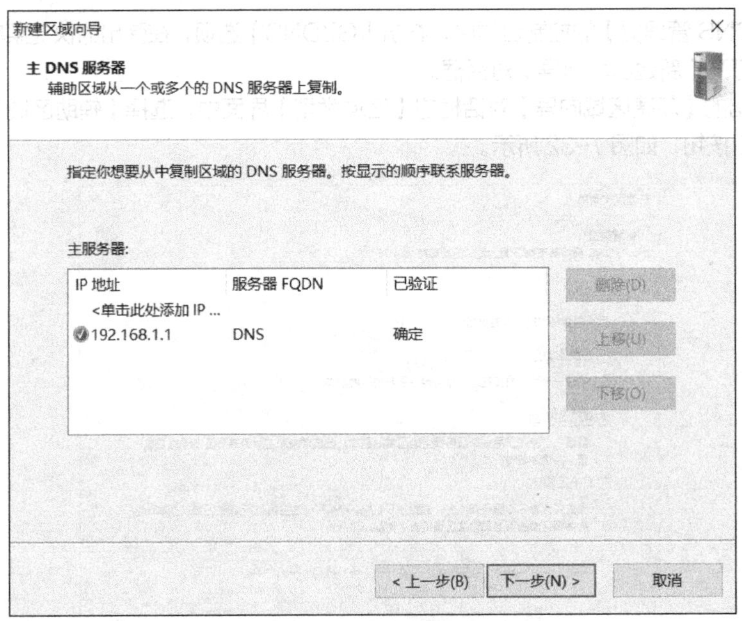

图 7-34　输入主 DNS 服务器的 IP 地址

（5）单击【完成】按钮，完成辅助 DNS 服务器的创建。

注意 通常情况下，经过上述步骤后，我们创建的辅助区域是无法进行区域数据复制的，也就是说，辅助区域无法正常提供服务，如图 7-35 所示。造成这个问题的原因是，还没有在主 DNS 服务器的相应区域上允许辅助 DNS 服务器进行数据复制。

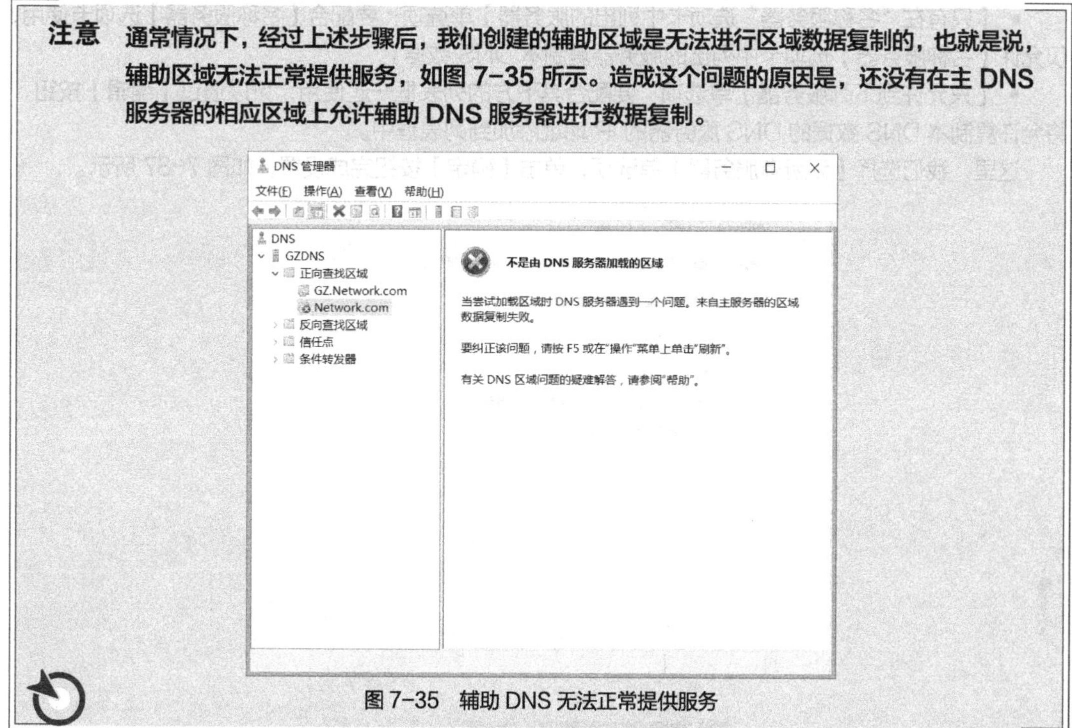

图 7-35 辅助 DNS 无法正常提供服务

4. 设置总部主 DNS 服务器，允许辅助 DNS 复制 DNS 数据

（1）在北京总部的【DNS 管理器】窗口中，右击左侧控制台中的【Network.com】选项，在弹出的快捷菜单中选择【属性】命令，如图 7-36 所示。

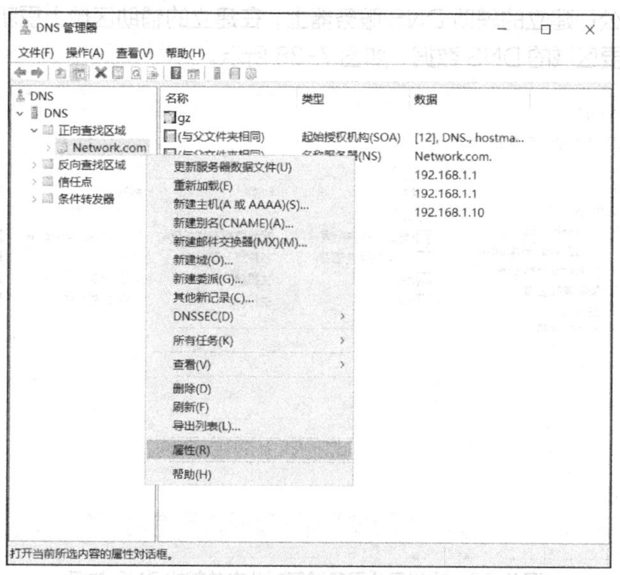

图 7-36 选择【属性】命令

（2）在弹出的【Network.com 属性】对话框中，选择【区域传送】选项卡，在【允许区域传送】选项组中，有 3 个单选项可以设置，它们代表的含义分别如下。

- 【到所有服务器】单选项：允许将本 DNS 的数据复制到任意服务器。

- 【只有在“名称服务器”选项卡中列出的服务器】单选项：要配合【名称服务器】选项卡使用，仅允许【名称服务器】选项卡中列出的服务器复制本 DNS 数据。
- 【只允许到下列服务器】单选项：要配合其下方的列表框一起使用，可以通过【编辑】按钮，将允许复制本 DNS 数据的 DNS 服务器的 IP 地址添加到列表框中。

这里，我们选择【到所有服务器】单选项，单击【确定】按钮完成设置，如图 7-37 所示。

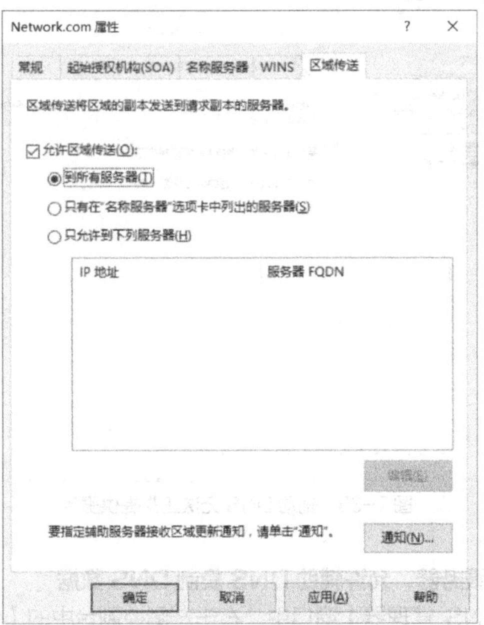

图 7-37 允许区域数据复制

（3）回到广州子公司建立的辅助 DNS 服务器上，在建立的辅助区域上重新进行数据加载后，辅助区域成功复制了主要区域的 DNS 数据，如图 7-38 所示。

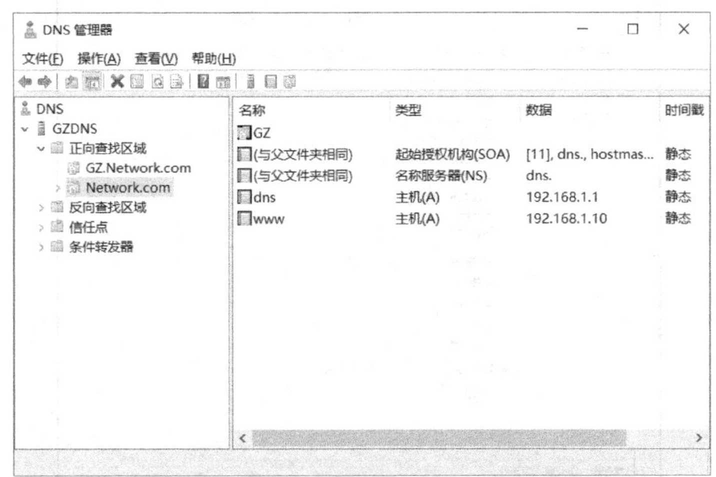

图 7-38 广州子公司区域复制北京总部的 DNS 数据

5. 在总部 DNS 服务器上创建 GZ.Network.com 的辅助 DNS 服务器

同理，北京总部用户在解析其他区域的域名时，也要等待其他区域服务器的 DNS 的解析。因此，北京区域 DNS 服务器也可以通过建立其他区域的辅助 DNS 服务器来提高本区域客户机域名的解析速度。

在北京总部 DNS 服务器创建 GZ.Network.com 区域的辅助 DNS 的步骤参考本任务的步骤 3，创建完成后北京总部 DNS 服务器的【DNS 管理器】窗口如图 7-39 所示。

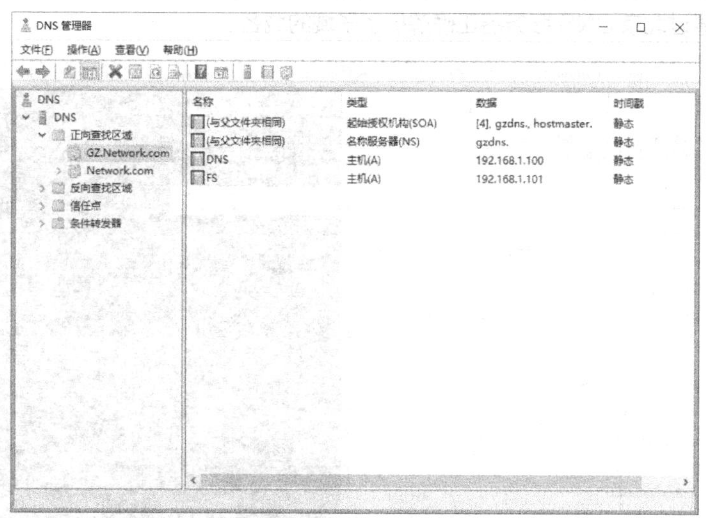

图 7-39　北京总部区域复制广州子公司的 DNS 数据

6. 为广州子公司客户机配置 DNS 地址

广州子公司和北京总部均部署了 DNS 服务器。原则上，广州子公司的客户机可以通过任意一个 DNS 服务器来解析域名，但为了减少域名解析的响应时间，通常为客户机部署 DNS 时将考虑以下因素来配置 DNS 服务器地址。

（1）依据就近原则，首选 DNS 指向最近的 DNS 服务器。

（2）依据备份原则，备选 DNS 指向企业的根域 DNS 服务器。

因此，广州子公司的客户机需要将首选 DNS 服务器指向广州子公司 DNS 服务器的 IP 地址，备选 DNS 指向北京总部 DNS 服务器的 IP 地址。广州子公司的客户机 TCP/IP 的配置信息如图 7-40 所示。

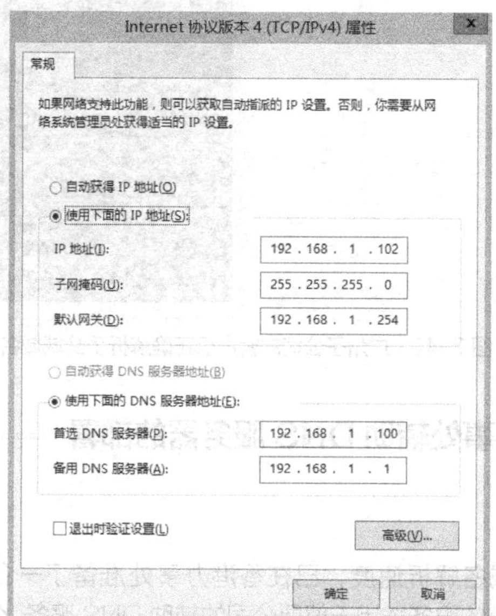

图 7-40　广州子公司的客户机 TCP/IP 的配置信息

任务验证

（1）在北京总部的客户机测试子域的域名解析结果。在图 7-41 所示的测试结果中可以看出，北京总部的客户机通过北京 DNS 服务器正确解析了子域的域名。

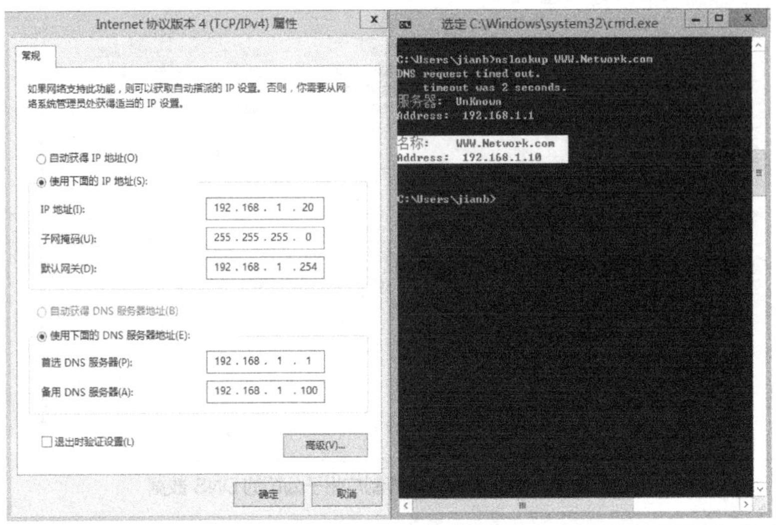

图 7-41　北京总部的客户机正确解析了子域域名

（2）在广州子公司的客户机测试父域的域名解析结果。在图 7-42 所示的测试结果中可以看出，广州子公司的客户机通过广州 DNS 服务器正确解析了父域的域名。

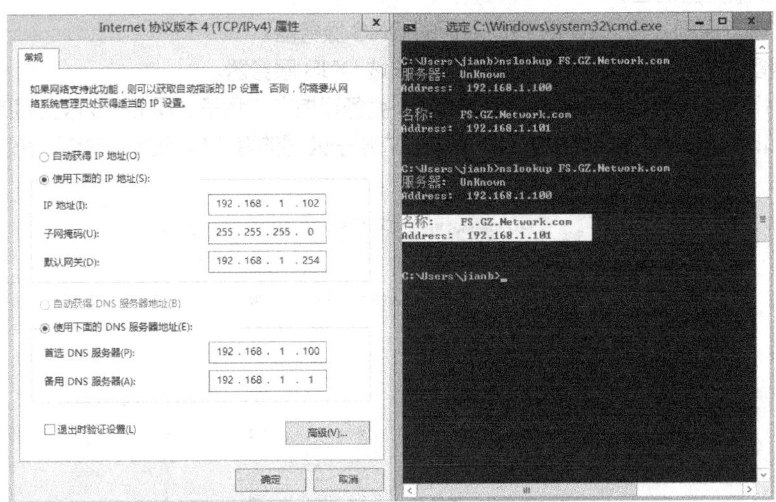

图 7-42　广州子公司的客户机正确解析了父域域名

任务 7-3　实现办事处辅助 DNS 服务器的部署

V7-3　任务 7-3 演示视频

任务规划

办事处为加快客户的域名解析速度，已在香港办事处准备了一台安装有 Windows Server 2016 系统的服务器用于部署公司的辅助 DNS 服务，公司的网络拓扑图如图 7-43 所示。

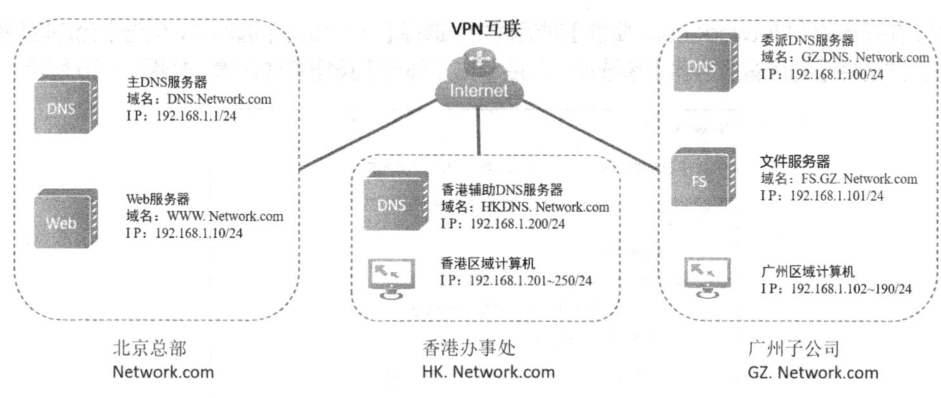

图 7-43　公司网络拓扑图

要实现香港办事处能通过本地域名解析以快速访问公司资源，香港办事处的 DNS 服务器就必须拥有全公司所有的域名数据。公司的域名数据存储在北京和广州两台 DNS 服务器中，因此香港辅助 DNS 服务器必须复制北京和广州两台 DNS 服务器的数据，才能实现香港办事处域名的快速解析，提高对公司网络资源访问的效率。

要在香港办事处部署辅助 DNS，可以通过以下步骤来完成。

（1）北京总部 DNS 服务器授权香港办事处辅助 DNS 服务器复制 DNS 记录。

（2）在香港 DNS 服务器上创建北京总部 DNS 辅助区域。

（3）广州子公司 DNS 服务器授权香港办事处辅助 DNS 服务器复制 DNS 记录。

（4）在香港 DNS 服务器上创建广州子公司 DNS 辅助区域。

任务实施

DNS 服务器默认不允许其他 DNS 服务器复制自身 DNS 记录，因此本任务需要先在北京总部 DNS 服务器和广州子公司 DNS 服务器授权允许香港办事处 DNS 服务器复制 DNS 记录。

1. 北京总部 DNS 服务器授权香港办事处辅助 DNS 服务器允许复制 DNS 记录

（1）在北京总部的【DNS 管理器】窗口中，右击左侧控制台树中的【Network.com】选项，在弹出的快捷菜单中选择【属性】命令，如图 7-44 所示。

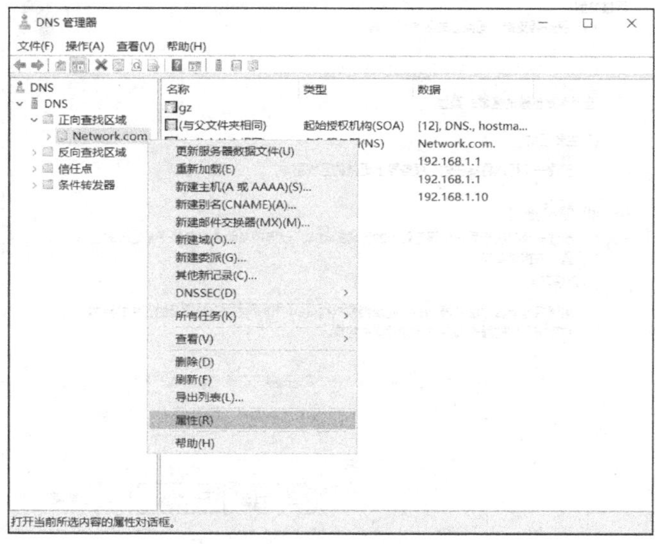

图 7-44　选择【属性】命令

（2）在弹出的【Network.com 属性】对话框中，选择【区域传送】选项卡，勾选【允许区域传送】复选框，并选择【到所有服务器】单选项，然后单击【确定】按钮完成设置，如图 7-45 所示。

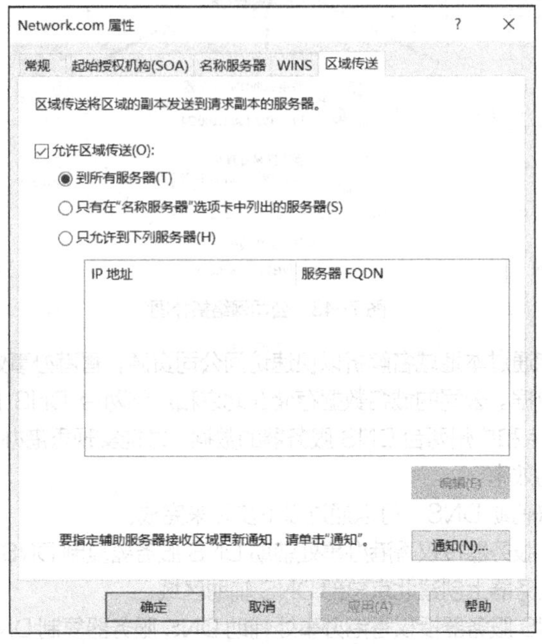

图 7-45　允许区域数据复制到所有 DNS 服务器

2. 在香港 DNS 服务器上创建北京总部 DNS 辅助区域

（1）在香港办事处的 DNS 服务器上配置 DNS 服务角色和功能。在【DNS 管理器】窗口左侧的控制台树中右击 DNS 服务器，在弹出的快捷菜单中选择【新建区域】命令。在打开的【新建区域向导】对话框的【区域类型】界面中，选择【辅助区域】单选项，然后单击【下一步】按钮，如图 7-46 所示。

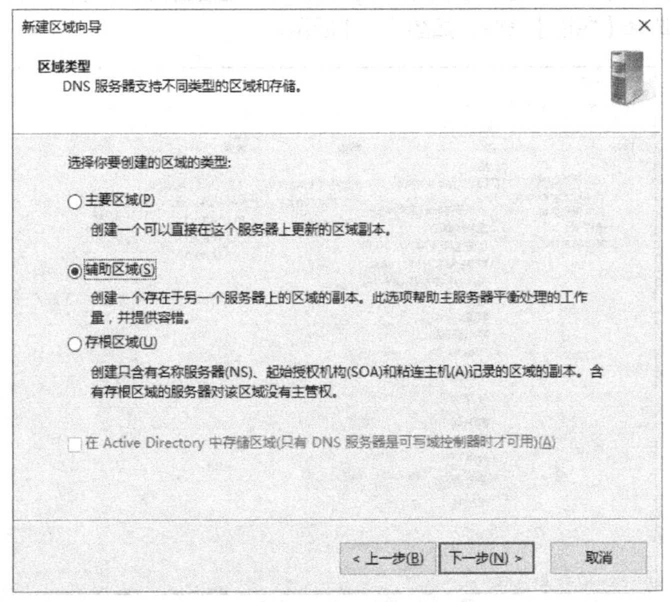

图 7-46　选择辅助区域类型

（2）在【区域名称】界面的【区域名称】文本框中输入辅助区域的名称。此时，辅助区域的名称要和被复制的主要区域的名称相同，如图 7-47 所示。

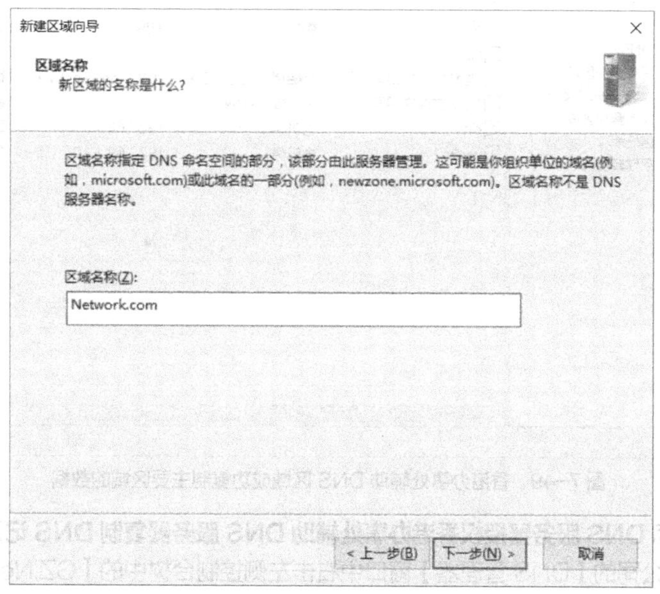

图 7-47　设置辅助区域名称

（3）在【新建区域向导】对话框的【主 DNS 服务器】界面中，填写主 DNS 服务器的 IP 地址 192.168.1.1，如图 7-48 所示。

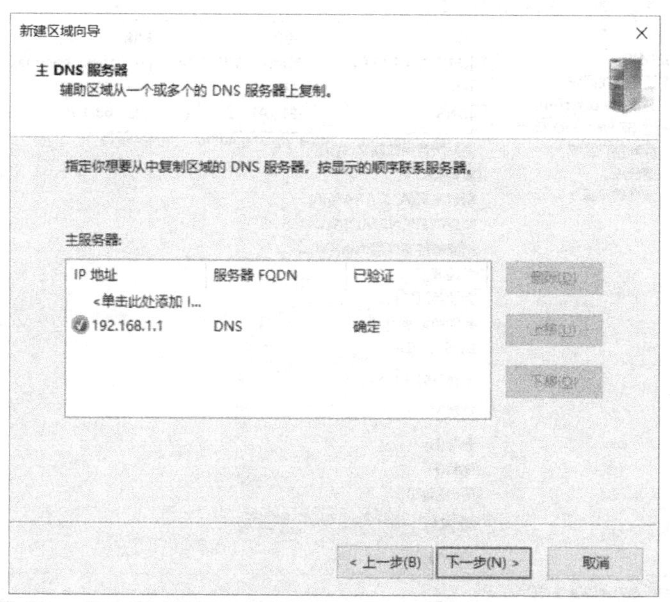

图 7-48　填写主 DNS 服务器的 IP 地址

（4）系统自动完成检测后，单击【完成】按钮，完成辅助 DNS 服务器的创建。

（5）返回香港办事处的辅助 DNS 服务器，查看辅助区域 DNS 记录，辅助 DNS 区域成功复制了主要区域的数据，如图 7-49 所示。

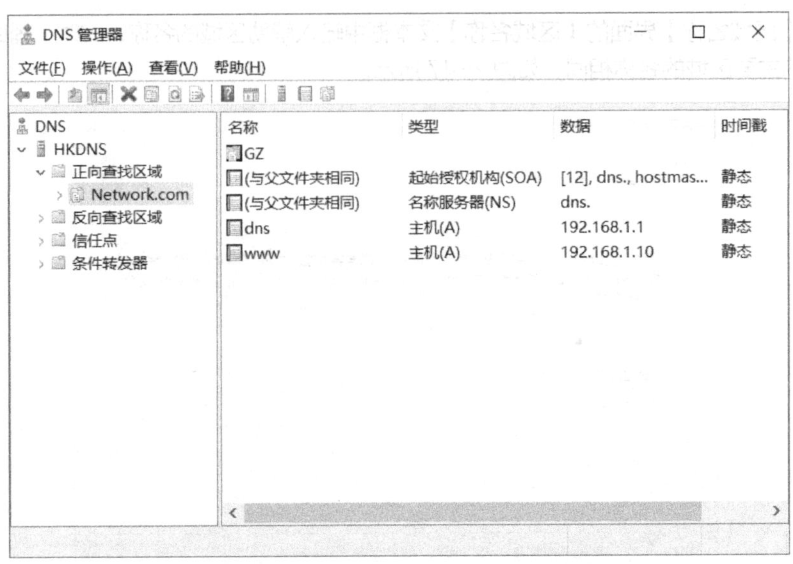

图 7-49　香港办事处辅助 DNS 区域成功复制主要区域的数据

3. 广州子公司 DNS 服务器授权香港办事处辅助 DNS 服务器复制 DNS 记录

（1）在广州子公司的【DNS 管理器】窗口中右击左侧控制台树中的【GZ.Network.com】选项，然后在弹出的快捷菜单中选择【属性】命令，如图 7-50 所示。

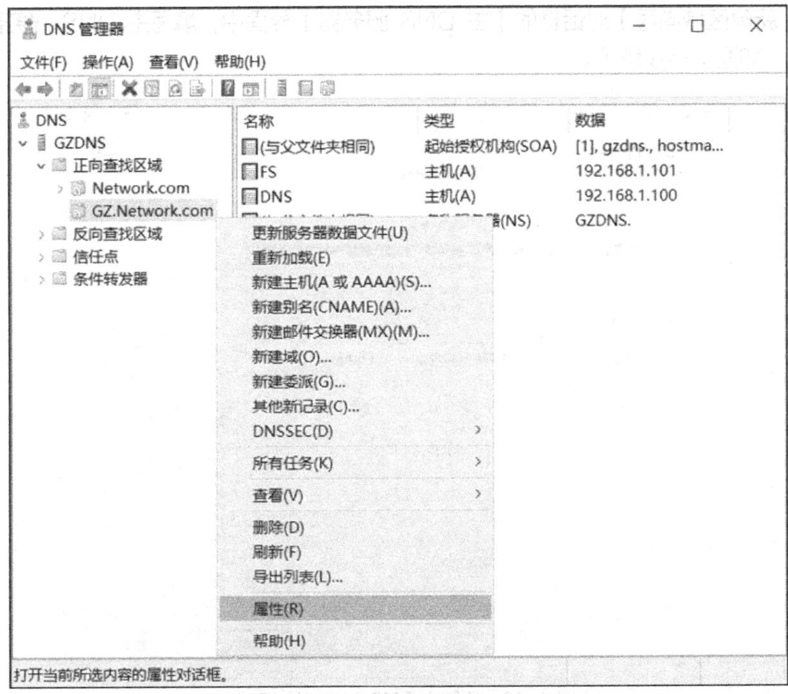

图 7-50　选择【属性】命令

（2）配置同总部类似，但为提高 DNS 服务器数据的安全性，这里可以在【GZ.Network.com 属性】对话框中选择【只允许到下列服务器】单选项，然后输入香港办事处 DNS 服务器的 IP 地址，完成广州子公司 DNS 服务器的设置，如图 7-51 所示。

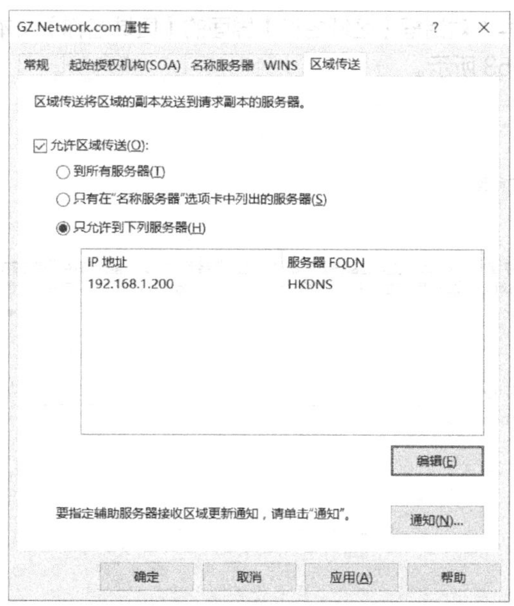

图 7-51　允许区域数据复制到指定 DNS 服务器

4. 在香港办事处 DNS 服务器上创建广州子公司 DNS 辅助区域

香港办事处能够解析到北京总部的 DNS，如果香港办事处有用户需要解析到广州子公司的域名，那么香港办事处的 DNS 无法马上做出解析，必须把请求发送至北京总部，再由北京总部向广州子公司发送请求，广州子公司响应请求，发送给北京总部，北京总部再发送给香港办事处。如此一来，如果链路带宽比较小，可能一个 DNS 请求需要等上一段很长的时间。为了解决这个问题，香港办事处需配置一个广州子公司的辅助 DNS，这样可以缩短广州子域的 DNS 解析时间，具体配置如下。

（1）在【DNS 管理器】的控制台树中，右击 DNS 服务器，在弹出的快捷菜单中选择【新建区域】命令，打开【新建区域向导】对话框。

（2）在【新建区域向导】对话框中，选择【辅助区域】单选项，然后单击【下一步】按钮，如图 7-52 所示。

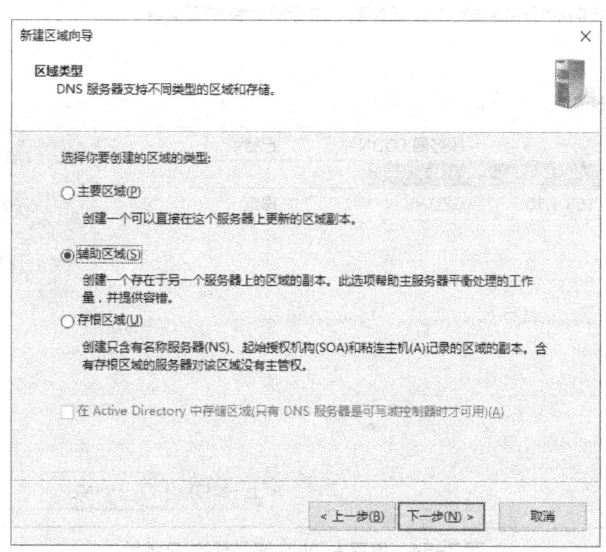

图 7-52　选择辅助区域类型

（3）在【新建区域向导】对话框【区域名称】界面的【区域名称】文本框中，输入要建立的广州辅助区域的名称，如图 7-53 所示。

图 7-53　设置辅助区域名称

（4）在【新建区域向导】对话框的【主 DNS 服务器】界面中添加建立的辅助区域 DNS 数据的复制源：广州区域的 DNS 服务器的 IP 地址 192.168.1.100，如图 7-54 所示。

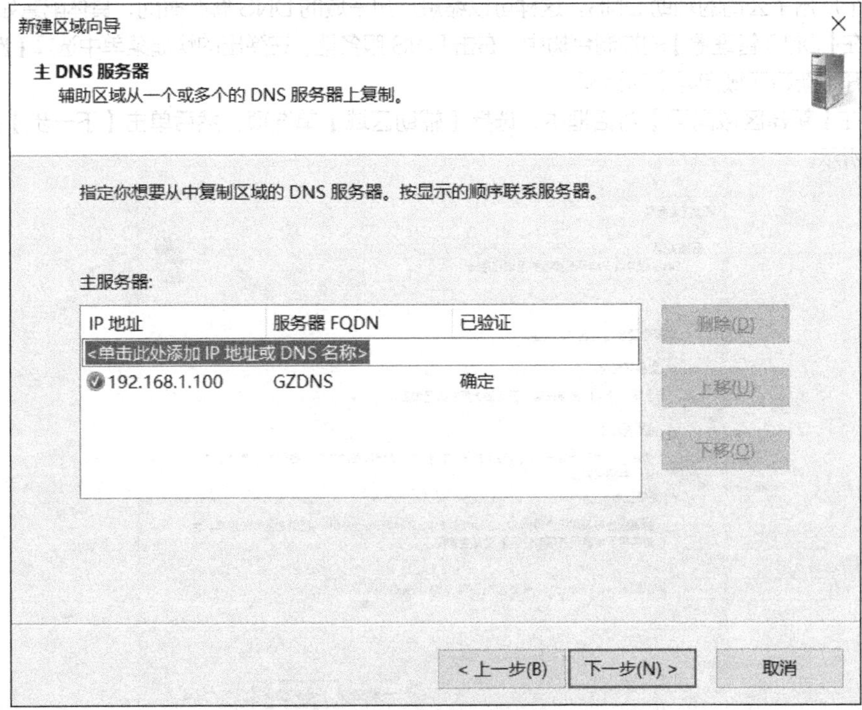

图 7-54　填写主 DNS 服务器的 IP 地址

（5）单击【完成】按钮，完成辅助 DNS 服务器的创建。

（6）打开【DNS 管理器】窗口，查看刚刚新建的 DNS 辅助区域，如图 7-55 所示。

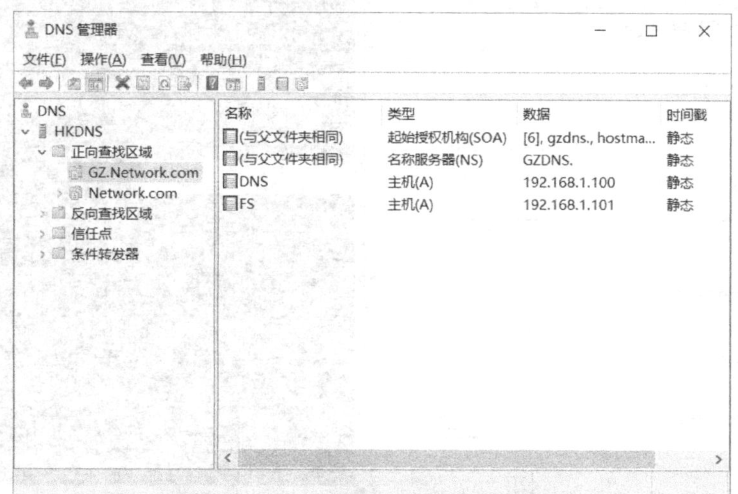

图 7-55　查看新建的 DNS 辅助区域

任务验证

（1）验证香港办事处 DNS 服务器上北京总部的辅助区域是否正确。将香港办事处客户机的 DNS 首选服务器地址指向香港办事处的 DNS 服务器地址，通过 nslookup 命令，可以解析到北京总部 Web 服务器的地址，如图 7-56 所示。

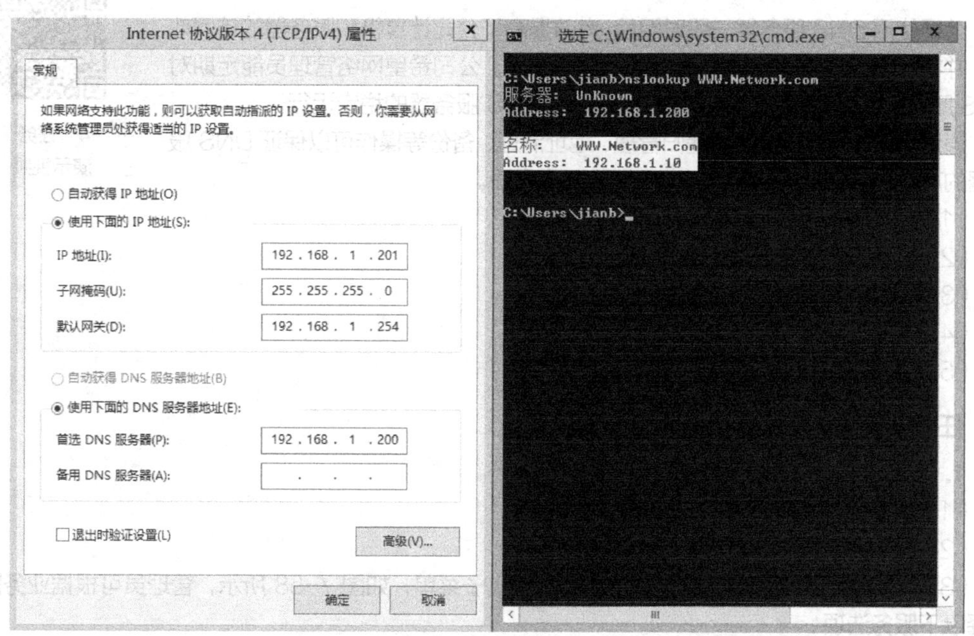

图 7-56　香港办事处客户端解析北京总部 Web 服务器 IP 地址的测试

（2）验证香港办事处 DNS 服务器上广州子公司的辅助区域是否正确。将香港办事处客户机的 DNS 首选服务器地址指向香港办事处的 DNS 服务器地址，通过 nslookup 命令，可以解析到广州子公司文件服务器的地址，如图 7-57 所示。

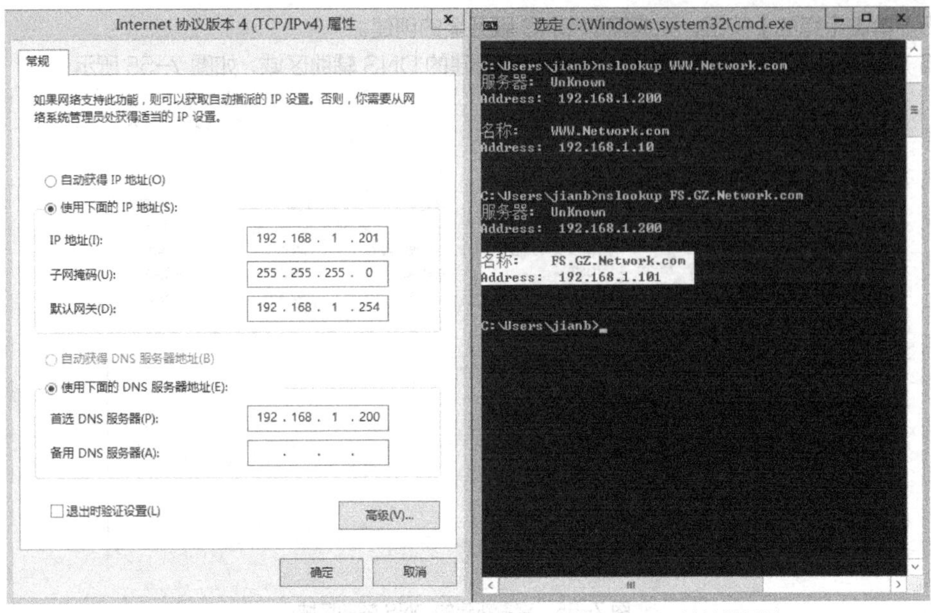

图 7-57 香港办事处客户端解析广州子公司文件服务器 IP 地址的测试

任务 7-4 实现对 DNS 服务器的管理

任务规划

V7-4 任务 7-4
演示视频

公司使用 DNS 服务器一段时间后，有效提高了公司计算机和服务器的访问效率，并将 DNS 服务作为基础服务纳入日常管理。公司希望网络管理员能定期对 DNS 服务器进行有效的管理与维护，以保障 DNS 服务器的稳定运行。

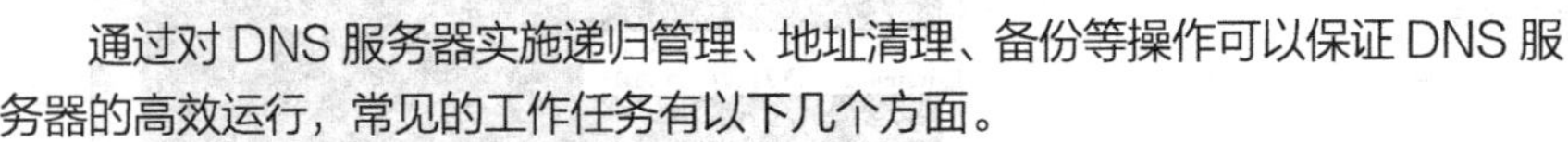

通过对 DNS 服务器实施递归管理、地址清理、备份等操作可以保证 DNS 服务器的高效运行，常见的工作任务有以下几个方面。

（1）启动或停止 DNS 服务器。

（2）设置 DNS 的工作 IP。

（3）设置 DNS 的老化时间。

（4）设置 DNS 的递归查询。

（5）DNS 的备份与还原。

任务实施

1. 启动或停止 DNS 服务器

（1）打开【DNS 管理器】窗口。

（2）在控制台树中，右击【DNS】选项。

（3）在弹出的快捷菜单中，选择【所有任务】子菜单，如图 7-58 所示，管理员可根据业务需要选择以下服务选项。

- 【启动】选项：启动服务。
- 【停止】选项：停止服务。
- 【暂停】选项：暂停服务。
- 【重新启动】选项：重新启动服务。

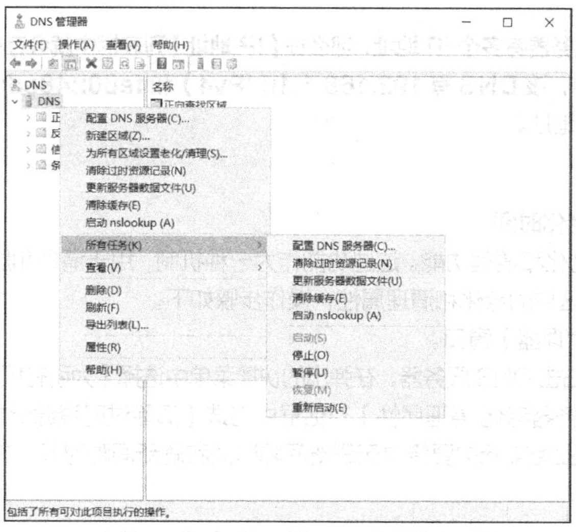

图 7-58　DNS 服务的【所有任务】服务选项

2. 设置 DNS 的工作 IP

如果 DNS 服务器本身拥有多个 IP 地址，那么 DNS 服务器可以工作在多个 IP 地址。考虑到以下原因，通常 DNS 服务器都会指定其工作 IP。

（1）为方便客户机配置 TCP/IP 的 DNS 地址，仅提供一个固定的 DNS 工作 IP 作为客户机的 DNS 地址。

（2）考虑到安全问题，DNS 服务器通常仅开放其中一个 IP 对外提供服务。

设置 DNS 的工作 IP 可通过在 DNS 服务器中限制 DNS 服务器只侦听选定的 IP 地址来实现，具体操作过程如下。

（1）打开【DNS 管理器】窗口。

（2）在控制台树中，右击【DNS】选项。

（3）在弹出的快捷菜单中选择【属性】命令，打开【DNS 属性】对话框。

（4）在【接口】选项卡中选择【只在下列 IP 地址】单选项。

（5）在【IP 地址】列表框中，选择 DNS 服务器要侦听的地址，如图 7-59 所示。

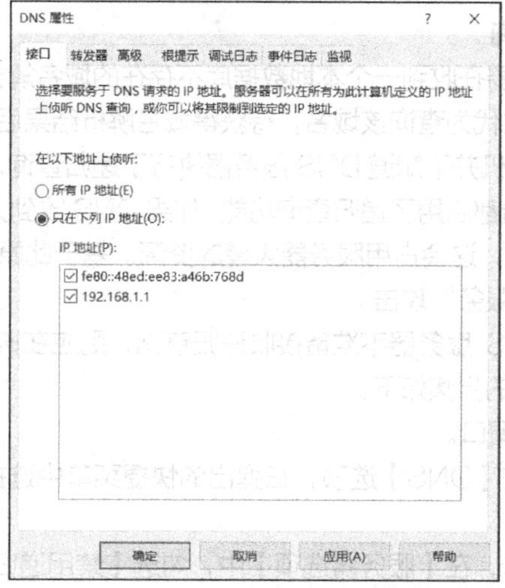

图 7-59　选择 DNS 服务器要侦听的地址

注意 **如果 DNS 服务器有多个 IP 地址，那么在【IP 地址】列表框中就会存在多个 IP 地址的复选框，在本例中，该 DNS 有 192.168.1.1（IPv4）和 fe80::48ed:ee83:a46b:768d（IPv6）两个地址。**

3. 设置 DNS 的老化时间

DNS 服务器支持老化和清理功能。这些功能作为一种机制，用于清理和删除区域数据中的过时资源记录。可以设置特定区域的老化和清理属性，操作步骤如下。

（1）打开【DNS 管理器】窗口。

（2）在控制台树中右击 DNS 服务器，在弹出的快捷菜单中选择【为所有区域设置老化/清理】命令。

（3）在弹出的【服务器老化/清理属性】对话框中勾选【清除过时资源记录】复选框。

（4）同时可以根据业务实际需要修改无刷新间隔时间和刷新间隔时间，并单击【确定】按钮完成设置，如图 7-60 所示。

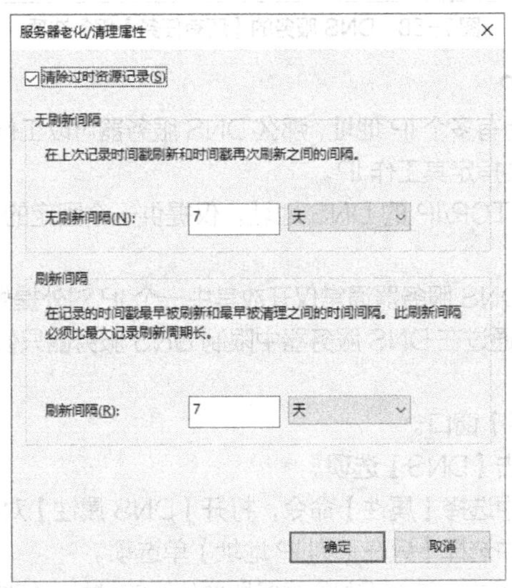

图 7-60 【服务器老化/清理属性】对话框

4. 设置 DNS 的递归查询

递归查询是指 DNS 服务器在收到一个本地数据库不存在的域名解析请求时，该 DNS 服务器会根据转发器指向的 DNS 服务器代为查询该域名，待获得域名解析结果后再将该解析结果转发给请求客户机。在此操作过程中，客户机并不知道 DNS 服务器执行了递归查询。

默认情况下，DNS 服务器都启用了递归查询功能。如果 DNS 收到大量本地不能解析的域名请求，就会相应产生大量的递归查询，这会占用服务器大量的资源。基于此原理，网络攻击者可以使用递归功能实现"拒绝 DNS 服务器服务"攻击。

因此，如果网络中的 DNS 服务器不准备接收递归查询，则应在该服务器上禁用递归查询功能。关闭 DNS 服务器的递归查询的步骤如下。

（1）打开【DNS 管理】窗口。

（2）在控制台树中，右击【DNS】选项，在弹出的快捷菜单中选择【属性】命令，打开【DNS 属性】对话框。

（3）打开【高级】选项卡，在【服务器选项】中，勾选【禁用递归(也禁用转发器)】复选框，单击【确定】按钮，如图 7-61 所示。

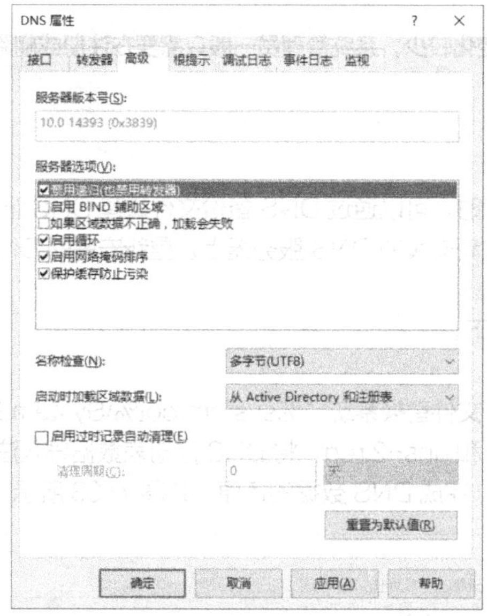

图 7-61　DNS 服务器禁用递归查询功能

5. DNS 的备份与还原

（1）DNS 的备份

Windows Server 的 DNS 数据库文件存放在注册表和本地的文件型数据库中，系统管理员要备份 DNS 服务，需要将这些文件导出并备份到指定位置。DNS 数据的备份步骤如下。

① 停止 DNS 服务。

② 执行 regedit 命令，打开【注册表编辑器】窗口，按以下路径找到 DNS 目录：HKEY_LOCAL_MACHINE\SYSTEM\CurrentControlSet\Services\DNS。

③ 在 DNS 目录的右键快捷菜单中选择【导出】命令，将 DNS 目录的注册表信息导出并命名为 dns-1.reg。

④ 执行 regedit 命令打开【注册表编辑器】窗口，按以下路径找到 DNS 服务器目录：HKEY_LOCAL_ MACHINE\SOFTWARE\Microsoft\Windows NT \CurrentVersion\DNS Server。

⑤ 在“DNS Server”目录的右键快捷菜单中选择【导出】命令，将 DNS Server 目录的注册表信息导出并命名为 dns-2.reg。

⑥ 打开“%systemroot%\System32\dns”文件夹，把其中所有的 .dns 文件复制出来，并和 dns-1.reg 及 dns-2.reg 保存在一起，如图 7-62 所示。

⑦ 重新启动 DNS 服务，并将 DNS 的备份目录复制到指定备份位置，完成 DNS 的备份。

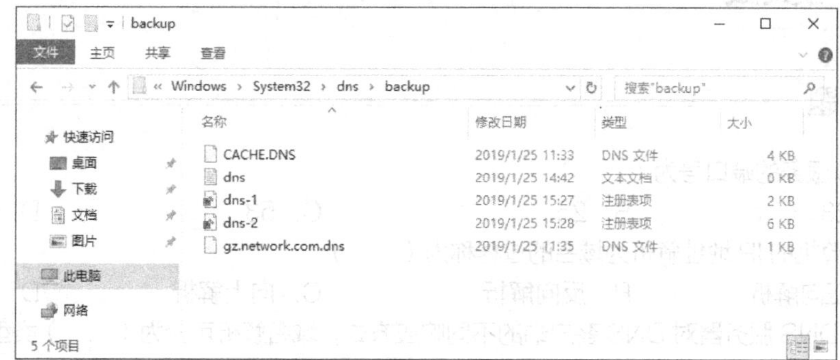

图 7-62　DNS 备份文件

注意 **DNS 服务的数据变化较少，系统管理员一般只需要在注册或删除 DNS 记录时更新一次备份文件即可。**

(2) DNS 的还原

当 DNS 服务器发生故障时，可以通过 DNS 备份文件重建 DNS 记录。DNS 备份文件可以用在原 DNS 服务器或者是一台重新安装的 DNS 服务器上。重新安装的 DNS 服务器的 IP 地址要沿用原 DNS 服务器的 IP 地址。

DNS 数据的还原步骤如下。

① 停用 DNS 服务。

② 用备份文件中的.dns 文件替换系统“%systemroot%\System32\dns”目录中的文件。

③ 双击运行 dns-1.reg 和 dns-2.reg，将 DNS 注册表数据导入注册表中。

④ 重新启动 DNS 服务，完成 DNS 数据的还原，如图 7-63 所示。

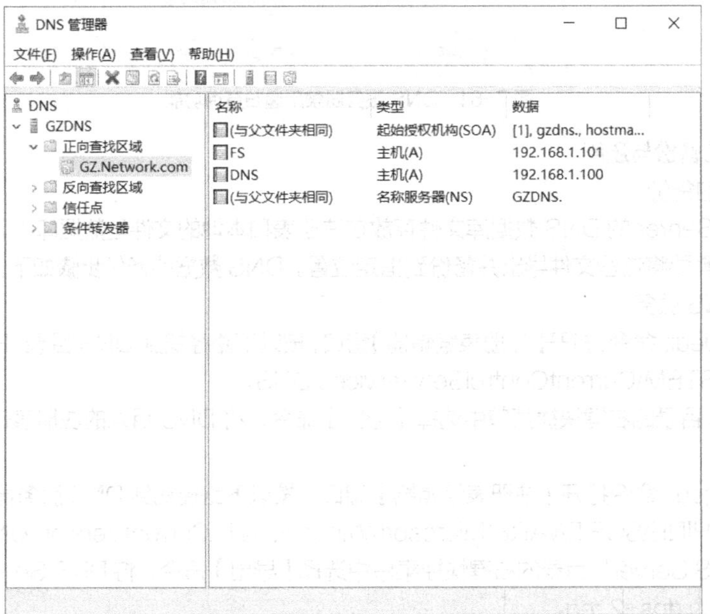

图 7-63 DNS 还原成功后的界面

练习与实践

理论习题

1. DNS 服务的端口号为（　　）。

A. 23　　B. 25　　C. 53　　D. 21

2. 将计算机的 IP 地址解析为域名的过程称为（　　）。

A. 正向解析　　B. 反向解析　　C. 向上解析　　D. 向下解析

3. 根据 DNS 服务器对 DNS 客户端的不同响应方式，域名解析可分为（　　）类型。

A. 递归查询和迭代查询　　B. 递归查询和重叠查询

C．迭代查询和重叠查询　　D．正向查询和反向查询

4．使用（　　）命令可以清除 DNS 的缓存。

A．ipconfig /flushdns　　B．ipconfig /release

C．ipconfig /renew　　D．ipconfig /all

5．当客户机向 DNS 服务器发出解析请求时，DNS 服务器会向客户机返回两种结果：查询到的结果或查询失败。如果当前 DNS 服务器无法解析名称，它不会告知客户机，而是自行转向其他 DNS 服务器查询并完成解析。这个过程称为（　　）。

A．递归查询　　B．迭代查询　　C．正向查询　　D．反向查询

项目实训题

1．项目背景

Network 公司需要部署信息中心、生产部和业务部的域名系统。根据公司的网络规划，划分 3 个网段，网络地址分别为：172.20.0.0/24、172.21.0.0/24 和 172.22.0.0/24。公司的网络拓扑图如图 7-64 所示。

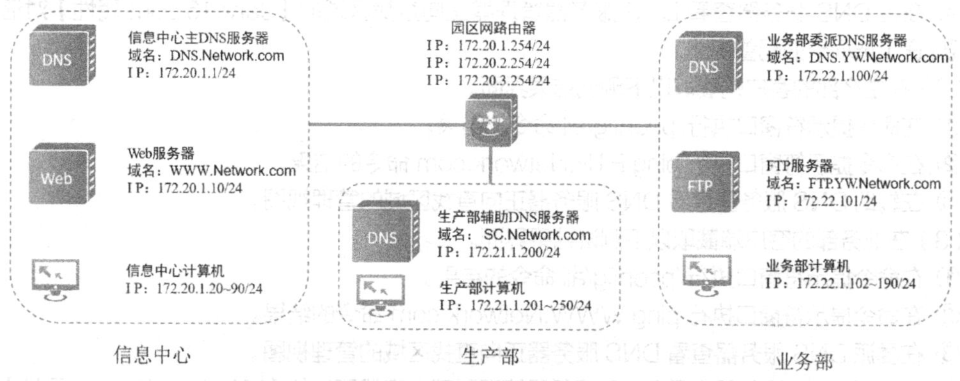

图 7-64　Network 公司的网络拓扑图

公司根据业务需要，在园区的各个部门部署了相应的服务器，要求管理员按以下要求完成实施与调试工作。

（1）信息中心部署了公司的主 DNS 服务器和 Web 服务器，服务器角色、服务器名称、IP 地址、域名、位置的映射关系如表 7-5 所示。

表 7-5　信息中心服务器的映射关系

服务器角色	服务器名称	IP 地址	域名	位置
主 DNS 服务器	DNS	172.20.1.1/24	DNS.Network.com	信息中心
Web 服务器	Web	172.20.1.10/24	WWW.Network.com	信息中心

（2）业务部部署了公司的委派 DNS 服务器和 FTP 服务器，其服务器角色、服务器名称、IP 地址、域名、位置的映射关系如表 7-6 所示。

表 7-6　业务部服务器的映射关系

服务器角色	服务器名称	IP 地址	域名	位置
委派 DNS 服务器	YWDNS	172.22.1.100/24	DNS.YW.Network.com	业务部
FTP 服务器	FTP	172.22.1.101/24	FTP.YW.Network.com	业务部

（3）生产部部署了公司的辅助 DNS 服务器，其服务器角色、服务器名称、IP 地址、域名、位置的映射关系如表 7-7 所示。

表 7-7　生产部服务器的映射关系

服务器角色	服务器名称	IP 地址	域名	位置
辅助 DNS 服务器	SCDNS	172.21.1.200/24	SC.Network.com	生产部

（4）为保证 DNS 的数据安全，仅允许公司内部的 DNS 服务器彼此复制数据。

2. 项目要求

根据上述任务要求，配置各个服务器的 IP 地址，并测试全网的连通性，配置完毕后，完成以下几项测试。

（1）在信息中心的客户端截取以下测试结果界面。

① 在命令提示符窗口执行 ipconfig/all 命令的结果。

② 在命令提示符窗口执行 ping SC.Network.com 命令的结果。

③ 在主 DNS 服务器查看 DNS 服务器正向查找区域的管理视图。

④ 在主 DNS 服务器查看 DNS 服务器管理器正向查找区域的【Jane16.com 属性】对话框中【区域传送】选项卡的配置视图。

（2）在生产部的客户端截取以下测试结果界面。

① 在命令提示符窗口执行 ipconfig/all 命令的结果。

② 在命令提示符窗口执行 ping FTP.Network.com 命令的结果。

③ 在辅助 DNS 服务器查看 DNS 服务器正向查找区域的管理视图。

（3）在业务部的客户端截取以下测试结果界面。

① 在命令提示符窗口执行 ipconfig/all 命令的结果。

② 在命令提示符窗口执行 ping WWW.Network.com 命令的结果。

③ 在委派 DNS 服务器查看 DNS 服务器正向查找区域的管理视图。

④ 在委派 DNS 服务器查看 DNS 服务器管理器正向查找区域的【YW.Jane16.com 属性】对话框中【区域传送】选项卡的配置视图。

项目8 部署企业DHCP服务

[项目学习目标]

（1）了解DHCP的概念、应用场景和服务优势。

（2）掌握DHCP服务的工作原理与应用。

（3）掌握DHCP中继代理服务的原理与应用。

（4）掌握企业网DHCP服务的部署与实施、DHCP服务的日常运维与管理、DHCP常见故障检测与排除的业务实施流程。

项目描述

Jan16 公司初步建立了企业网络，并将计算机接入了企业网中。在日常管理过程中，网络管理员经常需要为内部计算机配置 IP 地址、网关、DNS 等 TCP/IP 参数。由于公司计算机数量多，并且还有大量的移动 PC，公司希望能尽快部署一台 DHCP 服务器，实现企业网络内部计算机 IP 地址、DNS、网关等 TCP/IP 参数的自动配置，提高网络管理与维护效率。

公司网络拓扑规划图如图 8-1 所示，DHCP 服务器和 DNS 服务器均要求部署在信息中心，研发部和生产部等部门通过园区路由器相连，实现公司网络的互联互通。为有序推进 DHCP 服务的部署，公司表示可以先在信息中心实现 DHCP 的部署，待服务器运行稳定后再推行到其他部门，同时也要做好 DHCP 服务器的日常维护与管理工作。

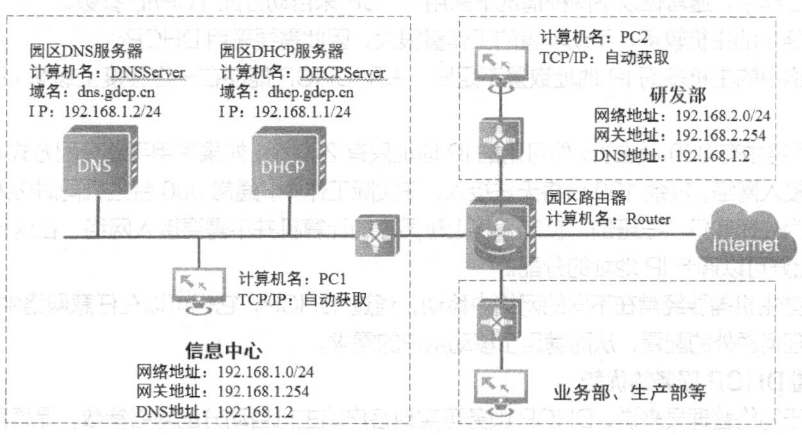

图 8-1 公司网络拓扑规划图

项目分析

客户端PC1和PC2的IP地址、网关、DNS参数的配置都属于TCP/IP参数，DHCP（Dynamic Host Configuration Protocol，动态主机配置协议）是专门用于为TCP/IP网络中的主机自动分配TCP/IP参数的协议。通过在网络中部署DHCP服务，可以实现客户端TCP/IP参数的自动配置和管理。

公司在部署DHCP服务时，通常先在一个部门小范围实施，成功后再推广到整个公司，因此本项目可以通过以下工作任务来完成。

（1）部署DHCP服务，实现信息中心的客户端接入局域网。

（2）配置DHCP作用域，实现信息中心的客户端访问外部网络。

（3）配置DHCP中继，实现所有部门的客户端自动配置网络信息。

（4）DHCP服务器的日常维护与管理。

相关知识

8.1 DHCP的概念

假设公司共有200台计算机需要配置TCP/IP参数，如果手动配置，每台需要耗费两分钟，一共需要400分钟，某些计算机的TCP/IP参数发生变化时，还需要重复上述工作。在部署后的一段时间，如果还有一些移动PC需要接入，管理员必须从未被使用的IP地址中分配出一部分给这些移动PC，但问题是，哪些IP地址是未被使用过的呢？为了解决此问题，管理员还必须对所有IP地址进行管理，登记已分配、未分配和到期IP地址等信息。

可见，这种手动配置TCP/IP参数的工作非常烦琐而且效率低下，DHCP可以实现为TCP/IP网络中的主机自动分配TCP/IP参数。分配过程大致如下：DHCP客户端在初始化网络配置信息（启动操作系统、手动接入网络）时会主动向DHCP服务器请求TCP/IP参数，DHCP服务器收到DHCP客户端的请求信息后，将管理员预设的TCP/IP参数发送给DHCP客户端，DHCP客户端便可动态、自动获得相关网络配置信息（IP地址、子网掩码、默认网关等）。

1. DHCP的应用场景

在实际工作中，通常在以下两种情况下采用DHCP来自动分配TCP/IP参数。

（1）网络中的主机较多，手动配置的工作量很大，因此需要采用DHCP。

（2）网络中的主机多而IP地址数量不足时，采用DHCP能够在一定程度上缓解IP地址不足的问题。

例如，网络中有300台主机，但可用的IP地址只有200个，如果采用手动分配方式，则只有200台计算机可接入网络，其余100台将无法接入。在实际工作中，通常300台主机同时接入网络的可能性不大，因为公司实行“三班倒”机制，不上班员工的计算机并不需要接入网络。在这种情况下，使用DHCP恰好可以调节IP地址的分配。

（3）一些主机需要经常在不同的网络中移动，通过DHCP，它们可以在任意网络中自动获得IP地址而无须任何额外的配置，从而满足了移动用户的需求。

2. 部署DHCP服务的优势

（1）对于网络管理员来说，DHCP服务可实现客户端主机自动分配网络参数，提高管理员的工作效率。

（2）对于网络服务供应商（ISP）来说，DHCP 服务可实现客户计算机自动分配网络参数达到简化管理、中央管理、统一管理的目的。

（3）在一定程度上缓解 IP 地址不足的问题。

（4）方便经常需要在不同网络间移动的主机联网。

8.2 DHCP 客户端首次接入网络的工作过程

DHCP 自动分配网络设备参数是通过租用机制来完成的。DHCP 客户端首次接入网络时，需要通过和 DHCP 服务器交互才能获取 IP 租约，工作过程包括发现阶段、提供阶段、选择阶段和确认阶段共 4 个阶段，如图 8-2 所示。

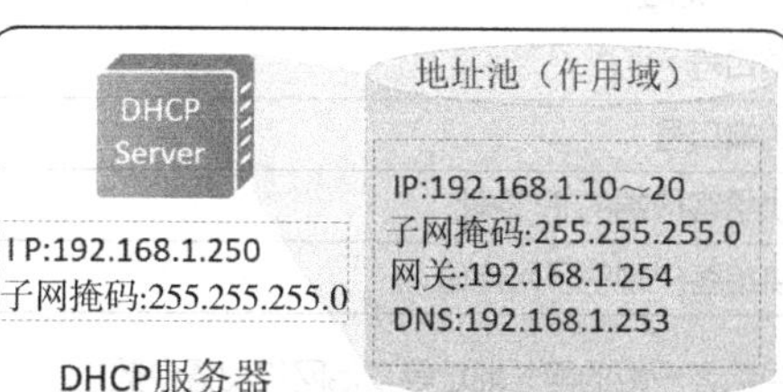

图 8-2 DHCP 工作过程

这 4 个阶段所对应的 DHCP 消息及其作用如表 8-1 所示。

表 8-1 DHCP 工作过程 4 个阶段消息的名称及作用

消息的名称	消息的作用
DHCP Discover（发现阶段的消息）	DHCP 客户端寻找 DHCP 服务器，请求分配 IP 地址等网络配置信息
DHCP Offer（提供阶段的消息）	DHCP 服务器响应 DHCP 客户端请求，提供可被租用的网络配置信息
DHCP Request（选择阶段的消息）	DHCP 客户端选择租用网络中某一台 DHCP 服务器分配的网络配置信息
DHCP Ack（确认阶段的消息）	DHCP 服务器对 DHCP 客户端的租用选择进行确认

（1）DHCP Discover（发现阶段的消息）

当 DHCP 客户端第一次接入网络并初始化网络参数时（操作系统启动、新安装了网卡、插入网线、启用被禁用的网络连接时），由于客户端没有 IP 地址，需要发送 IP 租用请求。但客户端不知道 DHCP 服务器的 IP 地址，所以客户端将会以广播的方式发送 DHCP Discover 消息。DHCP Discover 消息包含的关键信息如表 8-2 所示。

表 8-2 DHCP Discover 消息包含的关键信息

DHCP Discover 消息包含的关键信息	信息详解
源 MAC 地址	客户端网卡的 MAC 地址
目的 MAC 地址	FF:FF:FF:FF:FF:FF（广播地址）
源 IP 地址	0.0.0.0
目的 IP 地址	255.255.255.255（广播地址）
源端口号	68（UDP）
目的端口号	67（UDP）
客户端硬件地址标识	客户端网卡的 MAC 地址
客户端 ID	客户端网卡的 MAC 地址
DHCP 包类型	DHCP Discover

（2）DHCP Offer（提供阶段的消息）

DHCP 服务器收到客户端发出的 DHCP Discover 消息后会通过发送一个 DHCP Offer 消息做出响应，并为客户端提供 IP 地址等网络配置参数。DHCP Offer 消息包含的关键信息如表 8-3 所示。

表 8-3 DHCP Offer 消息包含的关键信息

DHCP Offer 消息包含的关键信息	信息详解
源 MAC 地址	DHCP 服务器网卡的 MAC 地址
目的 MAC 地址	FF:FF:FF:FF:FF:FF（广播地址）
源 IP 地址	192.168.1.250
目的 IP 地址	255.255.255.255（广播地址）
源端口号	67（UDP）
目的端口号	68（UDP）
提供给客户端的 IP 地址	192.168.1.10
提供给客户端的子网掩码	255.255.255.0
提供给客户端的网关地址等其他网络配置参数	Gateway:192.168.1.254 DNS:192.168.1.253
提供给客户端 IP 地址等网络配置参数的租约时间	（按实际，如 6 小时）
客户端硬件地址标识	客户端网卡的 MAC 地址
服务器 ID	192.168.1.250（服务器 IP 地址）
DHCP 包类型	DHCP Offer

（3）DHCP Request（选择阶段的消息）

DHCP 客户端收到 DHCP 服务器的 DHCP Offer 消息后，并不会直接将该租约配置在 TCP/IP 参数上，它还必须向服务器发送一个 DHCP Request 消息以确认租用。DHCP Request 消息包含的关键信息（DHCP 服务器 IP 地址为 192.168.1.250/24，DHCP 客户端 IP 地址为 192.168.1.10/24）如表 8-4 所示。

表 8-4 DHCP Request 包含的关键信息

DHCP Request 包含的关键信息	信息详解
源 MAC 地址	DHCP 客户端网卡的 MAC 地址
目的 MAC 地址	FF:FF:FF:FF:FF:FF（广播地址）
源 IP 地址	0.0.0.0
目的 IP 地址	255.255.255.255 （广播地址）
源端口号	68（UDP）
目的端口号	67（UDP）
客户端硬件地址标识字段	客户端网卡的 MAC 地址
客户端请求的 IP 地址	192.168.1.10
服务器 ID	192.168.1.250
DHCP 包类型	DHCP Request

（4）DHCP Ack（确认阶段的消息）

DHCP 服务器收到客户端的 DHCP Request 消息后，将通过发送 DHCP Ack 消息给客户端，完成 IP 地址租约的签订，客户端收到该消息即可使用服务器提供的 IP 地址等配置信息完成 TCP/IP

参数的配置。DHCP Ack 消息包含的关键信息如表 8-5 所示。

表 8-5　DHCP Ack 消息包含的关键信息

DHCP Ack 消息包含的关键信息	信息详解
源 MAC 地址	DHCP 服务器网卡的 MAC 地址
目的 MAC 地址	FF:FF:FF:FF:FF:FF（广播地址）
源 IP 地址	192.168.1.250
目的 IP 地址	255.255.255.255（广播地址）
源端口号	67（UDP）
目的端口号	68（UDP）
提供给客户端的 IP 地址	192.168.1.10
提供给客户端的子网掩码	255.255.255.0
提供给客户端的网关地址等其他网络配置参数	Gateway:192.168.1.254 DNS:192.168.1.253
提供给客户端 IP 地址等网络配置参数的租约时间	（按实际）
客户端硬件地址标识	客户端网卡的 MAC 地址
服务器 ID	192.168.1.250
DHCP 包类型	DHCP Ack

DHCP 客户端收到服务器发出的 DHCP Ack 消息后，会将该消息中提供的 IP 地址和其他相关 TCP/IP 参数与自己的网卡绑定，此时 DHCP 客户端获得 IP 租约并接入网络的过程便完成了。

8.3 DHCP 客户端 IP 租约更新

1. DHCP 客户端持续在线时进行 IP 租约更新

DHCP 客户端获得 IP 租约后必须定期更新租约，否则当租约到期时，将不能再使用此 IP 地址。每当租用时间到达租约的 50%和 87.5%时，客户端必须发出 DHCP Request 消息，向 DHCP 服务器请求更新租约。

（1）当期租约已使用 50%时，DHCP 客户端将以单播方式直接向 DHCP 服务器发送 DHCP Request 消息，如果客户端接收到该服务器回应的 DHCP Ack 消息（单播方式），客户端就根据 DHCP Ack 消息中所提供的新的租约更新 TCP/IP 参数，从而完成 IP 租用的更新。

（2）如果在租约已使用 50%时未能成功更新 IP 租约，则客户端将在租约已使用 87.5%时以广播方式发送 DHCP Request 消息。如果收到 DHCP Ack 消息，则更新租约；如未收到服务器回应，则客户端仍可以继续使用现有的 IP 地址。

（3）如果直到当前租约到期仍未完成续约，则 DHCP 客户端将以广播方式发送 DHCP Discover 消息，重新开始 4 个阶段的 IP 租用过程。

2. DHCP 客户端重新启动时进行 IP 租约更新

客户端重启后，如果租约已经到期，则客户端将重新开始 4 个阶段的 IP 租用过程。

如果租约未到期，则通过广播方式发送 DHCP Request 消息，DHCP 服务器查看该客户端 IP 是否已经租赁给其他客户。如果未租赁给其他客户，则发送 DHCP Ack 消息，客户端完成续约；如果已经租赁给其他客户，则该客户端必须重新开始 4 个阶段的 IP 租用过程。

8.4 DHCP 客户端租用失败的自动配置

DHCP 客户端在发出 IP 租用请求的 DHCP Discover 广播消息后，将花费 1 秒的时间等待 DHCP 服务器的回应，如果等待 1 秒后没有收到服务器的回应，它会将这个消息重新广播 4 次（以 2、4、8 和 16 秒为间隔，加上 1～1000 毫秒随机长度的时间）。4 次广播之后，如果仍然不能够收到服务器的回应，则 DHCP 客户端将从 169.254.0.0/16 网段内随机选择一个 IP 地址作为自己的 TCP/IP 参数。

注意

- **以 169.254 开头的 IP 地址（自动私有 IP 地址）是 DHCP 客户端申请 IP 地址失败后由自己随机选择的 IP 地址，使用自动私有 IP 地址可以使得当 DHCP 服务不可用时，DHCP 客户端之间仍然可以利用该地址通过 TCP/IP 实现相互通信。以 169.254 开头的网段地址是私有 IP 地址网段，以它开头的 IP 地址数据包不能、也不会在 Internet 上出现。**
- **DHCP 客户端究竟怎么确定配置某个未被占用的以 169.254 开头的 IP 地址呢？它利用 ARP 广播来确定自己所挑选的 IP 是否已经被网络上的其他设备使用，如果发现该 IP 地址已经被使用，那么客户端会再随机选择另一个以 169.254 开头的 IP 地址重新测试，直到成功获取配置。**
- **如果客户端的操作系统是 Windows XP 以上的版本，并且网卡设置了“备用配置”网络参数，则自动获取 IP 失败后，将采用“备用配置”的网络参数作为 TCP/IP 参数，而不是获得以 169.254 开头的 IP 地址信息。**

8.5 DHCP 中继代理

大型园区网络中会存在多个物理网络，也就意味着存在多个逻辑网段（子网），那么园区内的计算机是如何实现 IP 地址租用的呢？

由 DHCP 的工作原理可以知道，DHCP 客户端实际上是通过发送广播消息与 DHCP 服务器通信的，DHCP 客户端获取 IP 地址的 4 个阶段都依赖于广播消息的双向传播。而广播消息是不能跨越子网的，难道 DHCP 服务器就只能为网卡直连的广播网络服务吗？如果 DHCP 客户端和 DHCP 服务器在不同的子网内，客户端还能不能向服务器申请 IP 地址呢？

事实上，DHCP 客户端是基于局域网广播方式寻找 DHCP 服务器以便租用 IP，路由器具有隔离局域网广播的功能，因此在默认情况下，DHCP 服务只能为自己所在网段提供 IP 租用服务。如果要让一个多局域网的网络通过 DHCP 服务器实现 IP 自动分配，有以下两种方法。

（1）在每一个局域网都部署一台 DHCP 服务器。

（2）由路由器代为转发客户端的 DHCP 请求包。因为路由器可以和 DHCP 服务器通信，所以若是路由器可以代为转发客户端的 DHCP 请求包，则网络中只需要部署一台 DHCP 服务器就可以为多个子网提供 IP 租用服务。

对于（1），企业需要额外部署多台 DHCP 服务器；对于（2），企业可以利用现有的基础架构实现相同的功能，显然该方法更为合适。

DHCP 中继代理实际上是一种软件技术，安装了 DHCP 中继代理的计算机称为 DHCP 中继代理服务器，它承担不同子网间 DHCP 客户端和 DHCP 服务器的通信任务。中继代理负责转发不同子网间客户端和服务器之间的 DHCP/BOOTP 消息。简而言之，中继代理就是 DHCP 客户端与 DHCP 服务器通信的中介：中继代理接收到 DHCP 客户端的广播型请求消息后，将请求信息以单播的方式转发给 DHCP 服务器，同时，中继代理也接收 DHCP 服务器的单播回应消息，并以广播的方式转发给

DHCP 客户端。

通过 DHCP 中继代理，DHCP 服务器与 DHCP 客户端的通信得以突破直连网段的限制，达到跨子网通信的目的。除了安装了 DHCP 中继代理服务的计算机，大部分路由器也都支持 DHCP 中继代理功能，可以代为转发 DHCP 请求包（方法 2）。因此通过 DHCP 中继代理可以实现在公司内仅部署一台 DHCP 服务器为多个局域网提供 IP 租用服务的目的。

项目实施

任务 8-1　部署 DHCP 服务，实现信息中心的客户端接入局域网

任务规划

V8-1　任务 8-1 演示视频

信息中心拥有 20 台计算机，网络管理员希望通过配置 DHCP 服务器实现客户端自动配置 IP 地址，从而实现计算机间的相互通信。公司网络地址段为 192.168.1.0/24，可分配给客户端的 IP 地址范围为 192.168.1.10～192.168.1.200，信息中心网络拓扑规划图如图 8-3 所示。

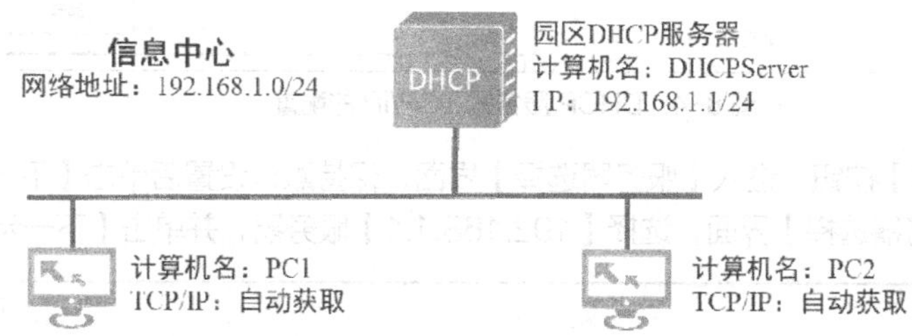

图 8-3　信息中心网络拓扑规划图（局域网）

本任务将在一台 Windows Server 2016 服务器上安装 DHCP 服务器角色和功能，让该服务器成为 DHCP 服务器，并通过配置 DHCP 服务器和客户端实现信息中心 DHCP 服务的部署，具体可通过以下几个步骤完成。

（1）为服务器配置静态 IP 地址。

（2）在服务器上安装 DHCP 服务器角色和功能。

（3）为信息中心创建并启用 DHCP 作用域。

任务实施

1. 为服务器配置静态 IP 地址

DHCP 服务作为网络基础服务之一，它要求使用固定的 IP 地址，因此，需要按网络拓扑规划图为 DHCP 服务器配置静态 IP 地址。

打开 DHCP 服务器的【本地连接】对话框，在【本地连接】的【Ethernet0 属性】对话框中选择【Internet 协议版本 4（TCP/IPv4）】选项，并单击【属性】按钮，在弹出的配置界面中输入 IP 地址信息，如图 8-4 所示。

2. 在服务器上安装 DHCP 服务器角色和功能

（1）单击【服务器管理器】窗口中的【添加角色和功能】链接，进入【添加角色和功能向导】窗口。

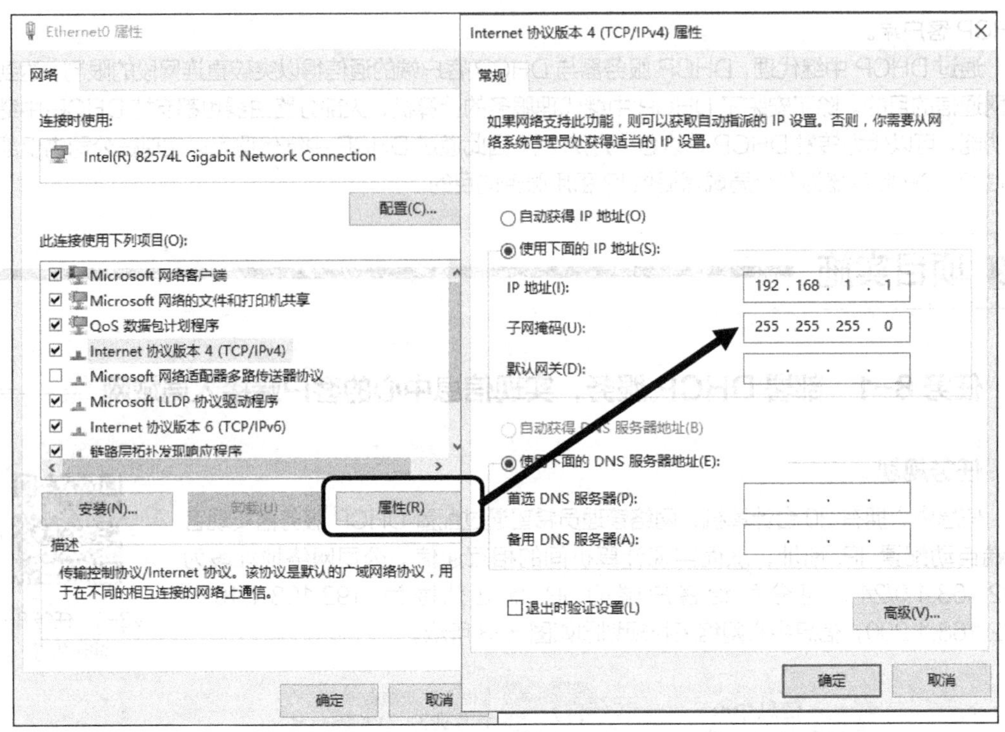

图 8-4　DHCP 服务器 TCP/IP 的配置

（2）单击【下一步】按钮，进入【服务器选择】界面，保持默认设置后单击【下一步】按钮，进入图 8-5 所示的【服务器选择】界面，选择【192.168.1.1】服务器，并单击【下一步】按钮。

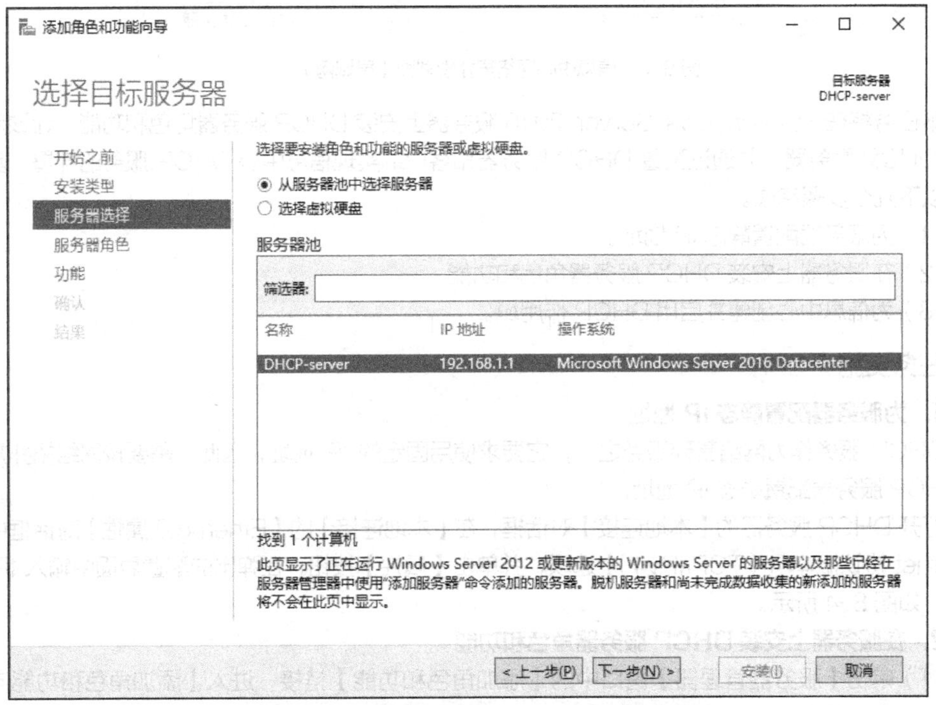

图 8-5　DHCP 服务器的安装——【服务器选择】界面

（3）在图 8-6 所示的【选择服务器角色】界面中，勾选【DHCP 服务器】复选框，在弹出的【添加 DHCP 服务器所需的功能】对话框中单击【添加功能】按钮。

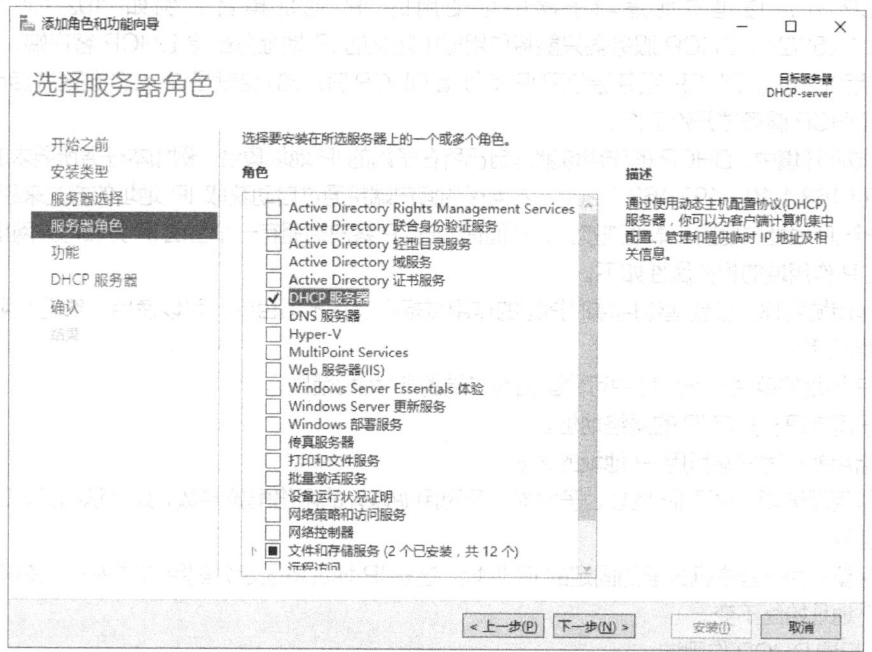

图 8-6　DHCP 服务器的安装——【选择服务器角色】界面

（4）单击【下一步】按钮，进入【功能】界面，由于功能在刚刚弹出的对话框中已经自动添加了，因此这里保持默认设置即可。单击【下一步】按钮，进入【确认】界面，确认无误后单击【安装】按钮，等待一段时间后即可完成 DHCP 服务器角色和功能的添加，【安装进度】界面如图 8-7 所示。

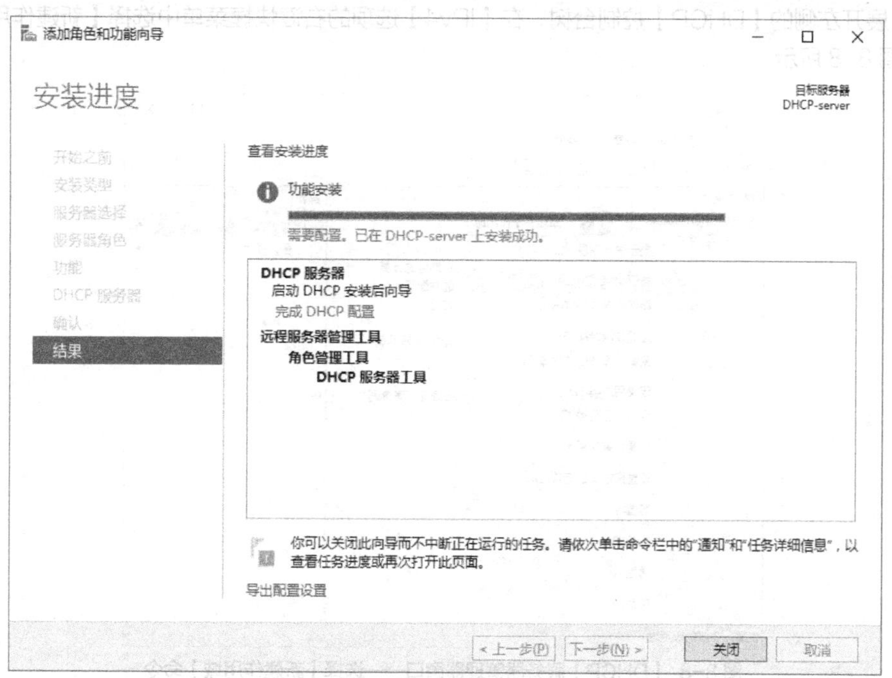

图 8-7　DHCP 服务器的安装——【安装进度】界面

3. 为信息中心创建并启用DHCP作用域

（1）了解DHCP作用域

DHCP作用域是本地逻辑子网中可使用的IP地址集合，例如192.168.1.2/24～192.168.1.253/24。DHCP服务器只能将作用域中定义的IP地址分配给DHCP客户端，因此，必须创建作用域才能让DHCP服务器分配IP地址给DHCP客户端。也就是说，必须创建并启用DHCP作用域，DHCP服务才开始工作。

在局域网环境中，DHCP的作用域就是自己所在子网的IP地址集合，例如本任务所要求的IP地址范围：192.168.1.10～192.168.1.200。本网段的客户端将通过自动获取IP地址的方式来租用该作用域中的一个IP地址并配置在本地连接上，从而使DHCP客户端拥有一个合法IP并和内外网相互通信。

DHCP作用域的相关属性如下。

- 作用域名称：在创建作用域时指定的作用域标识。在本项目中，可以使用“部门+网络地址”作为作用域名称。
- IP地址的范围：作用域中可分配给客户端的IP地址范围。
- 子网掩码：指定IP的网络地址。
- 租用期：客户端租用IP地址的时长。
- 作用域选项：除了IP地址、子网掩码及租用期以外的网络配置参数，如默认网关、DNS服务器IP地址等。
- 保留：为一些主机分配的固定的IP地址，这些IP地址将固定分配给这些主机，使得这些主机租用的IP地址始终不变。

（2）配置DHCP作用域

在本任务中，信息中心可分配的IP地址范围为192.168.1.10～192.168.1.200，配置DHCP作用域的步骤如下。

① 在【服务器管理器】窗口的【工具】的下拉菜单中选择【DHCP】选项，打开【DHCP】服务器管理器窗口。

② 展开左侧的【DHCP】控制台树，在【IPv4】选项的右键快捷菜单中选择【新建作用域】命令，如图8-8所示。

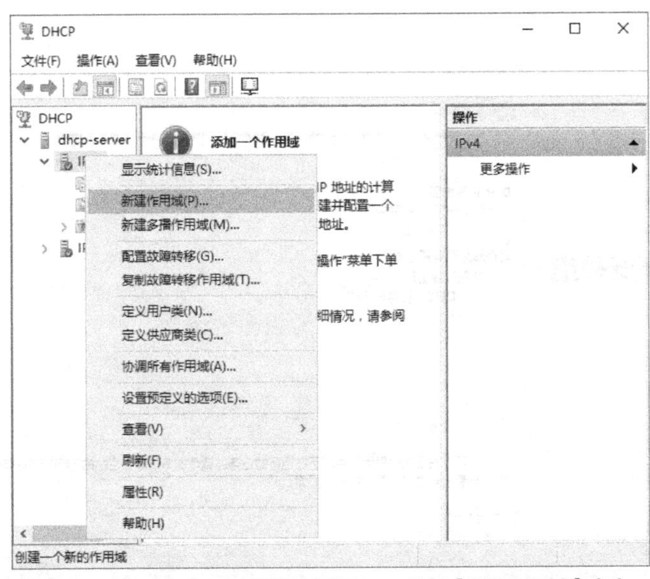

图8-8 【DHCP】服务器管理器窗口——选择【新建作用域】命令

③ 在打开的【新建作用域向导】对话框中单击【下一步】按钮，进入图 8-9 所示的【作用域名称】界面，在【名称】文本框中输入 192.168.1.0/24，【描述】文本框中输入“信息中心”，然后单击【下一步】按钮。

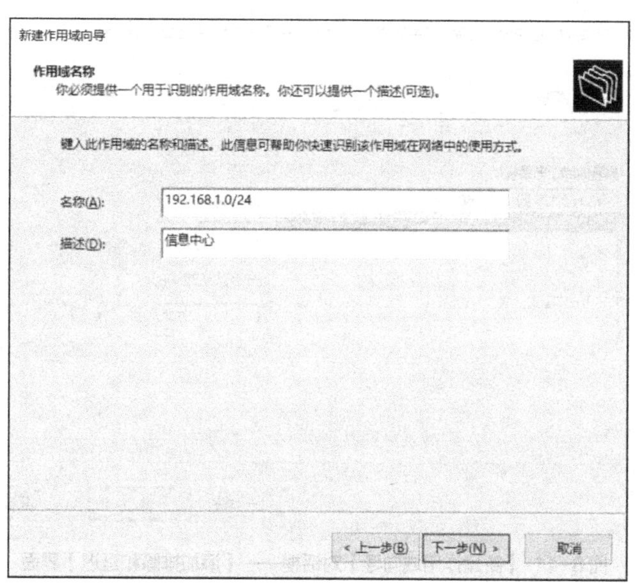

图 8-9 【新建作用域向导】对话框——【作用域名称】界面

④ 在【IP 地址范围】界面中设置可以用于分配的 IP 地址，输入图 8-10 所示的【起始 IP 地址】、【结束 IP 地址】、【长度】和【子网掩码】，单击【下一步】按钮。

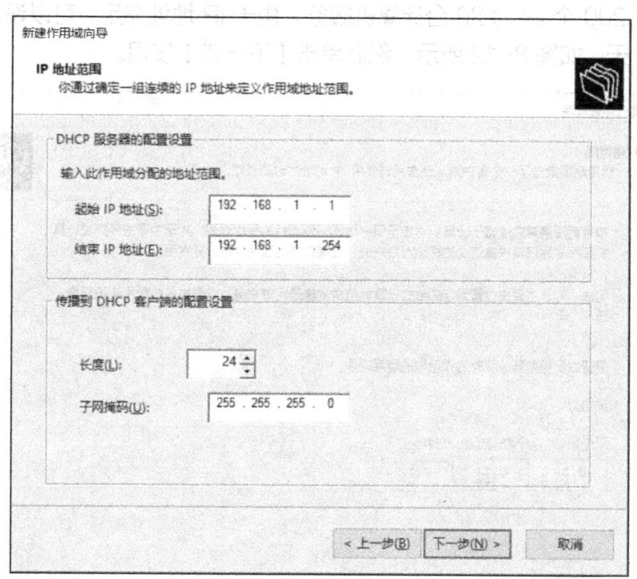

图 8-10 【新建作用域向导】对话框——【IP 地址范围】界面

⑤ 在【添加排除和延迟】界面中，根据项目要求，本项目仅允许分配 192.168.1.10～192.168.1.200 地址段，因此需要将 192.168.1.1～192.168.1.9 和 192.168.1.201～192.168.1.254 两个地址段排除，如图 8-11 所示。添加排除的地址范围后，单击【下一步】按钮。

延迟是指服务器发送 DHCP Offer 消息的传输时间值，单位为毫秒，默认为 0。

新建作用域向导

添加排除和延迟
排除是指服务器不分配的地址或地址范围。延迟是指服务器将延迟 DHCPOFFER 消息传输的时间段。

键入要排除的 IP 地址范围。如果要排除单个地址，只需在"起始 IP 地址"中键入地址。

起始 IP 地址(S):　结束 IP 地址(E):　添加(D)

排除的地址范围(C):
192.168.1.1 到 192.168.1.9
192.168.1.201 到 192.168.1.254

删除(V)

子网延迟(毫秒)(L):
0

< 上一步(B)　下一步(N) >　取消

图 8-11 【新建作用域向导】对话框——【添加排除和延迟】界面

⑥ 在【租用期限】界面中，可以根据实际应用场景配置租用期限。

例如本项目开头提及的 200 个 IP 为 300 台计算机服务时，租约宜设置较短的租用期限，如 1 分钟，这样第一批员工下班后，只需要 1 分钟，第二批员工开机就可以重复使用第一批员工计算机的 IP 了。

本项目将使用近 200 个 IP 为 20 台计算机服务。由于 IP 地址充足，可以设置较长的租用期限，这里将采用默认的 8 天，如图 8-12 所示，然后单击【下一步】按钮。

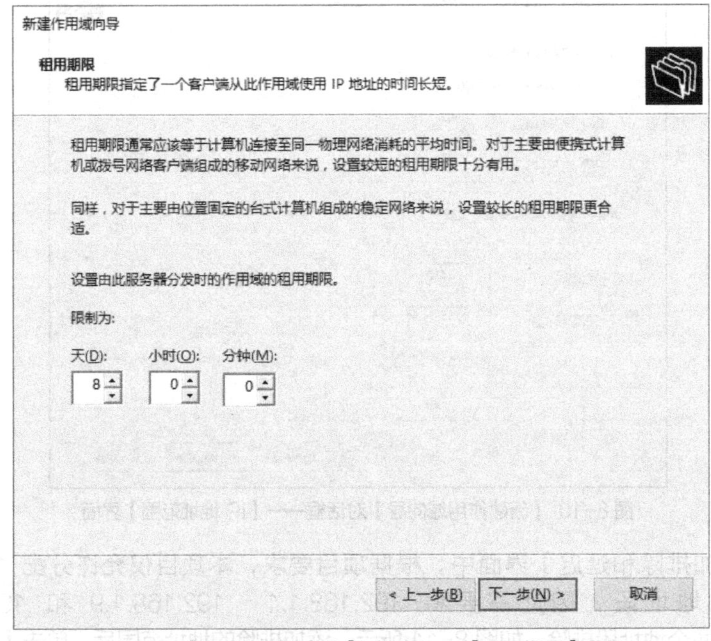

图 8-12 【新建作用域向导】对话框——【租用期限】界面

⑦ 在【配置 DHCP 选项】界面中，选择【否，我想稍后配置这些选项】单选项，如图 8-13 所示，然后单击【下一步】按钮，完成作用域的配置。

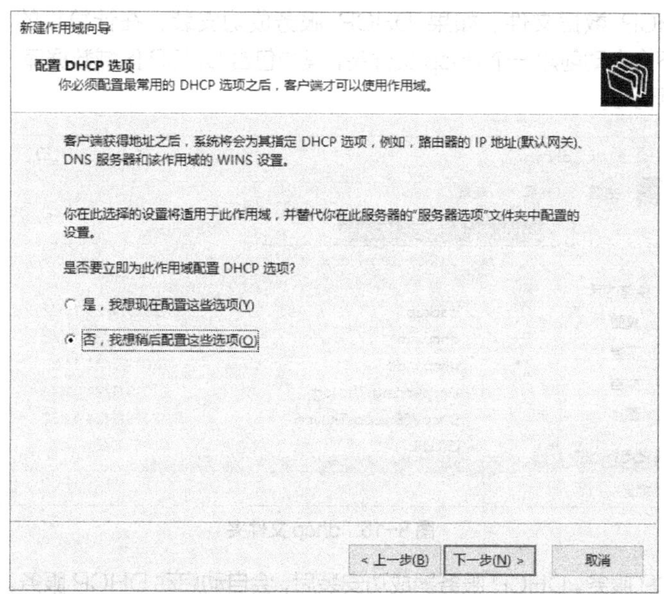

图 8-13 【新建作用域向导】对话框——【配置 DHCP 选项】界面

⑧ 回到【DHCP】服务器管理器窗口，可以看到刚刚创建的作用域。此时该作用域并未开始工作，它的图标中有一个向下的红色箭头，它表示该作用域处于未激活状态，如图 8-14 所示。

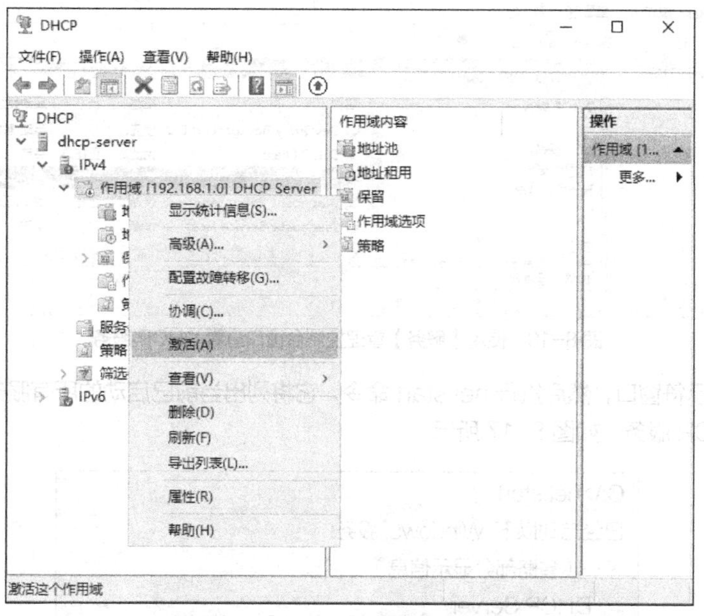

图 8-14 【DHCP】服务器管理器窗口

⑨ 右击【作用域[192.168.1.0]DHCP Server】选项，在弹出的快捷菜单中选择【激活】命令，完成 DHCP 作用域的激活。此时该作用域的红色箭头消失了，表示该作用域的 DHCP 服务开始工作，客户端可以开始向服务器租用该作用域下的 IP 地址了。

任务验证

1. 验证DHCP服务是否成功安装

（1）查看DHCP数据文件。如果DHCP服务成功安装，在计算机的“%systemroot%\system32”目录下会自动创建一个dhcp文件夹，其中包含DHCP区域数据库、DHCP日志等相关文件，如图8-15所示。

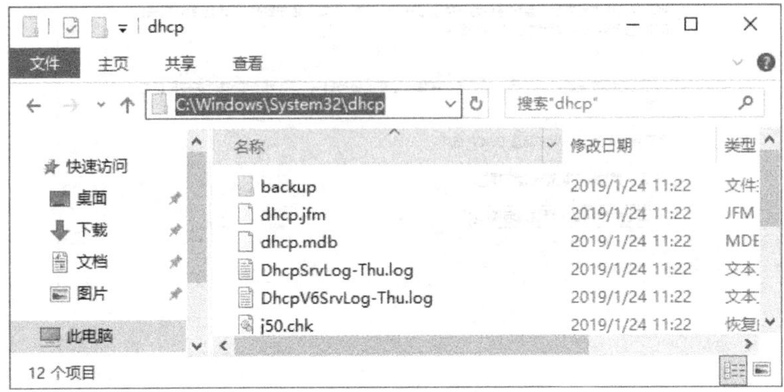

图8-15　dhcp文件夹

（2）查看DHCP服务。DHCP服务器成功安装后，会自动启动DHCP服务。在【服务器管理器】的【工具】下拉菜单中选择【服务】选项，在打开的【服务】管理控制台窗口中可以看到已经启动的DHCP服务，如图8-16所示。

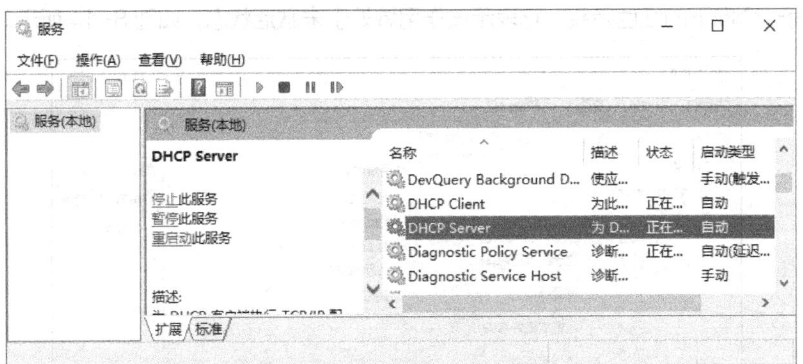

图8-16　使用【服务】管理控制台窗口查看DHCP服务

打开命令提示符窗口，然后执行net start命令，它将列出当前已启动的所有服务，在其中也能看到已启动的DHCP服务，如图8-17所示。

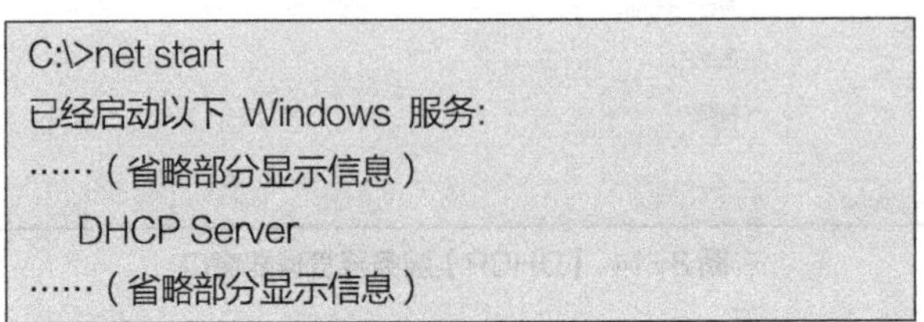

```
C:\>net start
已经启动以下 Windows 服务:
……（省略部分显示信息）
   DHCP Server
……（省略部分显示信息）
```

图8-17　使用net start 命令查看DHCP 服务

2. 配置DHCP客户端并验证IP租用是否成功

（1）将信息中心客户端接入DHCP服务器所在的网络，并将客户端的TCP/IP配置为自动获取，完成 DHCP 客户端的配置，如图 8-18 所示。

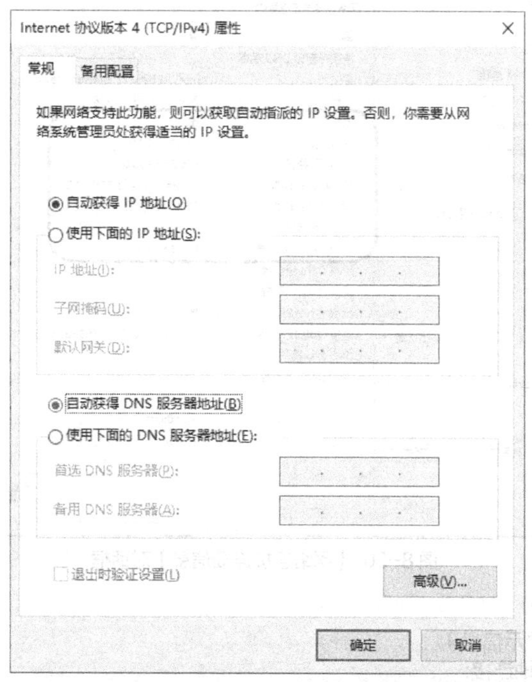

图 8-18　DHCP 客户端的 TCP/IP 参数配置

（2）在客户端的本地连接【Ethernet0】的右键快捷菜单中选择【状态】命令，如图 8-19 所示，打开【Ethernet0 状态】对话框。

图 8-19　选择【状态】命令

（3）单击【Ethernet0 状态】对话框中的【详细信息】按钮，打开【网络连接详细信息】对话框，从该对话框中可以看到 DHCP 客户端获取到的 IP 地址、子网掩码、租约、DHCP 服务器等信息，如图 8-20 所示，可以看到该客户端成功从服务器租用了 IP 地址。

（4）在客户端中执行命令验证。在客户端打开命令提示符窗口，执行 ipconfig/all 命令，在该命令的执行结果中也可以看到 DHCP 客户端获取到的 IP 地址、子网掩码、租约、DHCP 服务器等信息，如图 8-21 所示。

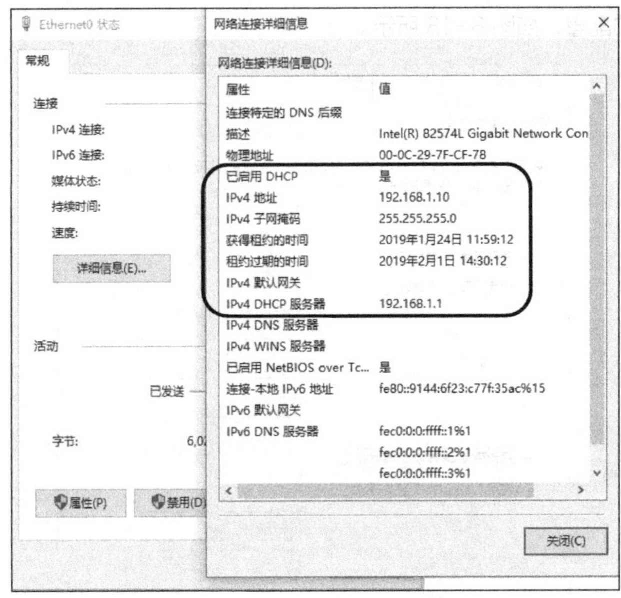

图 8-20 【网络连接详细信息】对话框

```
C:\>ipconfig/all
……（省略部分显示信息）
以太网适配器 本地连接:
    连接特定的 DNS 后缀 . . . . . . . :
    描述. . . . . . . . . . . . . . . : Intel(R) PRO/1000 MT Network Connection
    物理地址. . . . . . . . . . . . . : 00-0C-29-E6-B4-4F
    DHCP 已启用 . . . . . . . . . . . : 是
    自动配置已启用. . . . . . . . . . : 是
    IPv4 地址 . . . . . . . . . . . . : 192.168.1.10(首选)
    子网掩码  . . . . . . . . . . . . : 255.255.255.0
    获得租约的时间  . . . . . . . . . : 2019 年 1 月 24 日  11:59:12
    租约过期的时间  . . . . . . . . . : 2019 年 2 月 1 日  14:30:12
    默认网关. . . . . . . . . . . . . :
    DHCP 服务器 . . . . . . . . . . . : 192.168.1.1
……（省略部分显示信息）
```

图 8-21 ipconfig/all 命令的执行结果

（5）通过 DHCP 服务器管理器验证。选择图 8-22 所示的【DHCP】服务器管理器【作用域[192.168.1.0]】的【地址租用】选项，可以查看已租赁给客户端的 IP 地址租约。

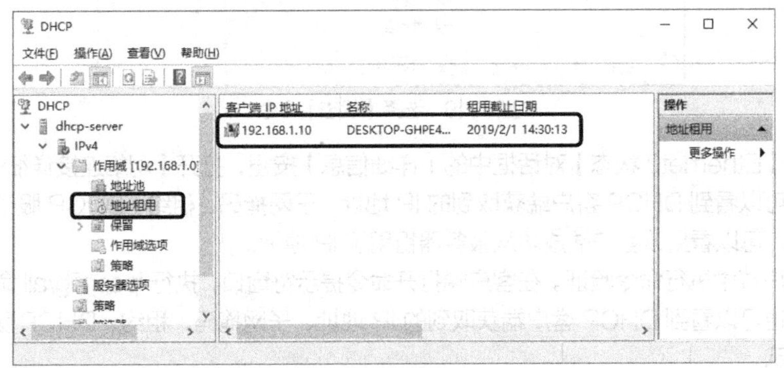

图 8-22 DHCP 服务器地址租约信息

任务 8-2　配置 DHCP 作用域，实现信息中心的客户端访问外部网络

任务规划

V8-2　任务 8-2
演示视频

任务 8-1 实现了客户端 IP 地址的自动配置，解决了客户端和服务器的相互通信，但是客户端不能访问外部网络。经检测，导致客户端无法访问外网的原因为未配置网关和 DNS，因此公司希望 DHCP 服务器能为客户端自动配置网关和 DNS，实现客户端与外网的通信。信息中心网络拓扑规划图如图 8-23 所示。

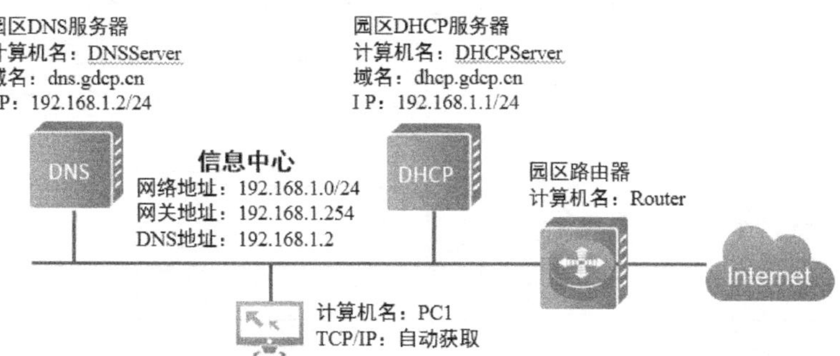

图 8-23　信息中心网络拓扑规划图

DHCP 服务器不仅可以为客户端配置 IP 地址、子网掩码，还可以为客户端配置网关、DNS 地址等信息。网关是客户端访问外网的必要条件，DNS 是客户端解析网络域名的必要条件，因此只有配置了网关和 DNS 才能解决客户端与外网通信的问题。要实现网关和 DNS 的自动配置就有必要先了解一下作用域选项和服务器选项。

1. 了解作用域选项和服务器选项的功能

作用域选项和服务器选项用于为 DHCP 客户端配置 TCP/IP 的网关、DNS 等其他网络配置参数。在 DHCP 作用域的配置中，只有配置了作用域选项或服务器选项，客户端才能自动配置网关和 DNS 地址，作用域选项和服务器选项在【DHCP】服务器管理器中的位置如图 8-24 所示。

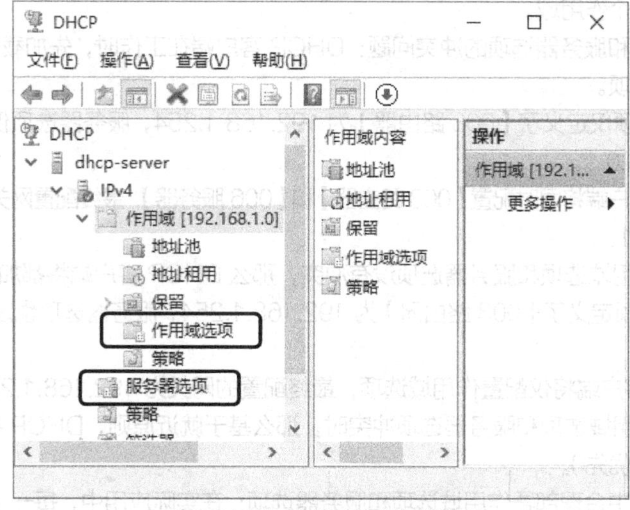

图 8-24　作用域选项和服务器选项

作用域选项和服务器选项的【常规】选项卡完全相同，如图 8-25 所示。

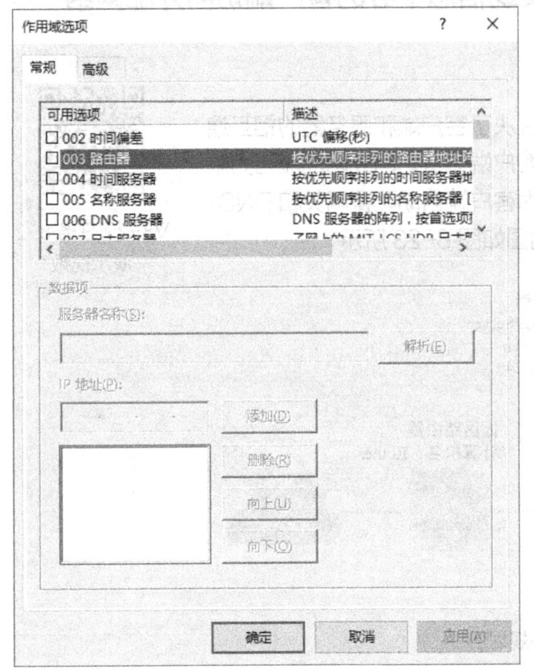

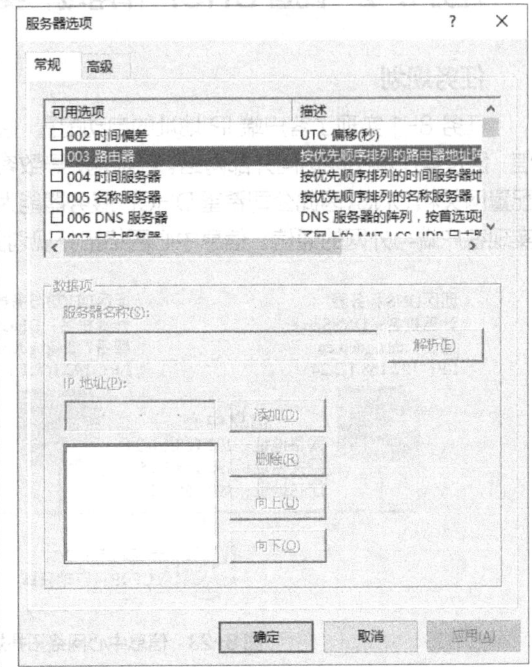

图 8-25　作用域选项和服务器选项的【常规】选项卡

2. 了解作用域选项和服务器选项的工作范围与冲突机制

从图 8-25 可以看出作用域选项和服务器选项的配置选项是完全一样的，它们都用于为客户端配置 DNS、网关等网络配置信息。如果作用域选项和服务器选项相同项目的配置不同，那么客户端加载的配置是作用域选项优先还是服务器选项优先呢？在实际业务中，这两个选项是如何协同工作的呢？

（1）作用域选项的工作范围：作用域选项工作在其隶属的作用域，一个作用域仅服务于一个局域网。

（2）服务器选项的工作范围：服务器选项工作在整个 DHCP 服务器范围。DHCP 服务器根据业务需求，可以部署多个作用域。

（3）作用域选项和服务器选项的冲突问题：DHCP 客户端在工作时，先加载服务器选项，然后再加载自己的作用域选项。

例 1：作用域选项仅定义了【003 路由器】为 192.168.1.254，服务器选项仅定义了【006 DNS 服务器】为 192.168.0.1。

结果：DHCP 客户端将同时配置【003 路由器】和【006 服务器】，最终配置网关为 192.168.1.254，DNS 为 192.168.0.1。

结论 1：如果作用域选项和服务器选项没有冲突，那么 DHCP 客户端将都加载。

例 2：作用域选项定义了【003 路由器】为 192.168.1.254，服务器选项也定义了【003 路由器】为 192.168.1.254。

结果：DHCP 客户端将仅配置作用域选项，最终配置的网关为 192.168.1.254。

结论 2：如果作用域选项和服务器选项冲突时，那么基于就近原则，DHCP 客户端将仅加载作用域选项（作用域选项优先）。

（4）在实际应用中合理部署作用域选项和服务器选项：在实际应用中，每一个网段的网关（【003 路由器】子项）都不一样，这条记录都应由作用域选项来配置。一个园区网络通常只部署一台 DNS

服务器，即每一个网络的客户端的 DNS 地址都是一样的，因此通常在服务器选项部署 DNS 地址（【006 DNS 服务器】子项）。

3. 实施规划

根据公司网络拓扑规划图和以上的分析，本任务可以在 192.168.1.0 的作用域选项中配置网关（192.168.1.254），在服务器选项中配置 DNS（192.168.1.2），并通过以下步骤来实现客户端 DNS、网关等信息的自动配置。

（1）配置 DHCP 服务器的【003 路由器】作用域选项。

（2）配置 DHCP 服务器的【006 DNS 服务器】选项。

任务实施

1. 配置 DHCP 服务器的【003 路由器】作用域选项

（1）打开【DHCP】服务器管理器窗口，并展开【作用域[192.168.1.0]】选项，右击【作用域选项】，在弹出的快捷菜单中选择【配置属性】命令，进入【作用域选项】对话框。

（2）在【作用域选项】对话框的【常规】选项卡中勾选【003 路由器】复选框，并输入该局域网网关的 IP 地址：192.168.1.254，单击【添加】按钮，完成网关的配置。最后单击【确定】按钮，完成作用域选项的配置，如图 8-26 所示。

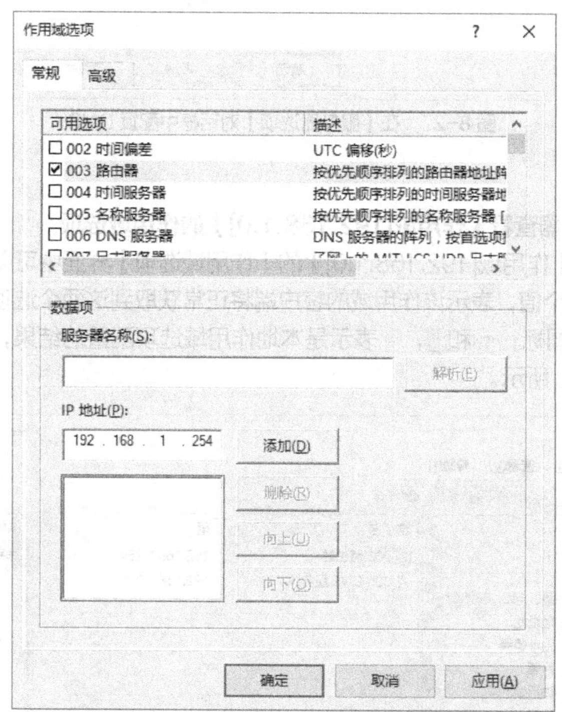

图 8-26　在【作用域选项】对话框中配置网关

2. 配置 DHCP 服务器的【006 DNS 服务器】选项

（1）打开【DHCP】服务器管理器窗口，右击【服务器选项】，在弹出的快捷菜单中选择【配置属性】命令，打开【服务器选项】对话框。

（2）在【服务器选项】对话框的【常规】选项卡中勾选【006 DNS 服务器】复选框，并输入该园区网的 DNS 地址：192.168.1.2，单击【添加】按钮，完成 DNS 的配置。最后单击【确定】按钮，完成服务器选项的配置，如图 8-27 所示。

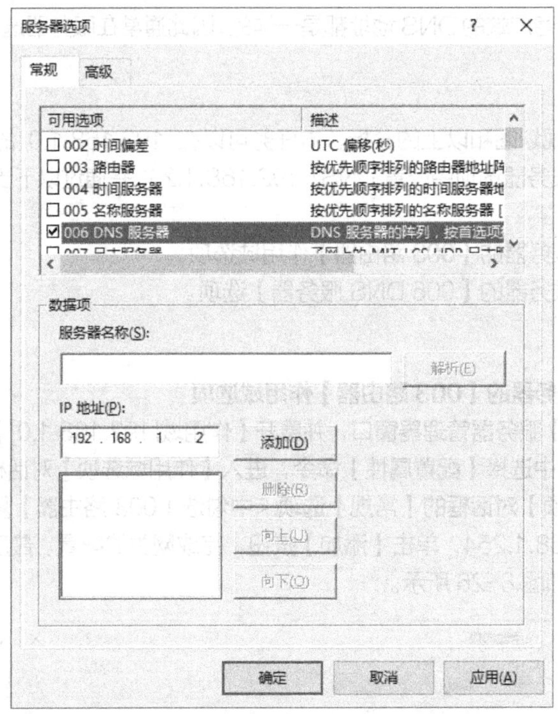

图 8-27　在【服务器选项】对话框中配置 DNS

任务验证

1. 在 DHCP 服务器查看【作用域[192.168.1.0]】的作用域选项

在图 8-28 所示的【作用域[192.168.1.0]】的【作用域选项】界面中可以看到【003 路由器】和【006 DNS 服务器】两个值，表示该作用域的客户端将正常获取到这两个选项的配置。在该视图中还可以看到两个值对应的图标：和，表示是本地作用域选项配置的结果，则表示是服务器选项配置的结果，如图 8-28 所示。

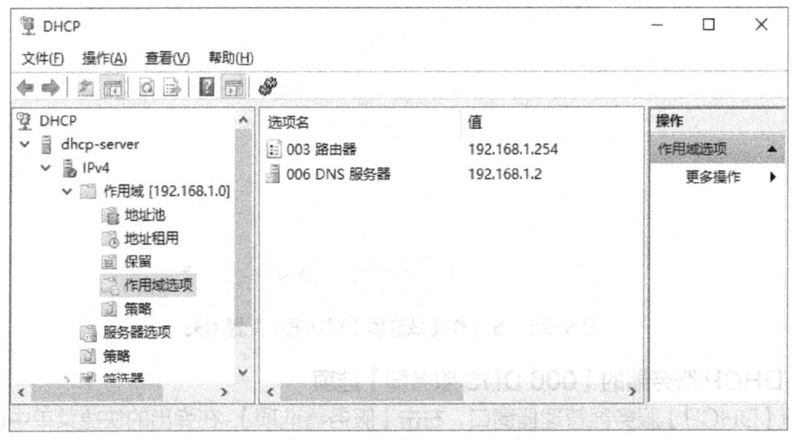

图 8-28　【作用域选项】的结果界面

2. 在客户端验证作用域选项和服务器选项的结果

在客户端 PC1 的命令提示符窗口中执行 ipconfig/renew 命令，以便更新 IP 租约，并刷新 DHCP 配置。成功后，可以利用 ipconfig/all 命令查看本地连接的网络配置，如图 8-29 所示，该客户端正常加载了作用域选项和服务器选项，达到预期。

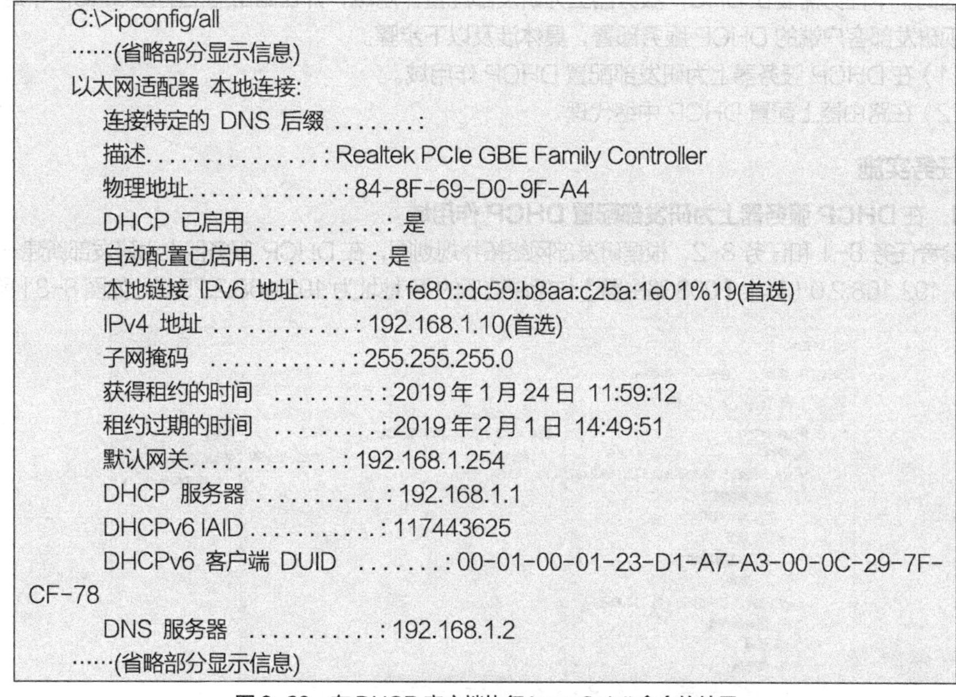

```
C:\>ipconfig/all
……(省略部分显示信息)
以太网适配器 本地连接:
   连接特定的 DNS 后缀 ........:
   描述................: Realtek PCIe GBE Family Controller
   物理地址.............: 84-8F-69-D0-9F-A4
   DHCP 已启用 ...........: 是
   自动配置已启用..........: 是
   本地链接 IPv6 地址.........: fe80::dc59:b8aa:c25a:1e01%19(首选)
   IPv4 地址 .............: 192.168.1.10(首选)
   子网掩码 ............: 255.255.255.0
   获得租约的时间 .........: 2019 年 1 月 24 日 11:59:12
   租约过期的时间 .........: 2019 年 2 月 1 日 14:49:51
   默认网关..............: 192.168.1.254
   DHCP 服务器 ...........: 192.168.1.1
   DHCPv6 IAID ...........: 117443625
   DHCPv6 客户端 DUID .......: 00-01-00-01-23-D1-A7-A3-00-0C-29-7F-
CF-78
   DNS 服务器 ...........: 192.168.1.2
……(省略部分显示信息)
```

图 8-29 在 DHCP 客户端执行 ipconfig/all 命令的结果

任务 8-3 配置 DHCP 中继服务，实现所有部门的客户端自动配置网络信息

V8-3 任务 8-3
演示视频

任务规划

任务 8-2 通过部署 DHCP 服务，实现了信息中心客户端 IP 地址的自动配置，并能正常访问信息中心和外部网络，提高了信息中心 IP 地址的分配与管理效率。

公司要求网络管理员尽快为公司其他部门部署 DHCP 服务，实现全公司 IP 的自动分配与管理。第一批部署的部门是研发部，其网络拓扑规划图如图 8-30 所示。

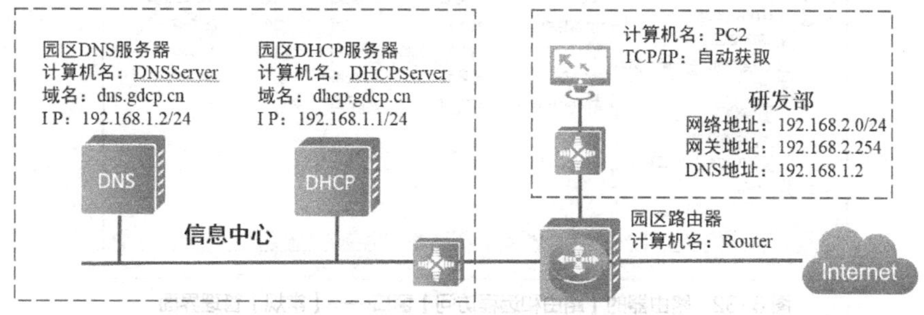

图 8-30 研发部网络拓扑规划图

DHCP 客户端在工作时是通过广播方式同 DHCP 服务器通信的，如果 DHCP 客户端和 DHCP 服务器不在同一个网段，则必须在路由器上部署 DHCP 中继代理，使得 DHCP 客户端能通过 DHCP

中继代理自动获取IP地址。

因此，本任务需要在DHCP服务器上为研发部配置作用域，并在路由器上配置DHCP中继代理来实现研发部客户端的DHCP服务部署，具体涉及以下步骤。

(1)在DHCP服务器上为研发部配置DHCP作用域。

(2)在路由器上配置DHCP中继代理。

任务实施

1. 在DHCP服务器上为研发部配置DHCP作用域

参考任务8-1和任务8-2，根据研发部网络拓扑规划图，在DHCP服务器上为研发部新建一个作用域：192.168.2.0(其中【003路由器】作用域选项的IP地址为192.168.2.254)，如图8-31所示。

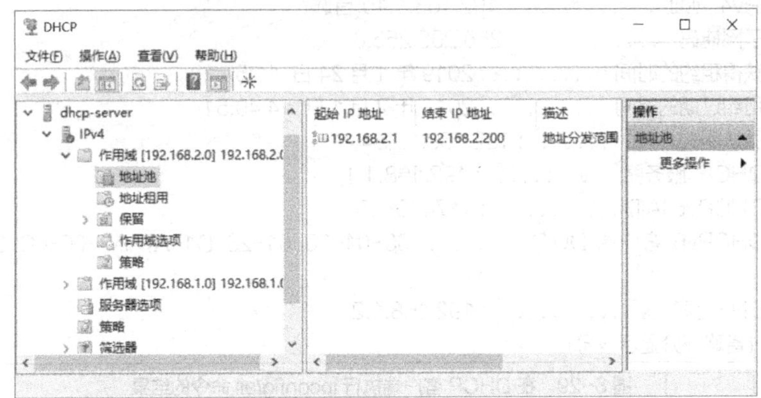

图8-31 【DHCP服务器管理窗口——【作用域】界面

2. 在路由器上配置DHCP中继代理

(1)查看路由器接口状态

打开路由器的【路由和远程访问】窗口，查看【IPv4】选项的【常规】选项，在图8-32所示的【常规】管理界面中，可以看到路由器的两个接口分别连接了信息中心网络和研发部网络，IP地址分别为192.168.1.254和192.168.2.254。

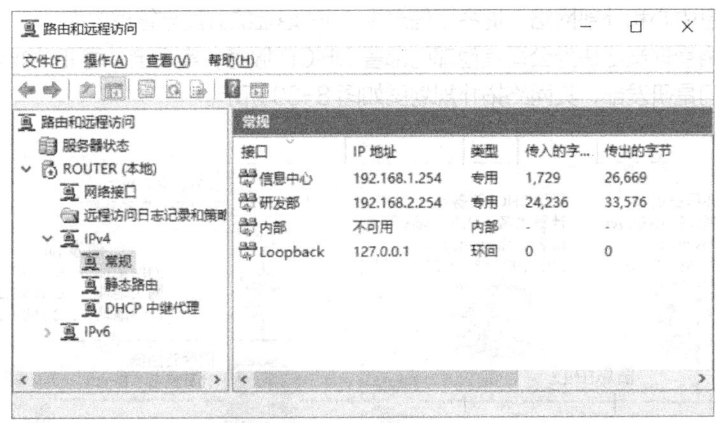

图8-32 路由器的【路由和远程访问】窗口——【常规】管理界面

局域网的路由配置可参考项目6。

(2)在路由器上添加DHCP中继代理

① 右击【常规】选项，在弹出的快捷菜单中选择【新增路由协议】命令，如图8-33所示。

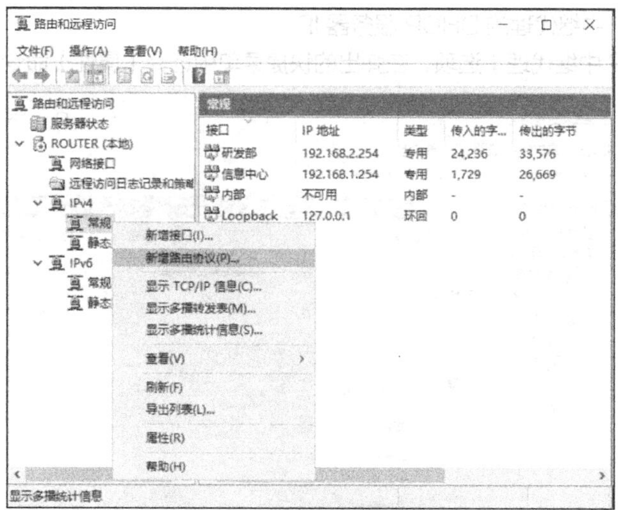

图 8-33　选择【新增路由协议】命令

② 在打开的【新路由协议】对话框中，选择【DHCP Relay Agent】选项，如图 8-34 所示。然后单击【确定】按钮，完成 DHCP 中继代理的安装，结果如图 8-35 所示。

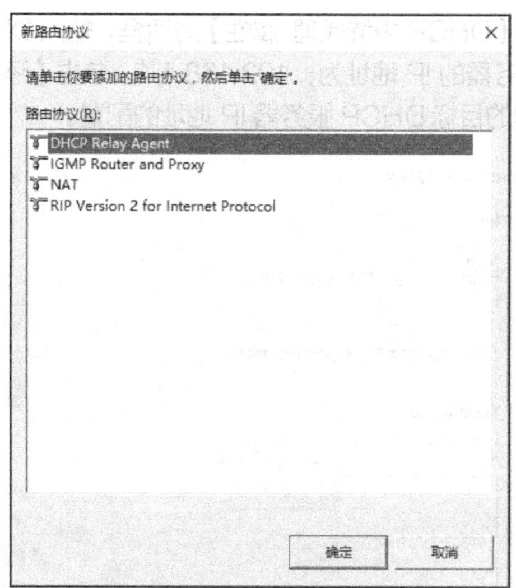

图 8-34　【新路由协议】对话框

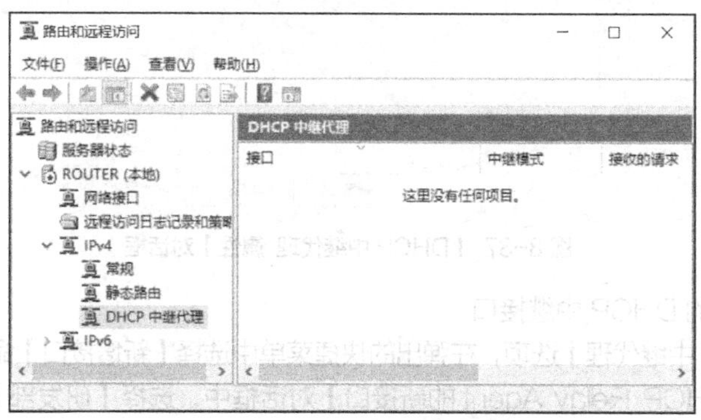

图 8-35　【DHCP 中继代理】管理界面

（3）指定 DHCP 中继代理的 DHCP 服务器 IP

① 右击【DHCP 中继代理】选项，在弹出的快捷菜单中选择【属性】命令，如图 8-36 所示。

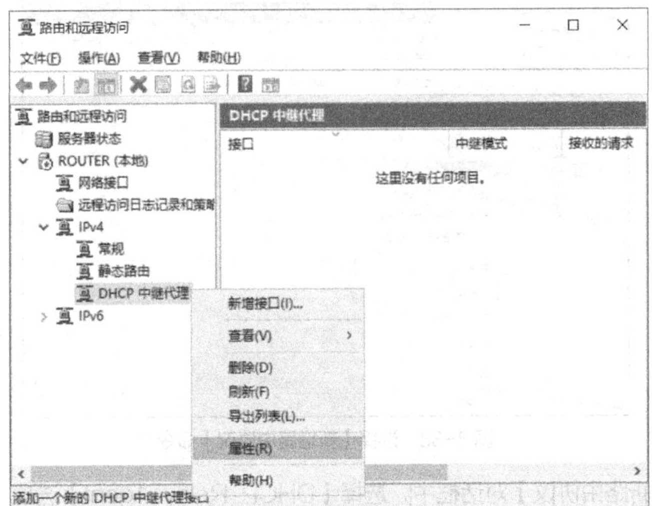

图 8-36 选择【属性】命令

② 打开图 8-37 所示的【DHCP 中继代理 属性】对话框，输入 DHCP 服务器的 IP 地址，根据网络拓扑规划图，DHCP 服务器的 IP 地址为：192.168.1.1。单击【添加】按钮，然后单击【确定】按钮，完成 DHCP 中继代理的目标 DHCP 服务器 IP 地址的配置。

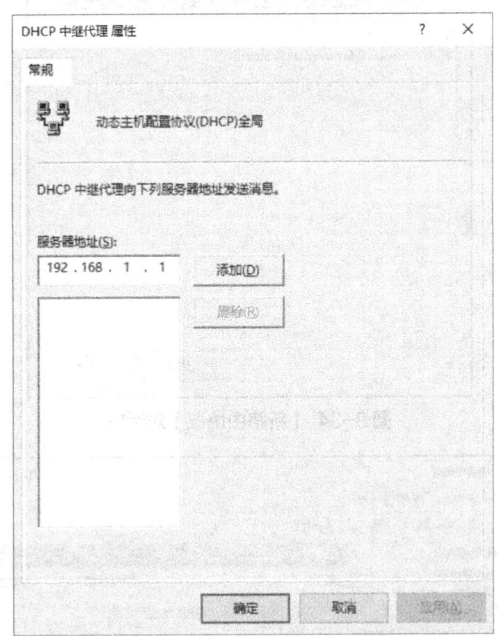

图 8-37 【DHCP 中继代理 属性】对话框

（4）配置研发部的 DHCP 中继接口

① 右击【DHCP 中继代理】选项，在弹出的快捷菜单中选择【新增接口】命令，如图 8-38 所示。

② 在打开的【DHCP Relay Agent 的新接口】对话框中，选择【研发部】选项，如图 8-39 所示，然后单击【确定】按钮。

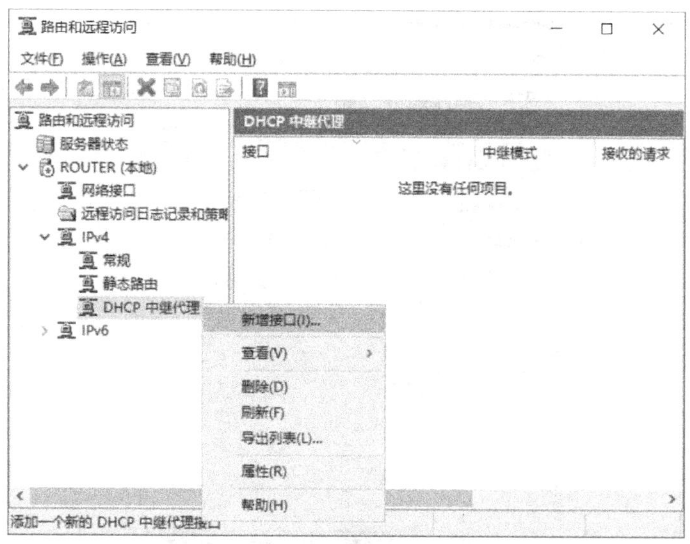

图 8-38　选择【新增接口】命令

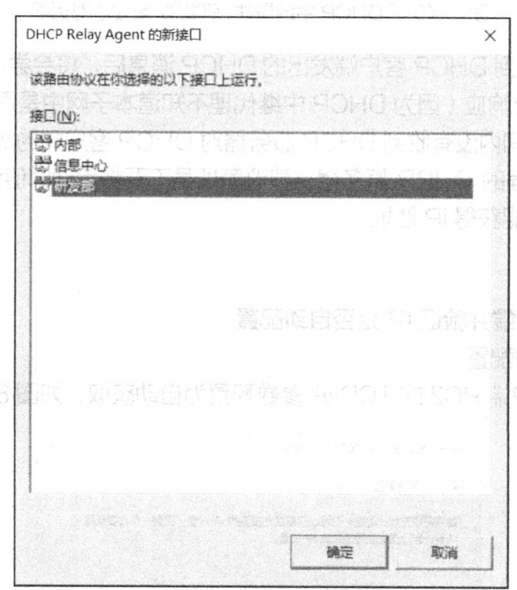

图 8-39　【DHCP Relay Agent 的新接口】对话框

③ 在打开的图 8-40 所示的【DHCP 中继属性-研发部 属性】对话框中，管理员可以启用 DHCP 中继功能和配置相应参数，以完成研发部 DHCP 中继参数的配置。图 8-40 显示的默认配置即可满足本任务的要求，单击【确定】按钮完成研发部 DHCP 中继接口参数的配置。

本对话框中 3 个选项的说明如下。

- 【中继 DHCP 数据包】复选框：如果勾选，表示在此接口上启用 DHCP 中继代理功能，路由器将会把在该接口上收到的 DHCP 数据包转发到指定的 DHCP 服务器。
- 【跃点计数阈值】选项：DHCP 中继数据包从路由器到 DHCP 服务器可经过的路由器数量，默认值是 4，最大值是 16。
- 【启动阈值（秒）】选项：用于指定 DHCP 中继代理将 DHCP 客户端发出的 DHCP 消息转发到远程的 DHCP 服务器之前，等待 DHCP 服务器响应的时间（单位为秒，默认值是 4）。

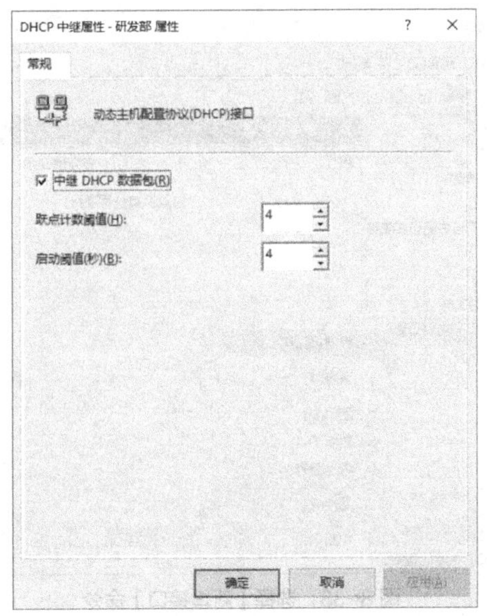

图 8-40 【DHCP 中继属性-研发部 属性】对话框

DHCP 中继代理在收到 DHCP 客户端发出的 DHCP 消息后，将会尝试等待本子网的 DHCP 服务器对 DHCP 客户端做出响应(因为 DHCP 中继代理不知道本子网中是否存在 DHCP 服务器)。只有在启动阈值所设置的时间内没有收到 DHCP 服务器对 DHCP 客户端的响应消息时，中继代理才会将 DHCP 消息转发给远程的 DHCP 服务器。建议管理员不要将启动阈值设置得过大，否则 DHCP 客户端会等待较长时间才能获得 IP 地址。

任务验证

1. 配置 DHCP 客户端并验证 IP 是否自动配置

(1) DHCP 客户端的配置

将研发部 DHCP 客户端 PC2 的 TCP/IP 参数配置为自动获取，如图 8-41 所示。

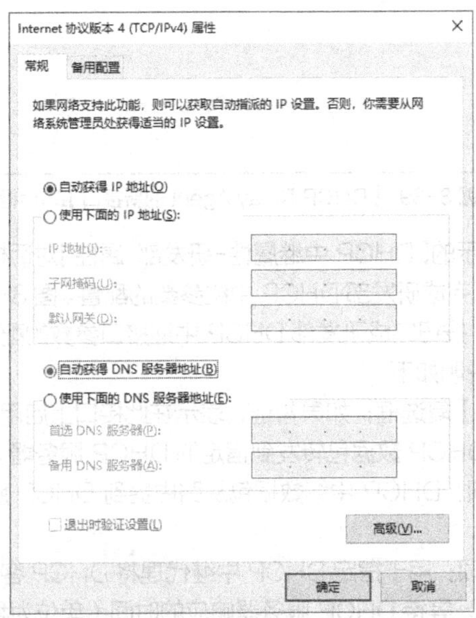

图 8-41 DHCP 客户端的 TCP/IP 参数配置

（2）查看客户端的 IP 地址

① 在客户端 PC2 的本地连接中，右击【Ethernet0】网卡图标，在弹出的快捷菜单中选择【状态】命令，如图 8-42 所示，打开【Ethernet0 状态】对话框。

图 8-42 选择【状态】命令

② 单击【Ethernet0 状态】对话框中的【详细信息】按钮，打开【网络连接详细信息】对话框，在该对话框中可以看到客户端 PC2 自动获取的 IP 地址、子网掩码、租约、DHCP 服务器等信息，如图 8-43 所示。

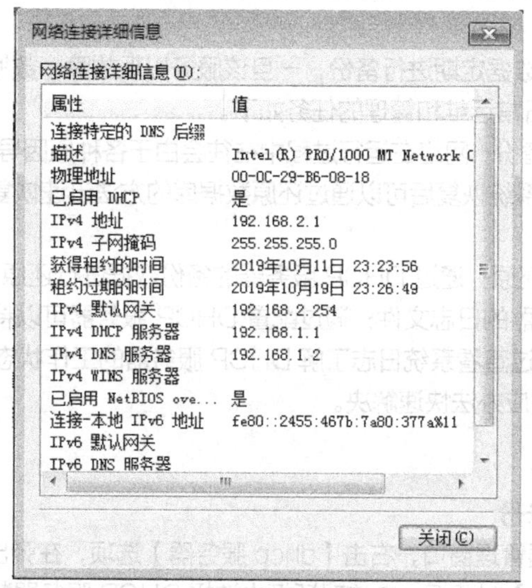

图 8-43 【网络连接详细信息】对话框

2. 查看路由器的 DHCP 中继代理数据

打开路由器的【路由和远程访问】窗口，再选择【DHCP 中继代理】选项，在界面的右侧可以看到路由器转发了两次 DHCP 数据包，如图 8-44 所示。

从图 8-44 还可以看到路由器收到了 34 个请求，丢弃了 14 个请求。通常在 DHCP 配置中，启用了中继代理但还没有指定 DHCP 中继代理目标服务器，或者目标服务器不可达，抑或是目标 DHCP 服务器配置不正确，都会导致 DHCP 中继不成功。

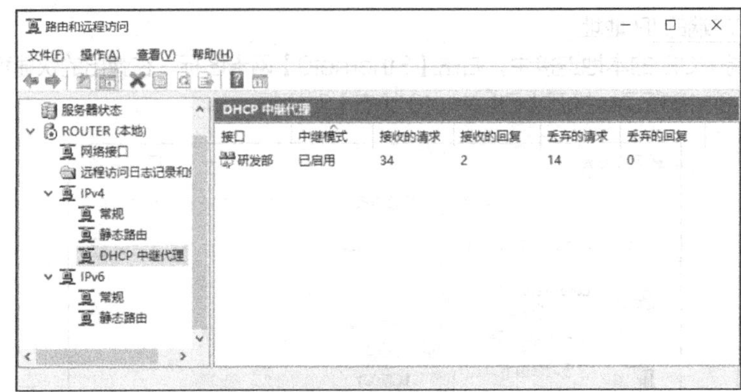

图 8-44 路由器的 DHCP 中继代理数据

任务 8-4 DHCP 服务器的日常运维与管理

任务规划

V8-4 任务 8-4 演示视频

公司DHCP服务器运行了一段时间后，员工反映现在接入网络变得简单快捷，体验很好。公司 DHCP 服务也已经成为企业基础网络架构的重要服务之一，因此希望信息中心能对该服务做日常运维与管理，务必保障该服务的可用性。

提高 DHCP 服务器的可用性一般有以下两种方法。

（1）在日常网络运维中对 DHCP 服务器进行监视，查看 DHCP 服务器是否正常工作。

（2）对 DHCP 服务器数据定期进行备份，一旦该服务出现故障，数据可通过备份尽快还原。

因此，DHCP 服务器日常运维和管理的任务如下。

（1）DHCP 服务器的备份：网络在运行过程中往往会由于各种原因导致系统瘫痪和服务失败，通过备份 DHCP 数据库，在系统恢复后可以通过还原数据库的方法迅速恢复 DHCP 服务，重新提供网络服务。

（2）DHCP 服务器的还原：通过 DHCP 服务器的备份数据进行还原。

（3）查看 DHCP 服务器的日志文件：通过配置 DHCP 服务器可以将 DHCP 服务器的活动写入日志中，网络管理员可以通过查看系统日志了解 DHCP 服务器的工作状态，如果出现问题也能通过日志查找故障原因，并采取对应办法快速解决。

任务实施

1. DHCP 服务器的备份

打开【DHCP】服务器管理窗口，右击【dhcp 服务器】选项，在弹出的快捷菜单中选择【备份】命令，将弹出【浏览文件夹】对话框，在该对话框中选择 DHCP 服务器数据的备份文件的存放目录，如图 8-45 所示。

在设置 DHCP 服务器的备份文件的存放位置时，系统默认选择“%systemroot%\system32\dhcp\backup”目录。但是如果服务器崩溃并且数据短时间内无法还原，DHCP 服务器也就无法短时间内通过备份数据进行还原，因此建议更改为在文件服务器的共享存储上或在多台计算机上进行备份。

2. DHCP 服务器的还原

（1）为模拟 DHCP 服务器出现故障的情况，可以先将先前所做的所有配置都删除。

（2）打开【DHCP】服务器管理窗口，右击【dhcp 服务器】选项，在弹出的快捷菜单中选择【还原】命令，将弹出【浏览文件夹】对话框，在该对话框中选择 DHCP 服务器数据的备份文件的存放位置，如图 8-46 所示。

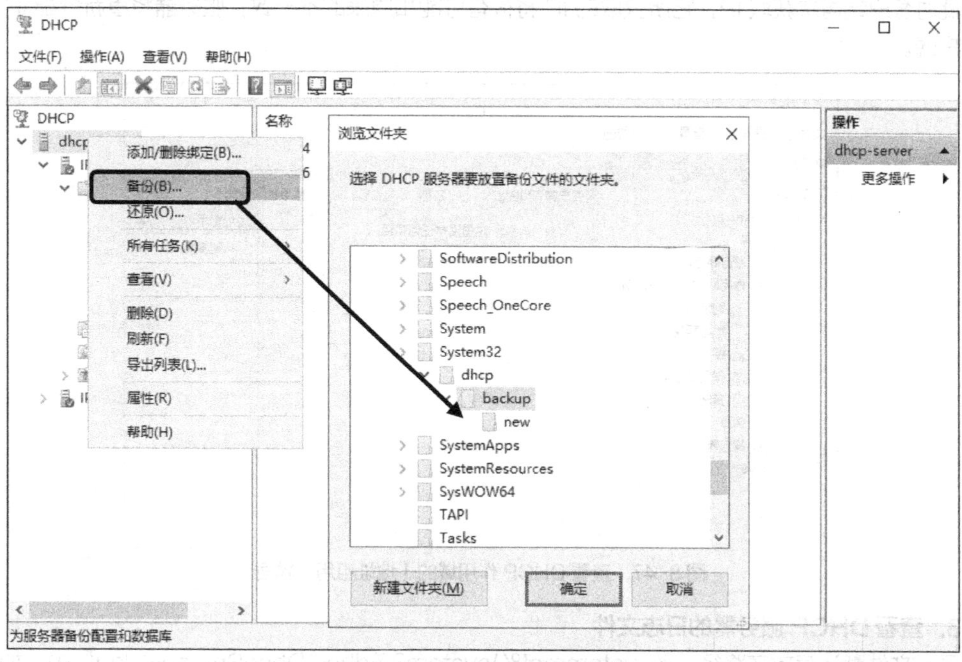

图 8-45 DHCP 服务器的备份

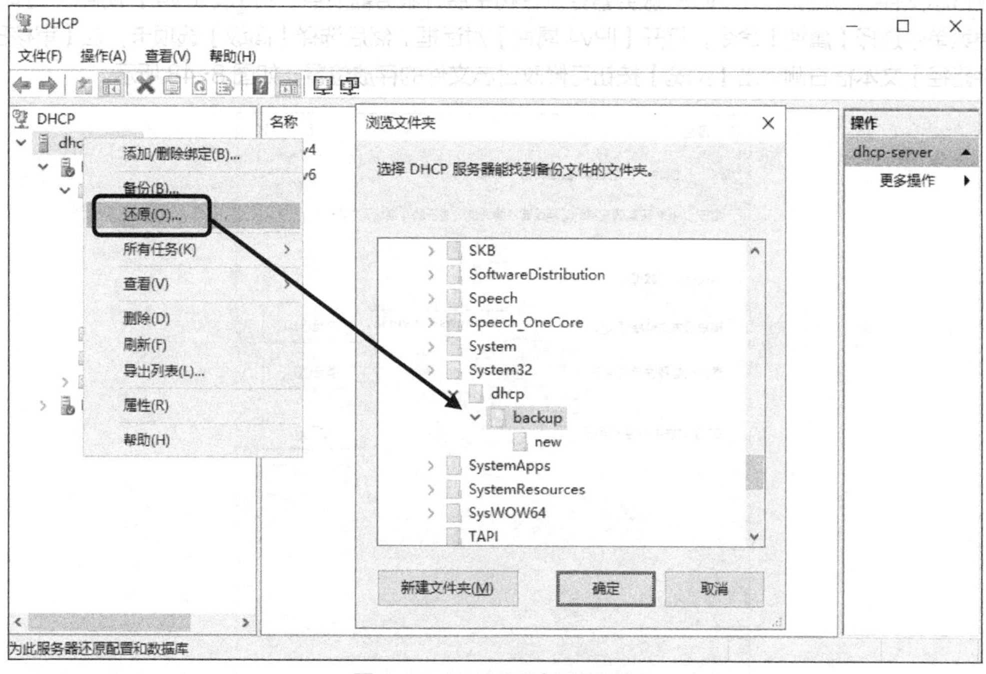

图 8-46 DHCP 服务器的还原

（3）选择好数据库的备份位置后，单击【确定】按钮。这时将弹出“为了使改动生效，必须停止和重新启动服务器。要这样做吗？”的提示，单击【是】按钮，开始还原数据库，并还原 DHCP 服务器。

（4）还原后可以查看 DHCP 服务器的所有配置，可以发现 DHCP 服务器的配置都成功还原，但在查看 DHCP 作用域的【地址租用】界面时，会发现原先所有客户端的租约都没有了，如图 8-47 所示。此时客户端再次获取 IP，它所获取的 IP 将很有可能和原来的不一致，服务器将重新分配 IP 地址给客户端。

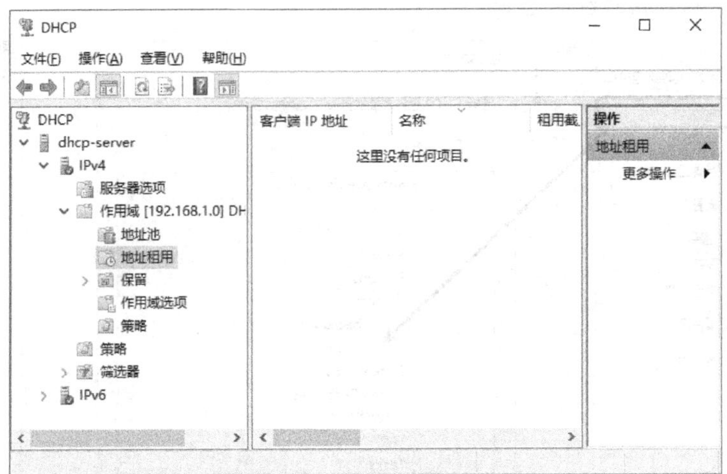

图 8-47　查看 DHCP 作用域的【地址租用】界面

3. 查看 DHCP 服务器的日志文件

日志文件默认存放在路径“%systemroot%\system32\dhcp\DhcpSrvLog-*.log”中。如果要更改日志文件的路径，在 DHCP 服务器控制台树中展开服务器节点，右击【IPv4】节点，在弹出的快捷菜单中选择【属性】命令，打开【IPv4 属性】对话框。然后选择【高级】选项卡，在【审核日志文件路径】文本框右侧单击【浏览】按钮可修改日志文件的存放位置，如图 8-48 所示。

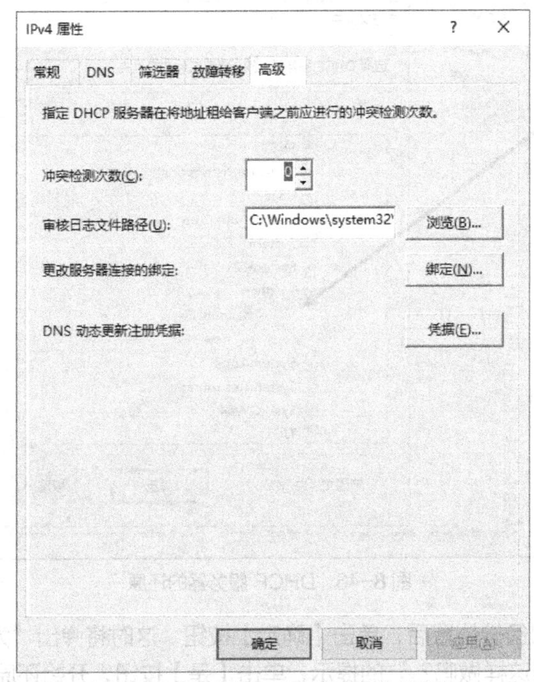

图 8-48　修改 DHCP 日志文件存放位置

DHCP 服务器命名日志文件的方式是通过检查服务器上的当前日期和时间确定的。例如，如果 DHCP 服务器启动时的当前日期和时间为“星期四，2019 年 1 月 24 日，15:07:00 P.M”，则服务器将日志文件命名为 DhcpSrvLog-Thu。要查看日志内容，请打开相应的日志文件。

DHCP 服务器日志是用英文逗号分隔的文本文件，每个日志项单独出现在一行文本中。以下是日志文件项中的字段（以及它们出现的顺序）：ID、日期、时间、描述、IP 地址、主机名和 MAC 地址。表 8-6 详细地说明了每一个字段的作用。

表 8-6　DHCP 服务器日志文件项中的字段

字段	描述
ID	DHCP 服务器事件 ID 代码
日期	DHCP 服务器上记录此项的日期
时间	DHCP 服务器上记录此项的时间
描述	关于这个 DHCP 服务器事件的说明
IP 地址	DHCP 客户端的 IP 地址
主机名	DHCP 客户端的主机名
MAC 地址	由客户端的网络适配器硬件使用的 MAC 地址

DHCP 服务器日志文件使用保留的事件 ID 代码以提供有关服务器事件类型或所记录活动的信息。表 8-7 详细地描述了这些事件 ID 代码的含义。

表 8-7　DHCP 服务器日志中常见事件代码的含义

事件 ID	描述
00	已启动日志
01	已停止日志
02	由于磁盘空间不足，日志被暂停
10	已将一个新的 IP 地址租赁给一个客户端
11	一个客户端已续订了一个租约
12	一个客户端已释放了一个租约
13	一个 IP 地址已在网络上被占用
14	不能满足一个租用请求，因为作用域的地址池已用尽
15	一个租约已被拒绝
16	一个租约已被删除

如果要启用日志功能，可以在 DHCP 服务器控制台树中展开服务器节点，右击【IPv4】节点，在弹出的快捷菜单中选择【属性】命令，打开图 8-49 所示的【IPv4 属性】对话框。选择【常规】选项卡，勾选【启用 DHCP 审核记录】复选框（默认为选中状态），DHCP 服务器将开始向文件中写入工作记录。

任务验证

DHCP 服务管理控制台提供了特定的图标来动态表示控制台对象的状态，通过图标可以直观反映 DHCP 服务器的工作状态。因此，在日常运维中，可以通过表 8-8 所示的 DHCP 服务器图标快速了解服务器的工作状态。

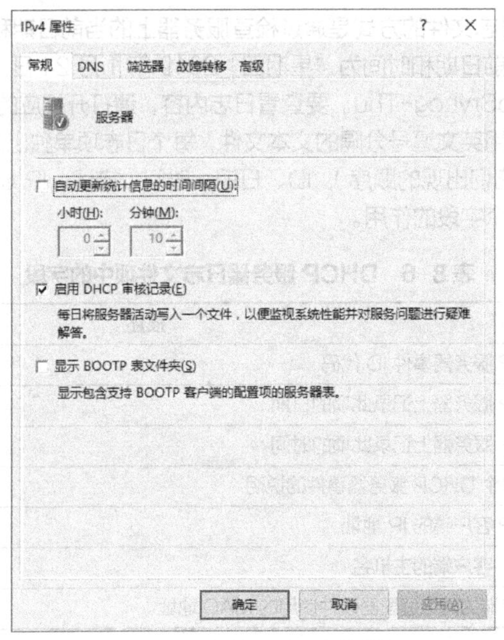

图 8-49　启用 DHCP 审核记录

表 8-8　DHCP 服务器的状态图标及描述

图标	描述
	表示控制台正试图连接到服务器
	表明 DHCP 失去了与服务器的连接
	已添加到控制台的 DHCP 服务器
	已连接并在控制台中处于活动状态的 DHCP 服务器
	DHCP 服务器已连接，但当前用户没有该服务器的管理权限
	DHCP 服务器警告。服务器作用域的可用地址已被租用了 90%或更多，并且正在使用。这表明服务器可租赁给客户端的地址已几乎被用完
	DHCP 服务器警报。服务器作用域中已没有可用的地址，因为所有可分配使用的地址（100%）当前都已被租赁。这表明网络中 DHCP 服务器出现故障，因为它无法为客户端提供租用或为客户端服务
	作用域是活动的
	作用域是非活动的
	作用域警告：作用域 90%或更多的 IP 地址正被使用
	作用域警报：所有 IP 地址都已被 DHCP 服务器分配并且都正在使用。客户端无法再从 DHCP 服务器获得 IP 地址，因为已没有可供分配的 IP 地址

练习与实践

理论习题

1. DHCP 服务器分配给客户端的默认租约是（　　）天。
   A. 8　　B. 7　　C. 6　　D. 5
2. DHCP 可以通过（　　）命令重新获取 TCP/IP 配置信息。
   A. ipconfig　　B. ipconfig/all
   C. ipconfig/renew　　D. ipconfig/release
3. DHCP 可以通过（　　）命令释放 TCP/IP 信息。
   A. ipconfig　　B. ipconfig/all
   C. ipconfig/renew　　D. ipconfig/release
4. 如果 Windows DHCP 客户端无法获得 IP 地址，将自动从保留地址段中选择一个作为自己的地址。此地址段为（　　）。
   A. 172.16.0.0/24　　B. 10.0.0.0/8
   C. 192.168.1.0/24　　D. 169.254.115.0/24
5. DHCP 服务器和 DHCP 客户端通过 DHCP 交互时，它们的端口号分别是（　　）。
   A. 67 和 68　　B. 23 和 80　　C. 25 和 21　　D. 443 和 80

项目实训题

1. 项目内容

Jan16 公司内部原有的办公计算机全部使用静态 IP 实现互联互通，由于公司规模不断扩大，需要通过部署 DHCP 服务器实现销售部、行政部和财务部的所有主机动态获取 TCP/IP 信息，实现全网联通。根据公司的网络规划，划分 VLAN1、VLAN2 和 VLAN3 这 3 个网段，网络地址分别为 172.20.0.0/24、172.21.0.0/24 和 172.22.0.0/24。公司采用 Windows Server 2016 服务器作为各部门互联的路由器。根据所给网络拓扑规划图配置好网络环境，Jan16 公司的网络拓扑规划图如图 8-50 所示。

图 8-50　Jan16 公司的网络拓扑规划图

2. 项目要求

（1）根据网络拓扑规划图，分析网络需求，配置各计算机，实现全网互联。

（2）配置 DHCP 服务器，实现 PC1 自动获取 IP，并与 PC4 进行通信。

（3）结果验证：对项目中所有的计算机都使用 ipconfig/all 命令来显示 TCP/IP 配置信息。

项目9

部署企业FTP服务

09

[项目学习目标]

（1）掌握FTP服务的工作原理。
（2）了解FTP的典型消息。
（3）掌握匿名FTP和实名FTP的概念与应用。
（4）掌握FTP多站点和虚拟目录技术的概念与应用。
（5）掌握FTP站点权限和NTFS权限的协同应用。
（6）掌握IIS和Serv-U主流FTP服务的部署与应用。
（7）掌握企业网FTP服务部署业务的实施流程。

项目描述

Jan16 公司信息中心的文件共享服务有效提高了信息中心员工的工作效率。在此之上，公司还希望能在信息中心部署公司文档中心，为各部门提供文件传输协议（File Transfer Protocol，FTP）服务，以进一步提高公司的整体工作效率，公司网络拓扑图如图 9-1 所示。

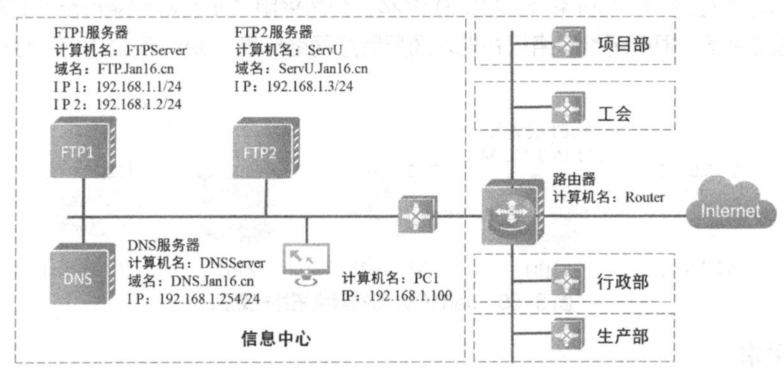

图 9-1　公司网络拓扑图

FTP 服务部署要求如下。

（1）在 FTP1 服务器部署 FTP 服务，创建 FTP 站点，为公司所有员工提供文件共享服务

① 在 F 盘创建【文档中心】目录，并在该目录中创建“产品技术文档”“公司品牌宣传”“常用软件工具”等子目录，实现公共文档的分类管理。

② 创建 FTP 公共站点，站点根目录为“文档中心”，权限为仅允许员工下载。

③ FTP 的访问地址：FTP://192.168.1.1。

（2）在 FTP1 服务器建立部门级数据共享空间

① 在 F 盘为各部门创建“部门文档中心”目录，并在该目录创建“项目部”“工会”“行政部”“生产部”等部门专属目录，为各部门创建相应的服务账户。

② 创建 FTP 部门站点，站点根目录为“部门文档中心”。该站点不允许用户修改根目录结构，仅允许各部门使用专属服务账户访问对应部门的专属目录，对专属目录有上传和下载的权限。

③ 为各部门创建相应的访问账户，仅允许其访问“文档中心”和部门专属目录文档。

④ FTP 的访问地址：FTP://192.168.1.1:2100。

（3）在 FTP1 服务器中为不同岗位的学习资源建立专属 FTP 站点

① 规划设立网络工程师岗位、网络系统集成岗位、网络销售岗位 3 个专属 FTP 站点。

② 以上 3 个站点面向公司 3 种不同岗位的员工，均允许员工下载相关学习资料。

③ 3 个站点的访问方式如下。

- 网络工程师学习资源 FTP 站点访问地址：FTP://192.168.1.2:2000。
- 网络系统集成工程师学习资源 FTP 站点访问地址：FTP://192.168.1.2:3000。
- 网络销售经理学习资源 FTP 站点访问地址：FTP://192.168.1.2:4000。

（4）部署内部文档专用 FTP 服务器

公司研发中心负责公司信息化系统的开发，目前由开发部和测试部两个部门构成。研发中心需要部署一台专属 FTP 服务器用于内部文档的共享与同步，为此，研发中心在 FTP2 服务器（利用旧设备）上部署了 Serv-U FTP Server 软件，用于搭建部门 FTP 服务器。

① 在 E 盘创建“研发中心”目录，并在该目录下创建“文档共享中心”“开发部”“测试部”子目录。

② 在 Serv-U 中创建管理员账户 admin，创建开发部专属服务账户 develop 和测试部专属服务账户 test。

③ 在 Serv-U 中创建【研发中心】区域 FTP 站点，并设置区域 FTP 站点的根目录为“E:\研发中心”。

④ 按表 9-1 所示，在 Serv-U 中配置服务账户对 FTP 站点各目录的访问规则。

表 9-1　研发中心 FTP 站点服务账户与站点目录的权限规划表

用户名	目录			
	E:\研发中心（根目录）	E:\研发中心\文档共享中心	E:\研发中心\开发部	E:\研发中心\测试部
develop	只读	能读、写，不能删	只读	不可见
test	只读	能读、写，不能删	不可见	只读
admin	完全控制	完全控制	完全控制	完全控制

⑤ 研发中心 FTP 站点的访问地址：FTP://192.168.1.3。

项目分析

通过部署文件共享服务可以让局域网内计算机访问共享目录内的文档，但是不同局域网内的用户无法访问该共享目录。FTP 服务与文件共享服务类似，同样用于提供文件共享访问服务，但是它提供服务的网络不局限于局域网，用户也可以通过广域网访问。公司可以在服务器上建立 FTP 站点，并在

FTP 站点上部署共享目录来部署 FTP 服务，从而实现公司文档的共享，这样一来，员工便可以很方便地访问该站点中的文档了。

根据项目背景，分别在 Windows Server 2016 系统和 Serv-U 上部署 FTP 站点服务，可以通过以下工作任务来完成。

（1）部署企业公共的 FTP 站点：实现公司公共文档的分类管理，方便员工下载相关资源。

（2）部署部门专属的 FTP 站点：实现部门级数据共享，提高数据安全性和工作效率。

（3）部署多个岗位的 FTP 学习站点：在一台服务器上为不同岗位的学习资源建设专属 FTP 站点，方便员工学习与成长。

（4）部署基于 Serv-U 的 FTP 站点：为研发中心提供便捷的内部文档共享与同步服务。

相关知识

FTP 定义了一个在远程计算机系统和本地计算机系统之间传输文件的标准，它工作在应用层，使用 TCP 在不同的主机之间提供可靠的数据传输。由于 TCP 是一种面向连接的、可靠的传输协议，因此 FTP 可提供可靠的文件传输。除此之外，FTP 支持断点续传功能，该功能可以大幅地降低 CPU 和网络带宽的开销。在 Internet 诞生初期，FTP 就已经被应用在文件传输服务上，而且一直作为主要的服务被广泛部署。Windows、Linux、UNIX 等几种常见的网络操作系统都能提供 FTP 服务。

9.1　FTP 的工作原理

与大多数的 Internet 服务一样，FTP 也是一个客户端/服务器系统。用户通过一个支持 FTP 的客户端程序，连接到远程主机上的 FTP 服务器程序。连接成功后，用户通过客户端程序向服务器程序发出命令，服务器程序执行对应的命令，并将执行结果返回给客户端。客户端发出命令，服务器执行命令后返回结果的过程就是一个 FTP 会话。

一个 FTP 会话通常包括 5 个软件元素的交互，表 9-2 所示为这 5 个软件元素及其功能说明。

表 9-2　FTP 会话中的 5 个软件元素及其功能说明

软件元素	功能说明
用户接口	提供了一个用户接口，并使用客户端协议解释器的服务
客户端协议解释器	向远程服务器协议机发送命令； 驱动客户端数据的传输过程
服务器协议解释器	响应客户端协议机发出的命令； 驱动服务器端数据的传输过程
客户端数据传输协议	负责完成客户端和服务器数据的传输过程； 保障客户端本地文件系统的通信
服务器数据传输协议	负责完成服务器和客户端的数据传输过程； 保障服务器端文件系统的通信

大多数的 TCP 应用协议使用单个的连接，一般是客户端向服务器的一个固定端口发起连接，然后使用这个连接进行通信。但是，FTP 却有所不同，FTP 在运作时要使用两个 TCP 连接，分别是控制连接和数据连接。图 9-2 所示为 FTP 的工作模型。

观察图 9-2 可知，在 TCP 会话中，存在两个独立的 TCP 连接，一个是由客户端协议解释器和使用的，被称作数据连接。FTP 这样的双端口连接结构的优点在于可以让两个连接根据场景需求选择各自的连接，例如为控制连接提供更小的延迟时间，为数据连接提供更大的数据吞吐量。

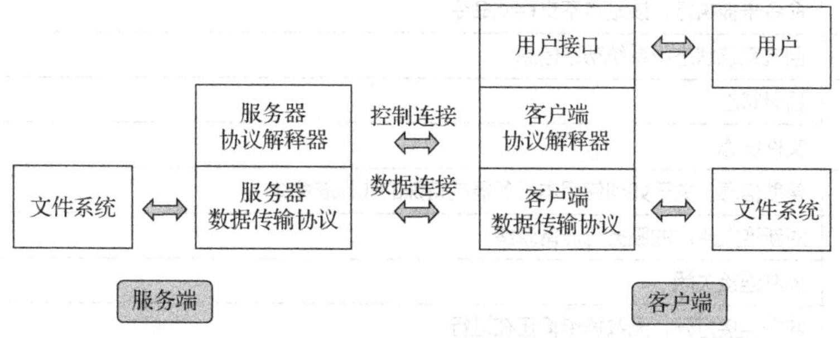

图 9-2　FTP 的工作模型

其中，控制连接是在执行 FTP 命令时由客户端发起与 FTP 服务器建立连接的请求。控制连接并不传输数据，只用来传输控制数据中的 FTP 命令集及其响应。因此，控制连接只占用很小的网络带宽。

通常情况下，FTP 服务器监听 21 端口来等待控制连接建立请求。一旦客户端和服务器建立连接，控制连接便会始终保持连接状态，而数据连接的 20 端口仅在传输数据时开启。在客户端请求获取 FTP 文件目录、上传文件和下载文件时，客户端和服务器将建立一条数据连接，这里的数据连接是全双工的，即允许同时进行双向的数据传输，并且客户端的端口号是随机产生的，一旦传输结束，会马上断开这条数据连接。FTP 客户端和服务器请求连接、建立连接、数据传输、数据传输完成、断开连接的工作过程如图 9-3 所示，其中客户端 1088 端口和 1089 端口是客户端为进行数据传输而随机产生的。

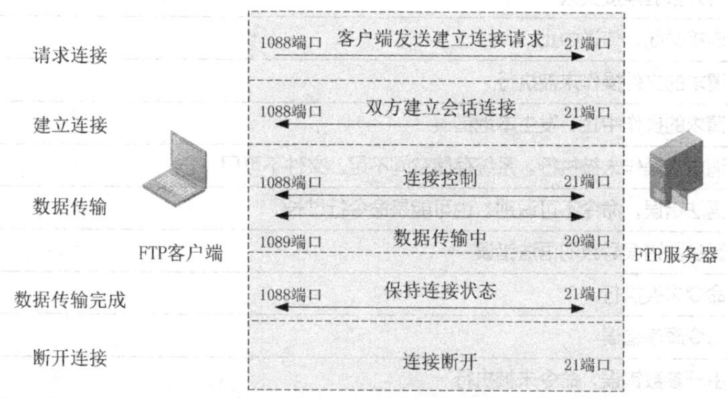

图 9-3　FTP 的工作过程

9.2　FTP 的典型消息

在 FTP 客户端程序与 FTP 服务器进行通信时，FTP 服务器会发送一些由 FTP 所定义的消息。表 9-3 所示为一些典型的 FTP 消息编号及其含义。

表 9-3　FTP 中定义的典型消息编号及其含义

消息编号	含义
120	服务在多少分钟内准备好
125	数据连接已经打开，开始传送
150	文件状态正确，正在打开数据连接
200	命令执行正确

续表

消息编号	含义
202	命令未被执行，该站点不支持此命令
211	回应系统状态或系统帮助信息
212	目录状态
213	文件状态
214	帮助信息。关于如何使用本服务器或特殊的非标准命令
220	对新连接用户的服务已准备就绪
221	控制连接关闭
225	数据连接打开，无数据传输正在进行
226	正在关闭数据连接。请求的文件操作成功（例如文件传送或终止）
227	进入被动模式
230	用户已登录。如果不需要可以退出
250	请求的文件操作完成
331	用户名正确，需要输入密码
332	需要登录的 FTP 账户
350	请求的文件操作需要更多的信息
421	服务不可用，控制连接关闭（例如，同时连接的用户数已达到上限或连接超时）
425	打开数据连接失败
426	连接关闭，传送中止
450	请求的文件操作未被执行
451	请求的操作中止，发生本地错误
452	请求的操作未被执行。系统存储空间不足。文件不可用
500	语法错误，命令不可识别。也可能是命令行过长
501	因参数错误导致的语法错误
502	命令未被执行
503	命令顺序错误
504	由于参数错误，命令未被执行
530	账户或密码错误，未能登录
532	存储文件需要账户信息
550	请求的操作未被执行，文件不可用（例如文件未找到或无访问权限）
551	请求的操作被中止，页面类型未知
552	请求的文件操作被中止，超出当前目录的存储分配
553	请求的操作未被执行，文件名不合法

9.3 常用的 FTP 服务器和客户端程序

目前市面上有众多的 FTP 服务器和客户端程序，表 9-4 所示为基于 Windows 和 Linux 两种平台的常用的 FTP 服务器和客户端程序。

表 9-4　基于 Windows 和 Linux 两种平台的常用的 FTP 服务器和客户端程序

程序	基于 Windows 平台		基于 Linux 平台	
	名称	连接模式	名称	连接模式
FTP 服务器程序	IIS	主动、被动	vsftpd	主动、被动
	Serv-U	主动、被动	proftpd	主动、被动
	Xlight FTP Server	主动、被动	Wu-ftpd	主动、被动
FTP 客户端程序	命令行工具 FTP	默认为主动	命令行工具 LFTP	默认为主动
	图形化工具 CuteFTP、LeapFTP	主动、被动	图形化工具 gFTP、Iglooftp	主动、被动
	Web 浏览器	主动、被动	Mozilla 浏览器	主动、被动

9.4　匿名 FTP 与实名 FTP

1. 匿名 FTP

用户在使用 FTP 时必须先登录到 FTP 服务器，在远程主机上获取相应的用户权限以后，方可进行文件的下载或上传。也就是说，如果用户要想同某一台计算机进行文件传输，必须获取到对方计算机的相关使用授权。换言之，只有掌握了这台计算机的登录账户和口令，才能进行文件相互传输。

但是，这种配置管理方法违背了 Internet 的开放性，Internet 上的 FTP 服务器主机太多了，不可能要求每个用户在每一台 FTP 服务器上都拥有各自的账户。因此，匿名 FTP 就应运而生了。

匿名 FTP 是这样一种机制：系统管理员先在 FTP 服务器的主机上建立一个特殊的用户账户（匿名账户），名为 anonymous，之后，Internet 上的任何人在任何地方都可使用该账户下载 FTP 服务器上的资源，而无须成为 FTP 服务器的注册用户。

2. 实名 FTP

相对于匿名 FTP，一些 FTP 服务仅允许特定用户访问，例如，只为某个部门、组织或个人提供网络共享服务时，这种 FTP 服务被称为实名 FTP。

FTP 管理员需要先在 FTP 服务器上创建相应的用户账户，客户再次访问实名 FTP 时通过输入账户和密码进行登录。

9.5　FTP 的访问权限

与文件共享权限类似，FTP 提供文件传输服务时，向用户授权两种文件操作权限：上传和下载。

上传是指允许用户将本地文件复制到 FTP 服务器上，同时，还允许用户删除、新建、修改 FTP 服务器上的文件；而下载则是指仅允许用户将 FTP 服务器上的文件复制到本地。

如果 FTP 站点建立在 NTFS（New Technology File System）磁盘上，用户访问 FTP 站点时还将受到文件对应的 NTFS 权限的约束。

9.6　FTP 的访问地址

FTP 的访问地址格式为“FTP://IP”或“域名:端口号”，FTP 允许用户通过 IP 地址或域名来访问。FTP 的默认端口号为 21，如果 FTP 服务器使用的是默认端口，在输入访问地址时可以省略；如果 FTP 服务器使用了自定义端口，则访问地址中的端口号不能省略。

9.7 在一台服务器上部署多个 FTP 站点

FTP 地址的 3 个要素是协议、IP 和端口号。因此，如果企业需要在一台 FTP 服务器上部署多个 FTP 站点，管理员可以分别通过 IP 和端口号来部署多个互不冲突的 FTP 站点，这两种方式的具体实现方法如下。

(1) 通过 IP 在一台服务器上部署多个 FTP 站点：如果 FTP 服务器拥有多个 IP 地址，那么在 FTP 站点创建过程中可以让每个 FTP 站点绑定（或指定）不同的 IP 地址，这样，FTP 客户端访问不同的 IP 地址就会进入不同的 FTP 站点。

(2) 通过端口号在一台服务器上部署多个 FTP 站点：如果 FTP 服务器只有唯一一个 IP 地址，那么在 FTP 站点创建过程中可以让每个 FTP 站点绑定（或指定）不同的端口号（为避免同系统保留端口冲突，用户自定义端口号必须大于 1024），这样，FTP 客户端在访问不同端口号的 FTP 地址时就会进入不同的 FTP 站点。

9.8 通过虚拟目录让 FTP 站点链接不同磁盘资源

一般情况下，FTP 站点只能部署在一个物理路径（磁盘）下，如果用户想通过 FTP 站点访问其他磁盘的数据，可以通过 FTP 的虚拟目录来实现，其结构示意图如图 9-4 所示。

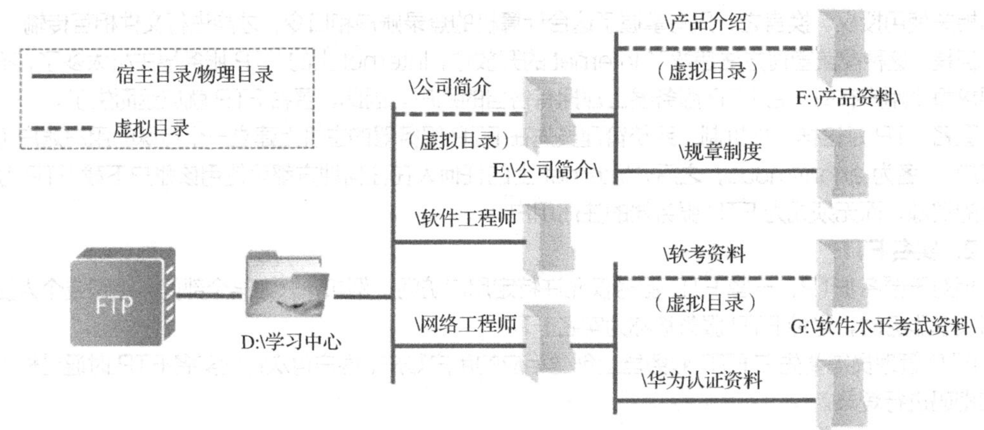

图 9-4 FTP 虚拟目录的结构示意图

在图 9-4 中，“E:\公司简介”通过虚拟目录“公司简介”，在逻辑上连接到了“D:\学习中心”下。同时，虚拟目录还支持嵌套，由此，虚拟目录可以在 FTP 站点内实现将不同磁盘的资源连接在一起，为用户提供数据服务。

注意 • **虚拟目录的名称（也称别名）可以不同于原目录的名称，例如，【软考资料】就是一个虚拟目录别名，它的物理目录名称为【软件水平考试资料】。**

• **虚拟目录的名称不能被显性地显示在用户的物理目录列表中，要访问虚拟目录，用户必须知道虚拟目录的别名，并输入完整的 URL。因此，为方便地为用户提供虚拟目录服务，可以在 FTP 的根目录用目录注释方式列出虚拟目录相关资料，以方便用户访问。**

项目实施

任务 9-1　部署企业公共 FTP 站点

V9-1　任务 9-1
演示视频

任务规划

在 FTP1 服务器上创建一个 FTP 公共站点，并在站点根目录——“F:\文档中心”下分别创建“产品技术文档”“公司品牌宣传”“常用软件工具”和“公司规章制度”子目录，实现公共文档的分类管理，方便员工下载文档，该任务的网络拓扑规划图如图 9-5 所示。

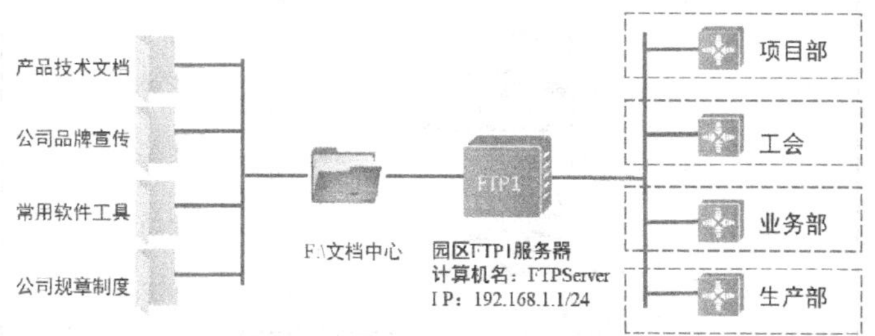

图 9-5　企业公共 FTP 站点的网络拓扑规划图

Windows Server 2016 系统具备 FTP 服务的角色和功能，本任务可以在 FTP1 服务器上安装 FTP 服务角色和功能，并通过以下步骤实现企业 FTP 公共站点的建设。

（1）在 FTP1 服务器上创建 FTP 站点目录。

（2）在 FTP1 服务器上安装 FTP 服务角色和功能。

（3）在 FTP1 服务器上创建 FTP 站点。其中，站点根目录为“F:\文档中心”，站点权限为仅允许下载，站点的访问地址：FTP://192.168.1.1。

任务实施

1. 在 FTP1 服务器上创建 FTP 站点目录

在 FTP1 服务器的 F 盘创建“文档中心”目录，并在“文档中心”目录中创建“产品技术文档”“公司品牌宣传”“常用软件工具”和“公司规章制度”子目录，完成结果如图 9-6 所示。

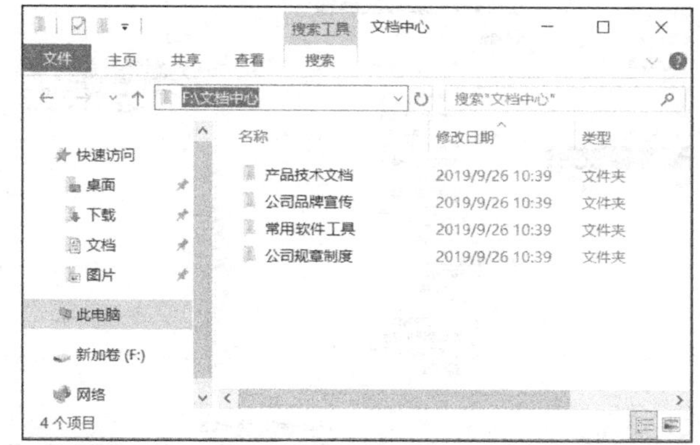

图 9-6 【F:\文档中心】目录

2. 在FTP1服务器上安装FTP服务角色和功能

（1）单击【服务器管理器】窗口中的【添加角色和功能】链接，在弹出的【添加角色和功能向导】窗口的【安装类型】界面中选择【基于角色或基于功能的安装】选项，单击【下一步】按钮。

（2）在【服务器选择】界面中选择服务器本身，单击【下一步】按钮。

（3）在【服务器角色】界面中勾选【Web 服务器(IIS)】复选框，如图9-7所示，然后单击【下一步】按钮。

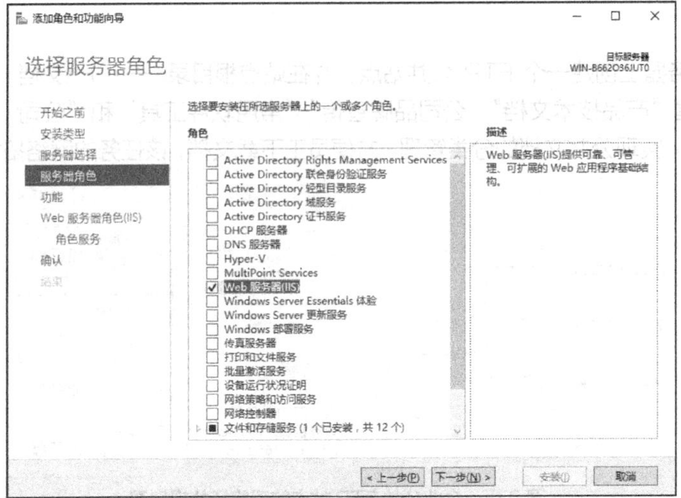

图9-7 【选择服务器角色】界面

备注 这里的IIS服务同时包含了Web服务和FTP服务，在Windows Server 2016系统中，要安装FTP服务，则必须先安装IIS，因此在选择服务器角色时，要勾选【Web服务器(IIS)】复选框。

（4）在【Web服务器(IIS)】界面中，按默认配置，直接单击【下一步】按钮。

（5）在【角色服务】界面中，勾选【FTP 服务器】中的【FTP 扩展】复选框，其他项目保持默认状态，如图9-8所示，然后单击【下一步】按钮。

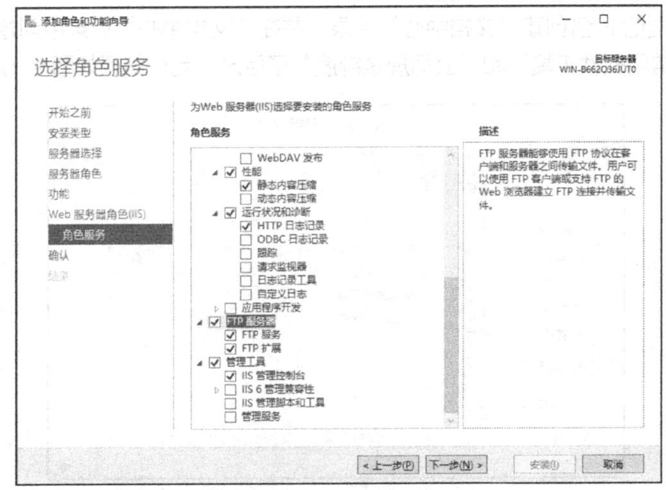

图9-8 【选择角色服务】界面

（6）在【确认】界面中，单击【安装】按钮，安装完后单击【关闭】按钮，即可完成 FTP 角色与功能的安装。

3. 在 FTP1 服务器上创建 FTP 站点

（1）打开【服务器管理器】窗口，在【工具】下拉菜单中选择【Internet Information Services(IIS)管理器】选项，打开【Internet Information Services (IIS)管理器】窗口。选择左侧的【网站】选项，再单击右侧快捷操作中的【添加 FTP 站点】链接，如图 9-9 所示。

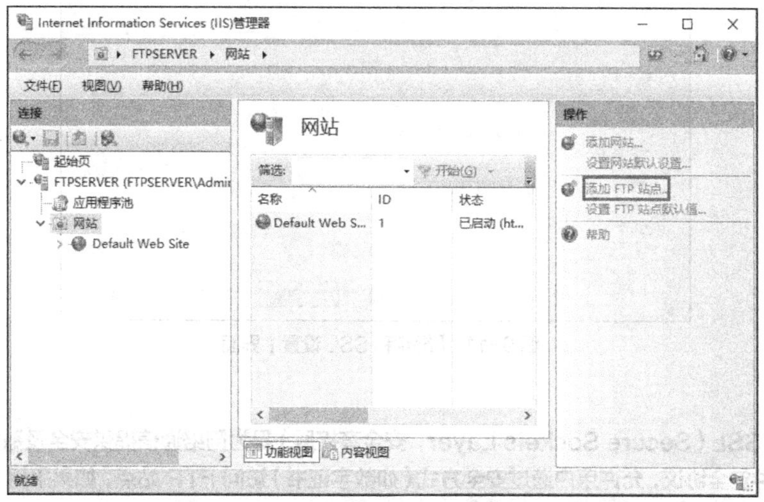

图 9-9 【Internet Information Services (IIS) 管理器】窗口

（2）在打开的【添加 FTP 站点】对话框【站点信息】界面的【FTP 站点名称】文本框中输入 “文档中心”，在【物理路径】路径选择对话框中选择 “F:\文档中心” 目录，如图 9-10 所示，然后单击【下一步】按钮。

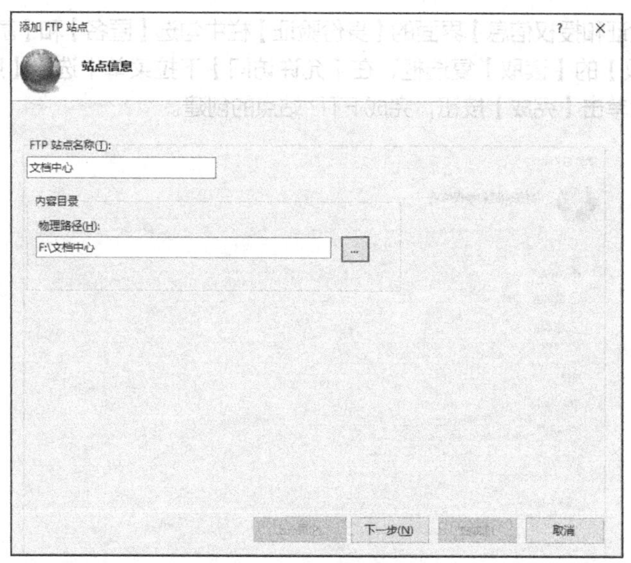

图 9-10 【站点信息】界面

（3）在【绑定和 SSL 设置】界面中，设置【IP 地址】为 192.168.1.1，【端口】为 21，选择【无 SSL】单选项，其他使用默认配置，如图 9-11 所示，然后单击【下一步】按钮。

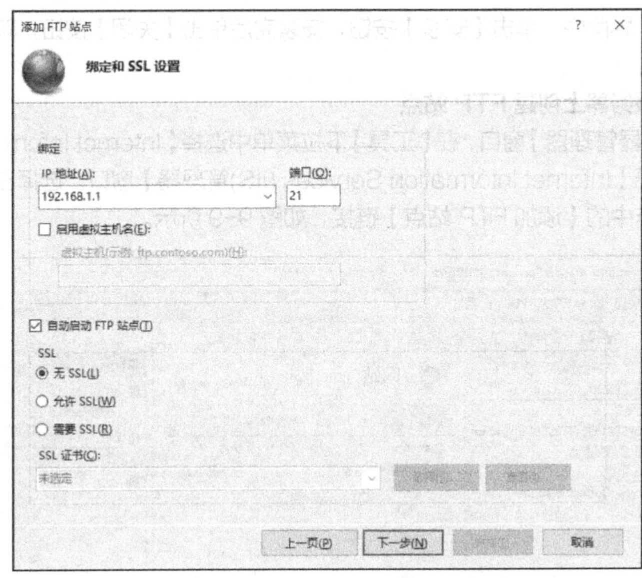

图 9-11 【绑定和 SSL 设置】界面

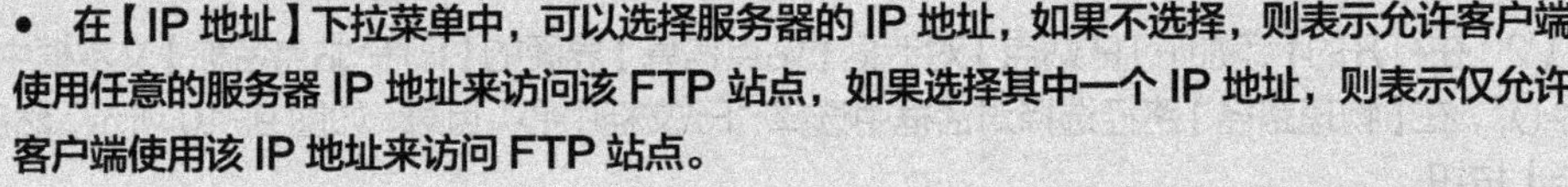

备注 • **SSL（Secure Sockets Layer，安全套接层）是为网络通信提供安全及数据完整性的一种安全协议，允许用户通过安全方式（如数字证书）访问 FTP 站点，如果采用 SSL 方式，则需要预先配置安全证书。**

• **在【IP 地址】下拉菜单中，可以选择服务器的 IP 地址，如果不选择，则表示允许客户端使用任意的服务器 IP 地址来访问该 FTP 站点，如果选择其中一个 IP 地址，则表示仅允许客户端使用该 IP 地址来访问 FTP 站点。**

（4）在【身份验证和授权信息】界面的【身份验证】栏中勾选【匿名】和【基本】复选框；在【授权】栏中勾选【权限】的【读取】复选框，在【允许访问】下拉菜单中选择【所有用户】选项，如图 9-12 所示，然后单击【完成】按钮，完成 FTP 站点的创建。

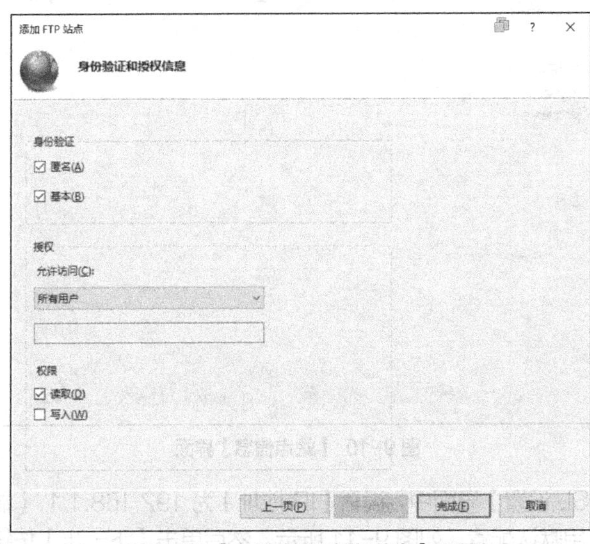

图 9-12 【身份验证和授权信息】界面

备注 • 【身份验证】栏用于设置 FTP 站点的访问方式。【匿名】是指该 FTP 站点允许使用匿名账户访问，客户端将以 Internet 访客身份来访问；【基本】是指该 FTP 站点需要采用实名方式访问。如果两个复选框都勾选了，表示 FTP 站点既允许匿名访问，也允许实名访问。

• 【授权】栏中的【允许访问】下拉菜单用于设置允许访问该站点的用户或用户组，并针对所选择的用户在下一个【权限】项目中配置权限。用户对站点有两种访问权限，【读取】是指可以查看、下载 FTP 站点的文件，【写入】则是指可以上传、删除 FTP 站点的文件，也可以创建和删除子目录。

任务验证

在公司内部任何一台客户机上打开资源管理器，在地址栏中输入 FTP://192.168.1.1，即可打开刚刚建立的 FTP 站点，并且可以看到站点内的 4 个子目录，如图 9-13 所示。

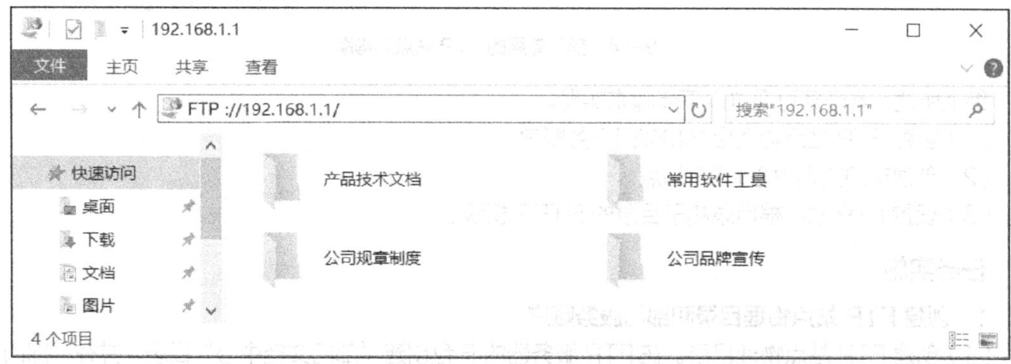

图 9-13　访问 FTP 站点

用户登录后可以根据业务需要下载相关文档，提高工作效率。同时，还可以进一步测试用户权限，即用户仅可以下载，但不允许上传和删除文件。

任务 9-2　部署部门专属 FTP 站点

任务规划

V9-2　任务 9-2
演示视频

通过任务 9-1，公司创建了公共的 FTP 站点，为员工下载公司共享文件提供了便利，提高了工作效率。各部门也相继提出了建立部门级数据共享空间的需求，具体如下。

（1）在 F 盘为各部门建立“部门文档中心”目录，并在该目录下创建部门专属目录“项目部”“行政部”“工会”。

（2）为各部门创建相应的服务账户。

（3）创建 FTP 部门站点，站点根目录为“部门文档中心”，站点权限如下。

- 不允许用户修改站点根目录结构。
- 各部门用户服务账户仅允许访问对应部门的专属目录，对专属目录有上传和下载权限。

（4）FTP 的访问地址：FTP://192.168.1.1:2100。

在项目 5 中，我们了解到文件共享受文件的共享权限和 NTFS 权限的双重约束，在部署文件共享服务时，管理员可以采用“文件共享权限最大化，NTFS 权限最小化”的原则进行部署。Windows

Server 2016 系统的 FTP 站点如果部署在 NTFS 磁盘中，则其访问权限同样要受 FTP 访问权限和 NTFS 权限的双重约束，在部署时，需采用“FTP 权限最大化，NTFS 权限最小化”的原则进行部署。

本任务在部署部门的专属 FTP 站点时，可以先创建一个具有上传和下载权限的站点，然后在发布目录和子目录时配置 NTFS 权限，给服务账户指定相匹配的权限。在服务账户的设计中，可以根据组织架构的特征完成服务用户账户的创建。因此，应根据公司组织架构来规划设计相应的部门专属的 FTP 站点架构，如图 9-14 所示。

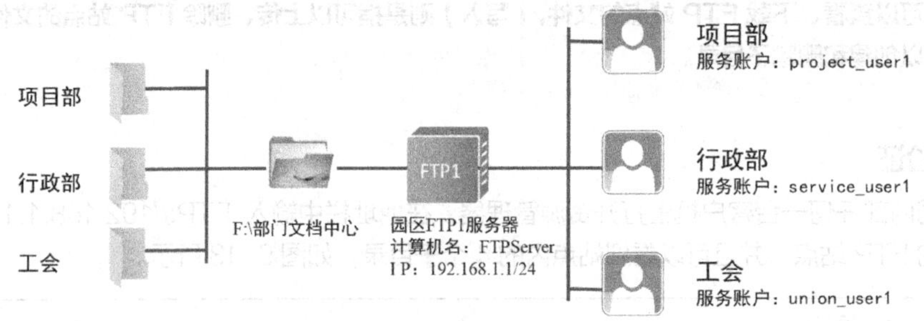

图 9-14　部门专属的 FTP 站点架构图

综上所述，本任务可通过以下步骤来实现。

（1）创建 FTP 站点物理目录和部门服务账户。

（2）创建部门文档中心 FTP 站点。

（3）设置 FTP 站点根目录和子目录的 NTFS 权限。

任务实施

1. 创建 FTP 站点物理目录和部门服务账户

（1）创建 FTP 站点物理目录。在 FTP 服务器的 F 盘创建“部门文档中心”目录，并在“部门文档中心”目录中创建“工会”“行政部”“项目部”等子目录，完成结果如图 9-15 所示。

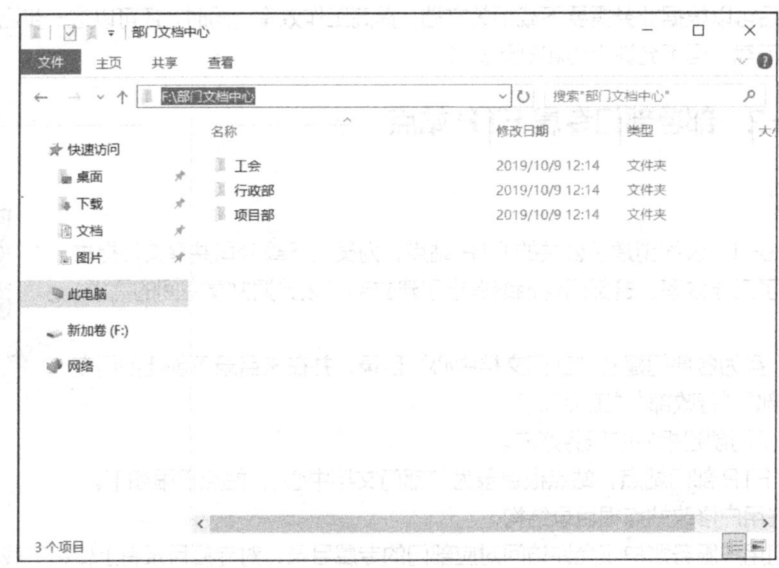

图 9-15 【F:\部门文档中心】目录

（2）创建部门服务账户。在【服务器管理器】窗口中的【工具】下拉菜单中选择【计算机管理】选项，打开【计算机管理】窗口。在【计算机管理】窗口中找到【本地用户和组】选项，右击【用户】

选项，在弹出的快捷菜单中选择【新用户】命令，打开【新用户】对话框，如图 9-16 所示。在【用户名】文本框中输入 project_user1，在【密码】和【确认密码】文本框中输入 Jan16@St（默认要求复杂性密码），勾选【用户不能更改密码】和【密码永不过期】复选框（通常服务账户仅用于特定应用，其密码由管理员进行管理），然后单击【创建】按钮，完成项目部用户账户的创建。

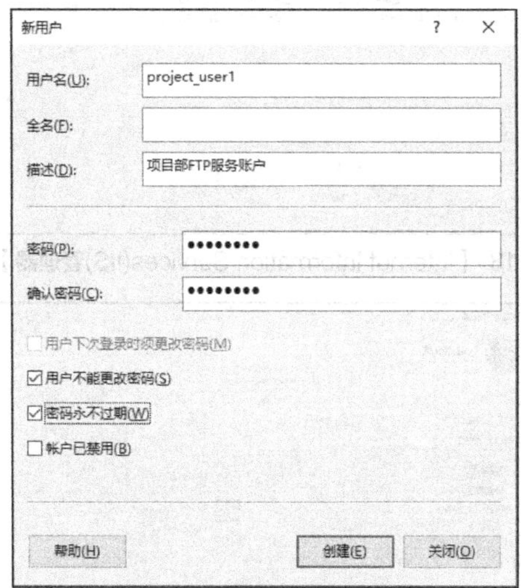

图 9-16 【新用户】对话框

按同样的方法创建行政部和工会的用户账户 service_user1 和 union_user1。最终得到的计算机用户账户信息如图 9-17 所示。

图 9-17 计算机用户账户信息

2. 创建部门文档中心 FTP 站点

（1）打开【服务器管理器】窗口，在【工具】下拉菜单中选择【Internet Information Services(IIS)管理器】选项，打开【Internet Information Services(IIS)管理器】窗口。展开控制台树中的【网站】选项，在图 9-18 所示的界面中，单击右侧快捷操作中的【添加 FTP 站点】链接。

（2）打开图 9-19 所示的【添加 FTP 站点】对话框的【站点信息】界面，在【FTP 站点名称】文本框中输入“部门文档中心”，设置【物理路径】为“F:\部门文档中心”目录，然后单击【下一步】按钮。

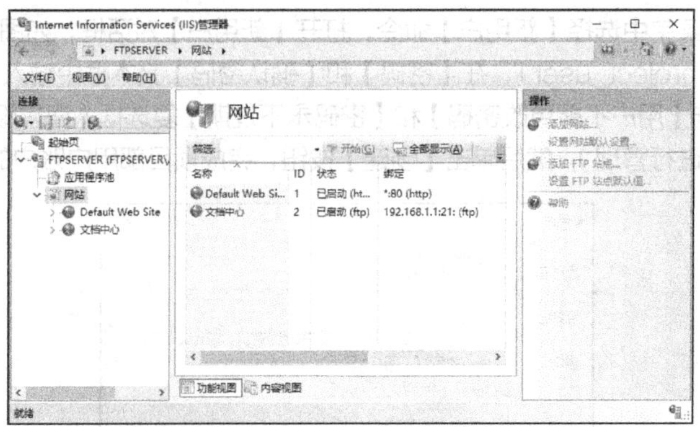
图 9-18 【Internet Information Services(IIS)管理器】窗口

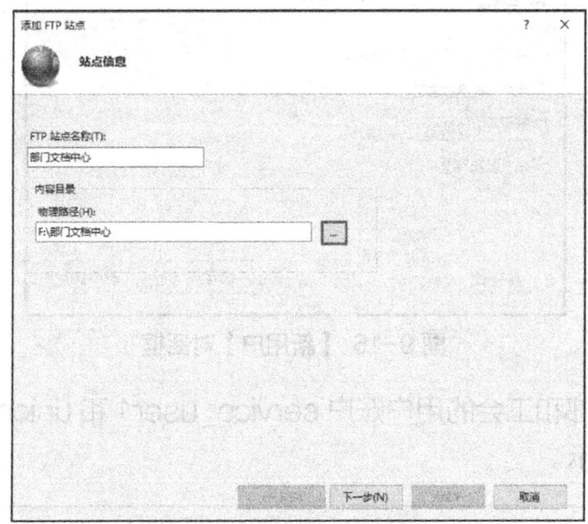
图 9-19 【站点信息】界面

（3）在图 9-20 所示的【绑定和 SSL 设置】界面中，在【IP 地址】下拉菜单中选择 IP 地址 192.168.1.1，在【端口】文本框中输入端口号 2100，选择【无 SSL】单选项，其他选项使用默认配置，然后单击【下一步】按钮。

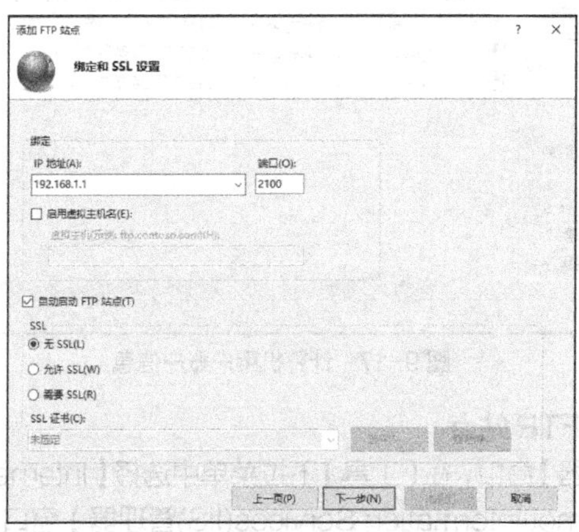
图 9-20 【绑定和 SSL 设置】界面

（4）在【身份验证和授权信息】界面中，勾选【基本】复选框，在【授权】栏的【允许访问】下拉菜单中选择【所有用户】选项，根据“文件共享最大化、NTFS 权限最小化”原则，勾选【权限】的【读取】和【写入】复选框，如图 9-21 所示。然后单击【完成】按钮，完成部门文档中心 FTP 站点的创建。

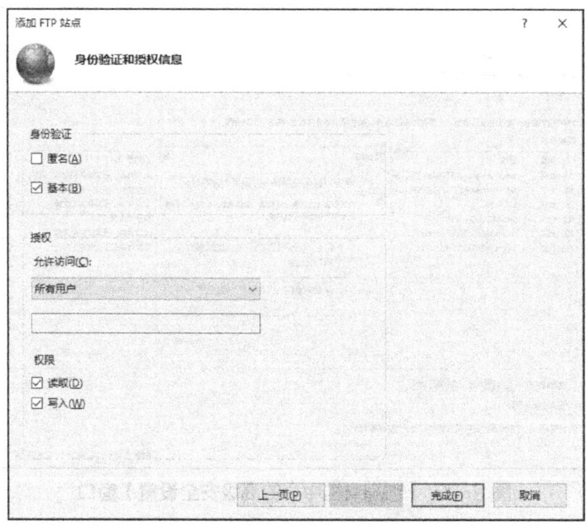

图 9-21 【身份验证和授权信息】界面

3. 设置 FTP 站点根目录和子目录的 NTFS 权限

（1）设置部门文档中心 FTP 站点根目录的 NTFS 权限

① 打开“部门文档中心”文件夹的属性对话框，然后打开【安全】选项卡，如图 9-22 所示。

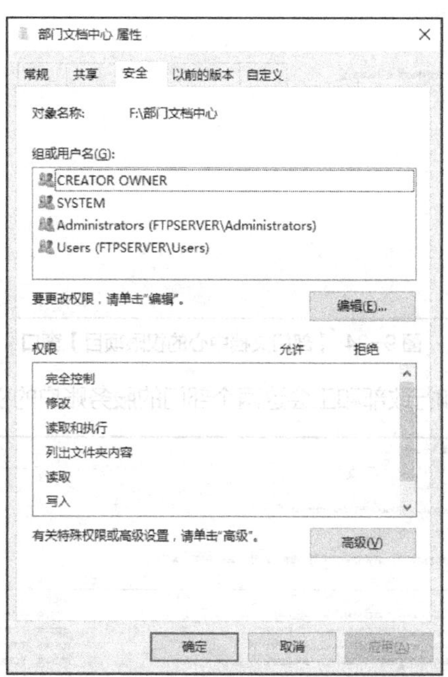

图 9-22 【部门文档中心 属性】对话框

② 单击【高级】按钮，弹出【部门文档中心的高级安全设置】窗口，单击【禁用继承】按钮，在弹出的【阻止继承】对话框中选择【→从此对象中删除所有已继承的权限。】选项，如图 9-23 所示。

③ 单击【添加】按钮，在弹出的图 9-24 所示的窗口中，选择前面创建的项目部用户【project_user1】，并在【基本权限】中勾选图 9-24 所示的 3 个权限（这 3 个权限仅允许用户读取和列出文件夹内容，不允许修改，满足了任务需求中的“不允许用户修改站点根目录结构”）。然后单击【确定】按钮，完成项目部 FTP 服务账户对站点根目录的访问权限配置。

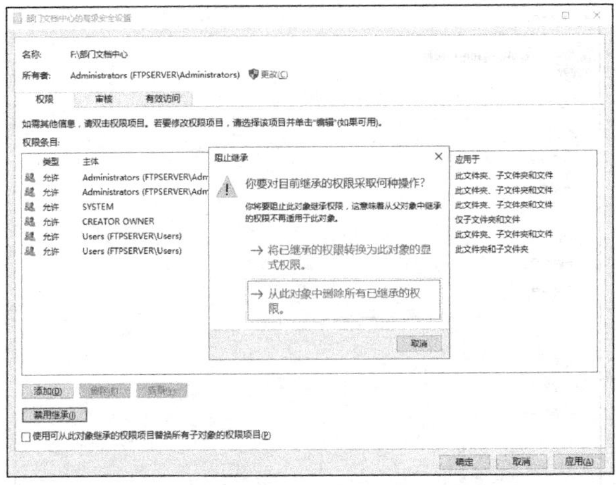

图 9-23 【部门文档中心的高级安全设置】窗口

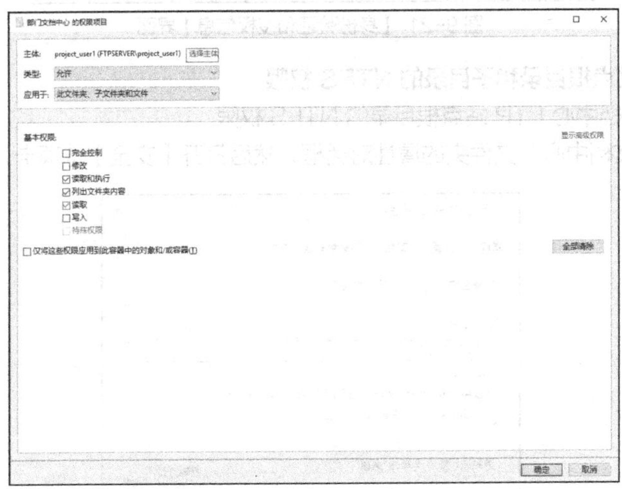

图 9-24 【部门文档中心的权限项目】窗口

④ 按同样的方法继续添加行政部和工会这两个部门的服务账户的权限，如图 9-25 所示。

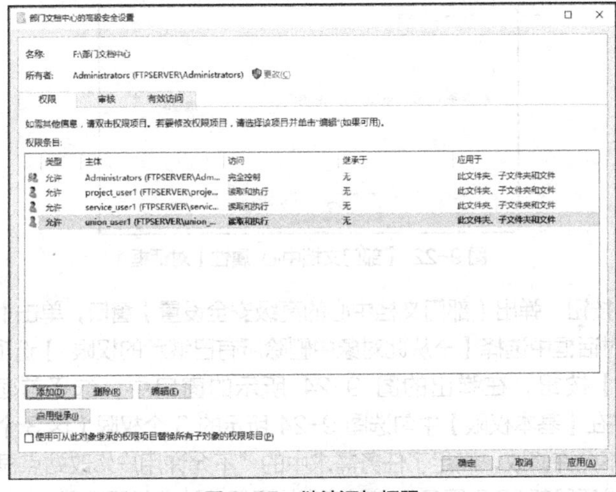

图 9-25 继续添加权限

⑤ 单击【确定】按钮，完成站点根目录 NTFS 权限的配置，完成后的 NTFS 权限如图 9-26 所示。

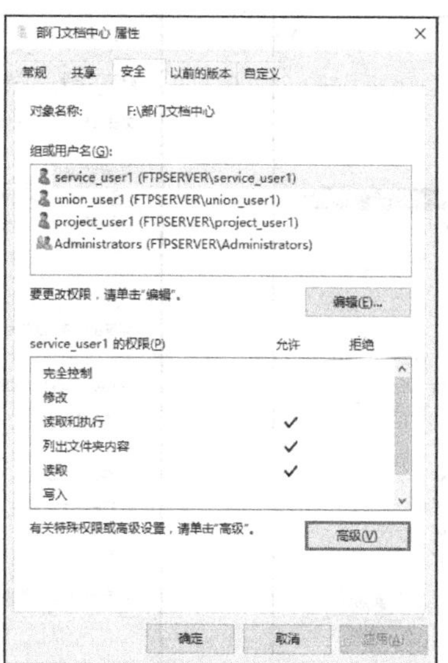

图 9-26　站点根目录的 NTFS 权限

（2）设置 FTP 站点各个部门对应子目录的 NTFS 权限

根据任务要求，各部门用户服务账户仅允许访问对应部门的专属目录，对专属目录有上传和下载权限。因此，需要通过类似设置根目录 NTFS 权限的步骤来设置各个子目录的 NTFS 权限。

① 取消“F:\部门文档中心\项目部”目录的 NTFS 继承性，并添加项目部 FTP 服务账户【project_user1】的访问权限，如图 9-27 所示，仅不赋予【删除】权限。

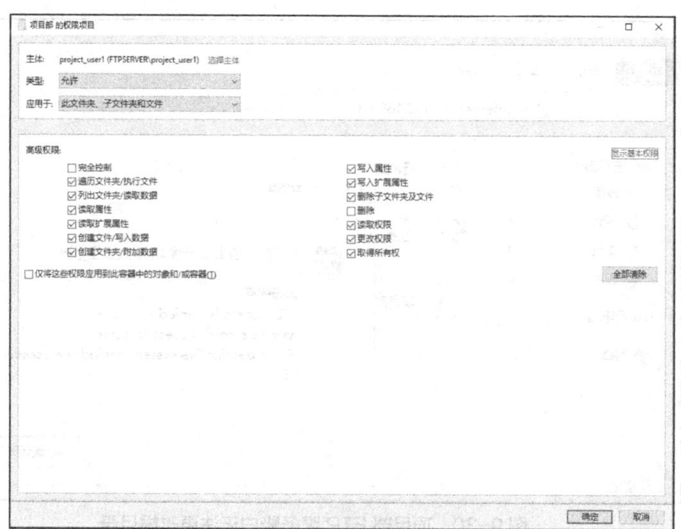

图 9-27 【项目部的权限项目】窗口

备注　**不赋予【删除】权限是指不允许删除“F:\部门文档中心\项目部”目录本身。如果勾选【删除】复选框，则该服务账户也可以删除该文件夹，这就不满足任务需求中的“不允许用户修改站点根目录结构”。**

② 按相同的步骤，完成工会和行政部的 NTFS 权限设置，如图 9-28 和图 9-29 所示。

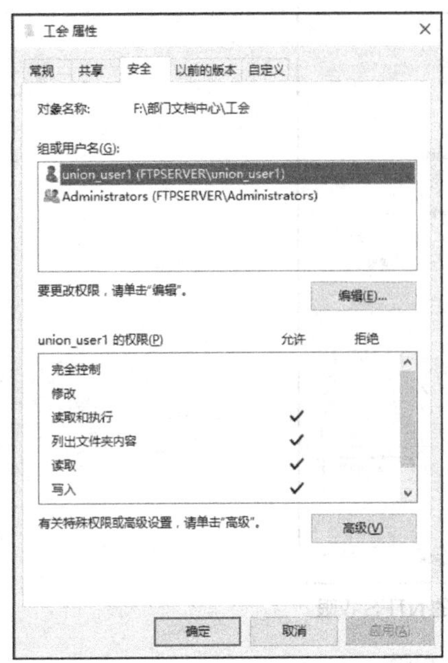

图 9-28 【工会 属性】对话框

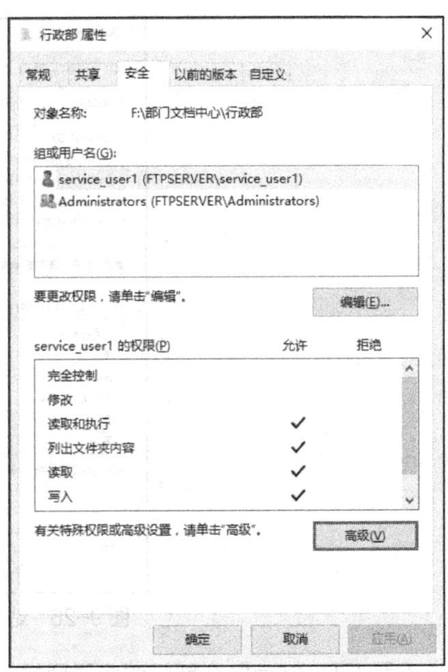

图 9-29 【行政部 属性】对话框

任务验证

(1)使用项目部 FTP 服务账户登录 FTP 站点，尝试新建一个文件夹，可以发现但是无法修改该根目录的内容，如图 9-30 所示。这满足了“不允许用户修改站点根目录结构”的需求。

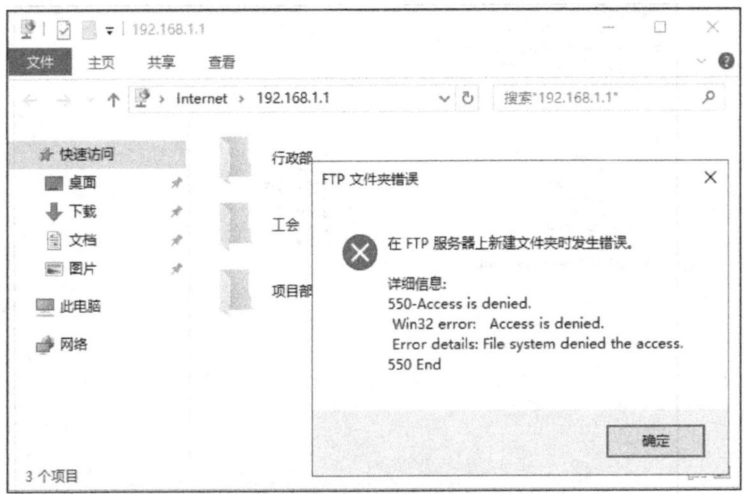

图 9-30 项目部 FTP 服务账户无法更改根目录

(2)继续访问，可以看到它无法访问“工会”和“行政部”两个子目录。访问“行政部”子目录的结果如图 9-31 所示，满足了“各部门用户服务账户仅允许访问对应部门的专属目录”的需求。

(3)继续访问“项目部”子目录，在其中新建一个文本文档，结果如图 9-32 所示，该用户对该目录下的文件和文件夹有完全控制权限，满足了“部门服务账户对部门目录有上传和下载权限”的需求。

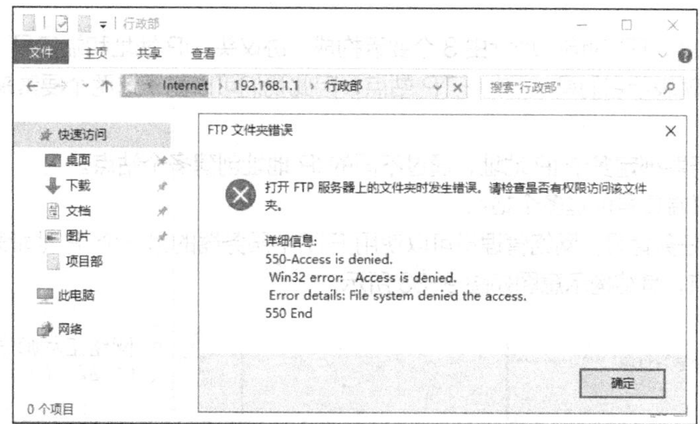

图 9-31　项目部服务账户对行政部专属目录没有访问权限

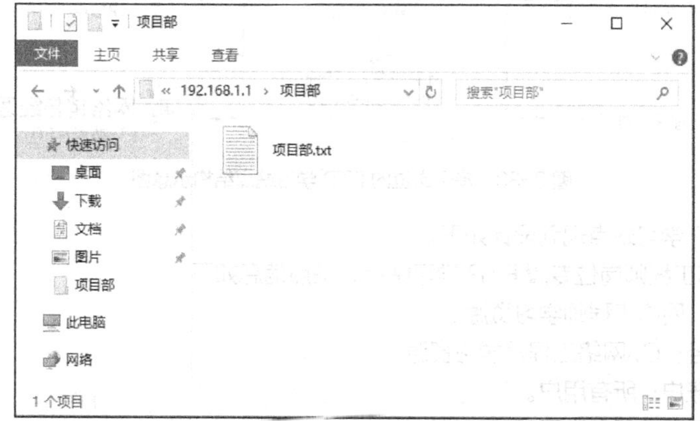

图 9-32　项目部服务账户对项目部专属目录有上传和下载权限

任务 9-3　部署多个岗位 FTP 学习站点

V9-3　任务 9-3 演示视频

任务规划

公司非常注重员工的培养，要求在 FTP1 服务器上为不同岗位的学习资源建立专属 FTP 站点，具体要求如下。

规划设立网络工程师学习资源、网络系统集成工程师学习资源、网络销售经理学习资源这 3 个专属 FTP 站点，并允许所有员工下载学习。

通过任务 9-1 和任务 9-2，我们在 FTP1 服务器上部署了两个 FTP 站点。实际应用中，企业为充分利用服务器资源，常常会在一个服务器上部署多个 FTP 站点，既满足内部需求，又提高了资源的利用率。表 9-5 将任务 9-1 和任务 9-2 中两种 FTP 的访问方式做了对比，对比项目主要是 FTP 访问地址。

表 9-5　任务 9-1 和任务 9-2 的 FTP 访问方式的对比

FTP 站点名称	FTP 访问地址		
	协议头	IP 地址	端口号
企业公共 FTP 站点	FTP://	192.168.1.1	21
部门专属 FTP 站点	FTP://	192.168.1.1	2100

由表9-5可知，FTP的访问地址由3个要素构成：协议头、IP地址和端口号。只要IP地址和端口号有一个不同，就表示它们是不同的FTP站点，因此我们可以基于这两个要素来构建多个FTP站点，方式如下。

- 在一台服务器绑定多个IP地址，通过不同的IP地址创建多个站点。
- 通过自定义端口号创建多个站点。

因此，根据本任务背景，网络管理员可以使用FTP1服务器的另一个IP地址来部署公司的3个专属FTP学习站点，其结构示意图如图9-33所示。

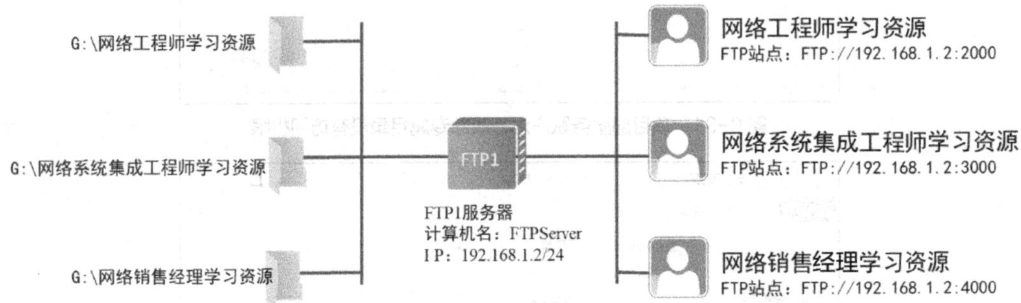

图9-33 多个岗位的FTP学习站点结构示意图

各岗位的FTP学习站点规划设计如下。

(1)设立网络工程师岗位专属FTP学习站点，站点信息如下。

- 站点名称：网络工程师学习资源。
- 根目录路径：G:\网络工程师学习资源。
- 站点服务账户：所有用户。
- 站点访问权限：仅允许下载。
- FTP站点访问地址：FTP://192.168.1.2:2000。

(2)设立网络系统集成岗位专属FTP学习站点，站点信息如下。

- 站点名称：网络系统集成工程师学习资源。
- 根目录路径：G:\网络系统集成工程师学习资源。
- 站点服务账户：所有用户。
- 站点访问权限：仅允许下载。
- FTP站点访问地址：FTP://192.168.1.2:3000。

(3)设立网络销售岗位专属FTP学习站点，站点信息如下。

- 站点名称：网络销售经理学习资源。
- 根目录路径：G:\网络销售经理学习资源。
- 站点服务账户：所有用户。
- 站点访问权限：仅允许下载。
- FTP站点访问地址：FTP://192.168.1.2:4000。

综上所述，本任务可通过以下步骤来实现。

(1)在服务器上绑定多个IP地址，为创建多个站点做准备。

(2)创建岗位学习FTP站点目录和岗位学习FTP站点的专用账户。

(3)创建网络工程师岗位的专属FTP学习站点。

(4)创建网络系统集成工程师和网络销售经理岗位的专属FTP学习站点。

任务实施

1. 在服务器上绑定多个 IP 地址，为创建多个站点做准备

（1）打开【网络和共享中心】窗口，单击【以太网卡】选项，找到【Internet 协议版本 4(TCP/IPv4)】选项，打开【Internet 协议版本 4(TCP/IPv4)属性】对话框，单击【高级】按钮，如图 9-34 所示。

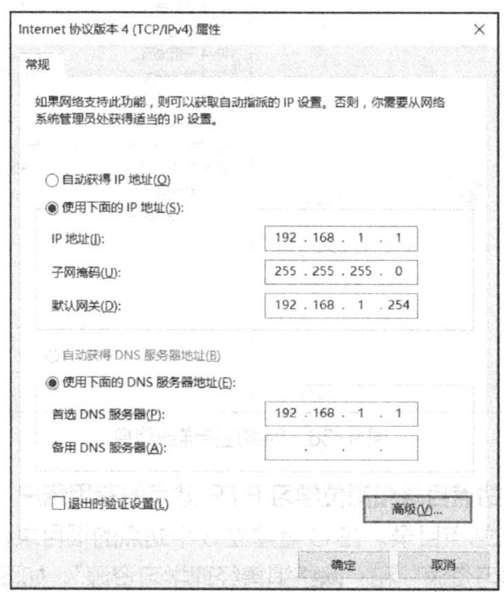

图 9-34 【Internet 协议版本 4(TCP/IPv4)属性】对话框

（2）在打开的【高级 TCP/IP 设置】对话框的【IP 设置】选项卡中，单击【添加】按钮。在弹出的【TCP/IP 地址】对话框中，输入【IP 地址】为 192.168.1.2，【子网掩码】为 255.255.255.0，然后单击【添加】按钮，如图 9-35 所示。最后单击【确定】按钮完成第二个 IP 地址的添加。

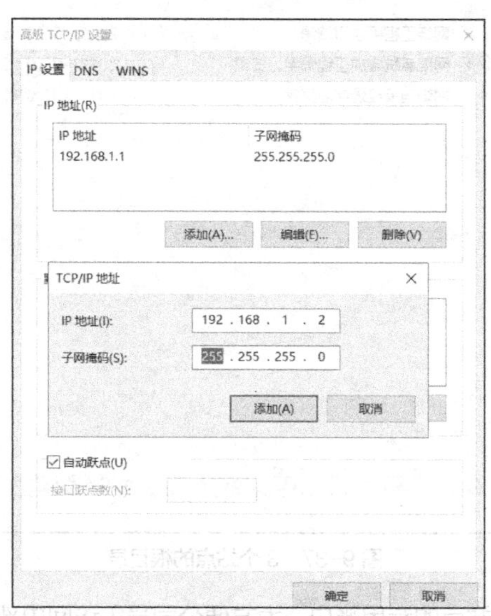

图 9-35 【高级 TCP/IP 设置】对话框

（3）查看 TCP/IP 配置信息时，可以看到成功添加了第二个 IP 地址，网络连接详细信息如图 9-36 所示。

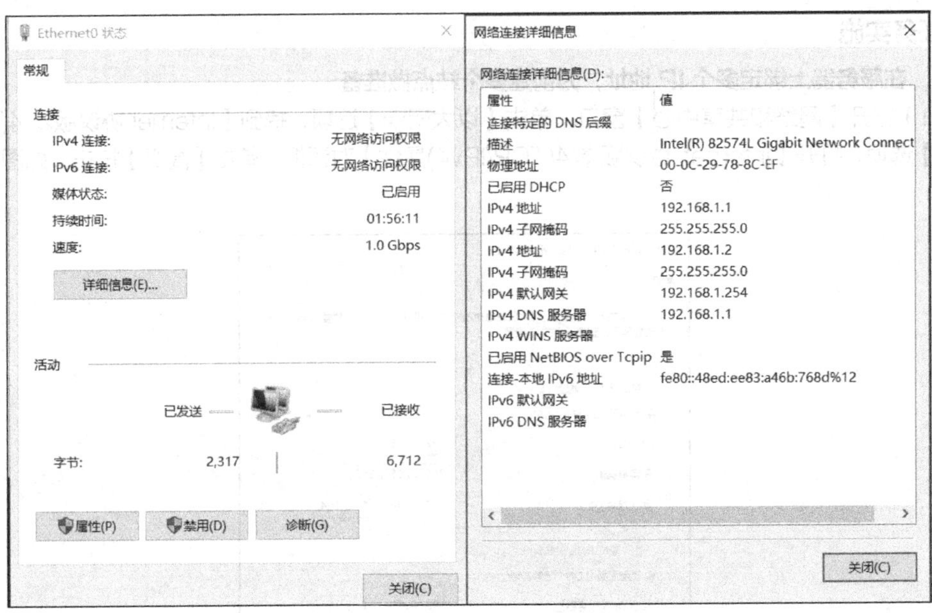

图 9-36 网络连接详细信息

2. 创建岗位学习 FTP 站点目录和岗位学习 FTP 站点的专用账户

（1）创建岗位学习 FTP 站点目录。在 G 盘建立 3 个站点的根目录，分别为“网络工程师学习资源”“网络系统集成工程师学习资源”和“网络销售经理学习资源”，如图 9-37 所示。

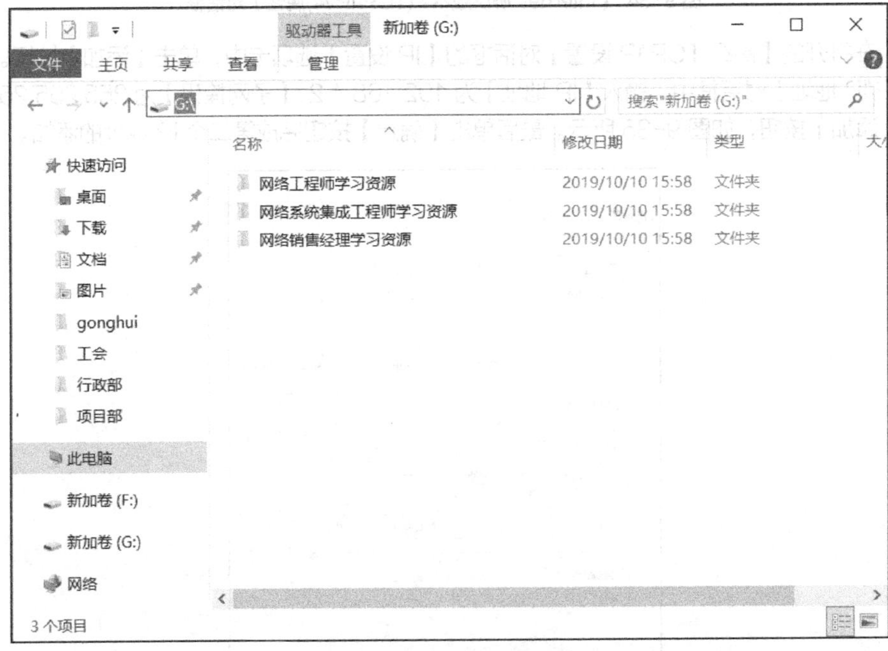

图 9-37 3 个站点的根目录

（2）创建岗位学习 FTP 站点的专用账户。为方便公司员工访问内部 FTP 学习站点，需要创建一个公共账户，在本任务中，我们将使用用户名为 public、密码为 P123abc 的公共账户，创建完成的结果如图 9-38 所示。

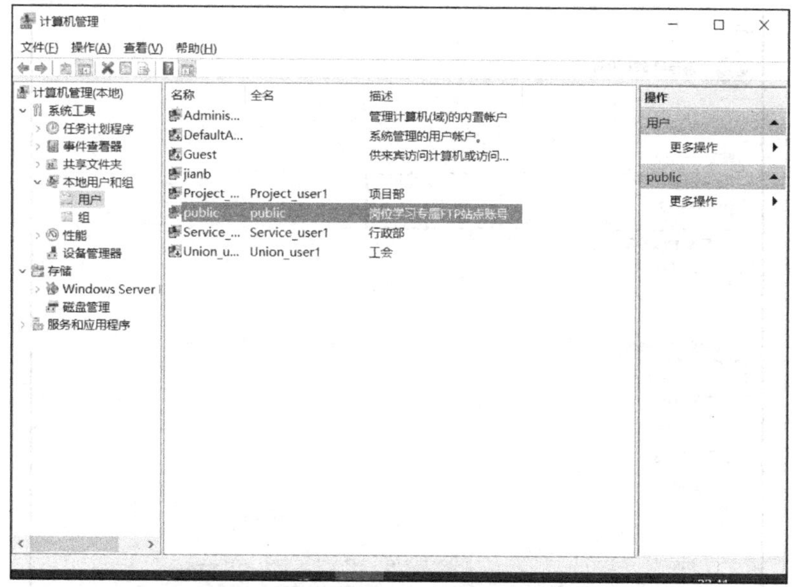

图 9-38　岗位学习 FTP 站点的专用账户 public

3. 创建网络工程师岗位的专属 FTP 学习站点

（1）打开【服务器管理器】窗口，在【工具】下拉菜单中选择【Internet Information Services（IIS）管理器】选项，打开【Internet Information Services (IIS)管理器】窗口。展开控制台树中的【网站】选项，单击右侧快捷操作中的【添加 FTP 站点】链接。在【添加 FTP 站点】对话框的【站点信息】界面中，设置【FTP 站点名称】为网络工程师学习资源，【物理路径】为“G:\网络工程师学习资源”目录，如图 9-39 所示，然后单击【下一步】按钮。

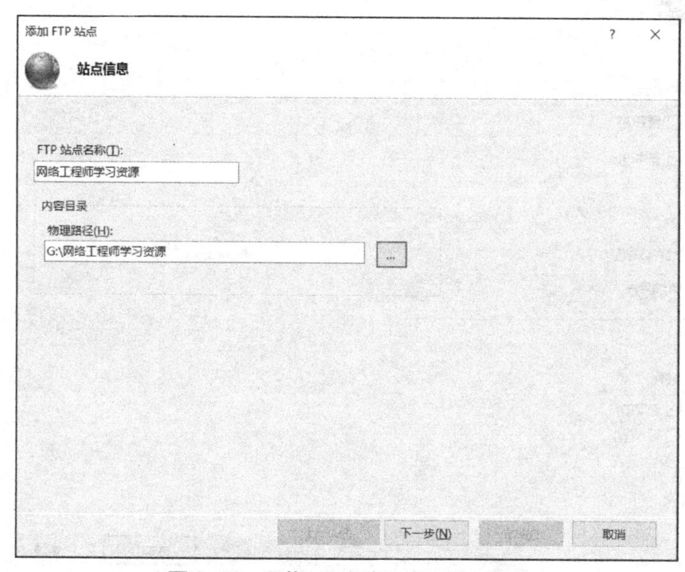

图 9-39　网络工程师学习资源站点信息

（2）在【绑定和 SSL 设置】界面的【IP 地址】下拉菜单中选择 IP 地址 192.168.1.2，在【端口】文本框中输入端口号 2000，选择【无 SSL】单选项，其他使用默认配置，如图 9-40 所示，然后单击【下一步】按钮。

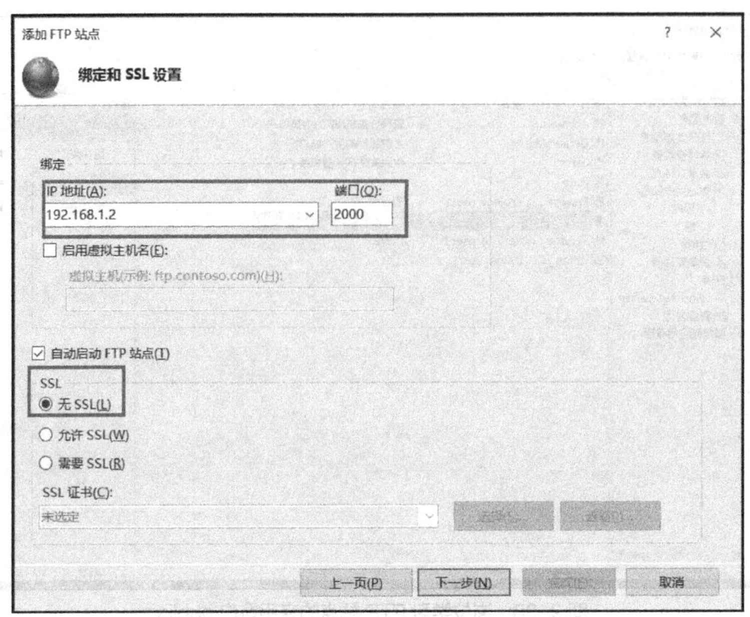

图 9-40 【绑定和 SSL 设置】界面

（3）在【身份验证和授权信息】界面中，勾选【基本】复选框；在【授权】栏的【允许访问】下拉菜单中选择【所有用户】选项，在【权限】中勾选【读取】复选框，如图 9-41 所示，然后单击【完成】按钮，完成网络工程师岗位的专属 FTP 学习站点的创建。

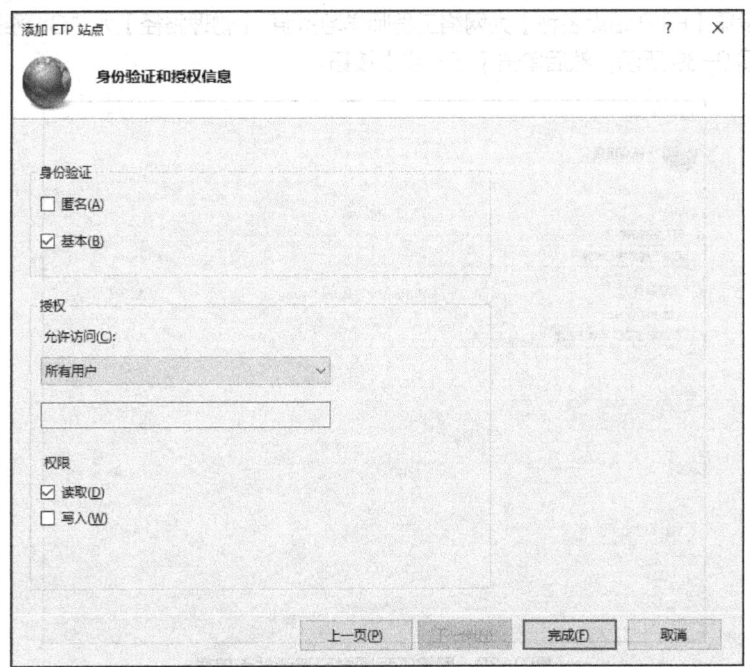

图 9-41 【身份验证和授权信息】界面

4．创建网络系统集成工程师和网络销售经理岗位的专属 FTP 学习站点

参考本任务的步骤 3，完成网络系统集成工程师和网络销售经理岗位的专属 FTP 学习站点的创建，完成结果如图 9-42 所示。

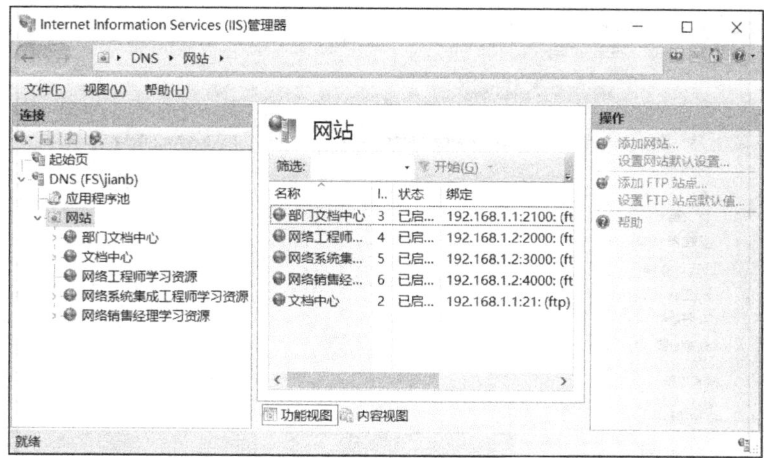

图 9-42　3 个岗位的专属学习站点

任务验证

（1）测试网络工程师岗位专属 FTP 学习站点。在企业网内部计算机的地址栏中输入网络工程师岗位专属 FTP 学习站点的 URL——FTP://192.168.1.2:2000/，登录的用户名为 public，密码为 P123abc，测试结果如图 9-43 所示。

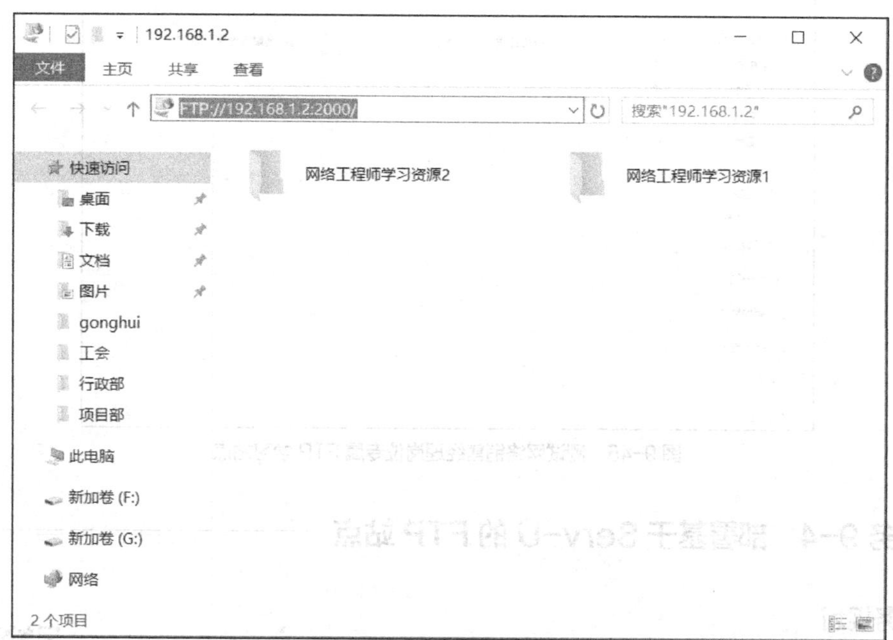

图 9-43　测试网络工程师岗位专属 FTP 学习站点

（2）测试网络系统集成工程师岗位专属 FTP 学习站点。在企业网内部计算机的地址栏中输入网络系统集成工程师岗位专属 FTP 学习站点的 URL——FTP://192.168.1.2:3000/，登录的用户名为 public，密码为 P123abc，测试结果如图 9-44 所示。

（3）测试网络销售经理岗位专属 FTP 学习站点。在企业网内部计算机的地址栏中输入网络销售经理岗位专属 FTP 学习站点的 URL——FTP://192.168.1.2:4000/，登录的用户名为 public，密码为 P123abc，测试结果如图 9-45 所示。

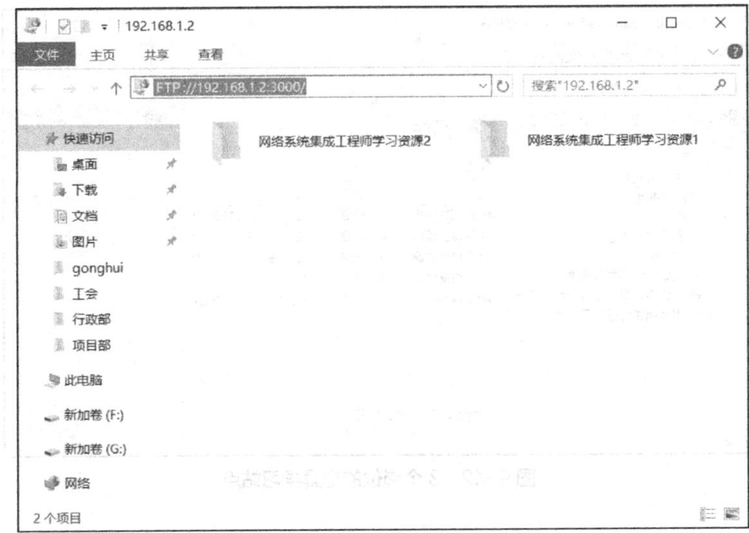

图 9-44　测试网络系统集成工程师岗位专属 FTP 学习站点

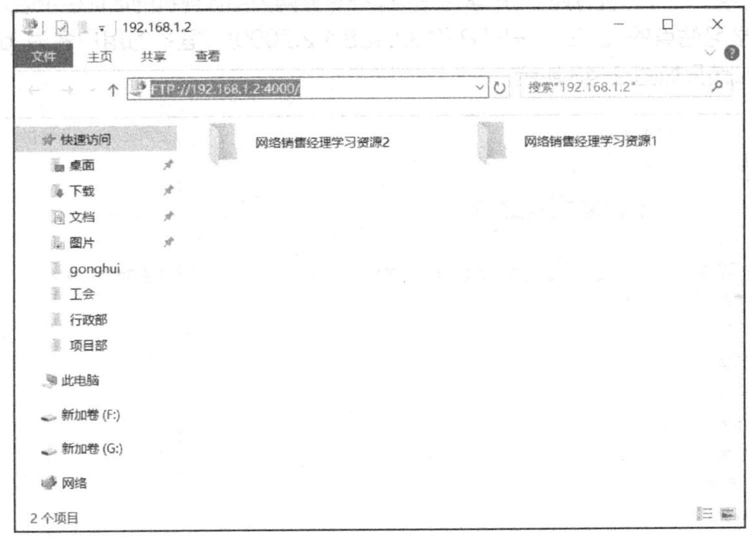

图 9-45　测试网络销售经理岗位专属 FTP 学习站点

任务 9-4　部署基于 Serv-U 的 FTP 站点

任务规划

V9-4　任务 9-4 演示视频

研发中心负责公司信息化系统的开发，目前有开发部和测试部两个部门。研发中心需要部署一台专属 FTP 服务器用于内部文档的共享与同步。为此，研发中心在 FTP2 服务器上安装了 Serv-U FTP Server 软件来搭建部门 FTP 站点，具体要求如下。

（1）在 E 盘创建“研发中心”目录，并在该目录下创建“文档共享中心”“开发部”“测试部”子目录。

（2）在 Serv-U 中创建管理员账户 admin，创建开发部专属服务账户 develop，创建测试部专属服务账户 test。

（3）在 Serv-U 中创建【研发中心】区域 FTP 站点，并设置 FTP 区域站点的根目录为“E:\研发中心”。

（4）按表 9-6 所示，在 Serv-U 中配置服务账户对 FTP 站点各目录的访问规则。

表 9-6 研发中心 FTP 站点服务账户与站点目录的权限规划表

用户名	目录			
	E:\研发中心（根目录）	\文档共享中心（子目录）	\开发部（子目录）	\测试部（子目录）
develop	只读	能读、写，不能删	只读	不可见
test	只读	能读、写，不能删	不可见	只读
admin	完全控制	完全控制	完全控制	完全控制

Serv-U FTP Server 作为业界使用最广泛的 FTP 服务器端软件之一，可以部署在 Windows 全系列操作系统上，特别是可以部署在如 Windows 7/10 等桌面操作系统上。它提供了用户管理、用户访问权限管理、用户磁盘空间使用大小控制、访问控制列表、支持断点续传及多 FTP 站点部署等功能。因此，Serv-U 可以让企业以较少的投入在普通计算机上部署专业的 FTP 服务，这也使 Serv-U 成为 FTP 服务器市场占有率较高的一款软件。

在 Serv-U 用户管理方面，它不依赖于 Windows 用户和 NTFS 权限，而是采用了自己内置的用户与磁盘访问管理机制，在部署和使用方面变得更容易。本任务是一个典型的 Serv-U FTP 站点部署应用，根据任务背景，需要在 FTP2 服务器上安装 Serv-U 服务器端软件，并通过以下步骤完成研发中心 FTP 站点的搭建。

（1）创建研发中心根目录和子目录。

（2）Serv-U 的安装与 FTP 域的创建。

（3）为研发中心创建专属服务账户。

（4）为服务账户配置 FTP 站点目录的访问权限。

任务实施

1. 创建研发中心根目录和子目录

在 Serv-U FTP 服务器的 E 盘创建“研发中心”目录，并在“研发中心”目录中创建“测试部”“开发部”“文档共享中心”子目录，完成结果如图 9-46 所示。

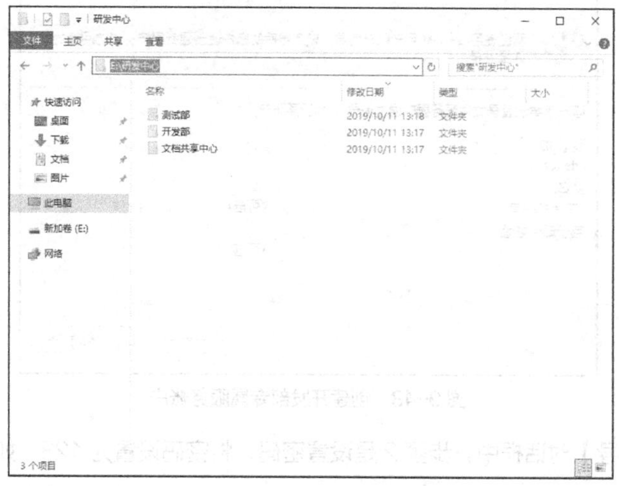

图 9-46 【E:\研发中心】目录

2. Serv-U的安装与FTP域的创建

（1）本任务使用的Serv-U版本是15.1.6，按软件向导提示完成Serv-U软件的安装。

（2）第一次打开Serv-U时会提示定义新域的向导，单击【是】按钮。

（3）在【域向导】对话框中，步骤1是填写域名，如图9-47所示，单击【下一步】按钮。

（4）在【域向导】对话框中，步骤2是设置协议及其相应的端口，保持默认即可，直接单击【下一步】按钮。

（5）在【域向导】对话框中，步骤3是选择IP地址，选择【所有可以用的IPv4地址】表示使用所有可用的IP地址，单击【下一步】按钮。

（6）在【域向导】对话框中，步骤4是选择密码加密模式，选择【使用服务器设置】选项，单击【完成】按钮，完成FTP域的创建。

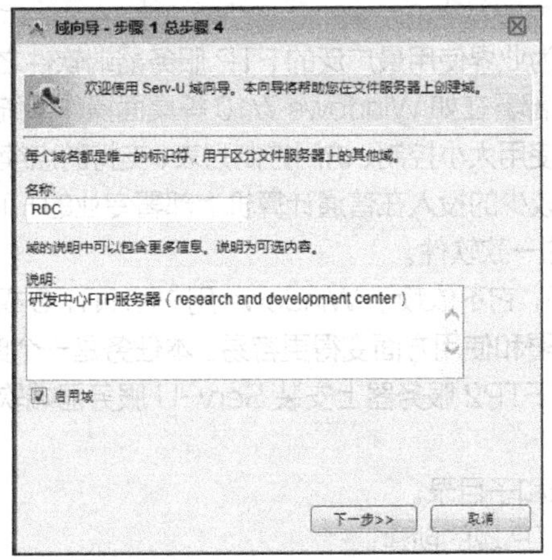

图9-47　FTP域的创建

3. 为研发中心创建专属服务账户

（1）域创建完成后，提示“域中暂无用户，是否要创建用户账户”，单击【是】按钮。

（2）在【用户向导】对话框中，步骤1是创建开发部专属服务账户，【登录ID】为develop，【全名】为“开发部账号”，如图9-48所示，单击【下一步】按钮。

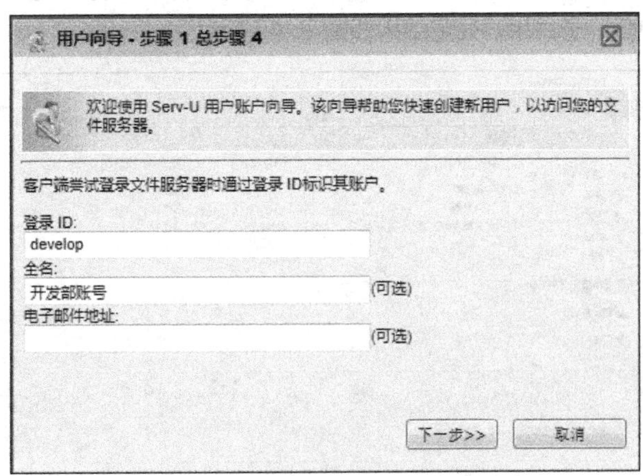

图9-48　创建开发部专属服务账户

（3）在【用户向导】对话框中，步骤2是设置密码，将密码设置为123，如图9-49所示，单击【下一步】按钮。

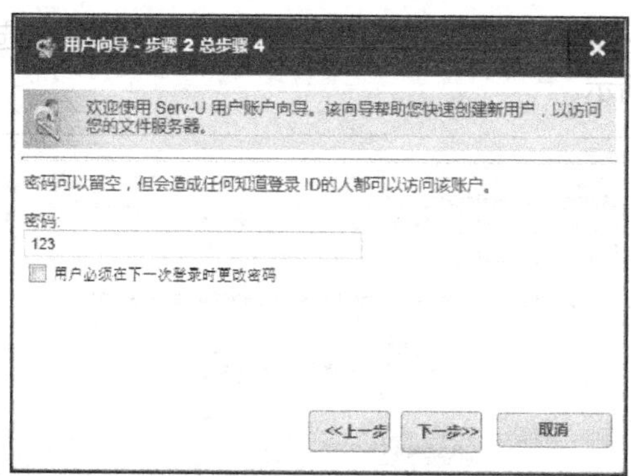

图 9-49　设置密码

（4）在【用户向导】对话框中，步骤 3 是选择根目录，选择“E:\研发中心”，单击【下一步】按钮。

（5）在【用户向导】对话框中，步骤 4 是设置访问权限，在【访问权限】下拉菜单中选择【只读访问】选项，如图 9-50 所示，单击【完成】按钮。

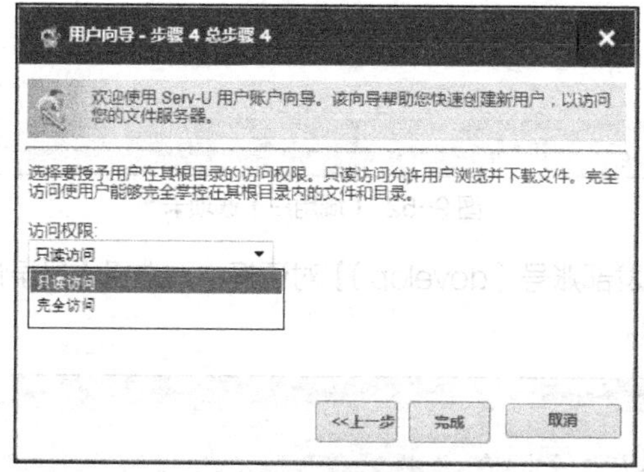

图 9-50　设置访问权限

（6）按同样的方法创建测试部专属服务账户 test，密码为 456。

（7）按同样的方法创建管理员账户 admin，密码为 123456，其中【访问权限】设置为【完全访问】。

4. 为服务账户配置 FTP 站点目录的访问权限

（1）打开【Serv-U 管理控制台】，在【域（1）】中选择【RDC】选项，然后选择【用户】选项，如图 9-51 所示。

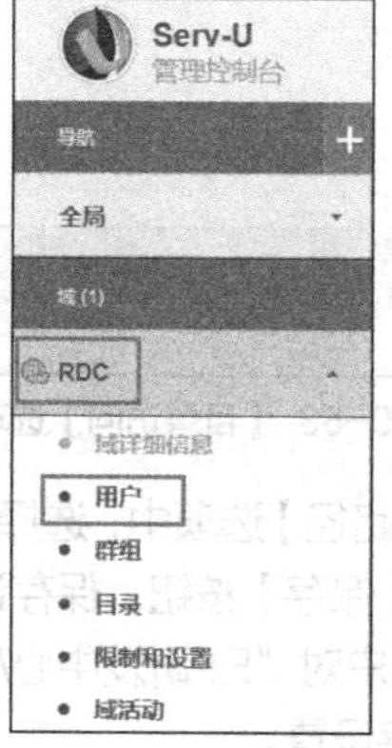

图 9-51　Serv-U 管理控制台

（2）在【Serv-U 管理控制台-用户】窗口的【域用户】选项卡中，选择【develop】选项，单击【编辑】按钮，如图 9-52 所示。

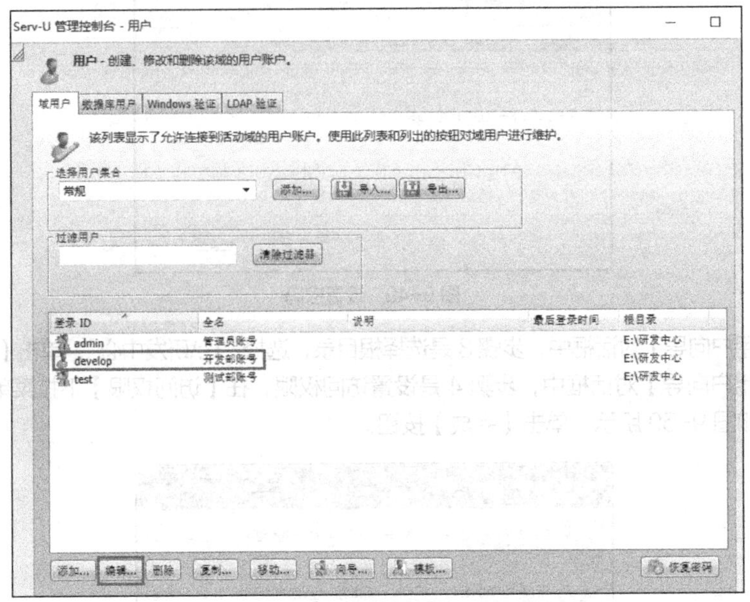

图 9-52 【域用户】选项卡

（3）在【用户属性-开发部账号（develop）】对话框中，选择【目录访问】选项卡，再单击【编辑】按钮，如图 9-53 所示。

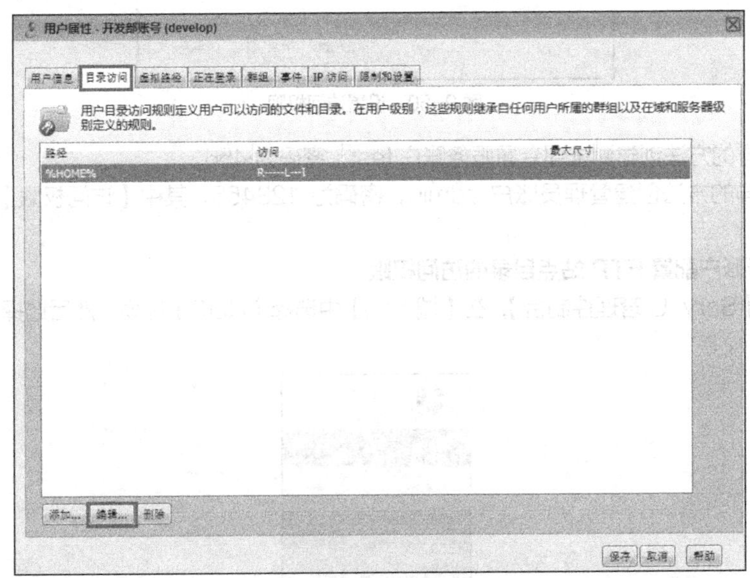

图 9-53 【目录访问】选项卡

（4）在【目录访问规则】对话框的【路径】选项中，选择“E:/研发中心/开发部”目录，再单击【只读】按钮，如图 9-54 所示，最后单击【保存】按钮，保存设置。

（5）按同样的方法添加 develop 账户对“E:/研发中心/文档共享中心”路径的目录访问规则，如图 9-55 所示，单击【保存】按钮，保存设置。

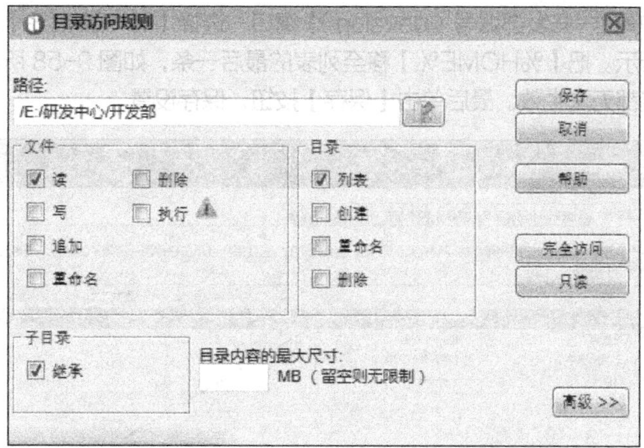

图 9-54　develop 账户对“开发部”目录的访问规则

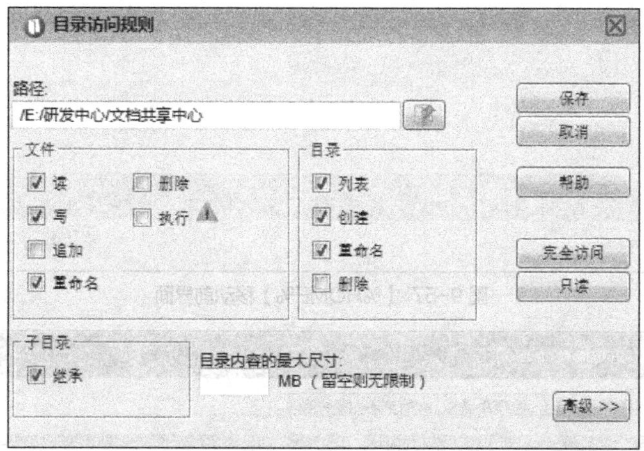

图 9-55　develop 账户对“文档共享中心”目录的访问规则

（6）按同样的方法添加 develop 账户对“E:/研发中心/测试部”路径的目录访问规则，如图 9-56 所示，单击【保存】按钮，保存设置。

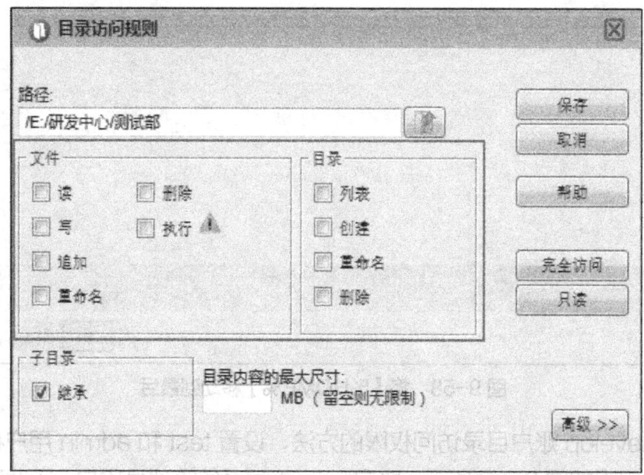

图 9-56　develop 账户对“测试部”目录的访问规则

（7）返回【用户属性-开发部账号（develop）】窗口，选择【%HOME%】选项，再单击【▼】按钮，如图 9-57 所示。把【%HOME%】移至列表的最后一条，如图 9-58 所示。这个步骤是必需的，否则前面的设置都无法生效。最后单击【保存】按钮，保存设置。

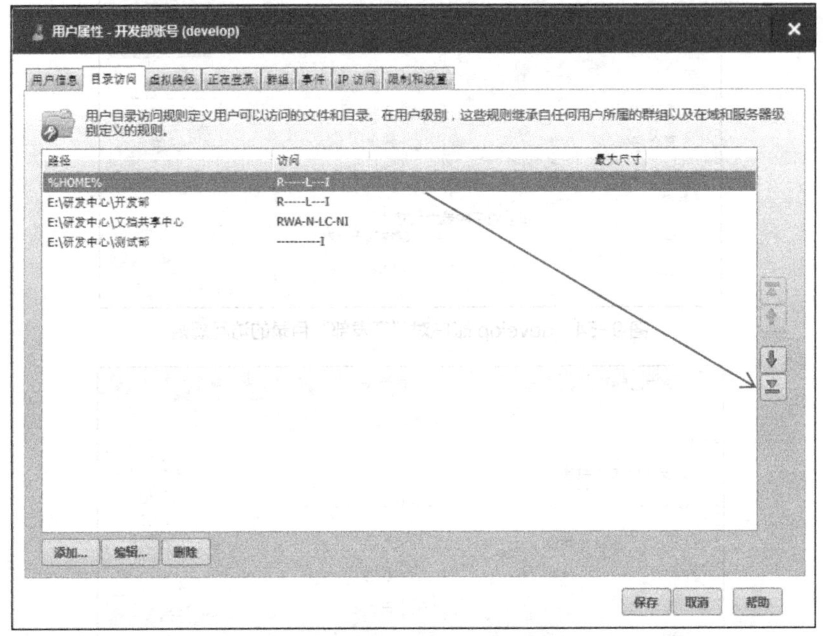

图 9-57 【%HOME%】移动前界面

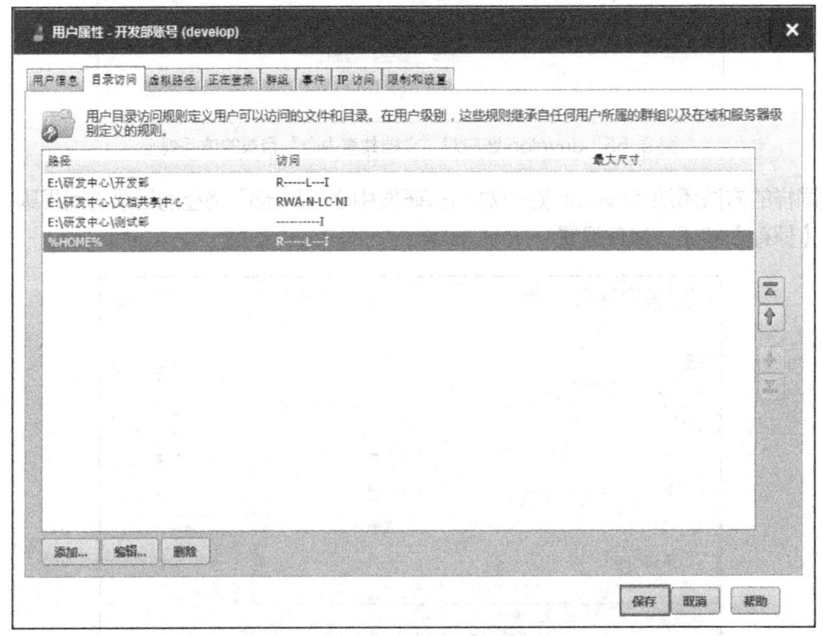

图 9-58 将【%HOME%】移动到最后

（8）参考设置 develop 账户目录访问权限的方法，设置 test 和 admin 用户权限。设置完成后，test 用户的目录访问权限如图 9-59 所示。账户 admin 为系统管理员用户，因此对研发中心目录下的所有文件和文件夹拥有完全控制权限，如图 9-60 所示。

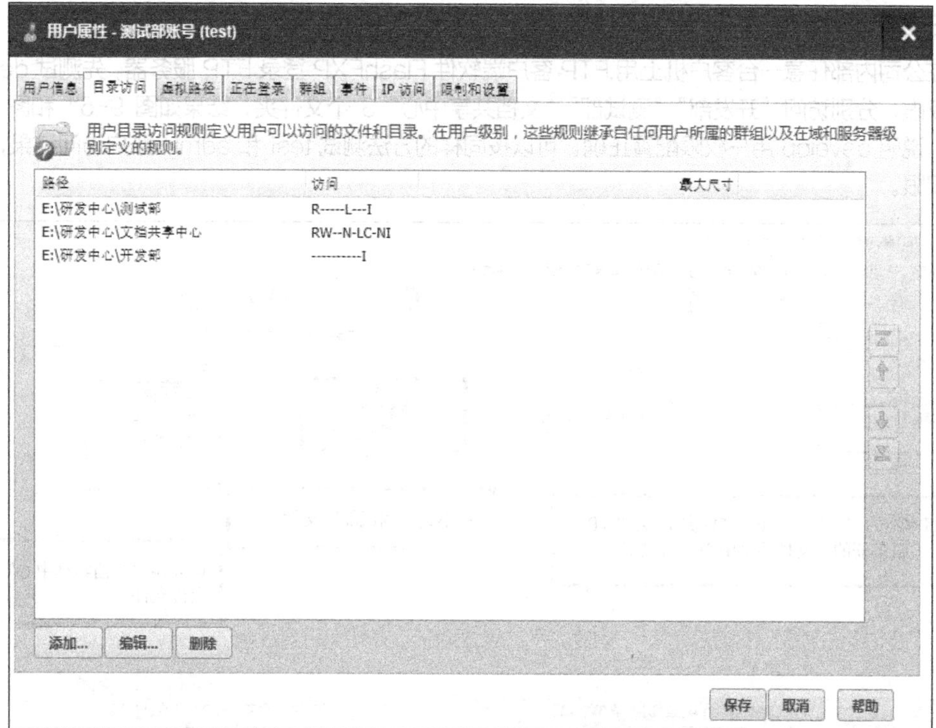

图 9-59　test 用户的目录访问权限界面

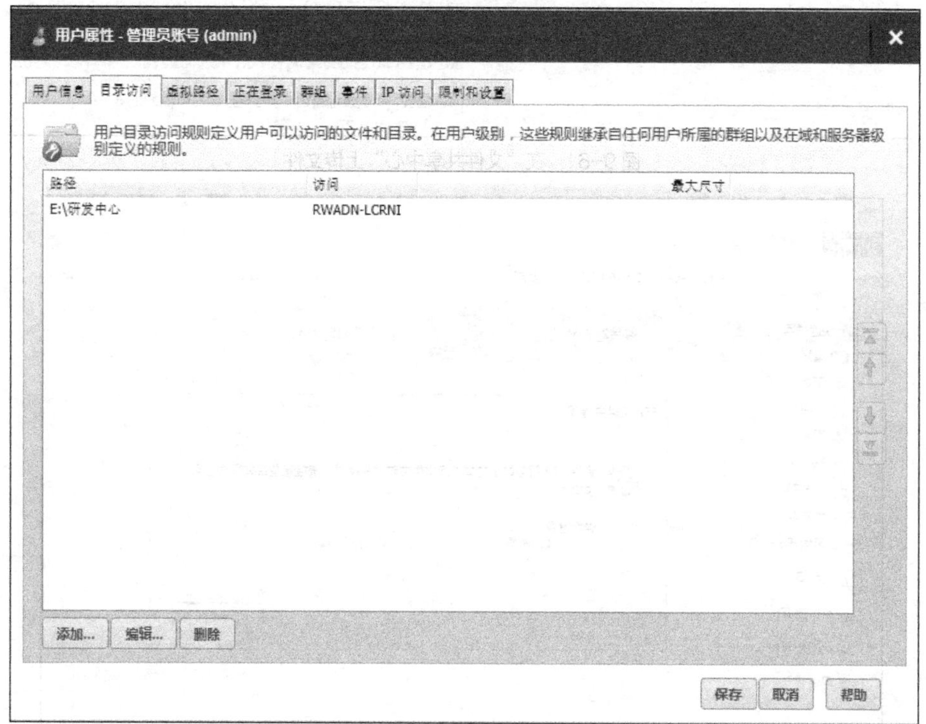

图 9-60　admin 用户的目录访问权限界面

（9）重启 Serv-U 服务器，使配置的参数生效。

任务验证

在公司内部任意一台客户机上用 FTP 客户端软件 FlashFXP 登录 FTP 服务器，先测试 develop 用户权限，分别访问“开发部”“测试部”“文档共享中心”3 个文件夹，结果如图 9-61 和图 9-62 所示，说明 develop 用户权限配置正确。可以按同样的方法测试 test 和 admin 账户访问结果，验证用户权限。

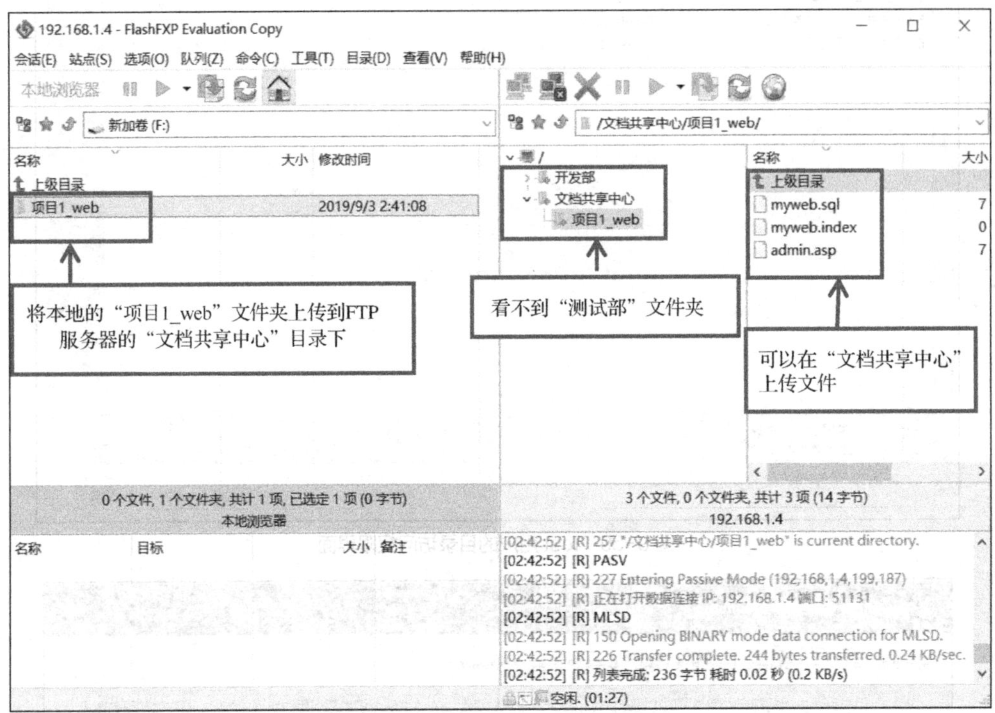

图 9-61　在“文件共享中心”上传文件

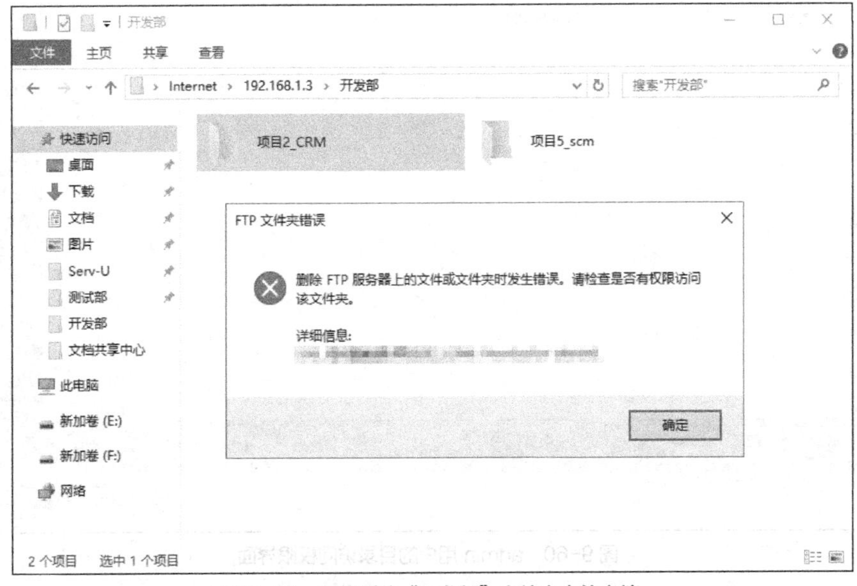

图 9-62　不能删除“开发部”文件夹内的文档

练习与实践

理论习题

1. FTP 的主要功能是（　　）。
   A. 传送网上所有类型的文件　　B. 远程登录
   C. 收发电子邮件　　D. 浏览网页
2. FTP 的中文意义是（　　）。
   A. 高级程序设计语言　　B. 域名
   C. 文件传输协议　　D. 网址
3. Internet 在支持 FTP 方面，说法正确的是（　　）。
   A. 能进入非匿名式的 FTP，无法上传　　B. 能进入非匿名式的 FTP，可以上传
   C. 只能进入匿名式的 FTP，无法上传　　D. 只能进入匿名式的 FTP，可以上传
4. 将文件从 FTP 服务器传输到客户端的过程称为（　　）。
   A. upload　　B. download　　C. upgrade　　D. update
5. 以下哪个是 FTP 服务使用的端口号（　　）。
   A. 21　　B. 23　　C. 25　　D. 22

项目实训题

1. 项目背景与需求

某大学计算机学院为了方便对文件进行集中管理，学院负责人安排网络管理员安装并配置一台 FTP 服务器，主要用于教学文件归档、常用软件共享和学生作业管理等场景。计算机学院的网络拓扑图如图 9-63 所示。

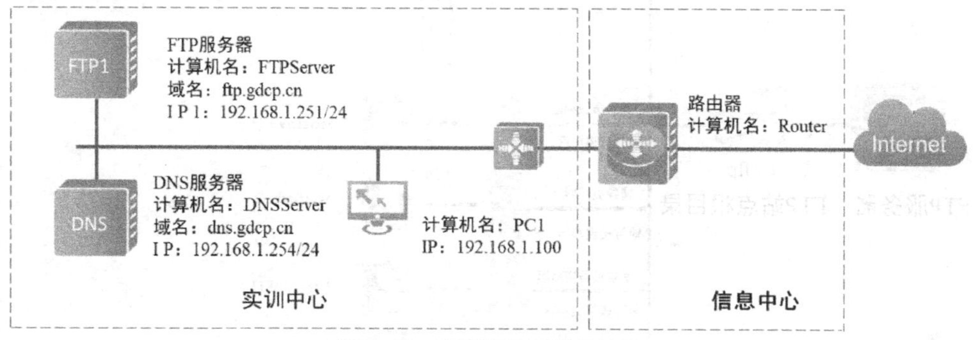

图 9-63　计算机学院网络拓扑图

（1）FTP 服务器配置和管理要求

① 站点根目录为“D:\ftp”。

② 在“D:\ftp”目录下建立“教师资料区”“教务员资料区”“辅导员资料区”“学院领导资料区”和“资料共享中心”子目录，提供给实训中心各部门使用。

③ 为每个部门的人员创建对应的 FTP 账户和密码，FTP 账户对应的目录权限如表 9-7 所示（以计算机学院中的教师 A 和学生 A 为例）。

表 9-7　FTP 账户对应的目录权限

用户	目录					
	教师 A 教学资料区	学生作业区	教务员资料区	辅导员资料区	学院领导资料区	资料共享中心
Teacher_A（教师 A）	完全控制	完全控制	无权限	无权限	无权限	读
Student_A（学生 A）	无权限	写	无权限	无权限	无权限	无权限
Secretary（教务员）	读	读	完全控制	无权限	无权限	读
Assistant（辅导员）	无权限	无权限	无权限	完全控制	无权限	读
Soft_center（机房管理员）	无权限	无权限	无权限	无权限	无权限	完全控制
Download（资料共享中心下载）	无权限	无权限	无权限	无权限	无权限	读
President（院长）	完全控制	完全控制	完全控制	完全控制	完全控制	完全控制

（2）创建目录和账户

各个部门所创建的目录和账户的对应关系如图 9-64 所示。

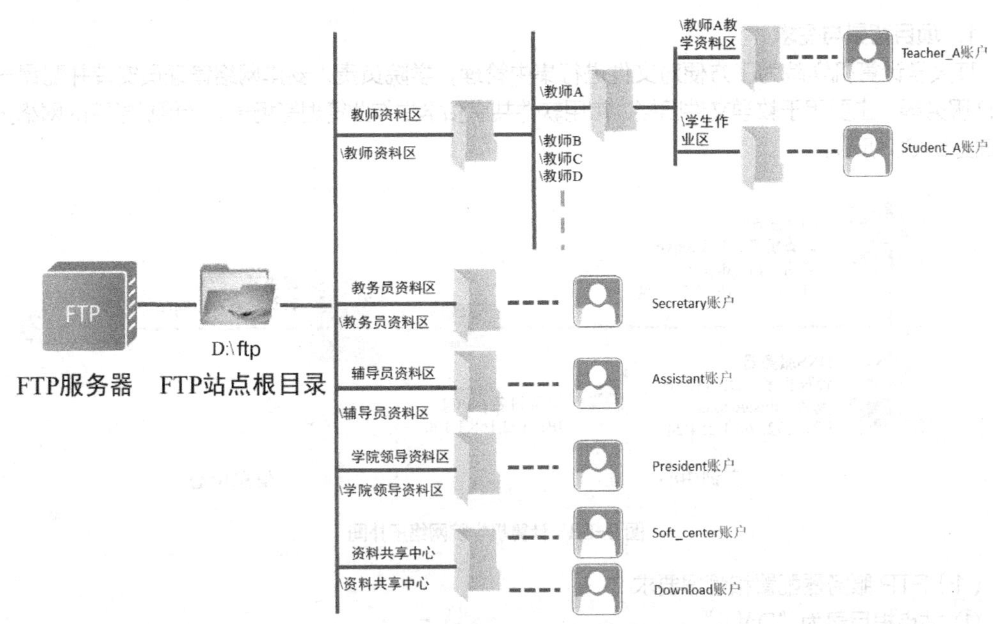

图 9-64　各部门的目录和账户的对应关系

各个部门所创建的目录和账户的相关说明如下。

① 教师资料区：计算机学院所有教师的教学资料和学生作业存放在“教师资料区”目录中，为所有教师在“教师资料区”目录下创建对应教师姓名的文件夹。例如 A 教师的文件夹名称为“教师 A”，在“教师 A”目录下再创建两个子目录，一个子目录名称为“教师 A 教学资料区”，存放该教师的教学

文件，另一个子目录名称为“学生作业区”，存放学生的作业。为每一位教师分配 Teacher_A 和 Student_A 两个账户，密码分别为 123 和 456。Teacher_A 账户对“教师 A”目录下的所有文件具有完全控制权限，而 Student_A 账户可以在该教师的“学生作业区”文件夹中上传作业，即拥有写入的权限，除此之外没有其他任何权限。教师 B、教师 C 等其他教师的 FTP 账户和文件的管理与教师 A 一样。

② 教务员资料区：保存学院的常规教学文件、规章制度、通知等资料。为教务员创建一个 FTP 账户 Secretary，密码为 789。

③ 辅导员资料区：保存学院的学生工作的常规文件、规章制度、通知等资料。为教务员创建一个 FTP 账户 Assistant，密码为 159。

④ 学院领导资料区：保存学院领导的相关文件等资料。为学院领导创建一个 FTP 账户 President，密码为 123456。

⑤ 资料共享中心：主要保存常用的软件、公共资料，供全院师生下载。为学院机房管理员创建一个资料共享中心的 FTP 账户 Soft_center，密码为 123456，该账户对资料共享中心拥有完全控制权限；为学院创建一个资料共享中心的公用 FTP 账户：Download，密码为 Download，该账户可供全院师生下载共享资料使用。

2. 项目实施要求

① 在客户端 PC 浏览器中输入 FTP://192.168.1.251，使用 Teacher_A 账户和密码登录 FTP 服务器，测试相关的权限，并截取结果界面。

② 在客户端 PC 浏览器中输入 FTP://192.168.1.251，使用 Student_A 账户和密码登录 FTP 服务器，测试相关的权限，并截取结果界面。

③ 在客户端 PC 浏览器中输入 FTP://192.168.1.251，使用 Secretary 账户和密码登录 FTP 服务器，测试相关的权限，并截取结果界面。

④ 在客户端 PC 浏览器中输入 FTP://192.168.1.251，使用 Assistant 账户和密码登录 FTP 服务器，测试相关的权限，并截取结果界面。

⑤ 在客户端 PC 浏览器中输入 FTP://192.168.1.251，使用 President 账户和密码登录 FTP 服务器，测试相关的权限，并截取结果界面。

⑥ 在客户端 PC 浏览器中输入 FTP://192.168.1.251，使用 Soft_center 账户和密码登录 FTP 服务器，测试相关的权限，并截取结果界面。

⑦ 在客户端 PC 浏览器中输入 FTP://192.168.1.251，使用 Download 账户和密码登录 FTP 服务器，测试相关的权限，并截取结果界面。

项目10 部署企业Web服务

10

[项目学习目标]

（1）了解IIS、Web、URL的概念与相关知识。
（2）掌握Web服务的工作原理与应用。
（3）了解静态网站，以及ASP/ASP.net、JSP和PHP这3种动态网站的发布与应用。
（4）掌握基于端口号、域名、IP等实现多站点发布的技术。
（5）掌握Web服务和FTP服务的集成，实现Web站点远程更新。
（6）掌握企业网主流Web服务的部署业务实施流程。

项目描述

Jan16 公司有门户网站、人事管理系统、项目管理系统等服务系统。之前，这些系统全部都由原系统开发商托管，随着公司规模的扩大和业务的发展，为保障这些服务系统的访问效率和数据安全，公司决定由信息中心负责把由第三方托管的门户网站、人事管理系统、项目管理系统等服务系统重新部署到公司内部网络。公司要求信息中心尽快将这些业务系统部署在新购置的一台安装了 Windows Server 2016 系统的服务器上，具体要求如下。

（1）公司门户网站为一个静态网站，访问地址为 192.168.1.1 或 www.edu.cn。
（2）公司人事管理系统为一个 ASP 动态网站，访问地址为 192.168.1.1:8080。
（3）公司项目管理系统为一个 ASP.net 动态网站，访问地址为 pmp.gdcp.cn。
（4）公司门户网站通过 FTP 服务远程更新。

公司网络拓扑规划图和 Web 站点要求如图 10-1 所示。

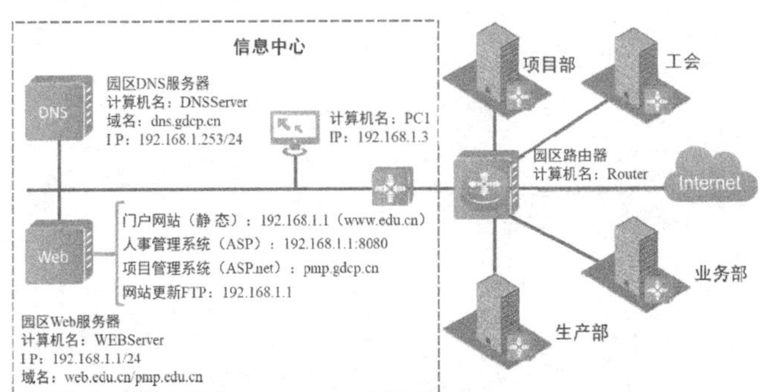

图 10-1 公司网络拓扑规划图和 Web 站点要求

项目分析

在 Windows Server 2016 系统上安装 IIS 的管理平台，可实现 HTML、ASP、ASP.net 等常见静态或动态网站的发布与管理，同时使用 IIS 的 FTP 站点管理功能，可实现远程站点更新。

根据项目背景，本项目具体可以通过以下工作任务来完成。

（1）部署企业的门户网站（HTML）：实现基于 IIS 的静态网站发布。

（2）部署企业的人事管理系统（ASP）：实现基于 IIS 的 ASP 站点发布。

（3）部署企业的项目管理系统（ASP.net）：实现基于 IIS 的 ASP.net 站点发布。

（4）通过 FTP 远程更新企业的门户网站：快速维护网站内容。

相关知识

10.1 Web 的概念

万维网（World Wide Web，WWW）也称 Web，其中的信息资源以 Web 文档为基本元素，这些 Web 文档也称为 Web 页面，是一种超文本（Hypertext）格式的信息，可以用于描述文本、图形、视频、音频等多媒体信息。

Web 上的信息是由彼此关联的文档组成的，而使其连接在一起的是超链接（Hyperlink）。这些超链接可以指向当前 Web 页面内部或其他 Web 页面，彼此交织为网状结构，在 Internet 上构成了一张巨大的信息网。

10.2 URL 的概念

统一资源定位符（Uniform Resource Locator，URL）也称为网页地址，用于标识 Internet 上资源的地址，其标准格式如下：

```
协议类型://主机名[:端口号]/路径/文件名
```

由此可知，URL 由协议类型、主机名、端口号、路径/文件名等信息构成，各模块内容简要描述如下。

1. 协议类型

协议类型用于标记资源的访问协议类型，常见的协议类型包括 HTTP、HTTPS、Gopher、FTP、Mailto、Telnet、File 等。

2. 主机名

主机名用于标记资源的名字，它可以是域名或 IP 地址。例如 http:// Jan16.cn/index.asp 的主机名为 Jan16.cn。

3. 端口号

端口号用于标记目标服务器的访问端口号，端口号为可选项。如果没有填写端口号，表示采用了协议默认的端口号，如 HTTP 默认的端口号为 80，FTP 默认的端口号为 21。例如，http://www.edu.cn 和 http://www.edu.cn:80 表示的含义是一样的，因为 HTTP 服务的默认端口号就是 80。再如 http://www.edu.cn:8080 和 http://www.edu.cn 是不同的，因为两个服务的端口号不同。

4. 路径/文件名

路径/文件名用于指明服务器上某资源的位置（其格式通常为“目录/子目录/文件名”）。

10.3 Web服务的类型

目前，最常用的动态网页语言有 ASP（Active Server Pages)/ASP.net、PHP（Hypertext Preprocessor）和 JSP（Jakarta Server Pages）这 3 种。

- ASP/ASP.net 是由微软公司开发的 Web 服务器端开发环境，利用它可以产生和执行动态的、互动的、高性能的 Web 服务应用程序。
- PHP 是一种开源的服务器端脚本语言。它大量借用 C 语言、Java 和 Perl 等语言的语法，并耦合 PHP 自己的特性，使 Web 开发者能够快速地写出动态页面。
- JSP 是 Sun 公司推出的网站开发语言，它可以在 Servlet 和 JavaBean 的支持下完成功能强大的 Web 站点程序。

Windows Server 2016 系统支持发布静态网站、ASP 网站、ASP.net 网站的站点服务，而 PHP 和 JSP 的发布则需安装 PHP 和 JSP 的服务安装包才能支持。通常，PHP 和 JSP 网站的站点服务都在 Linux 操作系统上发布。

10.4 IIS简介

Windows Server 2016 系统中的互联网信息服务（Internet Information Services，IIS）是一款基于 Windows 操作系统的互联网服务软件。利用 IIS 可以在互联网上发布属于自己的 Web 服务，包括 Web、FTP、NNTP 和 SMTP 等服务，分别用于承载网站浏览、文件传输、新闻服务和邮件发送等应用，并且还支持服务器集群和动态页面扩展，如 ASP、ASP.net 等功能。

IIS 10.0 已内置在 Windows Server 2016 系统当中，开发者可以利用 IIS 10.0 在本地系统上搭建测试服务器，进行网络服务器的调试与开发测试，例如部署 Web 服务和搭建文件下载服务。相比之前的版本，IIS 10.0 提供了以下新特性。

- 集中式证书。为服务器提供一个 SSL 证书存储区，并且简化对 SSL 证书绑定的管理。
- 动态 IP 限制。可以让管理员配置 IIS 以阻止访问超过指定请求数的 IP 地址。
- FTP 登录尝试限制。限制在指定时间范围内尝试登录 FTP 账户失败的次数。
- WebSocket 支持。支持部署调试 WebSocket 接口应用程序。
- NUMA 感应的可伸缩性。提供对 NUMA 硬件的支持，支持最大 128 个 CPU 核心。
- IIS CPU 节流。通过多用户管理部署中的一个应用程序池，限制 CPU、内存和带宽的消耗。

项目实施

任务 10-1 部署企业的门户网站（HTML）

任务规划

公司门户网站是一个采用静态网页设计技术设计的网站，信息中心系统管理员赵工已经收到该网站的所有数据，并要在一台 Windows Server 2016 服务器上部署该站点，根据前期规划，公司门户网站的访问地址为 http://192.168.1.1 或 www.edu.cn。在服务器上部署静态网站，可通过以下步骤完成。

V10-1 任务 10-1 演示视频

（1）安装 Web 服务器角色和功能。

（2）通过 IIS 发布静态网站。

任务实施

1. 安装 Web 服务器角色和功能

（1）在【服务器管理器】窗口的【管理】下拉菜单中选择【添加角色与功能】选项。

（2）在弹出的【添加角色与功能向导】对话框中，保持默认设置，连续单击【下一步】按钮，直到进入图 10-2 所示的【选择服务器角色】界面，勾选【Web 服务器(IIS)】复选框，然后单击【下一步】按钮。

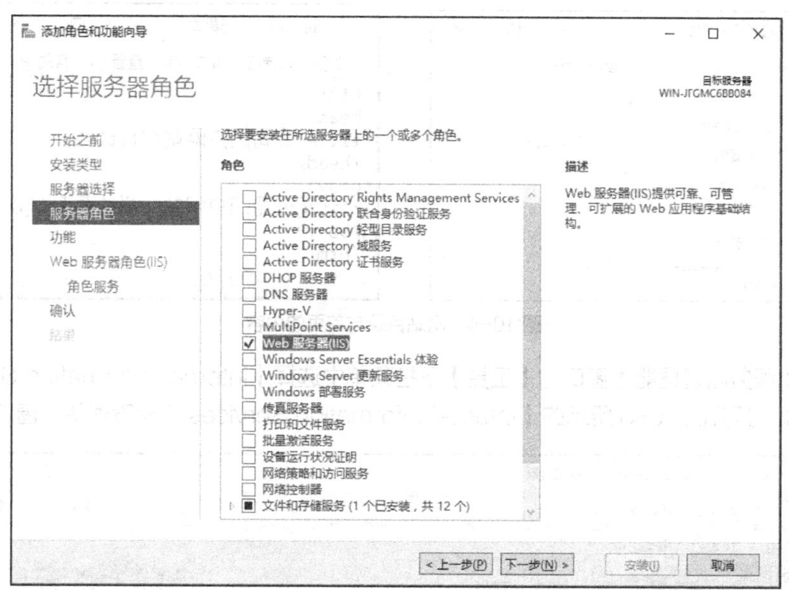

图 10-2 【选择服务器角色】界面

（3）按默认设置连续单击【下一步】按钮，直到进入图 10-3 所示的【选择角色服务】界面，按照图 10-3 所示勾选【常见 HTTP 功能】复选框下的对应项目，然后单击【下一步】按钮。

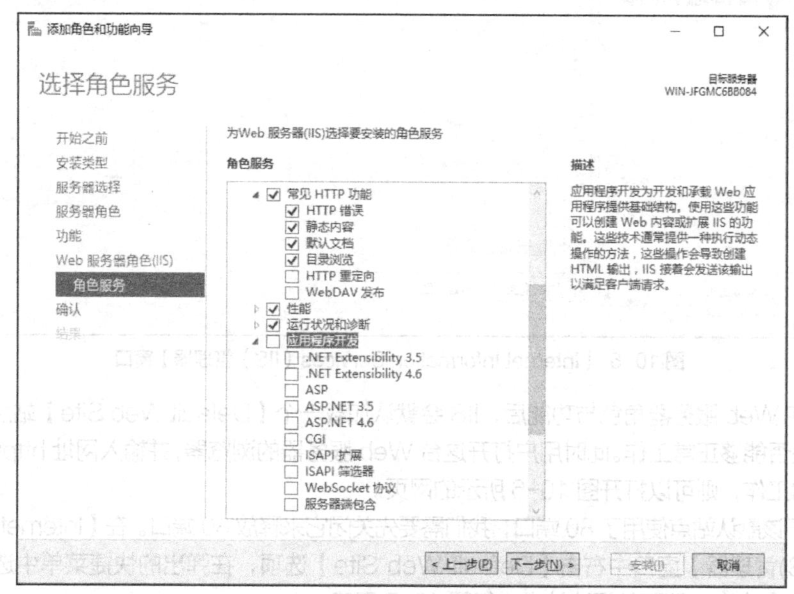

图 10-3 【选择角色服务】界面

（4）在【确认】界面中，单击【安装】按钮，安装完成后单击【关闭】按钮，完成 Web 服务角色与功能的安装。

2. 通过 IIS 发布静态网站

（1）将网站内容复制到 Web 服务器，在本任务中将网站放置在“D:\公司门户网站”目录中。网站的文件我们用一个新建的文件来代替，网站首页的文件名为 index.html，网站目录与首页的内容如图 10-4 所示。

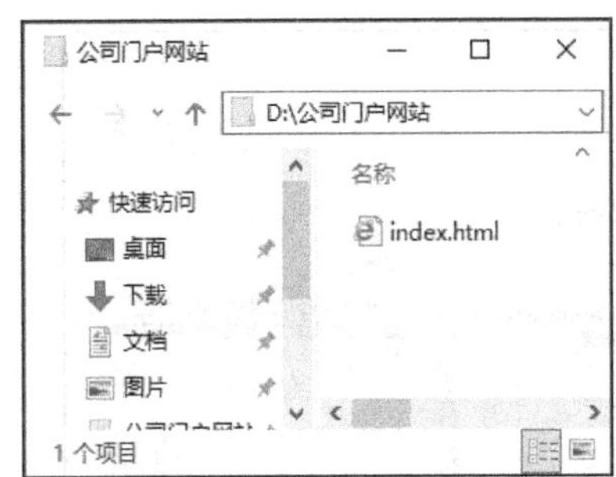

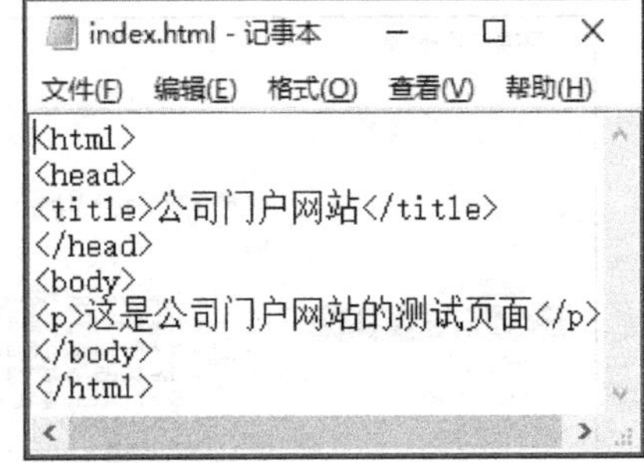

图 10-4　网站目录与首页的内容

（2）在【服务器管理器】窗口的【工具】下拉菜单中选择【Internet Information Services (IIS)管理器】选项，打开图 10-5 所示的【Internet Information Services (IIS)管理器】窗口。

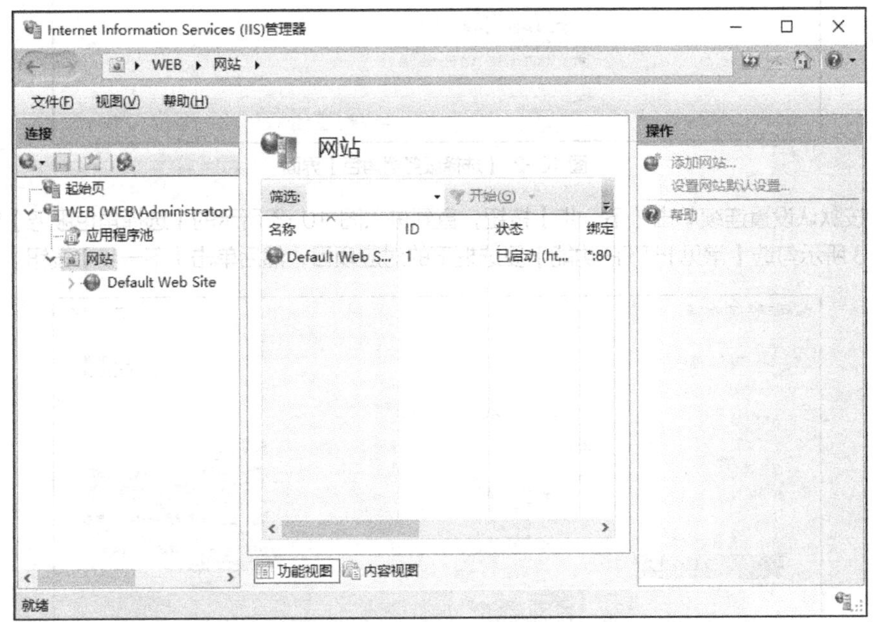

图 10-5 【Internet Information Services（IIS）管理器】窗口

在安装完 Web 服务器角色与功能后，IIS 会默认加载一个【Default Web Site】站点，该站点用于测试 IIS 是否能够正常工作。此时用户打开这台 Web 服务器的浏览器，并输入网址 http://localhost，如果 IIS 正常工作，则可以打开图 10-6 所示的网页。

（3）由于该默认站点使用了 80 端口，我们需要先关闭它来释放 80 端口。在【Internet Information Services(IIS)管理器】窗口中右击【Default Web Site】选项，在弹出的快捷菜单中选择【管理网站】→【停止】命令，即可关闭该站点，如图 10-7 所示。

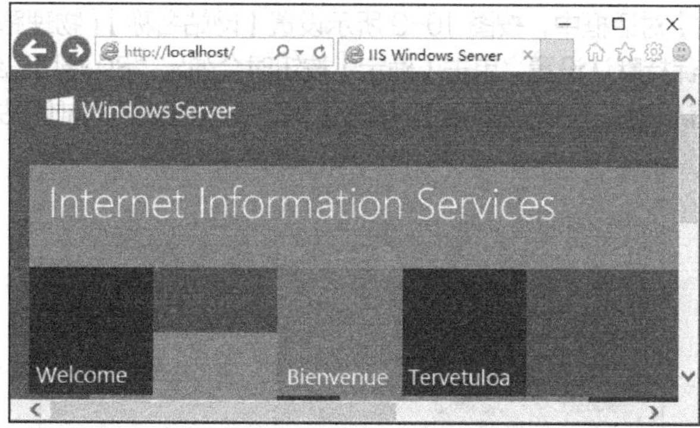

图 10-6　访问 IIS 默认站点

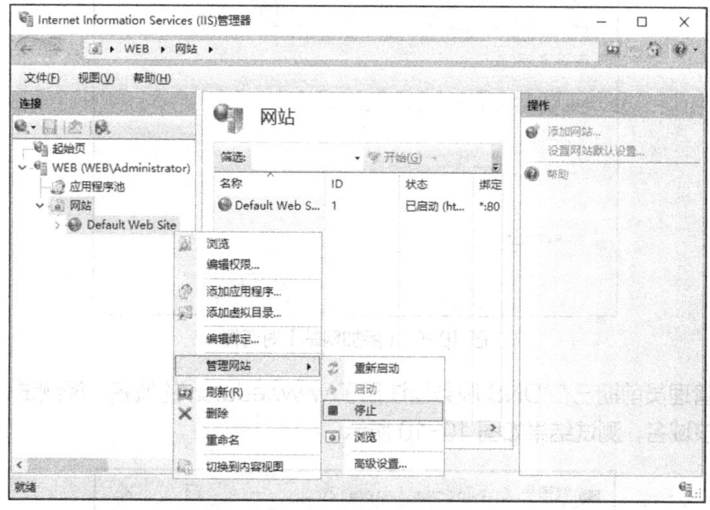

图 10-7　关闭默认站点

（4）在图 10-8 所示的【网站】管理界面中，单击该界面右侧的【添加网站】链接，即可创建新网站。

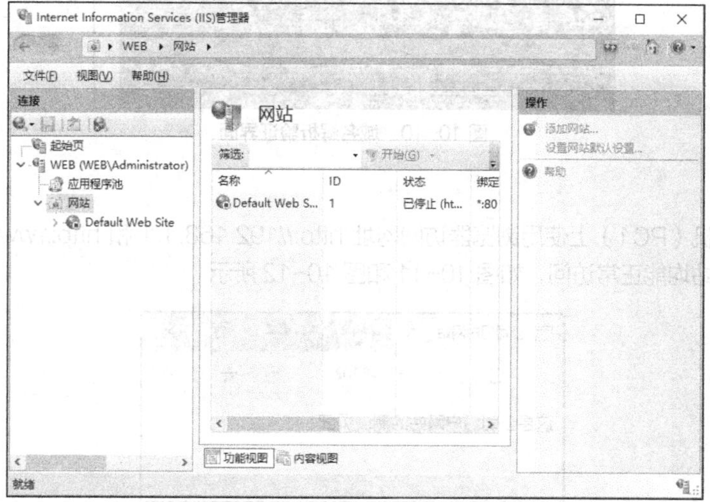

图 10-8 【Internet Information Services（IIS）管理器】窗口的【网站】管理界面

（5）在【添加网站】对话框中，按图 10-9 所示设置【网站名称】【物理路径】【IP 地址】等选项的相关信息，其他选项保持默认设置。单击【确定】按钮时会弹出“80 端口已经绑定给默认站点”的提示警告（如果删除默认站点，则无此警告），单击【确定】按钮完成测试网站的创建。

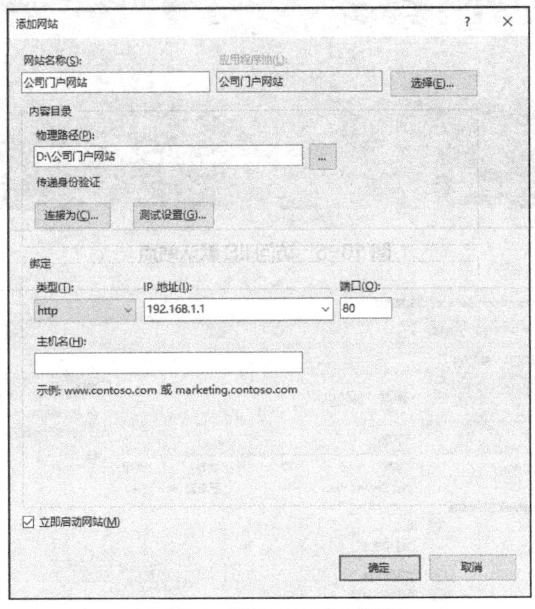

图 10-9 【添加网站】对话框

（6）因网络管理员前期已在 DNS 服务器注册了 www.edu.cn 的域名，经测试，公司内部所有计算机都能够解析该域名，测试结果如图 10-10 所示。

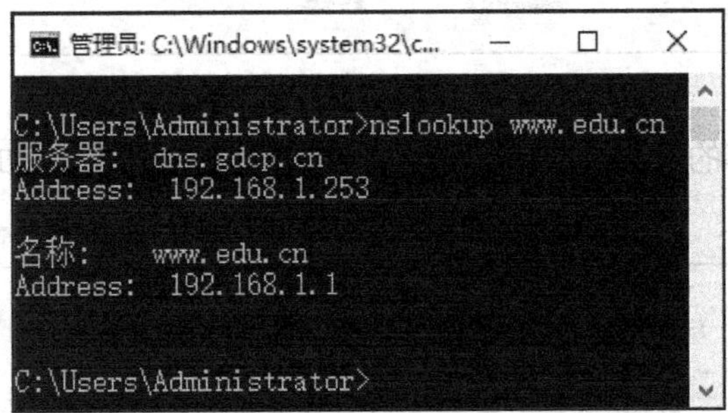

图 10-10　域名解析验证界面

任务验证

在公司客户机（PC1）上使用浏览器访问网址 http://192.168.1.1 和 http://www.edu.cn，结果显示公司门户网站均能正常访问，如图 10-11 和图 10-12 所示。

图 10-11　浏览器基于 IP 访问公司门户网站

图 10-12　浏览器基于域名访问公司门户网站

任务 10-2　部署企业的人事管理系统（ASP）

任务规划

V10-2　任务 10-2 演示视频

公司人事管理系统是一个采用 ASP 技术的动态网站，信息中心系统管理员赵工已经收到该网站的所有数据，公司要求他在公司的一台 Windows Server 2016 服务器上部署该站点，访问地址为 http://192.168.1.1:8080。在服务器上部署 ASP 网站，可通过以下步骤完成。

（1）添加 IIS 的 Web 服务对 ASP 动态网站支持的相关功能。

（2）将 ASP 网站文件复制到 Web 服务器，并通过 IIS 发布 ASP 站点。

任务实施

1. 添加 IIS 的 Web 服务对 ASP 动态网站支持的相关功能

在 Windows Server 2016 系统中打开【添加角色和功能向导】窗口，在【选择服务器角色】界面中，勾选【Web 服务器(IIS)】下的【应用程序开发】【ASP】等复选框，如图 10-13 所示。单击【下一步】按钮，完成 ASP 功能的安装。

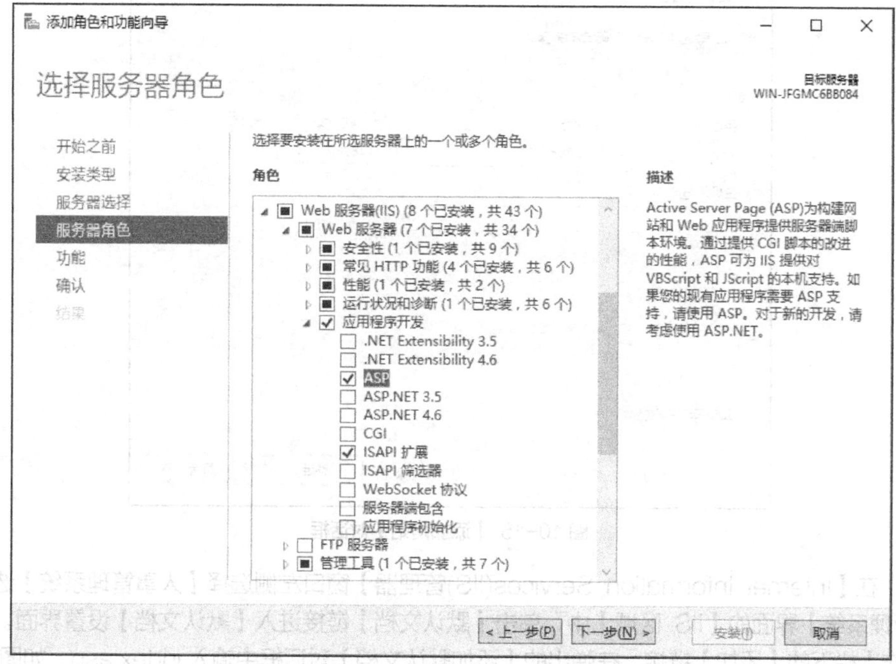

图 10-13　安装 ASP 功能

2. 将ASP网站文件复制到Web服务器，并通过IIS发布ASP站点

（1）将ASP网站文件复制到Web服务器的站点目录中。在本任务中将ASP网站文件放置在Web服务器的“D:\人事管理系统”目录中。网站的文件我们用一个新建的文件来代替，网站首页的文件名为index.asp，网站的目录和首页的内容如图10-14所示。

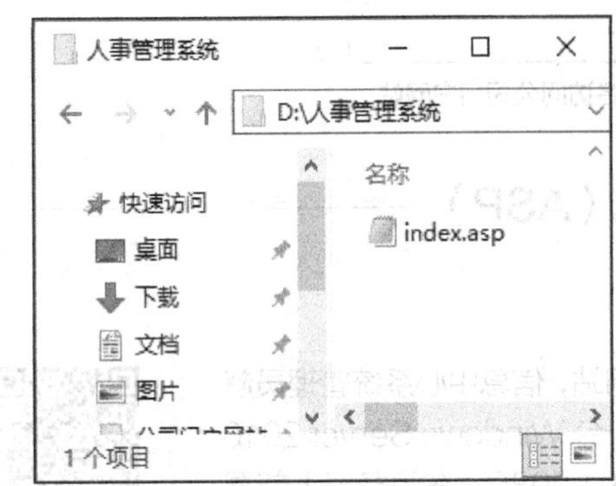

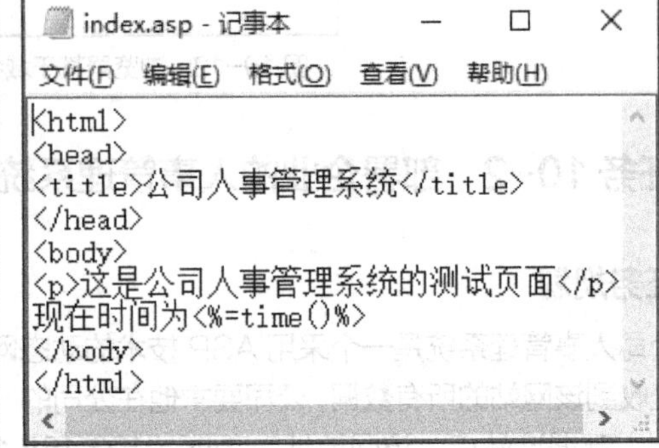

图10-14　网站的目录和首页的内容

（2）在【添加网站】对话框中，设置【网站名称】【物理路径】【IP地址】【端口】的参数，其他选项保持默认设置，如图10-15所示。单击【确定】按钮，完成网站的创建。

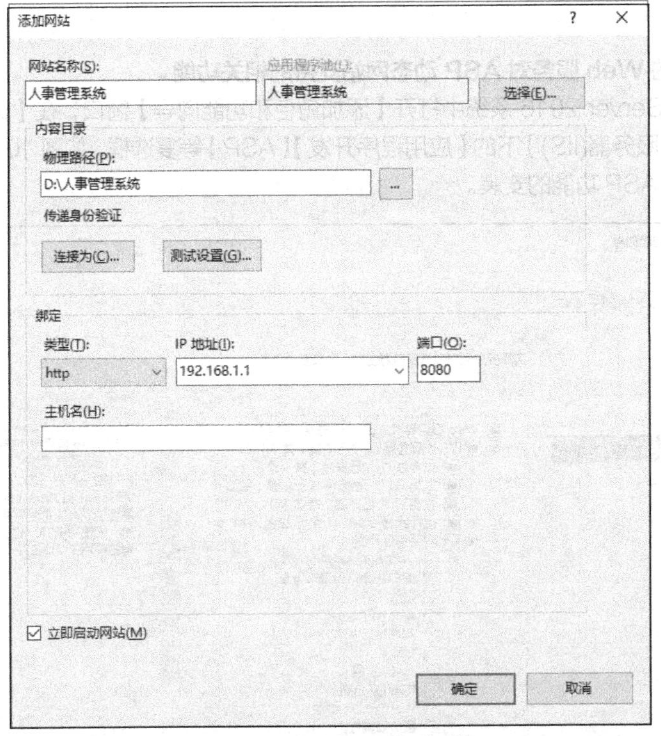

图10-15　【添加网站】对话框

（3）在【Internet Information Services(IIS)管理器】窗口左侧选择【人事管理系统】选项，在【人事管理系统】界面的【IIS区域】中，单击【默认文档】链接进入【默认文档】设置界面。单击右侧【操作】栏下的【添加】链接，在弹出的【添加默认文档】对话框中输入index.asp，如图10-16所示。单击【确定】按钮，完成ASP站点的配置，结果如图10-17所示。

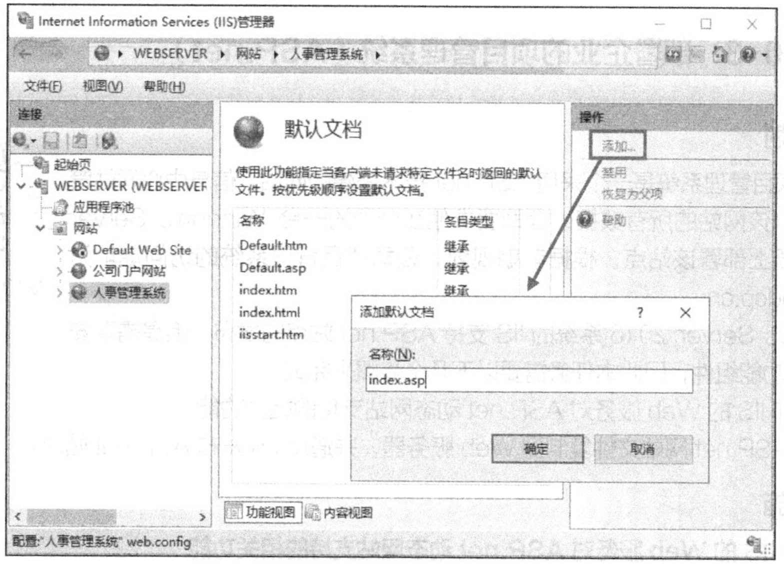

图 10-16 【添加默认文档】对话框

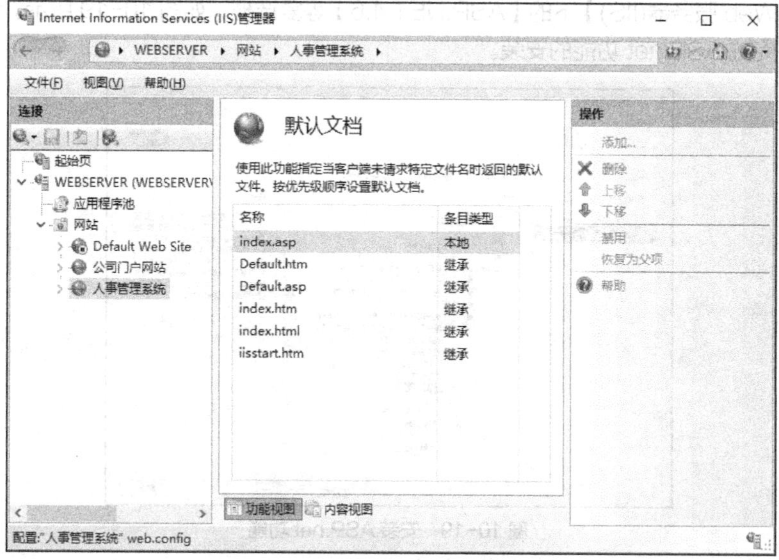

图 10-17 查看默认文档界面

任务验证

在公司内部客户机（PC1）上使用浏览器访问网址 http://192.168.1.1:8080，结果如图 10-18 所示，客户机成功访问到公司的人事管理系统。

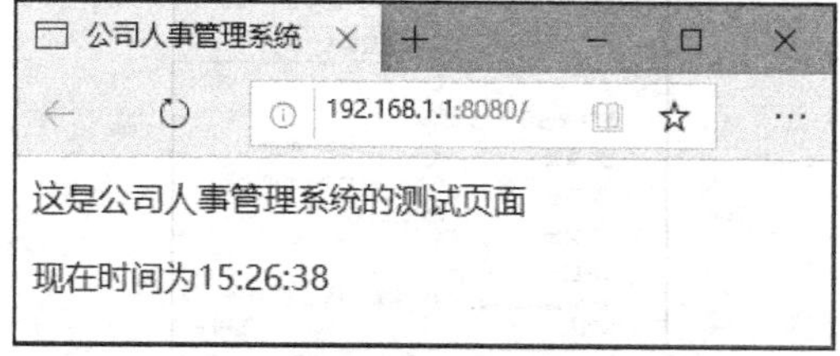

图 10-18 测试客户机是否能正常访问 ASP 网站

任务 10-3　部署企业的项目管理系统（ASP.net）

任务规划

V10-3　任务 10-3
演示视频

公司的项目管理系统是一个采用 ASP.net 技术搭建的网站，信息中心网站管理员已经收到该网站的所有数据，公司要求他在公司的一台 Windows Server 2016 服务器上部署该站点。根据前期规划，公司项目管理系统的访问地址为 http://pmp.gdcp.cn。

Windows Server 2016 系统的 IIS 支持 ASP.net 站点的发布，但是需要安装 ASP.net 功能组件，因此本任务需要以下几个步骤来完成。

（1）添加 IIS 的 Web 服务对 ASP.net 动态网站支持的相关功能。

（2）将 ASP.net 网站文件复制到 Web 服务器，并通过 IIS 发布 ASP.net 站点。

任务实施

1. 添加 IIS 的 Web 服务对 ASP.net 动态网站支持的相关功能

在 Windows Server 2016 系统中打开【添加角色和功能向导】窗口，在【选择服务器角色】界面中，勾选【Web 服务器(IIS)】下的【ASP.NET 4.6】等复选框，如图 10-19 所示。然后单击【下一步】按钮，完成 ASP.net 功能的安装。

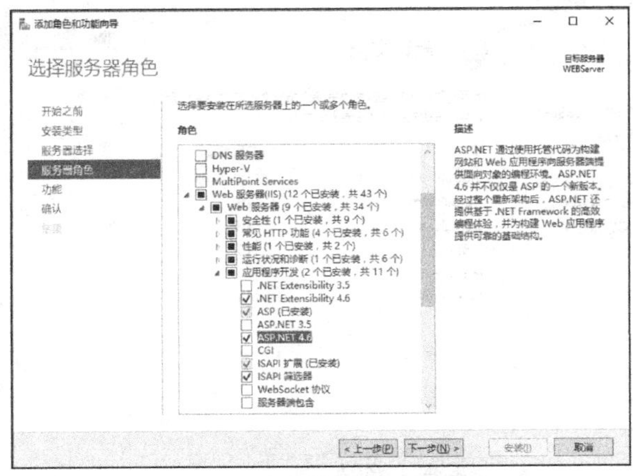

图 10-19　安装 ASP.net 功能

2. 将 ASP.net 网站文件复制到 Web 服务器，并通过 IIS 发布 ASP.net 站点

（1）将 ASP.net 网站文件复制到 Web 服务器的站点目录中。在本任务中将 ASP.net 网站文件放置在“D:\项目管理系统”目录中。ASP.net 网站文件名分别为 index.aspx 和 index.aspx.cs，站点目录和两个 ASP.net 网站文件的内容分别如图 10-20～图 10-22 所示。

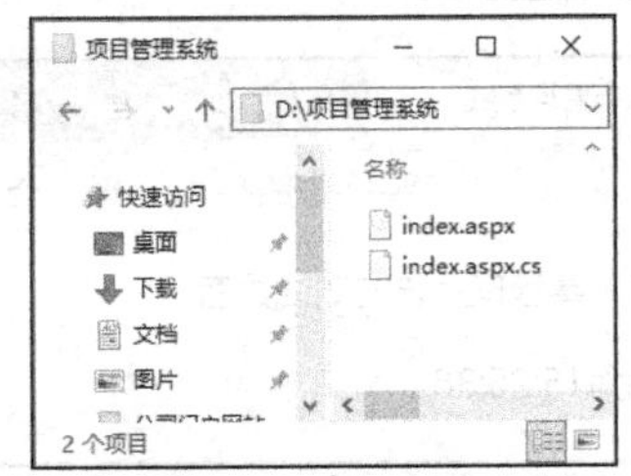

图 10-20　站点目录的内容

```
index.aspx - 记事本
文件(F) 编辑(E) 格式(O) 查看(V) 帮助(H)
<%@ Page Language="C#" AutoEventWireup="true" CodeFile="index.aspx.cs" Inherits="_Default" %>

<!DOCTYPE html>

<html xmlns="http://www.w3.org/1999/xhtml">
<head runat="server">
<meta http-equiv="Content-Type" content="text/html; charset=utf-8"/>
    <title>公司项目管理系统</title>
</head>
<body>
    <center>
    <h2>这是公司项目管理系统的测试页面</h2>
    <form id="form1" runat="server">
    <div>
    <asp:TextBox ID="DataTxt" runat="server"/><br />
    <asp:Button ID="SubmitBtn" runat="server" Text="提交数据" OnClick="SubmitBtn_Click"/><br />
    </div>
    </form>
</body>
</html>
```

图 10-21　网站文件 index.aspx 的内容

```
index.aspx.cs - 记事本
文件(F) 编辑(E) 格式(O) 查看(V) 帮助(H)
using System;
using System.Collections.Generic;
using System.Linq;
using System.Web;
using System.Web.UI;
using System.Web.UI.WebControls;

public partial class _Default : System.Web.UI.Page
{
    protected void Page_Load(object sender, EventArgs e)
    {

    }
    protected void SubmitBtn_Click(object sender, EventArgs e)
    {
        string data = DataTxt.Text;
        Response.Write("<script>alert('你的输入数据为："+data+"');</script>");
    }
```

图 10-22　网站文件 index.asp.cs 的内容

（2）在图 10-23 所示的【添加网站】对话框中，设置【网站名称】【物理路径】【IP 地址】【端口】【主机名】的参数，其他选项保持默认设置。单击【确定】按钮，完成网站的创建。

（3）在【Internet Information Services(IIS)管理器】窗口左侧选择【项目管理系统】选项，在【项目管理系统】界面的【IIS 区域】中，单击【默认文档】链接进入【默认文档】设置界面。单击右侧【操作】栏下的【添加】链接，在弹出的【添加默认文档】对话框中输入 index.aspx，如图 10-24 所示。单击【确定】按钮，完成 ASP.net 站点的配置，结果如图 10-25 所示。

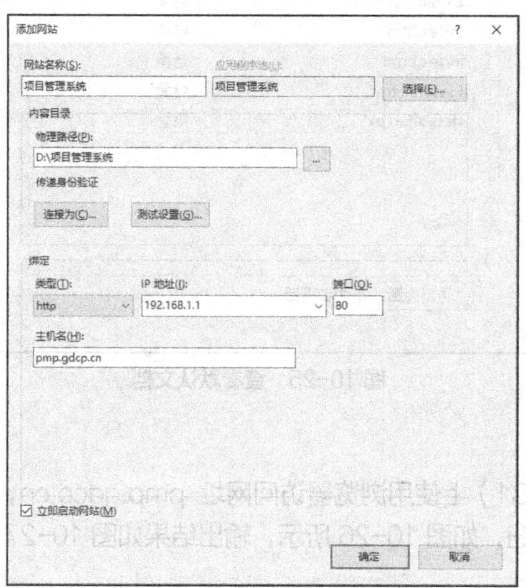

图 10-23 【添加网站】对话框

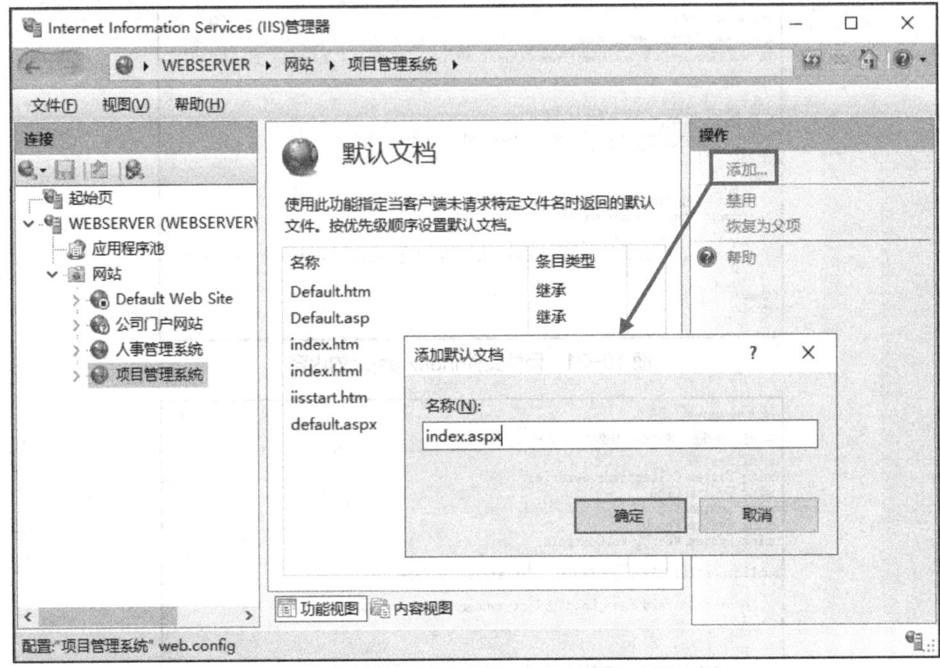

图 10-24　添加默认文档

图 10-25　查看默认文档

任务验证

在公司内部客户机（PC1）上使用浏览器访问网址 pmp.gdcp.cn，在打开页面的文本框中输入666，单击【提交数据】按钮，如图 10-26 所示，输出结果如图 10-27 所示。

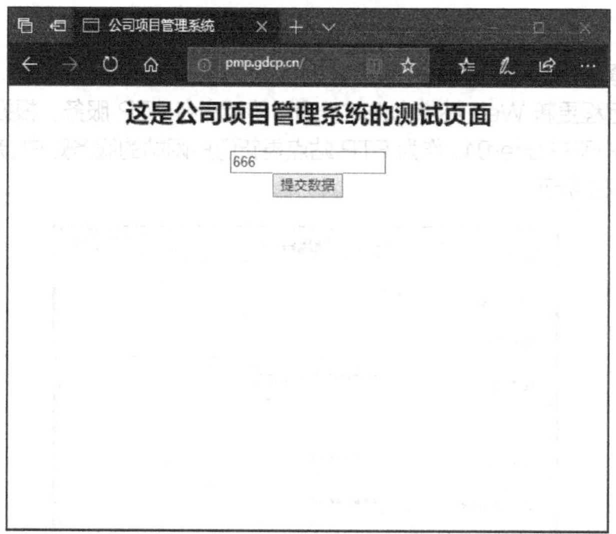

图 10-26　提交数据

图 10-27　测试 ASPX 网站是否能运行

任务 10-4　通过 FTP 远程更新企业门户网站

任务规划

V10-4　任务 10-4 演示视频

公司门户网站、人事管理系统、项目管理系统等网站在服务器发布后，后续站点的更新将通过 FTP 进行。为此，公司要求为以上 3 个站点搭建相应的 FTP 站点，以实现远程更新网站的功能。

在 Windows Server 2016 系统上安装 FTP 功能，将公司门户网站的目录设置成 FTP 站点的目录，这样网站管理员就可以通过 FTP 服务远程更新 Web 站点，具体操作步骤如下。

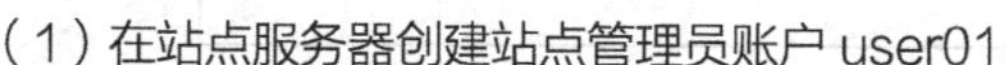

（1）在站点服务器创建站点管理员账户 user01。

（2）部署 FTP 站点服务远程更新公司门户网站。

任务实施

1. 在站点服务器创建站点管理员账户 user01

通过 FTP 服务远程更新 Web 站点文件时，通常使用实名 FTP 服务。根据任务要求，需要在站点服务器创建一个用户账户 user01，作为 FTP 站点更新门户网站的服务账户。新建用户账户 user01 的配置界面如图 10-28 所示。

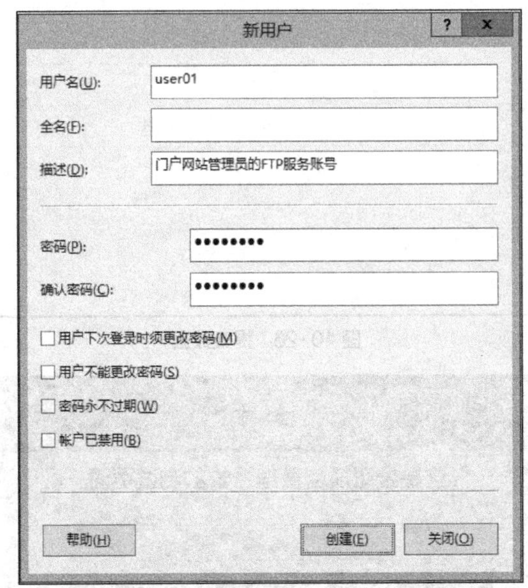

图 10-28　新建用户账户 user01 的配置界面

2. 部署 FTP 站点服务远程更新公司门户网站

（1）打开【Internet Information Services (IIS)管理器】窗口，右击【公司门户网站】选项，然后在弹出的快捷菜单中选择【添加 FTP 发布】命令，如图 10-29 所示。

图 10-29　添加 FTP 发布

（2）在【添加 FTP 站点发布】对话框的【绑定和 SSL 设置】界面中，设置【IP 地址】【端口】等参数，如图 10-30 所示，再单击【下一步】按钮。

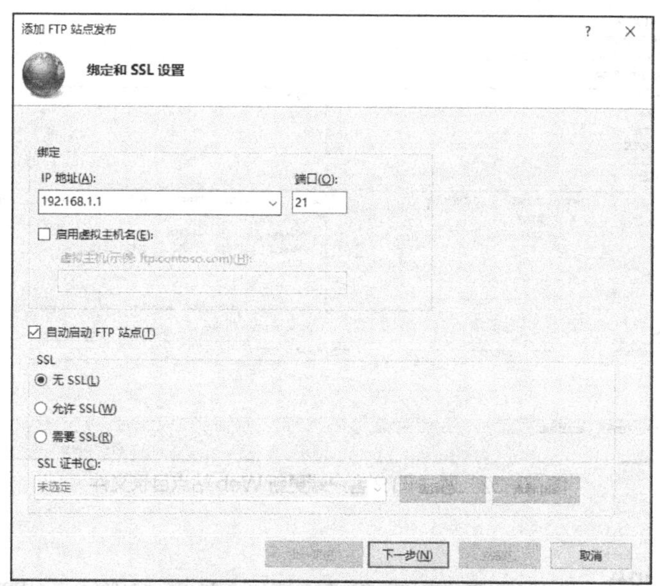

图 10-30 【绑定和 SSL 设置】界面

（3）进入图 10-31 所示的【身份验证和授权信息】界面，在【身份验证】栏中勾选【基本】复选框，在【授权】栏的【权限】中勾选【读取】和【写入】复选框，设置【允许访问】为【指定用户】，并输入 user01（即已创建的更新门户网站的服务账户）。单击【完成】按钮，完成 FTP 站点的部署。

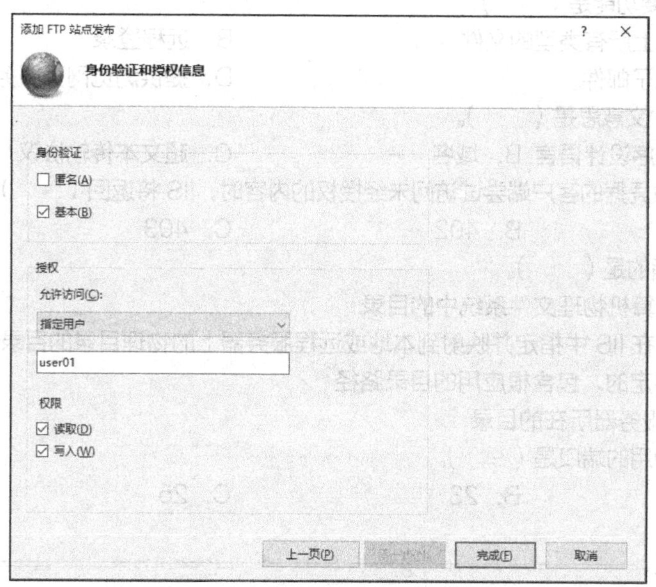

图 10-31 【身份验证和授权信息】界面

任务验证

在公司内部任意一台客户机上用 FTP 客户端登录 FTP 服务器，登录后的界面如图 10-32 所示，经测试可以上传和删除网站文件，实现了网站的更新。

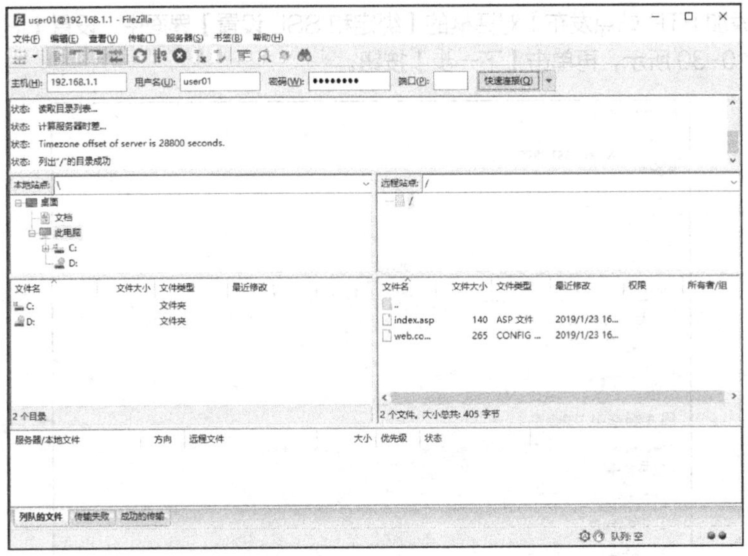

图 10-32 通过 FTP 客户端更新 Web 站点目录文件

练习与实践

理论习题

1. Web 的主要功能是（ ）。

   A. 传送网上所有类型的文件　　B. 远程登录
   C. 收发电子邮件　　D. 提供浏览网页服务

2. HTTP 的中文意思是（ ）。

   A. 高级程序设计语言　B. 域名　C. 超文本传输协议　D. 互联网网址

3. 当使用无效凭据的客户端尝试访问未经授权的内容时，IIS 将返回（ ）错误。

   A. 401　B. 402　C. 403　D. 404

4. 虚拟目录指的是（ ）。

   A. 位于计算机物理文件系统中的目录
   B. 管理员在 IIS 中指定并映射到本地或远程服务器上的物理目录的目录名称
   C. 一个特定的、包含根应用的目录路径
   D. Web 服务器所在的目录

5. HTTPS 使用的端口是（ ）。

   A. 21　B. 23　C. 25　D. 443

项目实训题

1. 项目背景

Jan16 公司需要部署信息中心的门户网站、生产部的业务应用系统和业务部的内部办公系统。根据公司的网络规划，划分为 VLAN 1、VLAN 2 和 VLAN 3 这 3 个网段，网络地址分别为 172.20.0.0/24、172.21.0.0/24 和 172.22.0.0/24。

公司采用 Windows Server 2016 服务器作为各部门互联的路由器，公司的 DNS 服务部署在业务部服务器上，Jan16 公司的网络拓扑规划图如图 10-33 所示。

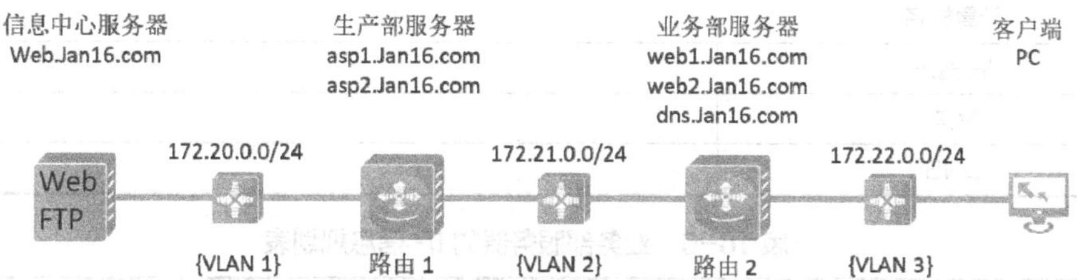

图 10-33　Jan16 公司的网络拓扑规划图

公司希望网络管理员在实现各部门互联互通的基础上完成各部门网站的部署，具体需求如下。

（1）第 1 台为信息中心服务器，用于发布公司门户网站（静态），该网站通过 Serv-U 服务更新，公司门户网站信息如表 10-1 所示。

表 10-1　公司门户网站信息表

网站名称	IP 地址/子网掩码	端口号	网站域名
门户网站	172.20.0.1/24	80	Web.Jan16.com

（2）第 2 台为生产部服务器，用于发布生产部的两个业务应用系统（ASP 架构），这两个业务系统只允许通过域名访问，生产部的业务应用系统信息如表 10-2 所示。

表 10-2　生产部业务应用系统信息表

网站名称	IP 地址/子网掩码	端口号	网站域名
应用业务系统 asp1	172.21.0.1/24	80	asp1.Jan16.com
应用业务系统 asp2	172.21.0.1/24	80	asp2.Jan16.com

（3）第 3 台为业务部服务器，用于发布业务部的两个内部办公系统（ASP.net 架构），这两个内部办公系统必须通过不同 IP 访问，业务部的内部办公系统信息如表 10-3 所示。

表 10-3　业务部内部办公系统信息表

网站名称	IP 地址/子网掩码	端口号	网站域名
办公系统 Web1	172.22.0.1/24	80	web1.Jan16.com
办公系统 Web2	172.22.0.2/24	80	web2.Jan16.com

2. 项目要求

（1）根据项目背景，补充完成表 10-4～表 10-7 中计算机的 TCP/IP 相关配置信息。

表 10-4　信息中心服务器的 IP 信息规划表

信息中心服务器 IP 信息	
计算机名	
IP/掩码	
网关	
DNS	

表 10-5　生产部服务器的 IP 信息规划表

生产部服务器 IP 信息	
计算机名	
IP/掩码	
网关	
DNS	

表 10-6　业务部服务器的 IP 信息规划表

业务部服务器 IP 信息	
计算机名	
IP/掩码	
网关	
DNS	

表 10-7　客户端的 IP 信息规划表

客户端 IP 信息	
计算机名	
IP/掩码	
网关	
DNS	

（2）根据项目的要求，完成计算机的互联互通，并截取以下命令的执行结果界面。

- 在 PC 客户端的命令提示符窗口中执行 ping Web.jan16.com 命令。
- 在生产部服务器的命令提示符窗口中执行 Route Print 命令。
- 在业务部服务器的命令提示符窗口中执行 Route Print 命令。

（3）使用 PC 客户端的浏览器访问公司的门户网站，并截图；在 PC 客户端创建一个门户网站 2，命名为 index.html，内容为“班级+学号+姓名+update”，并通过 FTP 更新到门户网站页面，并截取新网页的界面。

（4）使用 PC 客户端的浏览器访问生产部的两个业务应用系统（ASP 架构）的首页，分别截取这两个业务系统的界面。

（5）使用 PC 客户端的浏览器访问业务部的两个内部办公系统（ASP.net 架构）的首页，分别截取这两个内部办公系统的界面。

项目11 部署企业NAT服务

[项目学习目标]

（1）掌握NAT（网络地址转换）的概念与应用。

（2）掌握静态NAT、动态NAT、静态NAPT、动态NAPT的工作原理与应用。

（3）掌握ACL（访问控制列表）的工作原理与应用。

（4）掌握企业网出口设备NAT服务部署业务实施流程。

（5）掌握企业网路由设备ACL功能部署业务实施流程。

项目描述

Jan16 公司原先通过拨号接入互联网，并使用公司服务器为用户提供 Web 服务。随着公司业务系统和服务器数量的增加，公司向运营商租用了 5 个公网 IP 地址来满足公司网络的接入需求。同时公司还按业务需求增加了服务器的数量，调整了网络访问策略，具体要求如下。

（1）公司所有部门的任意一台计算机都可以访问外网。

（2）将部署在信息中心的公司门户网站服务器（192.168.1.3:80）映射到外网（8.8.8.3:80）。

（3）将部署在信息中心的 FTP 服务器（192.168.1.2）映射到外网（8.8.8.5）。

（4）禁止除财务部以外的部门（含信息中心）的计算机访问财务部的财务系统服务器（192.168.3.1），财务部服务器仅用于财务部内部通信。

公司网络拓扑图如图 11-1 所示。

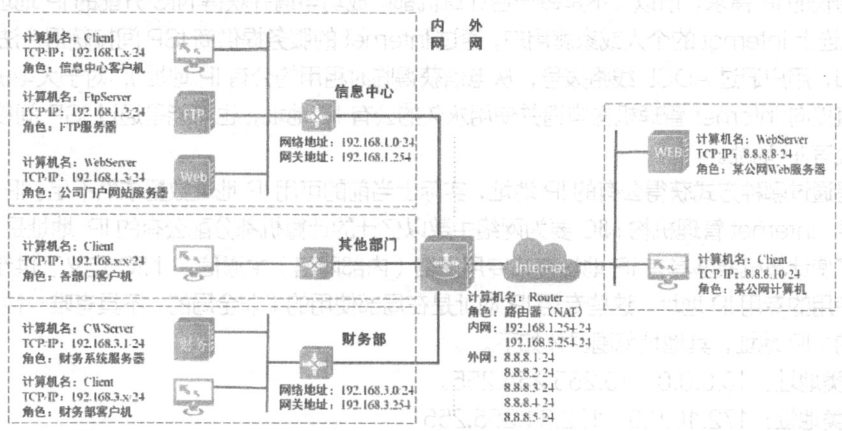

图 11-1 公司网络拓扑图

项目分析

计算机要访问 Internet，首先需要获得一个公网的 IP 地址。目前大部分用户访问公网都是通过拨号方式获得一个公网的 IP 地址，然后通过这个公网 IP 访问 Internet。

当前，常用的公网地址为 IPv4，我国大约分配到 3.4 亿个 IPv4 地址，但因 Internet 用户急剧增加，IPv4 地址目前已成为紧缺资源。因此，为了使得更多的用户可以接入 Internet，网络地址转换（Network Address Translation，NAT）技术应运而生，它允许局域网（私网）共享一个或多个公网 IP 地址并接入 Internet，这样既可以解决普通计算机接入公网的问题，还能减少 IPv4 地址的使用量。

在本项目中，公司申请了 5 个固定的公网 IP，管理员可以使用 NAT 的各种技术类型来实现本项目的需求，具体涉及以下工作任务。

（1）部署动态 NAPT，实现公司计算机访问外网。

（2）部署静态 NAPT，将公司门户网站发布到 Internet 上。

（3）部署静态 NAT，将 FTP 服务器发布到 Internet 上。

（4）部署 ACL，限制其他部门计算机访问财务部服务器。

相关知识

11.1 网络地址转换（NAT）

网络地址转换（Network Address Translation，NAT）是一种把内部私有网络地址转换成合法的外部公有网络地址的技术。

当今的 Internet 使用 TCP/IP 实现了全世界的计算机互联互通，每一台连入 Internet 的计算机要和其他计算机通信，都必须拥有一个合法的且唯一的 IP 地址，此 IP 地址由 Internet 管理机构互联网络信息中心（Internet Network Information Center，NIC）统一进行管理和分配。而 NIC 分配的 IP 地址称为公有的、合法的 IP 地址，且这些 IP 地址具有唯一性。连入 Internet 的计算机只要拥有 NIC 分配的 IP 地址就可以和其他计算机通信。

但是，由于当前常用的 TCP/IP 版本是 IPv4，它天生的缺陷就是 IP 地址数量不够，难以满足目前爆炸性增长的 IP 需求。所以，不是每一台计算机都能成功申请并获得 NIC 分配的 IP 地址。一般而言，需要先连上 Internet 的个人或家庭用户，通过 Internet 的服务提供商 ISP 间接获得合法的公有 IP 地址（例如，用户通过 ADSL 线路拨号，从电信获得临时租用的公有 IP 地址）；对于大型机构而言，它们可能直接向 Internet 管理机构申请并使用永久的公有 IP 地址，也可能是通过 ISP 间接获得永久或临时的公有 IP 地址。

无论是通过哪种方式获得公有的 IP 地址，实际上当前的可用 IP 地址数量依然不足。IP 地址作为有限的资源，Internet 管理机构 NIC 要为网络中数以亿计的计算机都分配公有的 IP 地址是不可能的。同时，为了使计算机能够具有 IP 地址并在专用网络（内部网络）中通信，NIC 定义了供专用网络内的计算机使用的专用 IP 地址。这些专用 IP 地址是在局部使用的（非全局的、不具有唯一性）、非公有的（私有的）IP 地址，其地址范围具体如下。

- A 类地址：10.0.0.0～10.255.255.255。
- B 类地址：172.16.0.0～172.31.255.255。
- C 类地址：192.168.0.0～192.168.255.255。

组织机构可根据自身园区网的大小及计算机数量的多少，采用不同类型的专用地址范围或者使用它们的组合形式。但是，这些 IP 地址不可能出现在 Internet 上，也就是说源地址或目标地址为这些专用 IP 地址的数据包不可能在 Internet 上传输，而只能在内部专用网络中传输。

如果专用网络的计算机要访问 Internet，则在组织机构连接 Internet 的设备上至少需要一个公有的 IP 地址，然后采用 NAT 技术，将内部专用网络的计算机专用私有 IP 地址转换为公用的 IP 地址，从而让使用专用 IP 地址的计算机能够和 Internet 中的计算机进行通信。如图 11-2 所示，通过 NAT 路由器，能够将专用网络内的专用 IP 地址和公用 IP 地址互相转换，从而实现专用网络内使用专用地址的计算机能够和 Internet 中的计算机通信。

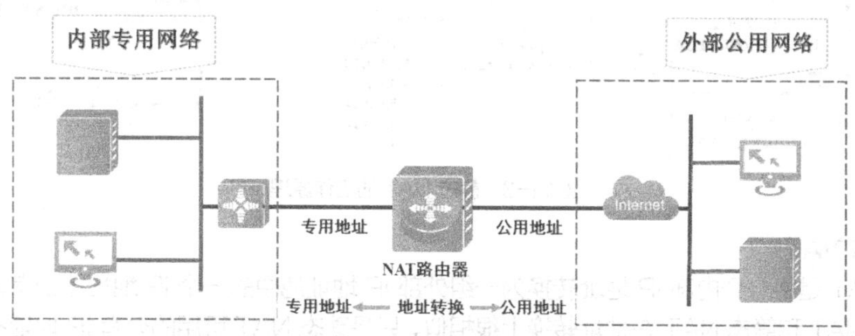

图 11-2 NAT 地址转换示意图

也可以说，NAT 就是将网络地址从一个地址空间转换到另外一个地址空间的一种技术。从技术原理的角度来讲，NAT 分成 4 种类型：静态 NAT、动态 NAT、动态 NAPT 及静态 NAPT。

1. 静态 NAT

静态 NAT 是指在路由器中，将内网 IP 地址固定地转换为外网 IP 地址的一种技术，通常被应用在允许外网用户访问内网服务器的场景。

静态 NAT 的工作原理如图 11-3 所示。专用网络采用 192.168.1.0/24 的 C 类专用地址，并且采用带有 NAT 功能的路由器和 Internet 互联，路由器左边的网卡连接着内部专用网络（左边网卡的 IP 是 192.168.1.254/24），右边的网卡连接着互联网（右边网卡的 IP 是 8.8.8.1/24），而且路由器还有多个公有的 IP 地址可被转换使用（8.8.8.2～8.8.8.5），互联网上的计算机 C 的 IP 地址是 8.8.8.8/24。假设外部公用网络的计算机 C 需要和内部专用网络的计算机 A 通信，通信过程如下。

① 计算机 C 发送数据包给计算机 A，数据包的源 IP 地址（Source Address，SA）为 8.8.8.8，目标 IP 地址（Destination Address，DA）为 8.8.8.3（在外网，计算机 A 的 IP 为 8.8.8.3）。

② 数据包到达路由器时，路由器将查询本地的静态 NAT IP 地址映射表，找到相关映射条目后将数据包的目标地址（8.8.8.3）转换为内网 IP 地址（192.168.1.1），源地址保持不变。NAT 路由器上有一个公有的 IP 地址池，在本次通信前，网络管理员已经在 NAT 路由器上根据静态 NAT 地址映射关系，指定 192.168.1.1 与 8.8.8.3 映射。

③ 转换后的数据包在内网中传输，最终将被计算机 A 接收。

④ 计算机 A 收到数据包后，将响应内容封装在目标地址为 8.8.8.8 的数据包中，然后将该数据包发送出去。

⑤ 目标地址为 8.8.8.8 的数据包到达 NAT 路由器后，NAT 路由器将查询自身的静态 NAT IP 地址映射表，找出映射条目的对应关系，将源地址 192.168.1.1 转换为 8.8.8.3，然后将该数据包发送到外网中。

⑥ 目标地址为 8.8.8.8 的数据包在外网中传送，最终到达计算机 C。计算机 C 通过数据包的源地址（8.8.8.3）只知道该数据包是路由器发送过来的，实际上，该数据包是计算机 A 发送的。

静态 NAT 主要用于内部专用网络内的服务器需要对外提供服务的场景，由于它采用固定的一对一的内外网 IP 映射关系，因此，外网的计算机通过访问这个外网 IP 就可以访问到内网的服务器。

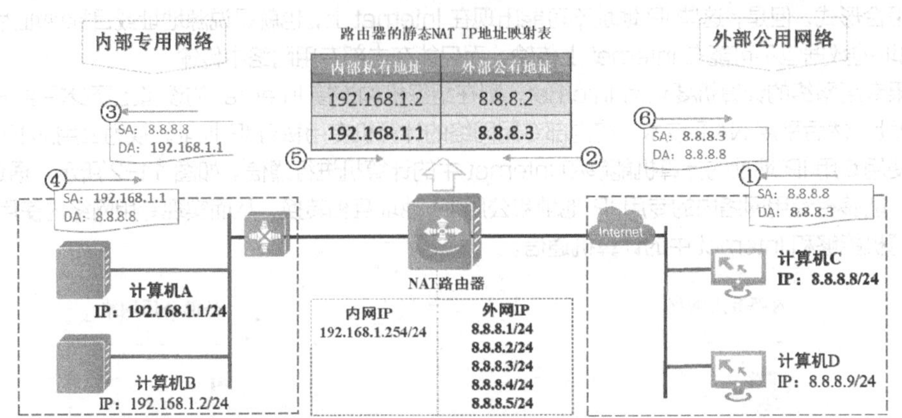

图 11-3　静态 NAT 的工作原理

2. 动态 NAT

动态 NAT 是将一个内部 IP 地址转换为一组外部 IP 地址池中的一个 IP 地址（公有地址）的一种技术。动态 NAT 和静态 NAT 在地址转换上很相似，只是动态 NAT 可用的公有 IP 地址不是被某个内部专用网络的计算机所永久独自占有。

动态 NAT 的工作原理如图 11-4 所示。与静态 NAT 类似，路由器上有一个公有 IP 地址池，地址池中有 4 个公有 IP 地址，它们是 8.8.8.2/24～8.8.8.5/24。假设内部专用网络的计算机 A 需要和外部公用网络的计算机 C 通信，其通信过程如下。

① 计算机 A 发送源 IP 地址为 192.168.1.1 的数据包给计算机 C。

② 数据包经过 NAT 路由器时，路由器采用动态 NAT 技术，将数据包的源地址（192.168.1.1）转换为公有 IP 地址（8.8.8.2）。为什么会转换为 8.8.8.2? 由于路由器上的地址池中有多个公有 IP 地址，当需要进行地址转换时，路由器会在地址池中选择一个未被占用的地址来进行转换。当 4 个地址都未被占用时，路由器会优先挑选第一个未被占用的地址。也就是说，当计算机 A 要继续发送第二个数据包到 Internet 时，路由器会挑选第二个未被占用的 IP 地址，也就是 8.8.8.3 来进行转换。地址池中的公有 IP 地址的数量决定了可以同时访问 Internet 的内网计算机的数量，如果地址池中的 IP 地址都被占用了，那么内网的其他计算机就不能够和 Internet 中的计算机通信了。当内网计算机和外网计算机的通信连接结束后，路由器将释放被占用的公有 IP 地址，这样，被释放的 IP 地址则又可以为其他内网计算机提供外网接入服务了。

③ 源地址为 8.8.8.2 的数据包在 Internet 上转发，最终被计算机 C 接收。

④ 计算机 C 收到源地址为 8.8.8.2 的数据包后转发，将响应内容封装在目标地址为 8.8.8.2 的数据包中，然后将该数据包发送出去。

⑤ 目标地址为 8.8.8.2 的数据包最终经过路由转发，到达连接专用网络的路由器上，路由器对照自身的动态 NAT IP 地址映射表，找出对应关系，将目标地址为 8.8.8.2 的数据包转换为目标地址为 192.168.1.1 的数据包，然后发送到内部专用网络中。

⑥ 目标地址为 192.168.1.1 的数据包在内部专用网络中传送，最终到达计算机 A。计算机 A 通过数据包的源地址（8.8.8.8）知道该数据包是 Internet 上的计算机 C 发送过来的。

动态 NAT 的内外网映射关系为临时关系，因此，它主要用于内网计算机临时对外提供服务的场景。考虑到企业申请的公有 IP 的数量有限，而内网计算机数量通常远大于公有 IP 数量，因此，它不适合给内网计算机提供大规模上网服务的场景，解决这类问题需要使用动态 NAPT 模式，接下来将对动态 NAPT 模式的相关知识进行介绍。

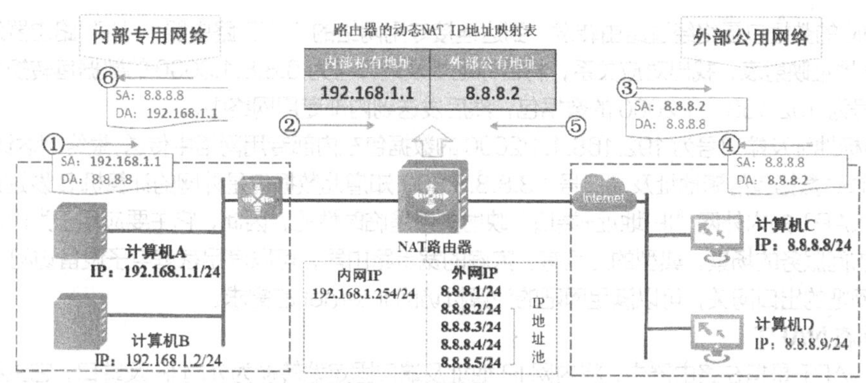

图 11-4　动态 NAT 的工作原理

3. 动态 NAPT

动态 NAPT 是以 IP 地址及端口号（TCP 或 UDP）为转换条件，将专用网络的内部私有 IP 地址及端口号转换成外部公有 IP 地址及端口号。在静态 NAT 和动态 NAT 中，都是“IP 地址”到“IP 地址”的转换关系，而静态 NAPT 和动态 NAPT 则是“IP 地址+端口”到“IP 地址+端口”的转换关系。“IP 地址”到“IP 地址”的转换关系局限性很大，因为公网 IP 地址一旦被占用，内网的其他计算机就不能再使用被占用的公网 IP 地址访问外网。“IP 地址+端口”到“IP 地址+端口”的转换关系则非常灵活，一个 IP 地址可以和多个端口进行组合（自由使用的端口号有几万个：1024～65535），所以，路由器上可用的网络地址映射关系条目数量就很多，完全可以满足大量的内网计算机访问外网的需求。

动态 NAPT 的工作原理如图 11-5 所示。假设内部专用网络的计算机 A 要访问外部公用网络的服务器 B 的 Web 站点，其通信过程如下。

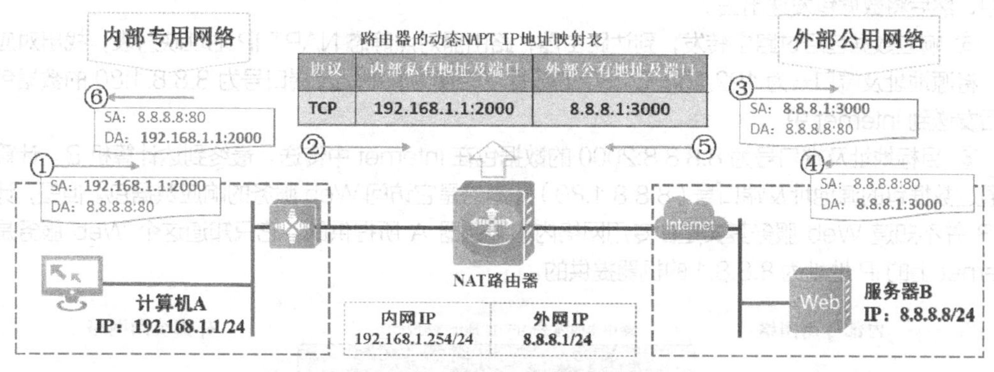

图 11-5　动态 NAPT 的工作原理

① 计算机 A 发送数据包给计算机 B。数据包的源 IP 地址为 192.168.1.1，源端口号为 2000（为计算机 A 随机分配的端口号）；数据包的目标地址为 8.8.8.8，目的端口号为 80（Web 服务器默认端口号是 80）。

② 数据包经过路由器的时候，路由器采用了动态 NAPT 技术，以“IP 地址+端口”的形式进行转换。数据包的源地址及源端口号将从 192.168.1.1:2000 转换为 8.8.8.1:3000（3000 是路由器随机分配的端口号），目标地址及端口号不变，仍然指向计算机 B 的 Web 服务。转换后的源 IP 地址为路由器在外网的接口 IP 地址，源端口号为路由器上未被使用的可分配端口号，这里假设为 3000。

③ 转换后的数据包在 Internet 上转发，最终被计算机 B 接收。

④ 计算机 B 收到数据包后，将响应内容封装在目标地址为 8.8.8.1、目的端口号为 3000 的数据包中（源地址及源端口号为 8.8.8.8:80），然后将数据包发送出去。

⑤ 响应的数据包最终经过路由转发，到达连接专用网络的 NAT 路由器；NAT 路由器对照动态 NAPT IP 地址映射表，找出对应关系，将目标地址及端口号为 8.8.8.1:3000 的数据包转换为目标地址及端口号为 192.168.1.1:2000 的数据包，然后发送到内部专用网络中。

⑥ 目标地址及端口号为 192.168.1.1:2000 的数据包在内部专用网络中传送，最终到达计算机 A。计算机 A 通过数据包的源地址及端口号（8.8.8.8:80）知道此数据包是外网的计算机 B 发送过来的。

动态 NAPT 的内外网“IP 地址+端口”映射关系是临时性的，因此，它主要应用于为内网计算机提供外网访问服务的场景。典型的应用有：家庭的宽带路由器，可以满足家庭电子设备访问 Internet 的需求；网吧的出口网关，可以满足网吧的计算机访问 Internet 的需求。

4. 静态 NAPT

静态 NAPT 是指在路由器中，将内网 IP 地址及端口固定地转换为外网 IP 及端口，它主要应用于允许外网用户访问内网计算机特定服务的场景。

静态 NAPT 的工作原理如图 11-6 所示。假设外部公用网络的计算机 B 需要访问内部专用网络的服务器 A 的 Web 站点，其通信过程如下。

① 计算机 B 发送数据包给服务器 A。数据包的源 IP 地址为 8.8.8.8，源端口号为 2000；数据包的目标地址为 8.8.8.1，目的端口号为 80（Web 服务器默认端口号是 80）。

② 数据包经过 NAT 路由器的时候，NAT 路由器查询静态 NAPT IP 地址映射表，找到对应的映射条目后，数据包的目标地址及目的端口号将从 8.8.8.1:80 转换为 192.168.1.1:80，源地址及目的端口号不变。这里转换后的目的 IP 地址为内网服务器 A 的 IP 地址，目的端口号为服务器 A 的 Web 服务端口号。

③ 转换后的数据包在专用网络上转发，最终被服务器 A 接收。

④ 服务器 A 收到数据包后，将响应内容封装在目标地址为 8.8.8.8，目的端口号为 2000 的数据包中，然后将数据包发送出去。

⑤ 响应数据包经过路由转发，到达路由器，路由器对照静态 NAPT IP 地址映射表，找出对应关系，将源地址及端口号为 192.168.1.1:80 的数据包转换为源地址及端口号为 8.8.8.1:80 的数据包，然后发送到 Internet 中。

⑥ 目标地址及端口号为 8.8.8.8:2000 的数据包在 Internet 中传送，最终到达计算机 B。计算机 B 通过数据包的源地址及端口号（8.8.8.1:80）知道这是它访问 Web 服务的响应数据包。但是，计算机 B 并不知道 Web 服务其实是由专用网络内的服务器 A 所提供的，它只知道这个 Web 服务是由 Internet 上的 IP 地址为 8.8.8.1 的机器提供的。

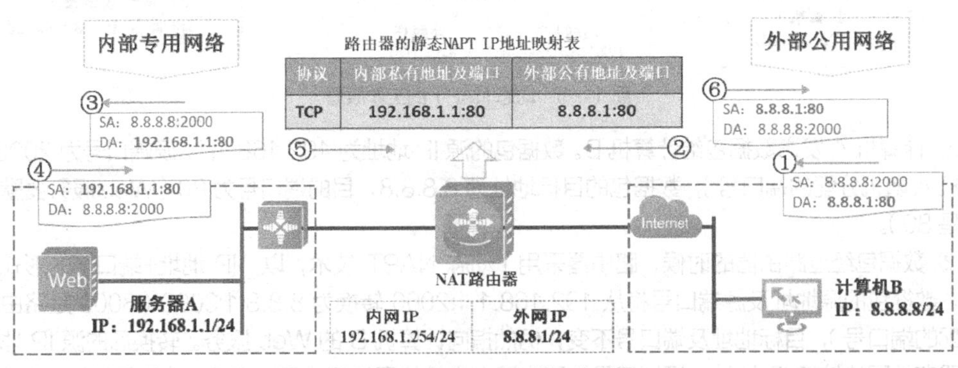

图 11-6　静态 NAPT 的工作原理

静态 NAPT 的内外网“IP 地址+端口”映射关系是永久性的，因此，它主要应用于内网服务器的指定服务（如 Web、FTP 等）向外网提供服务的场景。典型的应用有：公司将内部网络的门户网站映射到公网 IP 的 80 端口上，满足互联网用户访问公司门户网站的需求。

11.2 访问控制列表（ACL）

路由器不仅用于实现多个局域网的互联，其在数据包的存储转发中还可以通过过滤特定的数据包实现网络安全访问控制、流量控制等目标。

访问控制列表（Access Control List，ACL）可以针对数据包的源地址、目标地址、传输层协议、端口号等条件设置匹配规则。ACL 由若干条规则组成，被称为接入控制列表，每一个接入控制列表都声明了满足该表项的匹配条件及行为。

通过建立 ACL，可保证网络资源不被非法访问，还可以限制网络流量，提高网络性能，起到控制通信流量的作用。在路由器的端口上配置 ACL 后，可以对入站端口和出站端口的数据包进行安全检测，下面用两个案例进行详细说明。

案例 1

在图 11-7 所示的网络拓扑图中，工资管理系统服务器的数据是比较机密的，公司仅允许财务主管和人事主管的计算机访问它。

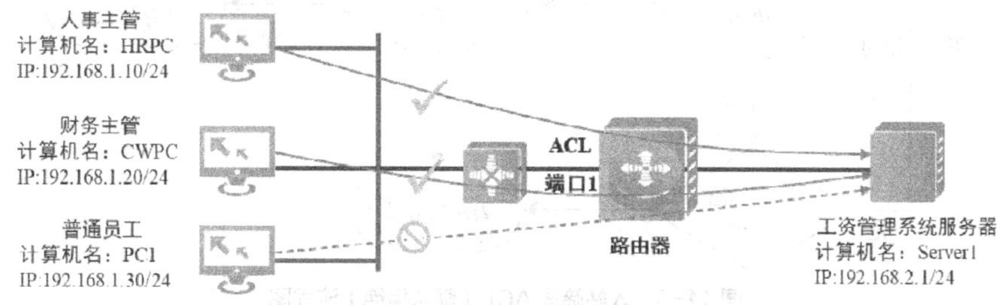

图 11-7　案例 1 网络拓扑图

可以创建一个图 11-8 所示的针对路由器端口 1 的入站访问控制列表。路由器在端口 1 根据入站规则会对所有请求访问工资管理系统服务器的数据包进行匹配，人事主管的计算机 HRPC 和财务主管的计算机 CWPC 满足匹配规则 1 和 2，根据筛选器规则（匹配行为）将被允许访问 Server1；普通员工的计算机 PC1 因不满足匹配条件，根据筛选器规则将丢弃其请求数据包（拒绝访问）。这里需要特别注意的是，在筛选器规则中，因为源和目标都指向同一台计算机，所以掩码均采用 255.255.255.255。

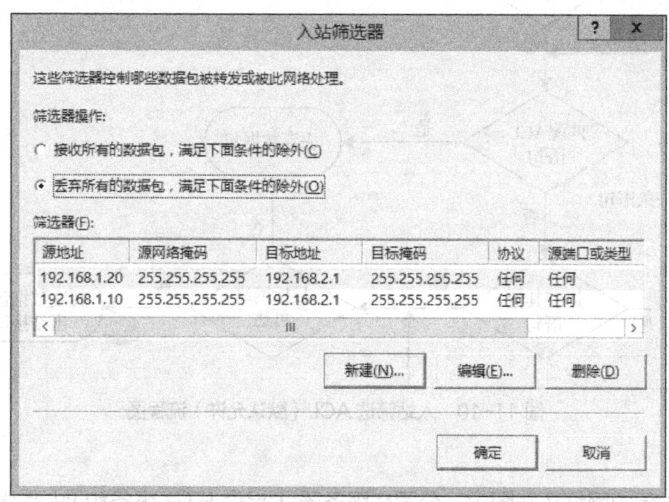

图 11-8　路由器端口 1 的入站筛选器规则

案例 1 是一个将 ACL 应用到入站方向的例子，筛选器规则为“丢弃所有数据包，满足条件的除外”。当设备端口接收到数据包时，首先确定 ACL 是否被应用到了该端口，如果没有，则正常转发该数据包；如果有，则处理 ACL。从第一条语句开始，将条件和数据包内容相比较，如果没有匹配，则处理列表中的下一条语句；如果匹配，则接收该数据包；如果整个列表都没有找到匹配的规则，则丢弃该数据包。流程图如图 11-9 所示。

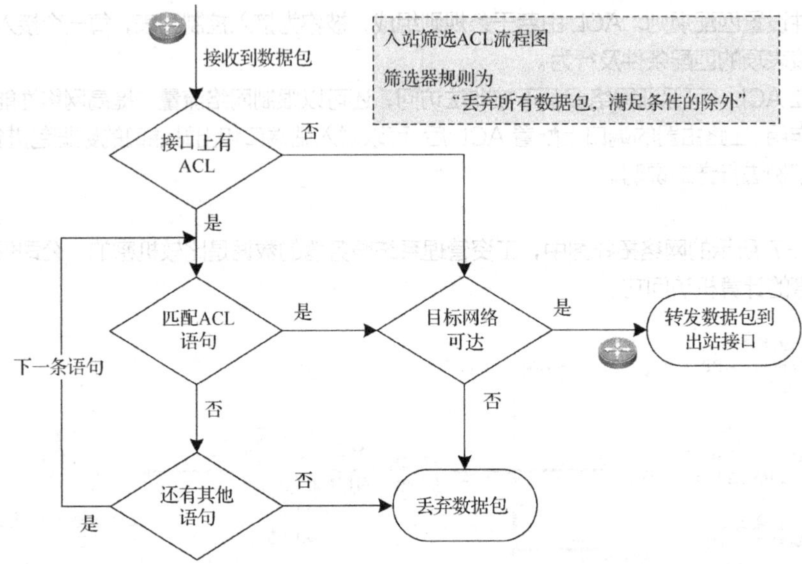

图 11-9　入站筛选 ACL（默认拒绝）流程图

根据案例 1，我们也可以得到入站筛选器规则为“接收所有数据包，满足条件的除外”的流程图，如图 11-10 所示。

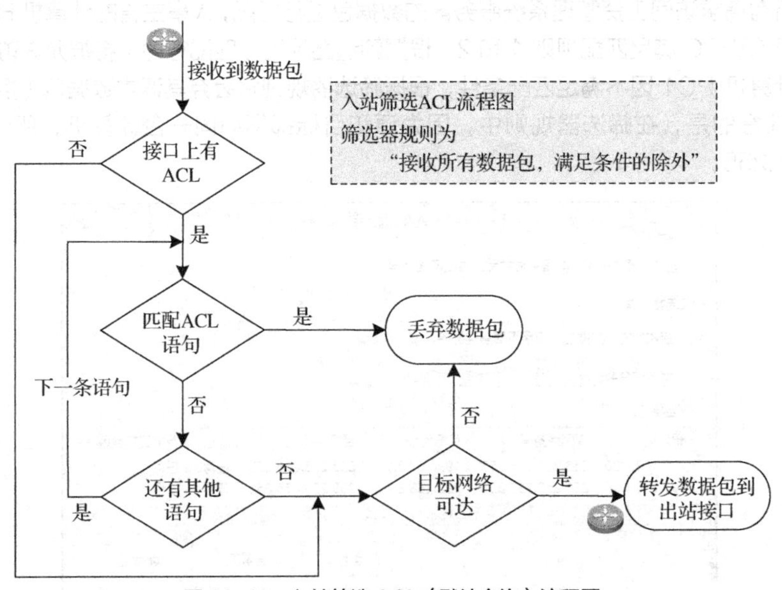

图 11-10　入站筛选 ACL（默认允许）流程图

案例 2

在图 11-11 所示的网络拓扑图中，公司在服务器 1 提供 FTP 服务和 Web 服务，其中 Web 服务用于提供公司客户关系管理系统（Web 服务使用默认端口发布）。

基于安全考虑，对于 Web 服务，公司不允许生产部计算机访问该客户关系管理系统，其他部门则不受限制。对于 FTP 服务，所有部门都可以访问。

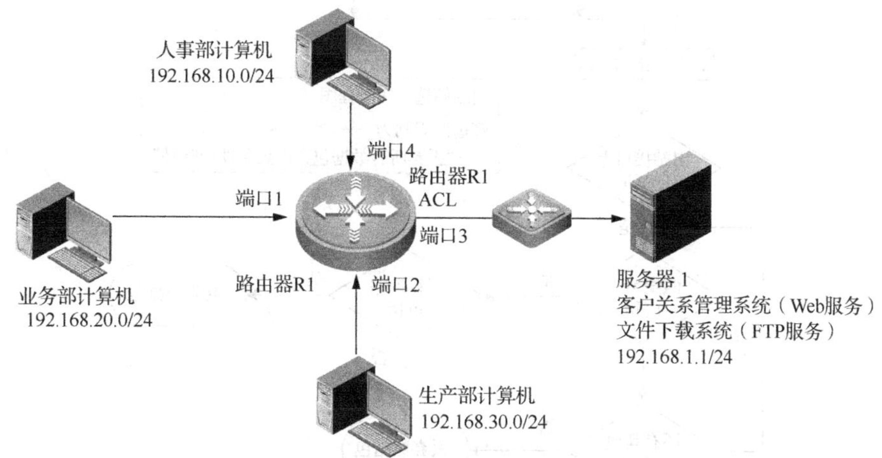

图 11-11　案例 2 网络拓扑图

我们可以创建一个图 11-12 所示的针对路由器端口 3 的出站访问控制列表，这时路由器 R1 在端口 3 根据出站规则会对所有请求访问服务器 1 的数据包进行匹配。

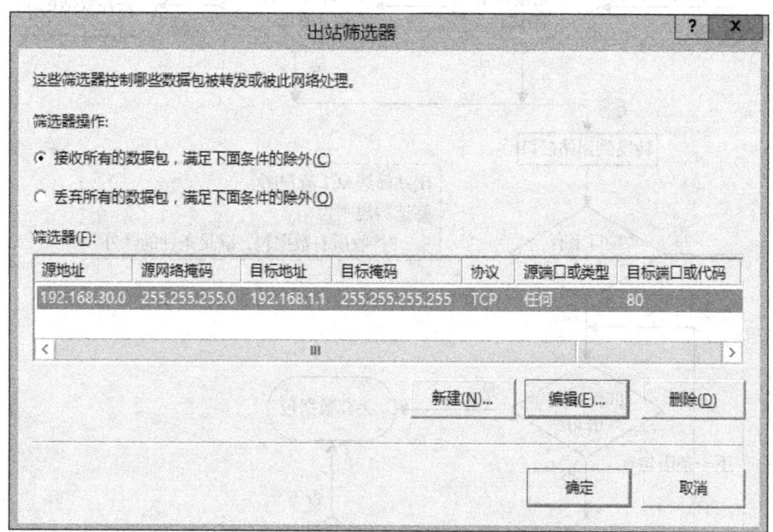

图 11-12　路由器端口 3 的出站筛选器规则

生产部访问服务器 1 的 Web 服务时，因满足匹配规则，根据筛选器规则将丢弃请求数据包（拒绝访问）；而访问 FTP 服务时，因不满足匹配规则，根据筛选器规则将被允许访问。业务部和人事部访问服务器 1 时，因不满足匹配规则，根据筛选器规则将被允许访问服务器 1。

该案例也可以运用入站筛选，大家可以思考一下如何设计入站筛选 ACL。

案例 2 是一个将 ACL 应用到出站方向的例子，筛选器规则为“丢弃所有数据包，满足条件的除外”，与案例 1 过程相似，其流程图如图 11-13 所示。

同理，图 11-14 所示为筛选器规则为“接收所有数据包，满足条件的除外”的流程图。

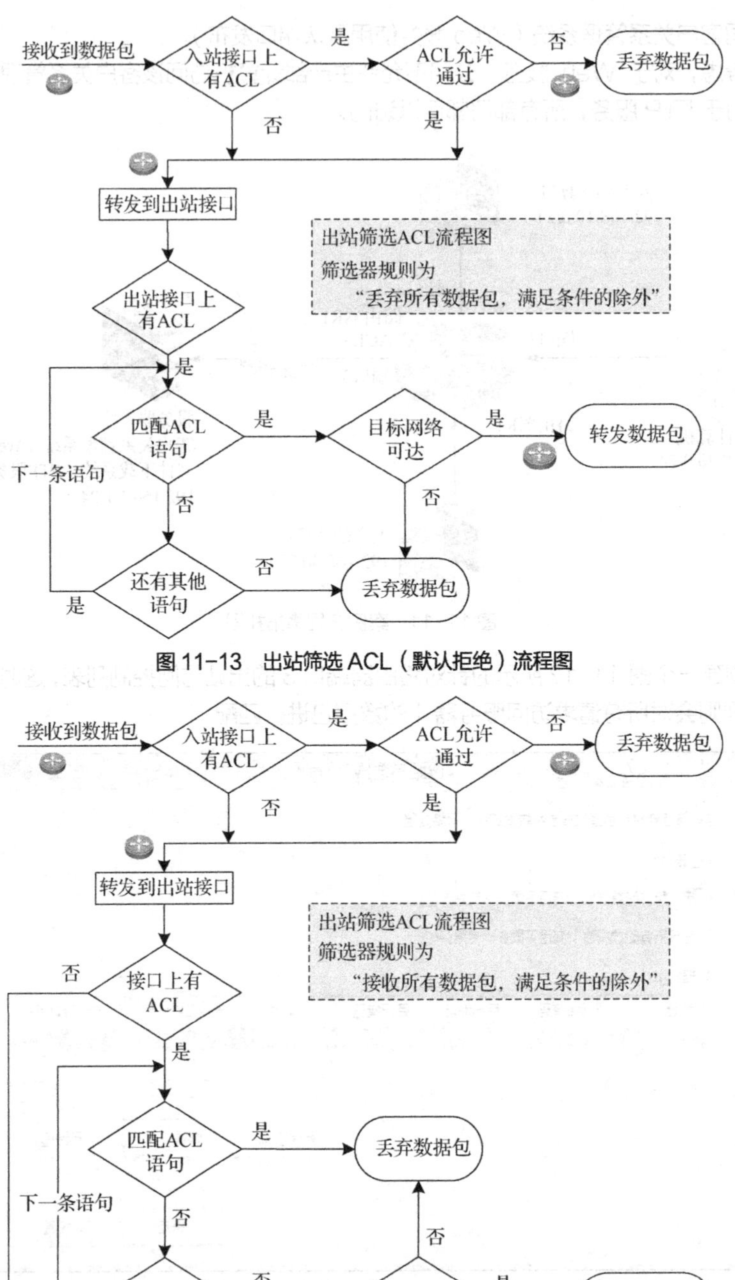

图 11-13　出站筛选 ACL（默认拒绝）流程图

图 11-14　出站筛选 ACL（默认允许）流程图

通过案例 1 和案例 2 可以看出，Windows Server 2016 系统的访问控制列表是通过应用在物理接口上的入站筛选器和出站筛选器来实现的。无论是哪种筛选器，对于每个访问控制列表，都可以建立多个访问控制条目，这些条目定义了匹配数据包所需要的条件。这些条件可以是协议号、源 IP 地址、目标 IP 地址、源端口号、目标端口号或者是它们的组合。当数据包通过路由器接口的时候，筛选器从上至下扫描访问控制条目，只要数据包的特征条件符合访问控制条目中定义的条件，则匹配成功并应用相应操作（拒绝或允许数据包通过）。应用操作后，筛选器不再对数据包进行匹配操作，也就是说，当前的访问控制条目已经和数据包匹配，剩下的访问控制条目将不再处理。

项目实施

任务 11-1　部署动态 NAPT，实现公司计算机访问 Internet

任务规划

公司申请了 5 个固定的公网 IP 用于接入 Internet。为了能让内网计算机接入 Internet，公司要求网络管理员在出口路由器上部署动态 NAPT 服务。信息中心网络拓扑图如图 11-15 所示。

V11-1　任务 11-1
演示视频

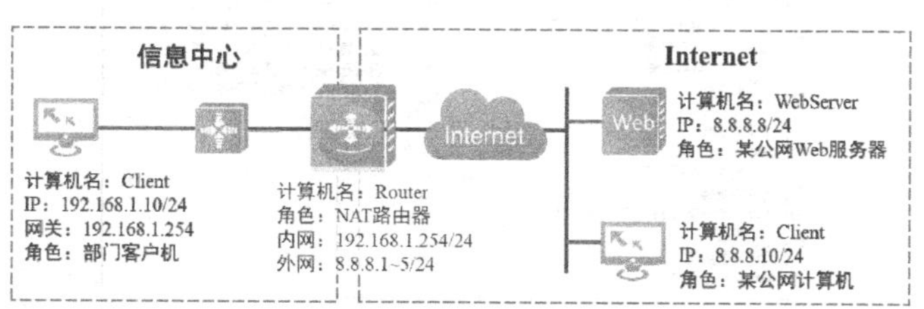

图 11-15　信息中心网络拓扑图

按项目实施策略，公司前期先在信息中心进行部署测试，测试通过后再部署到其他部门。路由器的动态 NAPT 功能可以实现内网计算机共享路由器的公网 IP 访问 Internet，因此，网络管理员可以在路由器上部署 NAT 功能，并配置动态 NAPT 服务，从而实现信息中心的计算机访问 Internet。在 Windows Server 2016 系统上部署动态 NAPT 服务的主要步骤如下。

（1）安装 NAT 服务。

（2）配置动态 NAPT 服务。

任务实施

1．安装 NAT 服务

（1）在【服务器管理器】窗口中，单击【添加角色和功能】链接，如图 11-16 所示。

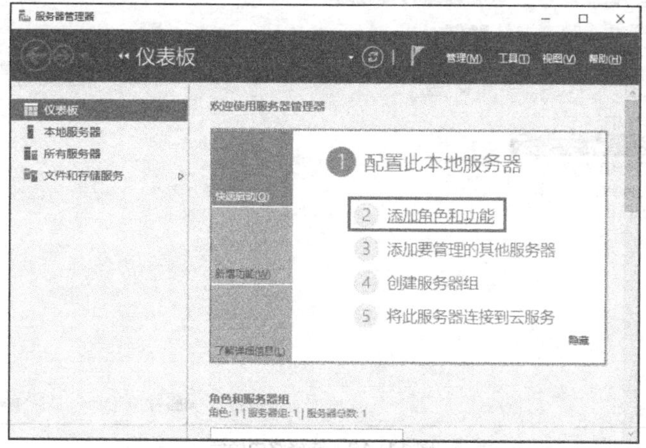

图 11-16 【服务器管理器】窗口

（2）在打开的【添加角色和功能向导】窗口的【选择安装类型】界面中，选择【基于角色或基于功能的安装】单选项，单击【下一步】按钮。

（3）在【选择目标服务器】界面中，保持默认配置并单击【下一步】按钮。

（4）在【选择服务器角色】界面中，勾选【远程访问】复选框，如图 11-17 所示，并单击【下一步】按钮。

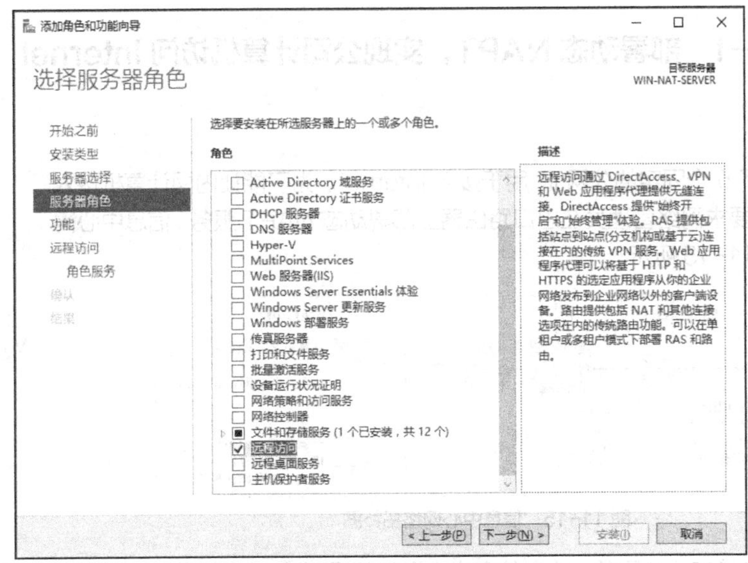

图 11-17 添加远程访问角色

（5）在【选择功能】界面中，保持默认配置并单击【下一步】按钮。

（6）在【远程访问】界面中直接单击【下一步】按钮。

（7）在【选择角色服务】界面中，勾选【DirectAccess 和 VPN（RAS）】和【路由】两个复选框，如图 11-18 所示。在弹出的对话框中，单击【添加功能】按钮，如图 11-19 所示，然后再单击【下一步】按钮。

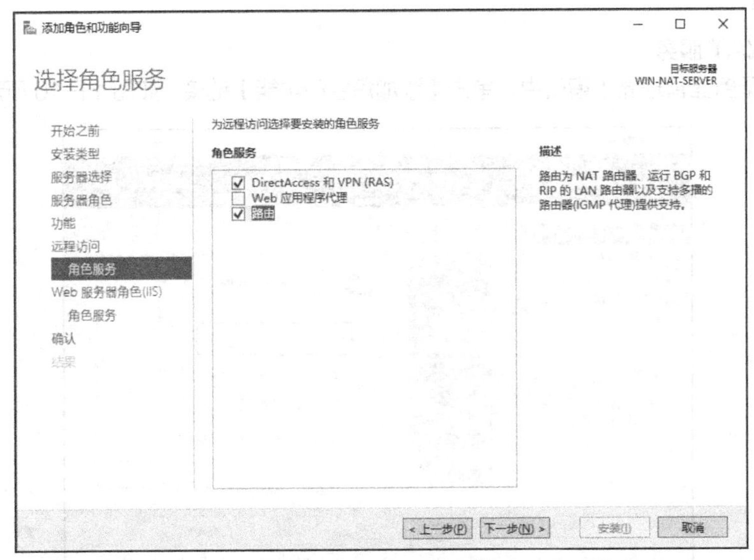

图 11-18 选择路由角色

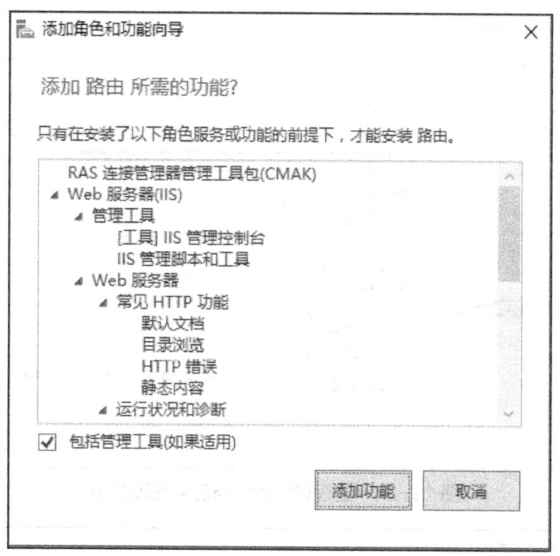

图 11-19　添加路由所需的功能

（8）在【Web 服务器角色(IIS)】界面中单击【下一步】按钮。

（9）在【选择角色服务】界面中，保持默认配置并单击【下一步】按钮。

（10）在【确认安装所选内容】界面中单击【安装】按钮，开始安装，如图 11-20 所示。

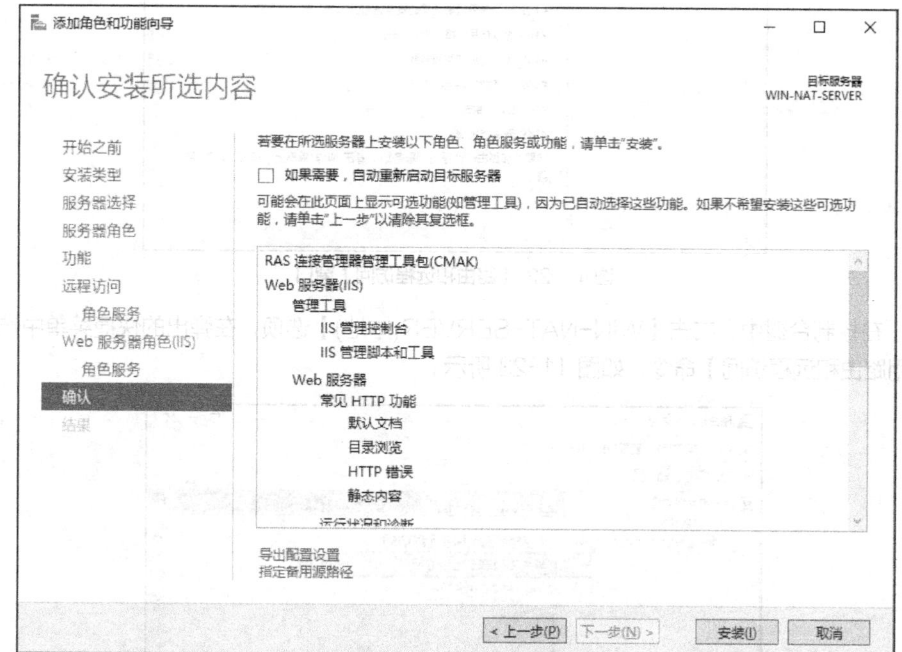

图 11-20　添加角色确认界面

（11）安装完成后，结果如图 11-21 所示，表示远程访问角色与功能安装成功。

2. 配置动态 NAPT 服务

（1）在【服务器管理器】窗口中，选择【工具】下拉菜单中的【路由和远程访问】选项，打开图 11-22 所示的【路由和远程访问】窗口。

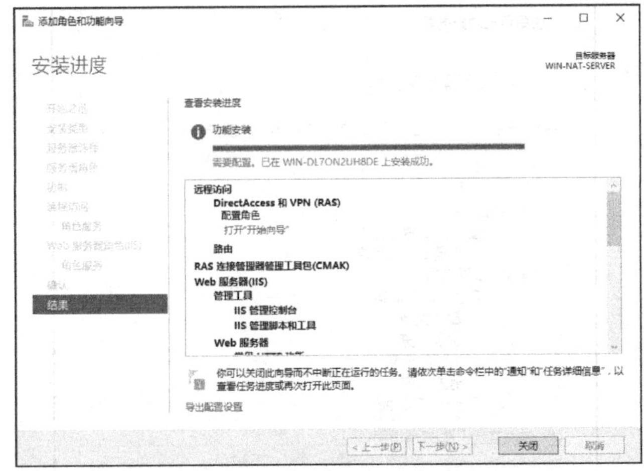

图 11-21　远程访问角色与功能安装成功

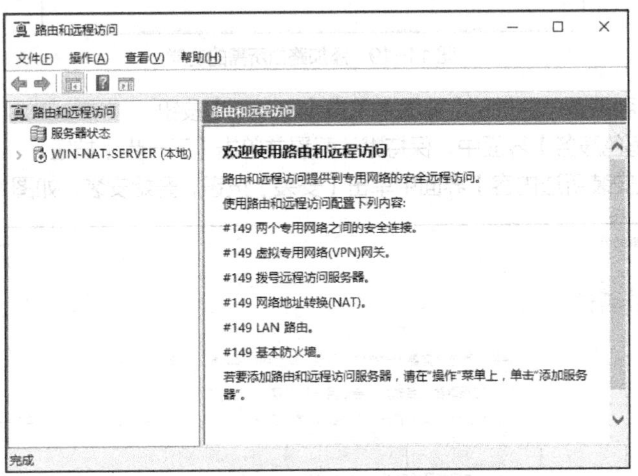

图 11-22 【路由和远程访问】窗口

（2）在控制台树中，右击【WIN-NAT-SERVER(本地)】选项，在弹出的快捷菜单中选择【配置并启用路由和远程访问】命令，如图 11-23 所示。

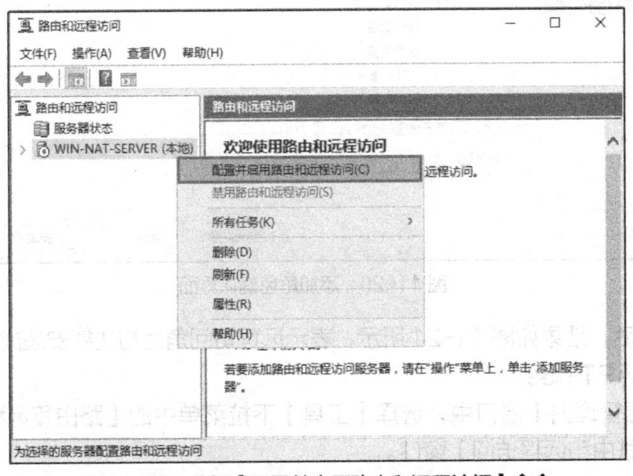

图 11-23　选择【配置并启用路由和远程访问】命令

（3）在弹出的【路由和远程访问服务器安装向导】对话框中，单击【下一步】按钮。

（4）在【配置】界面中，选择【网络地址转换(NAT)】单选项，然后单击【下一步】按钮，如图 11-24 所示。

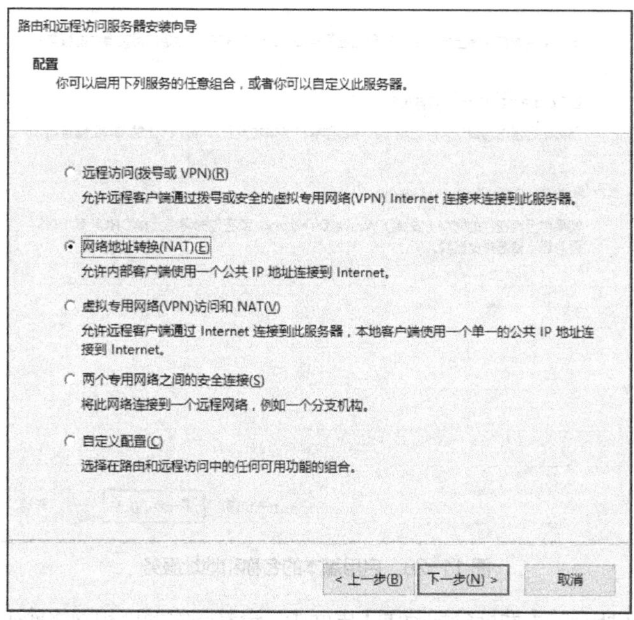

图 11-24　新建 NAT

（5）在【NAT Internet 连接】界面中，选择【使用此公共接口连接到 Internet】单选项，然后选择路由器连接外网的网卡，最后单击【下一步】按钮，如图 11-25 所示。

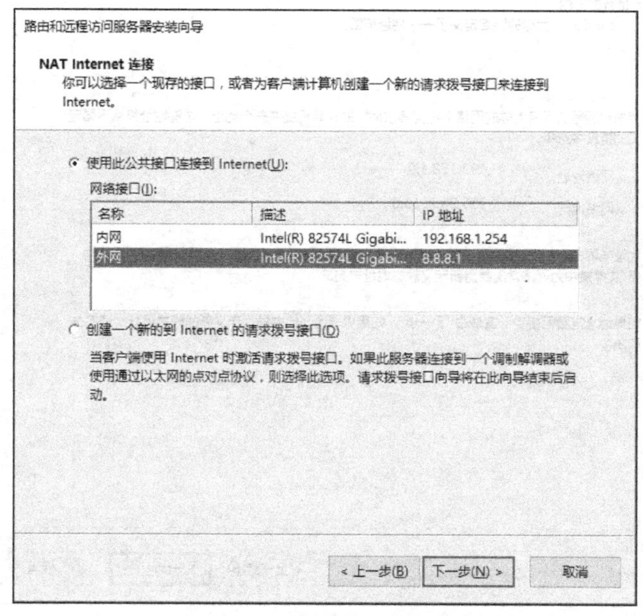

图 11-25　选择 NAT 外网接口

（6）在【名称和地址转换服务】界面中，选择【启用基本的名称和地址服务】单选项，然后单击【下一步】按钮，如图 11-26 所示。

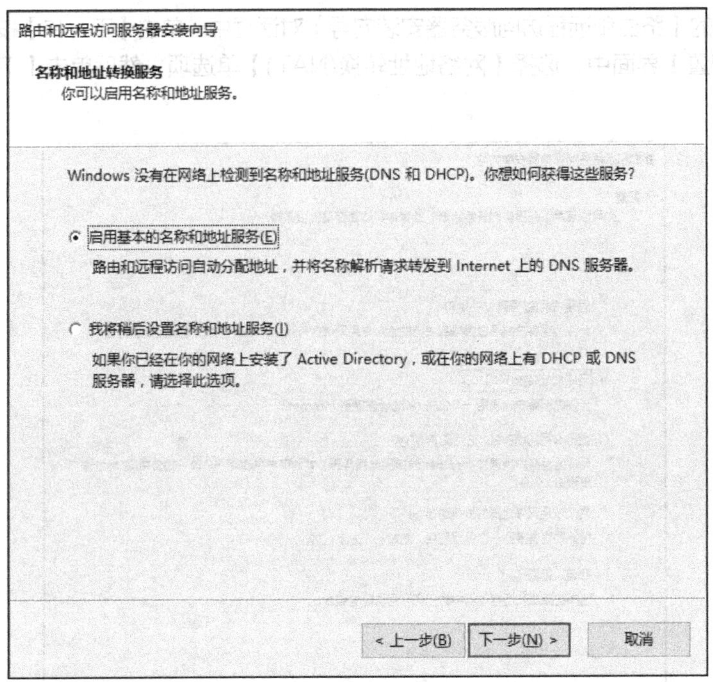

图 11-26 启用基本的名称和地址服务

(7)在图 11-27 所示的【地址分配范围】界面中，查看网络地址和网络掩码的分配范围，确认无误后，单击【下一步】按钮。

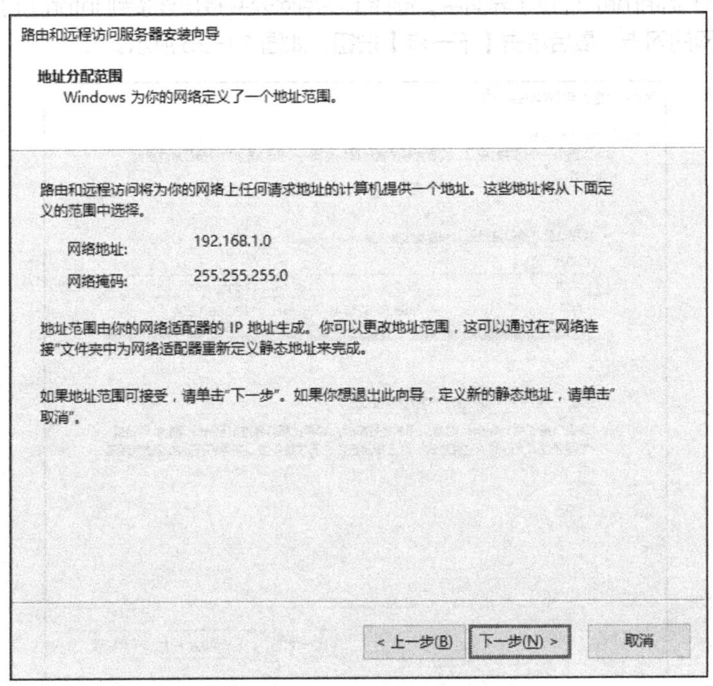

图 11-27 【地址分配范围】界面

(8)确认图 11-28 所示的摘要内容无误后，单击【完成】按钮，完成动态 NAPT 的配置。

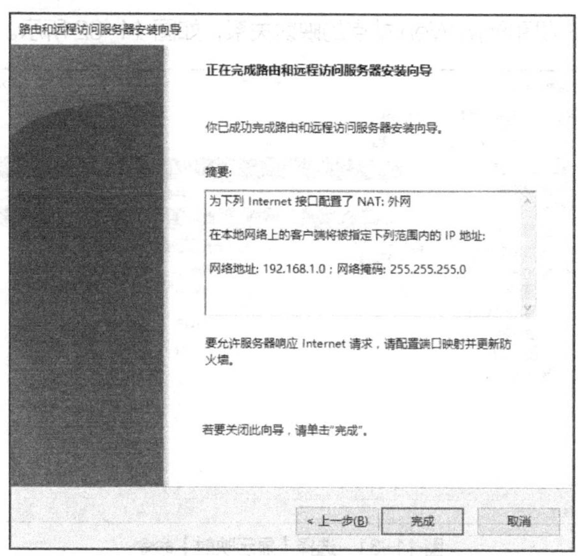

图 11-28 【路由和远程访问服务器安装向导】的摘要

任务验证

（1）在公司客户机（WIN-CLIENT）的命令提示符窗口中，执行 ping 8.8.8.10 命令，测试与外网 Web 服务器 8.8.8.10 的连通性，结果如图 11-29 所示。该结果表示内网客户机和外网 Web 服务器可以正常通信。

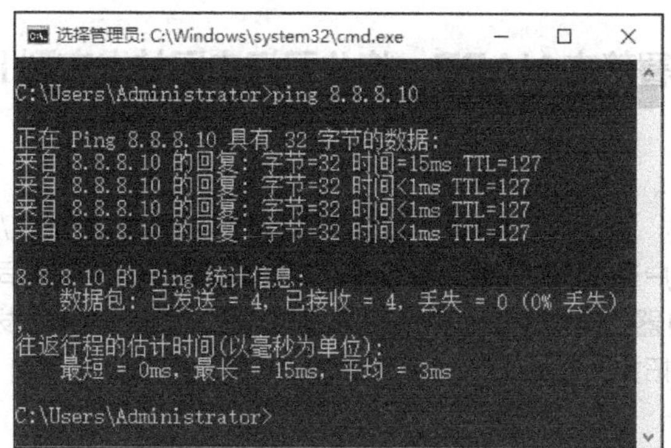

图 11-29 测试内网客户机与外网 Web 服务器的连通性

（2）通过客户机的浏览器访问 Web 服务器，在浏览器上输入网址 http://8.8.8.10/，结果显示可以正常访问外部网站，如图 11-30 所示。

图 11-30 访问外部网站

（3）打开 NAT 服务器的【路由和远程访问】窗口，在图 11-31 所示的【外网】接口的右键快捷菜单中，选择【显示映射】命令，在弹出的【WIN-NAT-SERVER-网络地址转换会话映射表格】对话框中可以看到内网客户机和外网 Web 站点的映射关系，如图 11-32 所示。

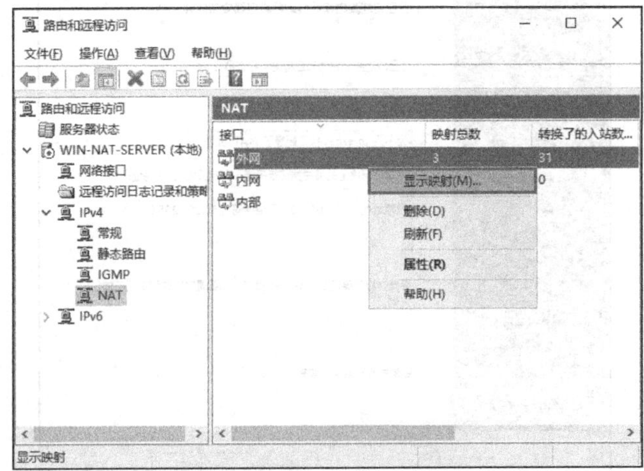

图 11-31 选择【显示映射】命令

WIN-NAT-SERVER - 网络地址转换会话映射表格

协议	方向	专用地址	专用端口	公用地址	公用端口	远程地址	远程端口	空闲时间
TCP	出站	192.168.1.100	49,688	8.8.8.1	62,098	8.8.8.10	80	31
TCP	出站	192.168.1.100	49,689	8.8.8.1	62,099	8.8.8.10	80	31

图 11-32 显示地址转换映射表

任务 11-2 部署静态 NAPT，将公司门户网站发布到 Internet 上

任务规划

公司在信息中心的 Web 服务器上部署了公司门户网站（http://192.168.1.3:80），为方便客户通过门户网站了解公司产品和办理相关业务，公司要求网络管理员在出口路由器上部署静态 NAPT 服务，将公司门户网站发布到 Internet。信息中心网络拓扑图如图 11-33 所示。

V11-2 任务 11-2 演示视频

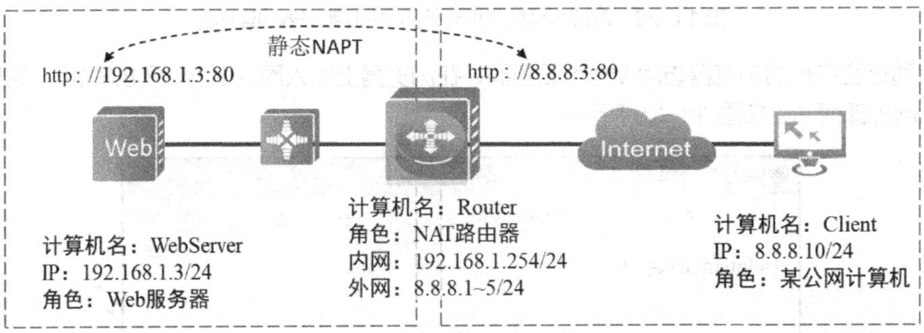

图 11-33 信息中心网络拓扑图

路由器的静态 NAPT 功能可以实现将内网计算机上的特定服务永久映射到外网，这些服务通常为 FTP、Web、流媒体、邮件等。这样，外网计算机就可以通过访问其映射的外网地址访问到这些服务了。在 Windows Server 2016 系统上部署静态 NAPT 服务的主要步骤如下。

（1）配置 NAT 的 IP 地址池。
（2）配置静态 NAPT 映射。

任务实施

1. 配置 NAT 的 IP 地址池

（1）打开【路由和远程访问】窗口，如图 11-34 所示，单击左侧控制台树中【IPv4】下的【NAT】选项，查看 NAT 的管理界面。

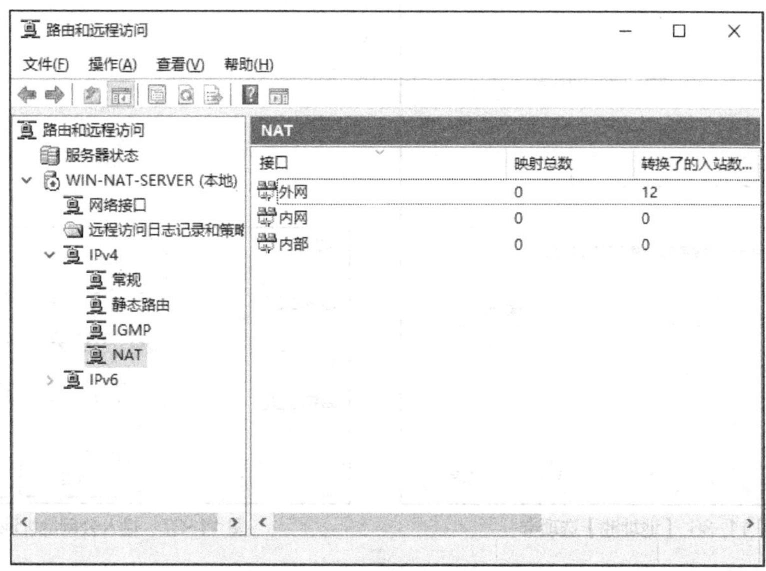

图 11-34 【路由和远程访问】窗口

（2）在【外网】接口的右键快捷菜单中选择【属性】命令，如图 11-35 所示。

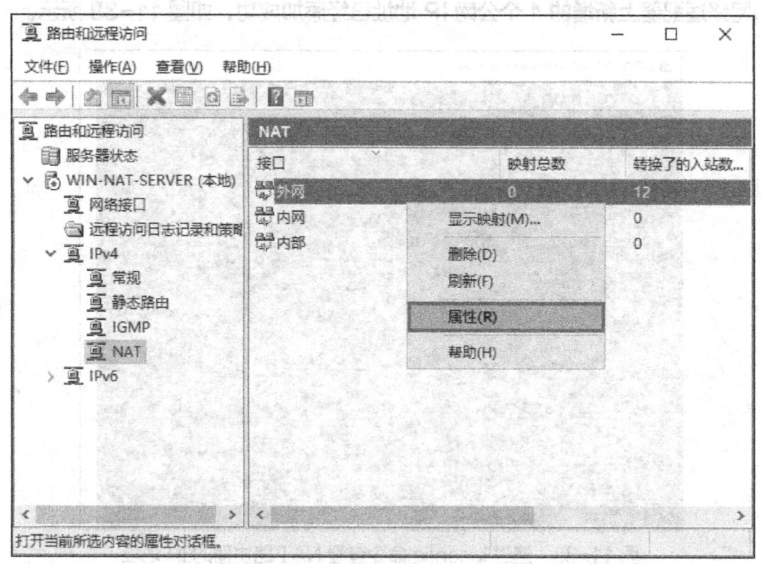

图 11-35 选择【属性】命令

（3）在弹出的【外网 属性】对话框中选择【地址池】选项卡，如图 11-36 所示。

（4）单击【添加】按钮，在弹出的【添加地址池】对话框中输入路由器的公网地址池：【起始地址】

为 8.8.8.2，【结束地址】为 8.8.8.5，【掩码】为 255.255.255.0，如图 11-37 所示。然后单击【确定】按钮，完成 IP 地址池的配置。

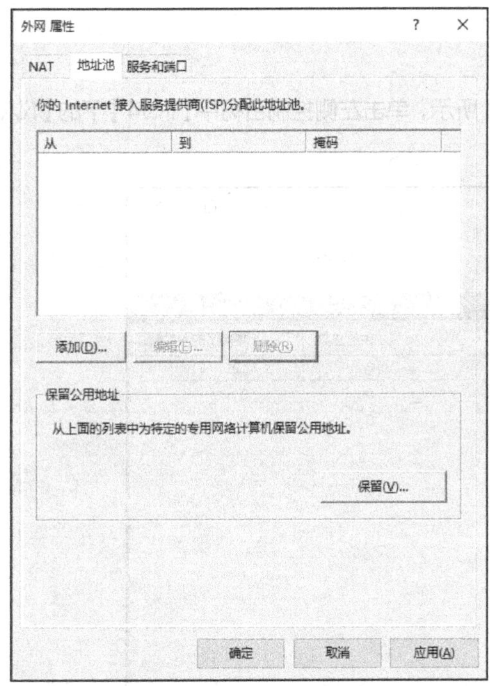

图 11-36 【地址池】选项卡

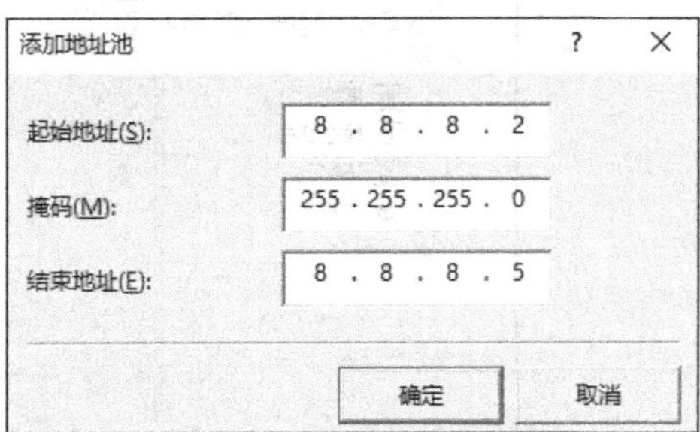

图 11-37 输入公网地址池

注意 **在配置 IP 地址池前，要确认 NAT 服务器的外网网络适配器添加了 8.8.8.2~8.8.8.5 这 4 个公网 IP 地址。管理员在命令提示符窗口中执行 ipconfig 命令，可以看到 NAT 服务器的外网网络适配器上新增的 4 个公网 IP 地址已经添加成功，如图 11-38 所示。**

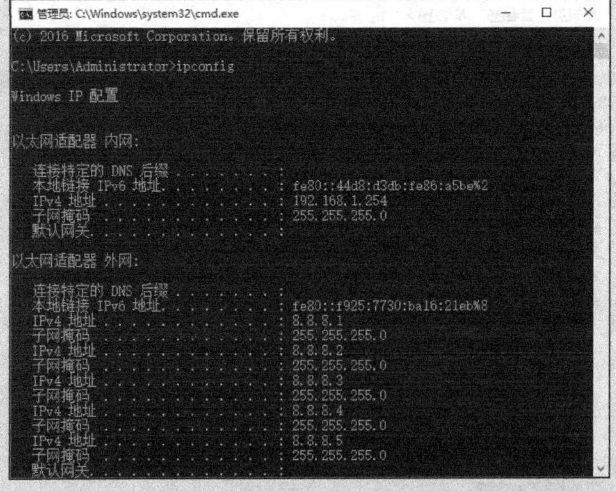

图 11-38 通过 ipconfig 命令查看 NAT 路由器的 IP 地址

2. 配置静态 NAPT 映射

（1）在【外网 属性】对话框中选择【服务和端口】选项卡，如图 11-39 所示。

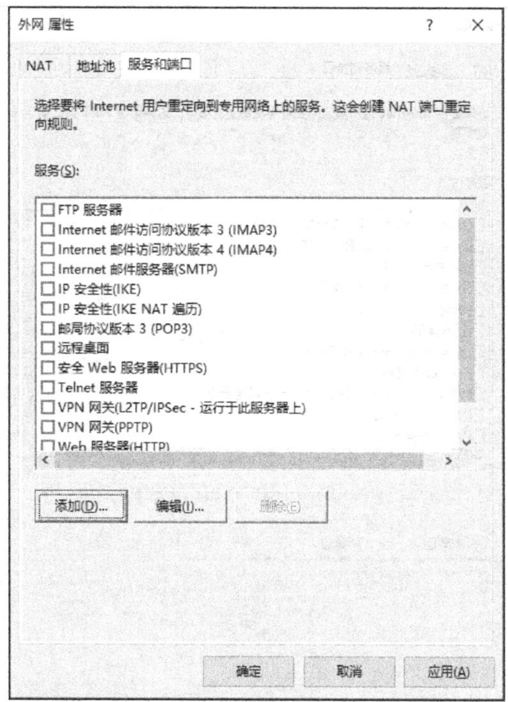

图 11-39　选择【服务和端口】选项卡

（2）单击【添加】按钮，在弹出的【添加服务】对话框中设置服务描述、公网映射的 IP 地址及端口号、内网 Web 服务器的 IP 地址及端口号、协议类型等信息，如图 11-40 所示。

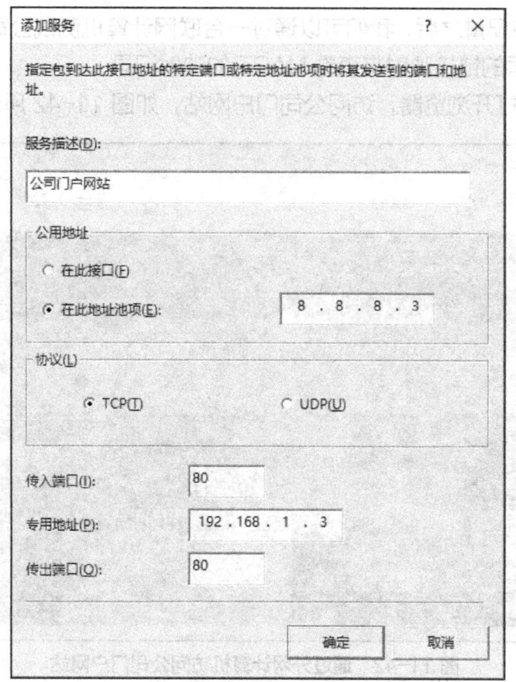

图 11-40　配置静态 NAPT 的 Web 映射

（3）单击【确定】按钮，完成静态 NAPT 的配置，如图 11-41 所示。

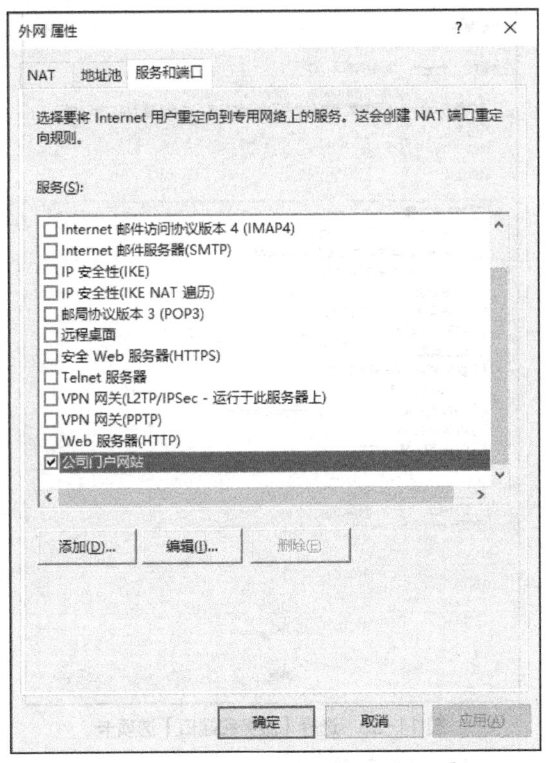

图 11-41　配置完静态 NAPT 的【服务和端口】选项卡

任务验证

在完成静态 NAPT 的配置之后，我们可以通过一台联网计算机测试公司网站的访问情况，同时也可以通过监视 NAT 服务器的链接映射来查看 NAPT 的映射记录。

（1）在外网计算机上打开浏览器，访问公司门户网站，如图 11-42 所示。

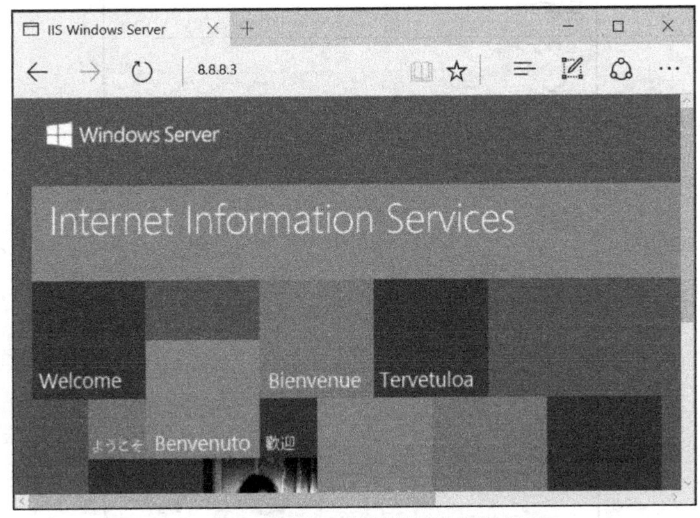

图 11-42　通过外网计算机访问公司门户网站

（2）回到 NAT 服务器，在图 11-43 所示的【外网】接口的右键快捷菜单中选择【显示映射】命令。

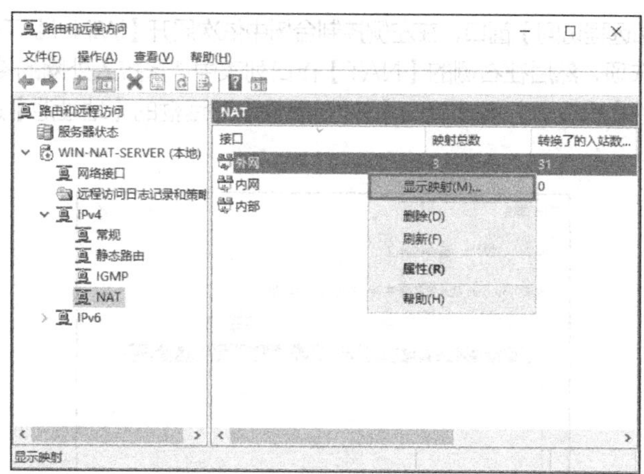

图 11-43　选择【显示映射】命令

（3）从弹出的【WIN-NAT-SERVER-网络地址转换会话映射表格】对话框中，可以看到图 11-44 所示的外网计算机、NAT 服务器和内网 Web 服务器的地址映射结果。

WIN-NAT-SERVER - 网络地址转换会话映射表格

协议	方向	专用地址	专用端口	公用地址	公用端口	远程地址	远程端口	空闲时间
TCP	入站	192.168.1.3	80	8.8.8.3	80	8.8.8.10	49,160	9

图 11-44　查看网络地址转换会话映射表

任务 11-3　部署静态 NAT，将 FTP 服务器发布到 Internet 上

任务规划

公司在信息中心的 FTP 服务器兼具一些非 TCP 和 UDP 的服务。公司要求网络管理员在出口路由器上部署静态 NAT 服务，以保证公司员工在家中或出差等不在办公区的情况下也能访问这些服务。信息中心网络拓扑图如图 11-45 所示。

V11-3　任务 11-3
演示视频

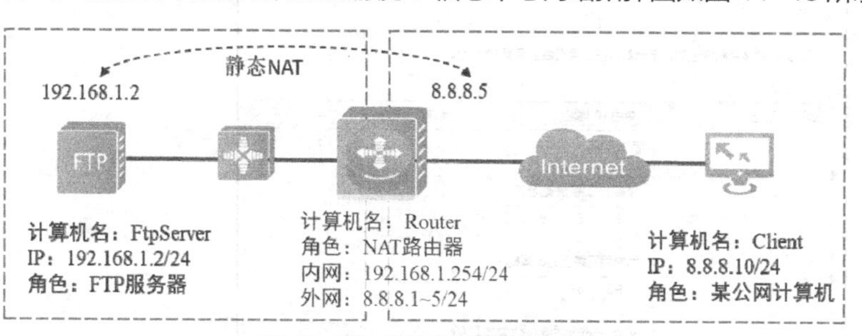

图 11-45　信息中心网络拓扑图

路由器的静态 NAT 功能可以实现将内网计算机永久映射到外网。这样，外网计算机就可以通过访问内网计算机映射到的外网 IP 地址来对内网进行访问。在 Windows Server 2016 系统上部署静态 NAT 服务主要通过配置静态 NAT 映射来实现。

任务实施

在任务 11-2 中，管理员已经在 NAT 服务器上部署了 IP 地址池，因此本任务可以直接进行静态 NAT 的配置。

（1）打开【路由和远程访问】窗口，在左侧控制台树中依次展开【WIN-NAT-SERVER(本地)】→【IPV4】→【NAT】选项，然后在右侧的【NAT】接口列表中选择接入外网的接口，在该接口的右键快捷菜单中选择【属性】命令，打开该接口【外网 属性】对话框的【地址池】选项卡，如图 11-46 所示。

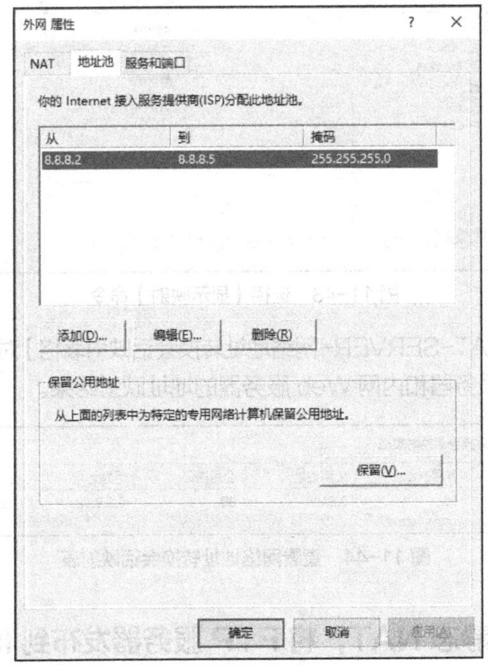

图 11-46 【外网 属性】对话框

（2）单击【保留】按钮，在弹出的【地址保留】对话框中单击【添加】按钮，在弹出的【添加保留】对话框中输入公网（公用）IP 地址 8.8.8.5，内网（专用网络）IP 地址 192.168.1.2，并勾选【允许将会话传入到此地址】复选框，如图 11-47 所示。

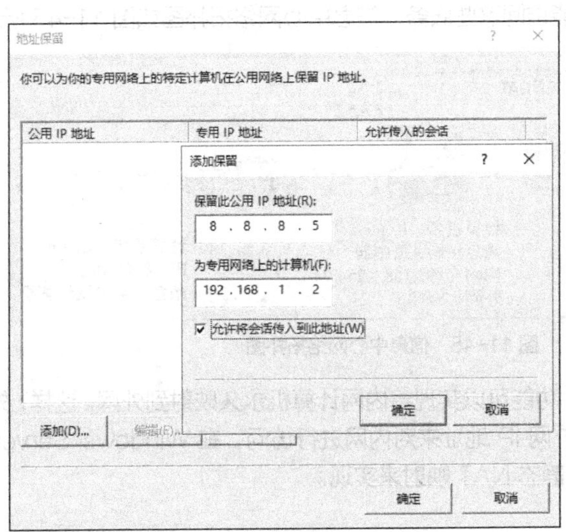

图 11-47 【地址保留】对话框

（3）连续单击【确定】按钮，返回【路由和远程访问】窗口，完成静态 NAT 的配置。

注意 勾选【允许将会话传入到此地址】复选框，则表示外网计算机可以先与内网计算机建立连接，以访问内网计算机的服务；如果不可选该复选框，则表示外网计算机不能先与内网计算机建立连接，因此，外网计算机在没有和内网计算机建立连接的情况下，不能访问内网计算机的服务。

任务验证

完成静态 NAT 的配置后，我们可以通过一台联网计算机测试公司 FTP 服务器的访问情况，测试方式包括访问其 FTP 站点、远程桌面登录等。访问成功后还可以在 NAT 服务器上查看地址映射表。

（1）在外网客户机上打开命令提示符窗口，执行 ping 8.8.8.5 命令，结果如图 11-48 所示。

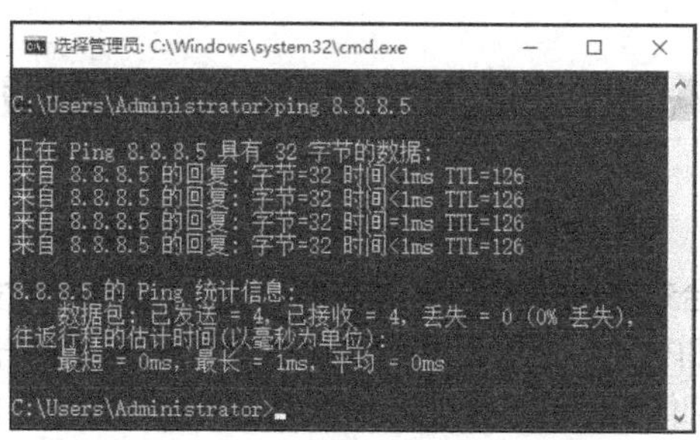

图 11-48　通过 ping 命令测试公司 FTP 服务器

从 ping 命令返回的 TTL 值可以看出，它经过了 1 台路由器的转发（TTL 原值为 127 且测试客户机也是 8.8.8.0/24 网段），根据网络拓扑，可以确定 NAT 转换成功。

（2）使用浏览器访问 FTP 服务器的 Web 服务，如图 11-49 所示，结果显示 NAT 转换成功。

图 11-49　访问 FTP 服务器网站

（3）使用外网计算机通过远程桌面链接工具登录到公司 FTP 服务器，结果如图 11-50 所示，证明 NAT 转换成功。

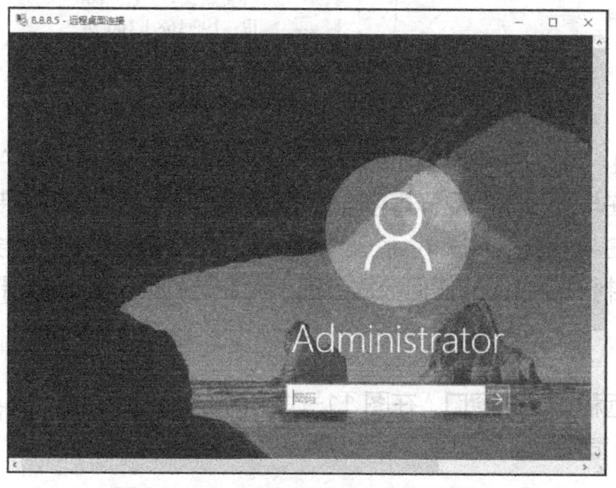

图 11-50　远程登录公司 FTP 服务器

（4）回到 NAT 服务器，在【外网】接口的右键快捷菜单中选择【显示映射】命令，在打开的【ROUTER-网络地址转换会话映射表格】对话框中可以看到互联网客户端和内网服务器的多条映射记录，如图 11-51 所示。

ROUTER - 网络地址转换会话映射表格

协议	方向	专用地址	专用端口	公用地址	公用端口	远程地址	远程端口	空闲时间
TCP	入站	192.168.1.2	80	8.8.8.5	80	8.8.8.11	49,170	41
TCP	入站	192.168.1.2	80	8.8.8.5	80	8.8.8.11	49,171	41
TCP	入站	192.168.1.2	80	8.8.8.5	80	8.8.8.11	49,172	41

图 11-51　网络地址转换会话映射表格

任务 11-4　部署 ACL，限制其他部门访问财务部服务器

任务规划

公司在财务部部署了一台专属服务器（192.168.3.1）作为公司的财务系统服务器，该服务器仅允许财务部内部人员访问。公司要求网络管理员在财务部出口路由器上配置 ACL，限制其他部门访问该服务器，公司网络拓扑图如图 11-52 所示。

V11-4　任务 11-4
演示视频

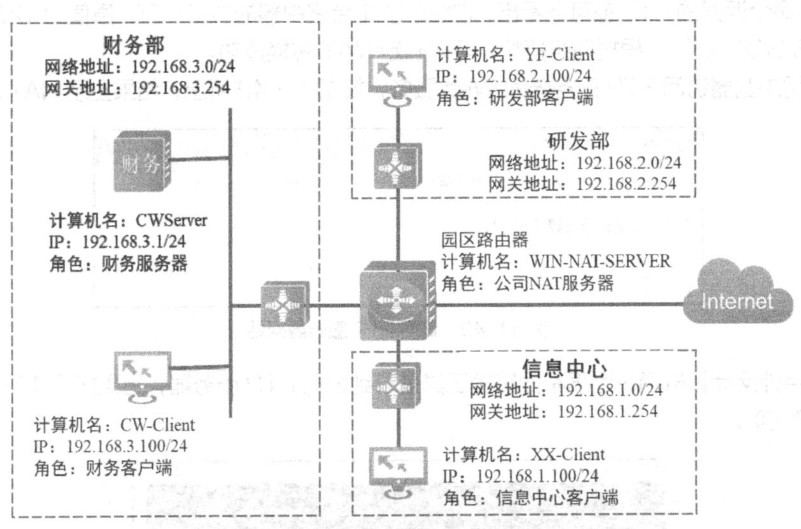

图 11-52　公司网络拓扑图

路由器的 ACL 功能，可以在网络层和传输层限制各子网间的通信。在 ACL 的配置上，通常采用就近原则进行部署，即在与受限制的目标直接连接的路由接口上配置访问控制列表。

因此，本任务可以在 Windows Server 2016 系统的路由和远程访问服务中的与财务部直接连接的网卡上配置 ACL，限制入口方向的任何数据包都不允许访问财务部服务器。

任务实施

（1）打开【路由和远程访问】窗口，在图 11-53 所示的界面中，右击【财务部】接口，在弹出的快捷菜单中选择【属性】命令。

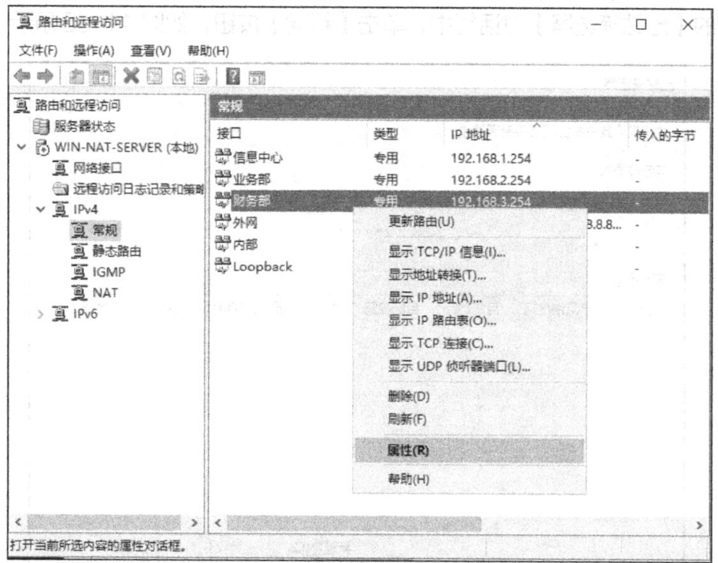

图 11-53 【路由和远程访问】窗口

（2）在弹出的图 11-54 所示的【财务部 属性】对话框中，单击【出站筛选器】按钮。

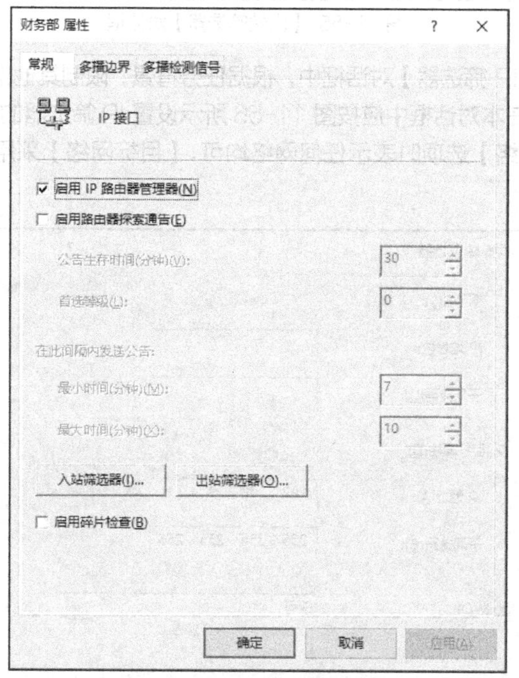

图 11-54 【财务部 属性】对话框

备注 管理员可以根据业务需要选择入站筛选或出站筛选，两者有不同的应用场景，举例如下。

例 1：如果要限制财务部不能访问其他网络，则可以设置入站筛选，限制财务部不能访问任何网络。

例 2：如果要限制业务部不能访问财务部，则可以设置出站筛选，限制业务部不能访问财务部。

（3）在打开的【出站筛选器】对话框中，单击【新建】按钮，如图 11-55 所示。

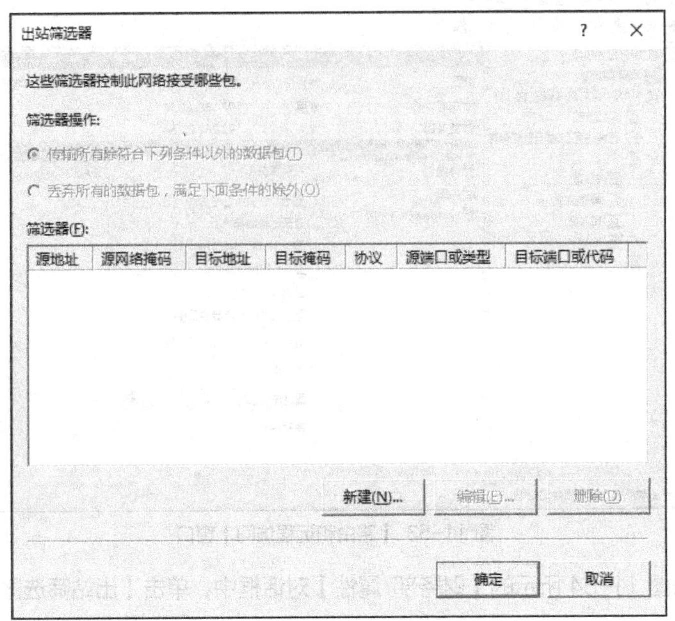

图 11-55 【出站筛选器】对话框

（4）在弹出的【添加 IP 筛选器】对话框中，根据任务背景，限制其他部门不能访问财务部服务器（192.168.3.1）。因此，在本对话框中应按图 11-56 所示设置 IP 筛选器的操作规则。

其中，不指定【源网络】选项时表示任何网络均可，【目标网络】采用 32 位的掩码表示目标为一具体的 IP 地址。

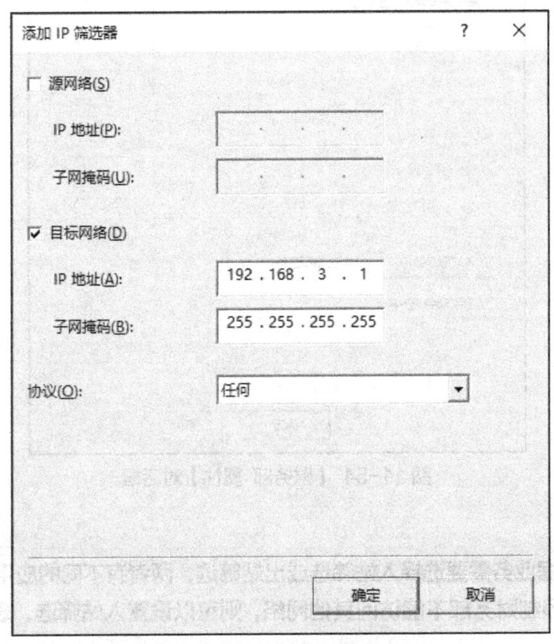

图 11-56 【添加 IP 筛选器】对话框

（5）单击【确定】按钮后，将返回【出站筛选器】对话框，如图 11-57 所示。单选项【传输所有除符合下列条件以外的数据包】默认为选中状态。根据任务背景，该选项正好满足任务要求。

（6）单击【确定】按钮，完成 ACL 的配置。

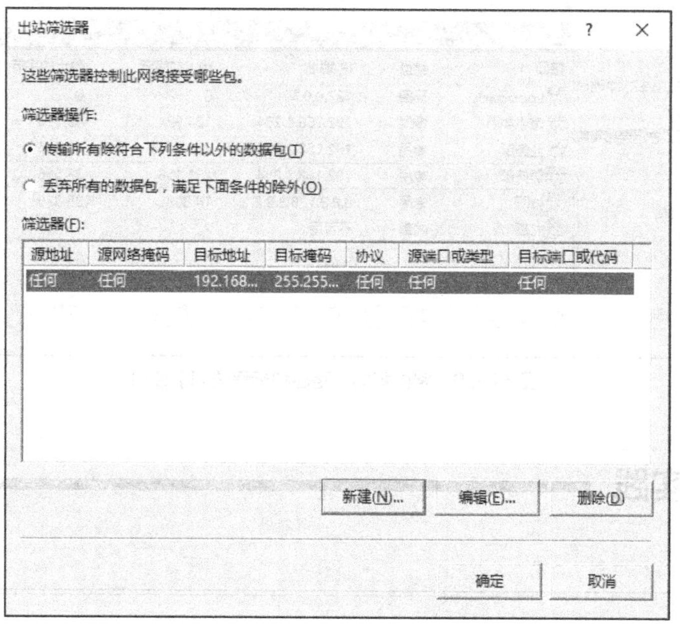

图 11-57 【出站筛选器】对话框

任务验证

（1）公司其他部门的客户机通过执行 ping 192.168.3.100 命令访问财务部的一台客户机时，可以连通；而公司其他部门的客户机通过执行 ping 192.168.3.1 命令访问财务部的服务器时，无法连通。这说明路由器丢弃了其他部门的客户机访问财务部服务器的数据包，结果如图 11-58 所示。

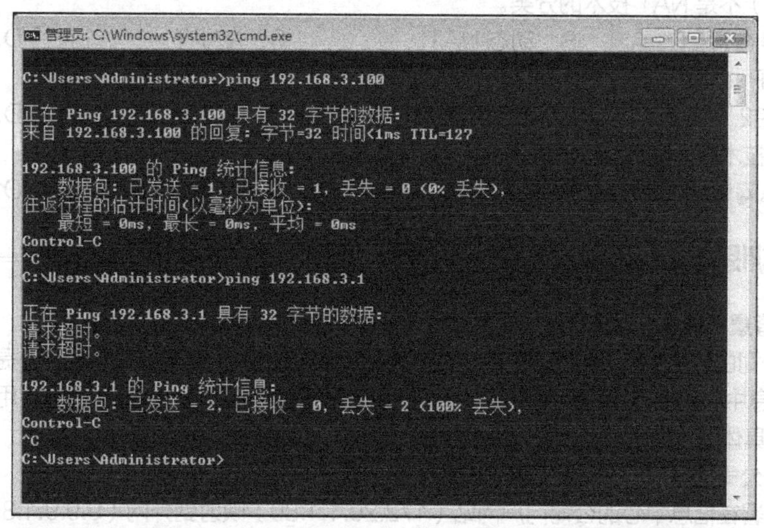

图 11-58 公司其他部门的客户机和财务部客户机分别测试与财务部服务器的连通性

（2）在路由器的【路由和远程访问】窗口中，可以看到【财务部】接口启用了【静态筛选器】选项，如图 11-59 所示。

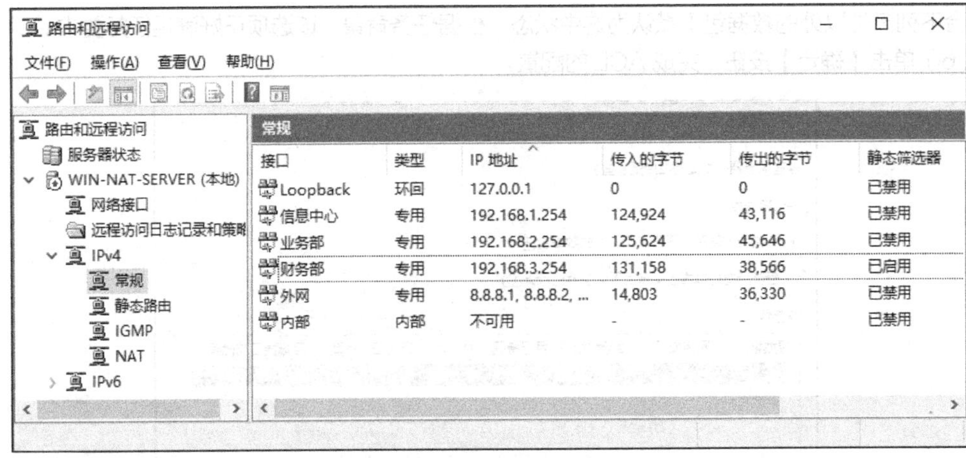

图 11-59 路由器的【路由和远程访问】窗口

练习与实践

理论习题

1. NAT 的英文全称是 Network Address Translation，中文意思为（　　）。
   A. 网络地址转换　　B. 域名解析
   C. 收发电子邮件　　D. 提供浏览网页服务
2. 不能实现网络地址转换的设备是（　　）。
   A. 二层交换机　　B. 三层交换机　　C. 路由器　　D. 防火墙
3. （　　）不是 NAT 技术的分类。
   A. 静态 NAT　　B. 动态 NAT　　C. NAPT　　D. 全面 NAT
4. 以下 IP 地址中，属于私网 IP 的是（　　）。
   A. 192.169.1.1　　B. 11.10.1.1　　C. 172.31.1.1　　D. 172.32.1.1
5. NAT 技术在一定程度上解决了（　　）不足的问题。
   A. 私网地址　　B. 公网地址　　C. TCP 端口　　D. UDP 端口

项目实训题

1. 项目背景与要求

Jan16 公司由信息中心、财务部和其他部门组成。随着公司业务发展，需要对外提供门户网站等服务，因此信息中心对原有网络重新进行了规划，并向运营商租用了 6 个公网 IP 地址用于满足公司网络接入需求，具体要求如下。

（1）允许公司所有部门的计算机访问外网。

（2）将部署在信息中心的公司门户网站（172.20.1.1:80）映射到外网（9.9.9.1:80）。

（3）将部署在信息中心的 FTP 服务器（172.21.1.1）提供给财务部使用。

（4）财务部的 CWServer 仅提供内网域名访问服务，同时禁止其他部门（含信息中心）计算机访问财务部的 CWServer（172.21.1.1）。

（5）用户在内网和公网访问公司网站均可通过域名（www.Jan16.com）访问。

（6）用户在公司内部可以访问公网 DNS 服务器（dns114.com）。

公司的网络拓扑图如图 11-60 所示。

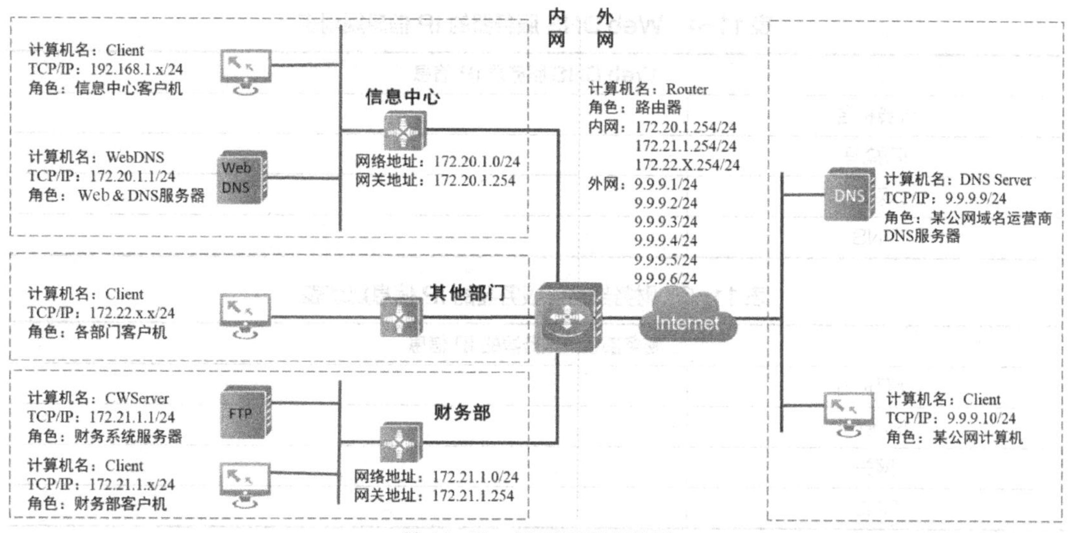

图 11-60 公司的网络拓扑图

公司拓扑详细信息如下。

（1）将公司网络规划为 3 个网段，分别为 172.20.1.0/24、172.21.1.0/24 和 172.22.1.0/24，内网私有 IP 规划如表 11-1 所示。

表 11-1 公司内网私有 IP 规划表

部门	内网私有 IP 网段
信息中心	172.20.1.0/24
财务部	172.21.1.0/24
其他部门	172.22.1.0/24

（2）为方便员工和客户访问公司资源，信息中心部署了 Web、FTP 和 DNS 服务，详细信息如表 11-2 所示。

表 11-2 公司内网域名和 IP 信息表

域名	IP 地址	角色	内网计算机名称
WWW.Jan16.com	172.20.1.1	Web 服务器	Web
DNS.Jan16.com	172.20.1.1	DNS 服务器	DNS
FTP.Jan16.com	172.21.1.1	财务部 FTP 服务器	FTP

（3）某公网运营商为公司提供了公网域名和 IP 地址租用服务，公网 DNS 服务器注册的域名信息如表 11-3 所示。

表 11-3 公网 DNS 服务器注册的域名信息表

域名	IP 地址	NAT 方式	应用
WWW.Jan16.com	9.9.9.1	静态 NAPT	公司网站
DNS114.com	9.9.9.9	—	公网 DNS 服务器

2. 项目实施要求

（1）根据项目拓扑背景，补充完成表 11-4 和表 11-5 中列出的服务器的 TCP/IP 相关配置信息。

表 11-4 Web DNS 服务器的 IP 信息规划表

Web DNS 服务器 IP 信息	
计算机名	
IP/掩码	
网关	
DNS	

表 11-5 财务部系统服务器的 IP 信息规划表

财务部系统服务器的 IP 信息	
计算机名	
IP/掩码	
网关	
DNS	

（2）根据项目要求，给各计算机配置 IP、DNS、路由等，实现相互通信和服务发布。（至少要运行 4 台服务器，如果实训硬件配置不足，其他客户机可以省略）。完成后，执行以下操作。

① 在内网 DNS 服务器截取 DNS 服务器管理器中的转发器配置界面。

② 在内网 DNS 服务器截取 DNS 服务器管理器中的正向查找区域所有区域的管理界面。

③ 在公网 DNS 服务器截取 DNS 服务器管理器中的正向查找区域所有区域的管理界面。

④ 截取在内网 Web DNS 服务器的命令提示符窗口中执行 ping www.jan16.com 的结果。

⑤ 截取在公网 DNS 服务器的命令提示符窗口中执行 ping www.jan16.com 的结果界面。

⑥ 截取在内网 Web DNS 服务器的命令提示符窗口中执行 ftp ftp.jan16.com 的结果界面。

⑦ 截取在内网 Web DNS 服务器的命令提示符窗口中执行 ping dns114.com 的结果界面。

⑧ 截取在路由器 Router 的命令提示符窗口中执行 Route Print 的结果界面。

⑨ 在路由器 Router 的【路由与远程访问】窗口中截取 NAT 配置的主要界面（至少包括地址池、映射关系、ACL 等关键信息）。

项目12

部署企业邮件服务

12

[项目学习目标]

（1）掌握POP3和SMTP服务的概念与应用。
（2）掌握电子邮件系统的工作原理与应用。
（3）掌握商用WinWebMail邮件服务产品的部署与应用。
（4）掌握企业网邮件服务的部署业务实施流程。

项目描述

Jan16 公司员工早期都是使用个人邮箱与客户沟通，当公司员工离职后，客户便很难通过原邮件地址与公司内部取得联系，这往往造成沟通不畅，从而导致客户体验感降低甚至客户流失。公司期望部署企业邮箱系统，统一邮件服务地址，实现岗位与企业邮件系统的对接，这样人事变动就不会影响客户黏性。公司邮件服务网络拓扑图如图 12-1 所示。

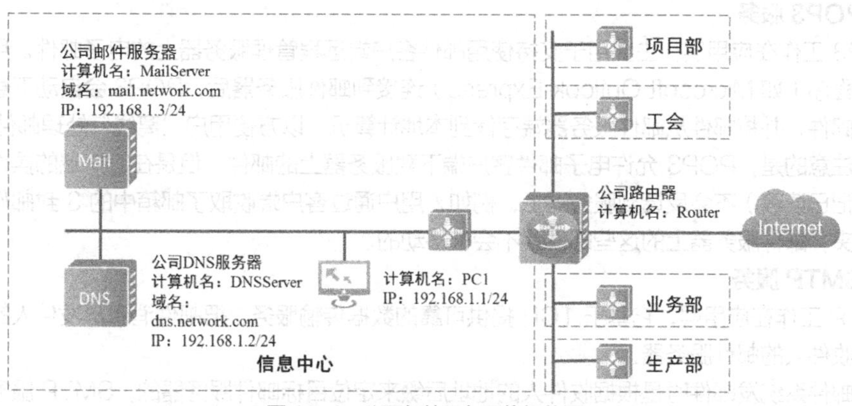

图 12-1 公司邮件服务网络拓扑图

信息中心目前有两套邮件服务解决方案，分别如下。

（1）使用 Windows Server 2016 服务器上的 POP3 和 SMTP 角色和功能，实现邮件服务的部署。

（2）使用第三方邮件服务软件 WinWebMail，实现邮件服务的部署。

公司要求系统管理员在服务器上分别部署这两套方案，然后让决策部门分别体验这两种邮件服务，再通过综合对比，最终确定公司邮件服务产品的实施方案。

项目分析

电子邮件服务需要在服务器上安装电子邮件服务角色和功能，目前被广泛采用的电子邮件服务软件有 WinWebMail、Microsoft Exchange、Microsoft POP3 和 SMTP 等。

电子邮件基于域名进行通信，该服务需要 DNS 服务的支持。因此，网络管理员需要在 DNS 服务器注册邮件服务相关域名信息，然后在此基础上搭建公司的邮件服务。

根据该公司邮件服务网络拓扑和项目背景，本项目将通过以下两种方案部署公司的邮件服务。

（1）Windows Server 2016 电子邮件服务的安装与配置：在 Windows Server 2016 服务器上安装 POP3 和 SMTP 角色和功能实现邮件服务的部署，并在 DNS 服务器注册邮件服务相关域名信息实现邮件服务。

（2）WinWebMail 邮件服务器的安装及配置：在 Windows Server 2016 服务器上安装 WinWebMail 邮件服务器软件，并在 DNS 服务器注册邮件服务相关域名信息，实现第三方邮件服务的部署。（注：WinWebMail 不是微软自带的组件，需要单独下载。）

相关知识

电子邮件系统是互联网重要的服务之一，几乎所有的互联网用户都有自己的邮箱地址。电子邮件服务可以实现用户间的交流与沟通，甚至可以实现身份验证、电子支付等功能，大部分 ISP 提供了免费的邮件服务功能，电子邮件服务是基于邮局协议版本 3（Post Office Protocol - Version 3，POP3）和简单邮件传输协议（Simple Mail Transfer Protocol，SMTP）工作的。

12.1 POP3服务与 SMTP 服务

1. POP3 服务

POP3 工作在应用层，主要用于支持使用邮件客户端远程管理服务器上的电子邮件。用户调用邮件客户端程序（如 Microsoft Outlook Express）连接到邮件服务器后，POP3 会自动下载所有未阅读的电子邮件，并将邮件从邮件服务器端存储到本地计算机，以方便用户“离线”处理邮件。

需要注意的是，POP3 允许电子邮件客户端下载服务器上的邮件，但是在客户端的操作（如移动邮件、标记已读等）不会反馈到服务器上。例如，用户通过客户端收取了邮箱中的 3 封邮件并移动到其他文件夹，邮件服务器上的这些邮件是不会被移动的。

2. SMTP 服务

SMTP 工作在应用层，它基于 TCP 提供可靠的数据传输服务，把邮件消息从发件人的邮件服务器传送到收件人的邮件服务器。

电子邮件系统发邮件时是根据收件人的地址后缀来定位目标邮件服务器的，SMTP 服务器是基于 DNS 中的邮件交换（Mail Exchange，MX）记录来确定路由的，然后通过邮件传输代理程序将邮件传送到目的地。

SMTP 是一组用于从源地址到目标地址传输邮件的规范，它帮助计算机在发送或中转邮件时找到下一个目的地，然后通过 Internet 将其发送到目的服务器。SMTP 服务器就是遵循 SMTP 的发送邮件服务器。

SMTP 和 POP3 的区别在于，SMTP 服务实现的是在服务器之间发送和接收电子邮件，而 POP3 服务实现的是将电子邮件从邮件服务器存储到用户的计算机上。

12.2 电子邮件系统及其工作原理

1. 电子邮件系统概述

电子邮件系统由 POP3 电子邮件客户端、SMTP 服务和 POP3 服务这 3 个组件组成，具体的组件描述如表 12-1 所示。

表 12-1 电子邮件系统组件描述

组件	描述
POP3 电子邮件客户端	用于读取、撰写及管理电子邮件的软件。 POP3 电子邮件客户端从邮件服务器检索电子邮件，并将其传送到用户的本地计算机上，然后由用户进行管理。 例如，Microsoft Outlook Express 就是一种支持 POP3 的电子邮件客户端
SMTP 服务	SMTP 服务是使用 SMTP 将电子邮件从发件人路由到收件人的电子邮件传输系统。 POP3 服务使用 SMTP 服务作为电子邮件传输系统。用户在 POP3 电子邮件客户端撰写电子邮件。当用户通过 Internet 连接到邮件服务器时，SMT 服务将提取电子邮件，并通过 Internet 将其传送到收件人的邮件服务器中
POP3 服务	POP3 服务是使用 POP3 将电子邮件从邮件服务器下载到用户本地计算机上的电子邮件检索系统。 用户电子邮件客户端和电子邮件服务器之间的连接是由 POP3 控制的

2. 电子邮件系统的工作原理

下面以图 12-2 所示的案例为背景，具体说明电子邮件系统的工作原理，其中的 someone@example.com 是一台安装了电子邮件客户端的计算机，mailserver1.example.com 是一台提供 SMTP 和 POP3 服务的邮件服务器。

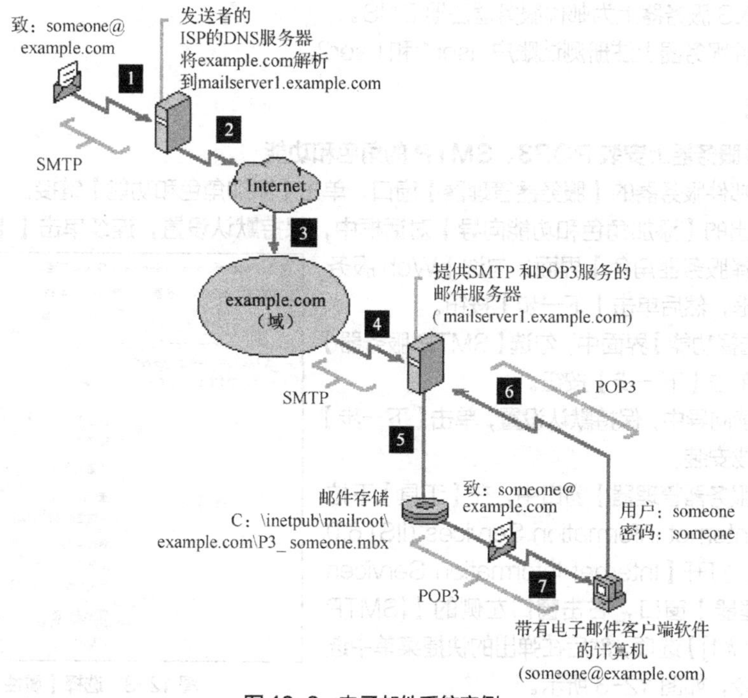

图 12-2 电子邮件系统案例

① 用户通过电子邮件客户端将电子邮件发送到 someone@example.com。

② SMTP 服务提取该电子邮件，并通过域名 example.com 获知该域的邮件服务器域名为 mailserver1.example.com，然后将该邮件发送到 Internet，目标地址为 mailserver1.example.com。

③ 将电子邮件发送给 mailserver1.example.com 邮件服务器，该服务器是运行 POP3 服务的邮件服务器。

④ someone@example.com 的电子邮件由 mailserver1.example.com 邮件服务器接收。

⑤ mailserver1.example.com 将邮件转到邮件存储目录，每个用户有一个专门的存储目录。

⑥ 用户 someone 连接到运行 POP3 服务的邮件服务器 mailserver1.example.com，POP3 服务会验证用户 someone 的用户和密码身份验证凭据，然后决定接受或拒绝该连接。

⑦ 如果连接成功，用户 someone 所有的电子邮件将从邮件服务器下载到该用户的本地计算机上。

项目实施

任务 12-1 Windows Server 2016 电子邮件服务的安装与配置

任务规划

根据公司电子邮件服务拓扑规划，在公司邮件服务器上部署 Windows Server 2016 系统的 POP3 和 SMTP 角色和功能，实现邮件服务的部署。

V12-1 任务 12-1 演示视频

使用 Windows Server 2016 自带的 POP3 和 SMTP 服务部署公司邮件服务，具体需要以下几个步骤。

（1）在邮件服务器上安装 POP3、SMTP 的角色和功能。

（2）配置邮件服务器，并创建用户。

（3）在 DNS 服务器上为邮件服务器注册 DNS。

（4）在邮件服务器上注册测试账户 user1 和 user2。

任务实施

1. 在邮件服务器上安装 POP3、SMTP 的角色和功能

（1）打开邮件服务器的【服务器管理器】窗口，单击【添加角色和功能】链接。

（2）在弹出的【添加角色和功能向导】对话框中，保持默认设置，连续单击【下一步】按钮，直到进入【选择服务器角色】界面，勾选【Web 服务器(IIS)】复选框，然后单击【下一步】按钮。

（3）在【选择功能】界面中，勾选【SMTP 服务器】复选框，然后单击【下一步】按钮。

（4）在后续向导中，保持默认设置，单击【下一步】按钮，直到完成安装。

（5）在【服务器管理器】窗口中，在【工具】下拉菜单中选择【Internet Information Services (IIS) 6.0 管理器】选项，打开【Internet Information Services (IIS) 6.0 管理器】窗口，右击窗口左侧的【[SMTP Virtual Server #1]】选项，然后在弹出的快捷菜单中选择【属性】命令，如图 12-3 所示。

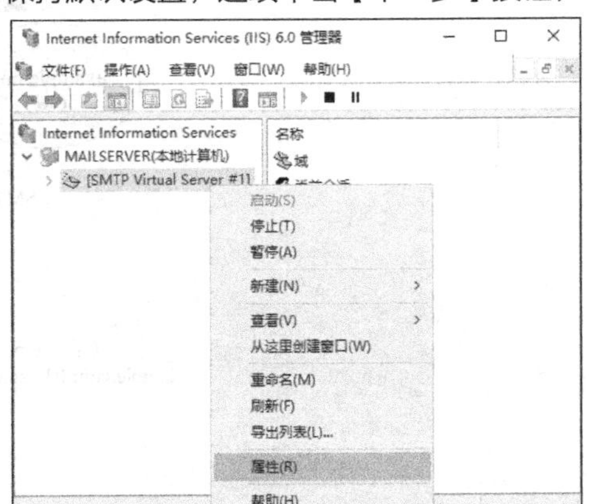

图 12-3 选择【属性】命令

（6）在弹出的【[SMTP Virtual Server #1]属性】对话框的【IP 地址】下拉列表中，选择 IP 地址 192.168.1.3，如图 12-4 所示，最后单击【确定】按钮完成 SMTP 服务器的 IP 地址绑定。

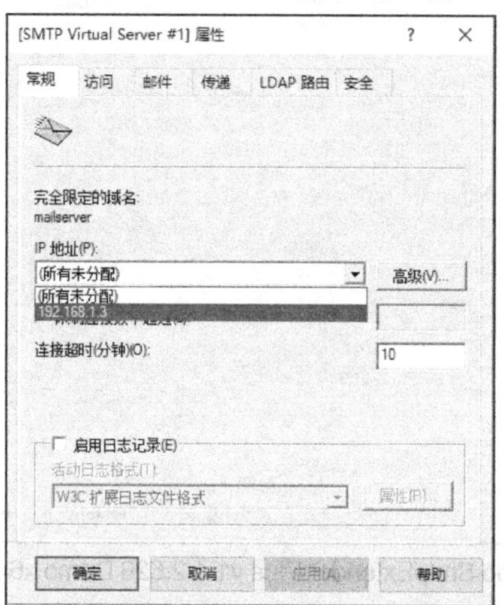

图 12-4 【[SMTP Virtual Server #1]属性】对话框

（7）回到【Internet Information Services (IIS) 6.0 管理器】窗口，右击图 12-5 所示的【域】选项，在弹出的快捷菜单中选择【新建】子菜单下的【域】命令。

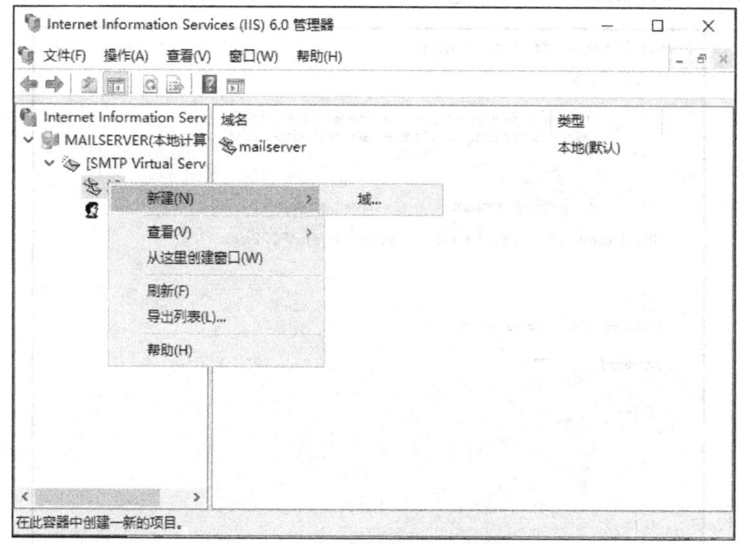

图 12-5 新建邮件域快捷菜单

（8）在【新建 SMTP 域向导】对话框中，选择【别名】选项，然后单击【下一步】按钮。在【名称】文本框中输入右键服务器的域名地址空间为 network.com，最后单击【完成】按钮，完成本地别名域的创建。

2. 配置邮件服务器，并创建用户

由于 Windows Server 2016 系统没有集成 POP3 服务，POP3 服务器可以通过第三方安装包 VisendoSMTPExtender_plus_x64.msi 安装，该安装包需到其官网上下载，并按默认设置安装完成。【Visendo SmtpExtender Plus v1.1.2.626 Demo x64】控制台的管理界面如图 12-6 所示。

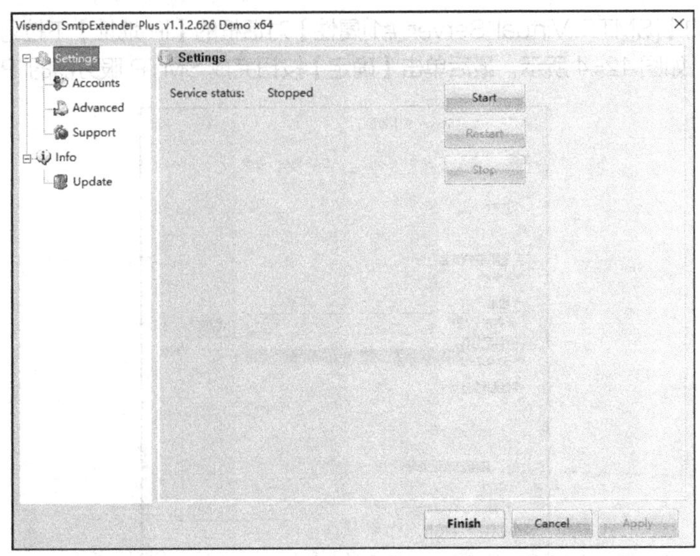

图 12-6 【Visendo SmtpExtender Plus v1.1.2.626 Demo x64】控制台的管理界面

（1）单击【Accounts】链接，进入图 12-7 所示的账户创建向导对话框，选择【Single account】单选项，在【E-Mail address】文本框中输入 user1@network.com，在【Password】文本框中输入 123，单击【完成】按钮完成账户的创建。

（2）按同样的方法，创建账户 user2@network.com，将密码设置为 456。

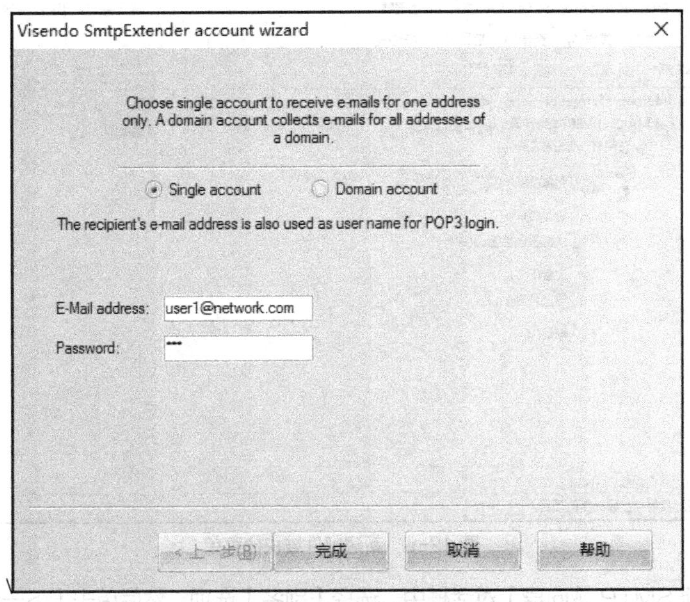

图 12-7 账户创建向导对话框

（3）单击【Settings】链接，然后单击【Start】按钮， 启动 POP3 服务，最后单击【Finish】按钮，完成设置，如图 12-8 所示。

（4）在邮件服务器的【服务器管理器】窗口中，在【工具】下拉菜单中选择【服务】选项，打开【服务】窗口，如图 12-9 所示。从中可以看到【简单邮件传输协议（SMTP）】服务和【Visendo SMTP Extender Service 2010】服务都为正在运行状态。

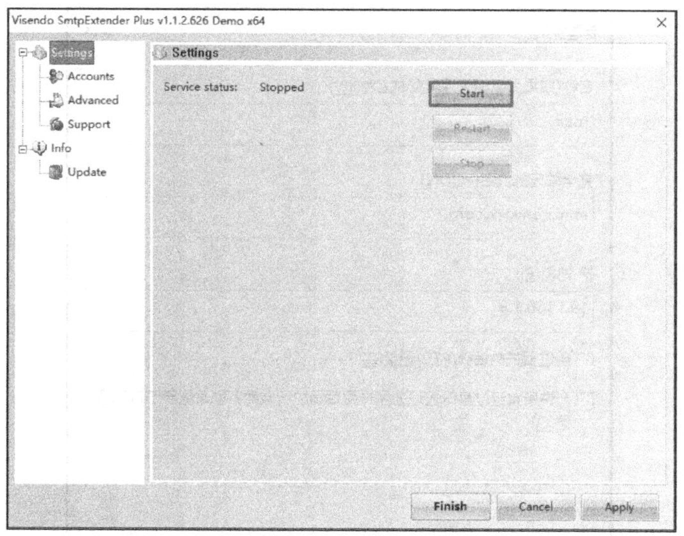

图 12-8　POP3 服务设置界面

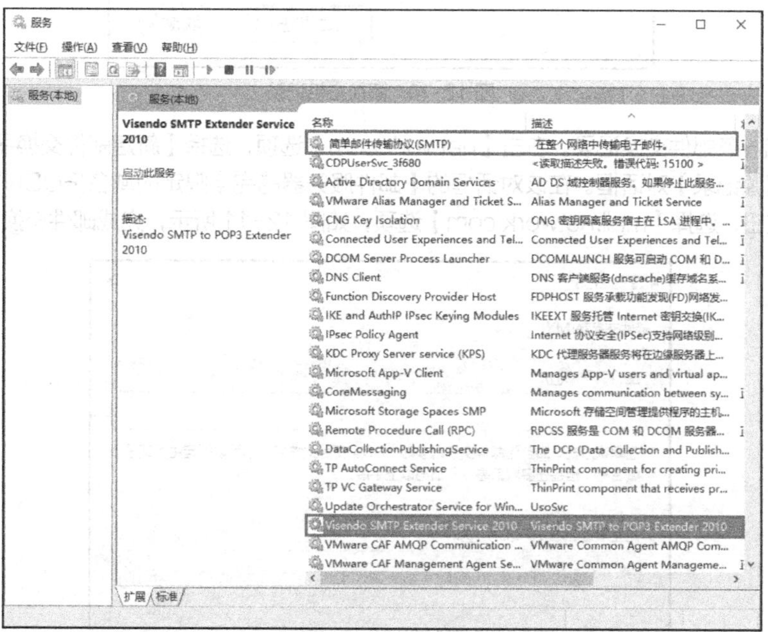

图 12-9 【服务】窗口

3. 在 DNS 服务器上为邮件服务器注册 DNS

说明　关于【network.com】正向查找区域的创建可参考项目 7，本项目仅演示邮件服务器 DNS 记录的注册部分。

（1）添加主机记录。打开 IP 地址为 192.168.1.2 的 DNS 服务器的【DNS 管理器】窗口，在控制台树中右击【network.com】选项，在弹出的快捷菜单中选择【新建主机(A 或 AAAA)】命令，弹出【新建主机】对话框。在【名称(如果为空则使用其父域名称)】文本框中输入 mail，在【IP 地址】文本框中输入 192.168.1.3，单击【添加主机】按钮，完成配置，如图 12-10 所示。

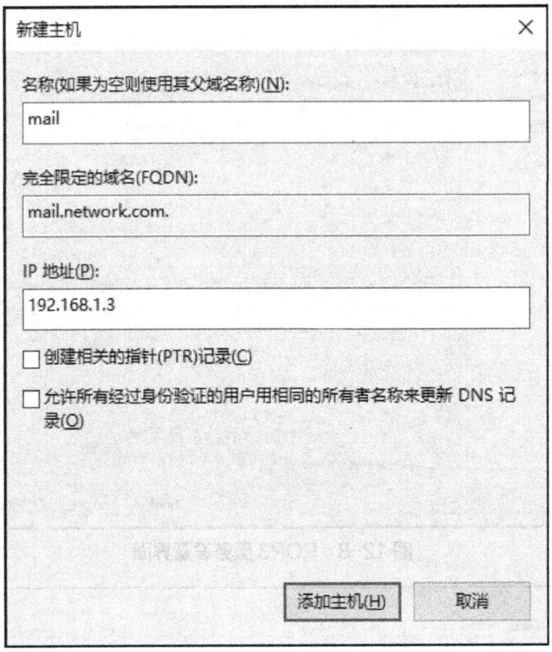

新建主机

名称(如果为空则使用其父域名称)(N):

mail

完全限定的域名(FQDN):

mail.network.com.

IP 地址(P):

192.168.1.3

创建相关的指针(PTR)记录(C)

允许所有经过身份验证的用户用相同的所有者名称来更新 DNS 记录(O)

添加主机(H)　取消

图 12-10　添加主机记录

（2）添加一条邮件交换记录。右击【network.com】选项，选择【新建邮件交换器(MX)】命令，弹出【新建资源记录】对话框。在该对话框的【邮件服务器的完全限定的域名(FQDN)】选项中，单击【浏览】按钮，选择【mail.network.com】选项，如图 12-11 所示，完成邮件交换记录的添加。

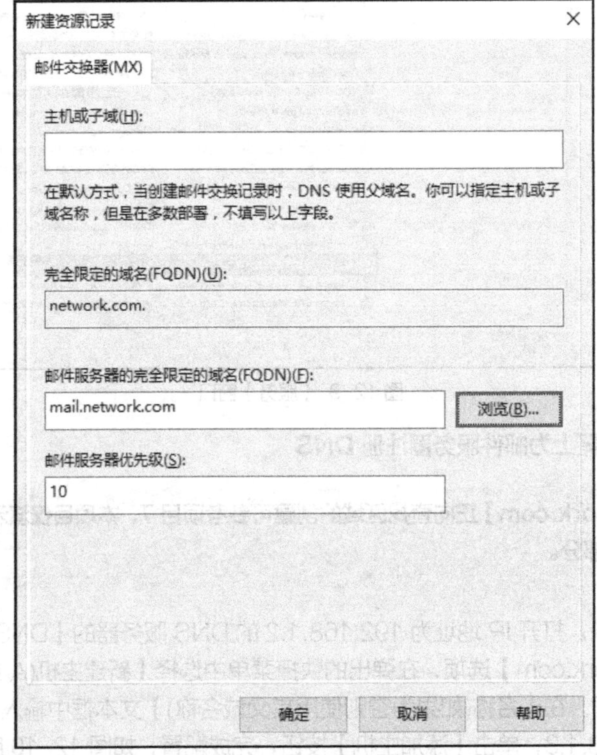

图 12-11　添加邮件交换记录

4. 在邮件服务器上注册测试账户 user1 和 user2

（1）打开 Outlook Express，选择【文件】选项，单击【添加账户】按钮，如图 12-12 所示。

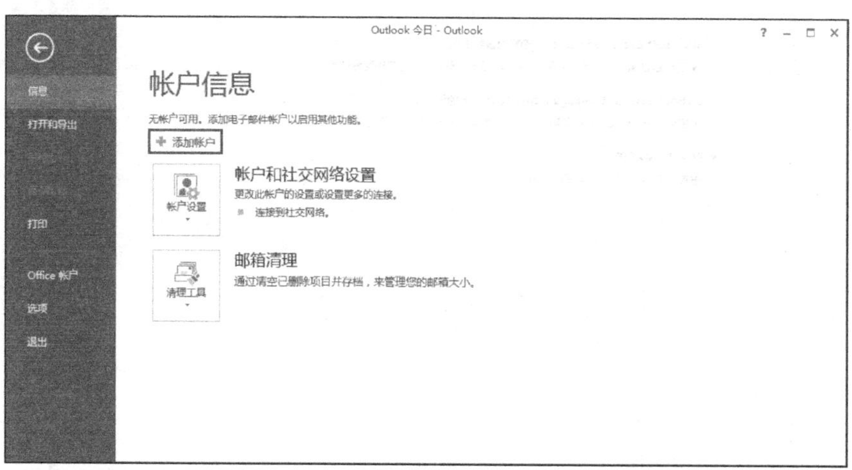

图 12-12　添加账户

（2）在【自动账户设置】界面，选择【手动设置或其他服务器类型】单选项，然后单击【下一步】按钮，如图 12-13 所示。

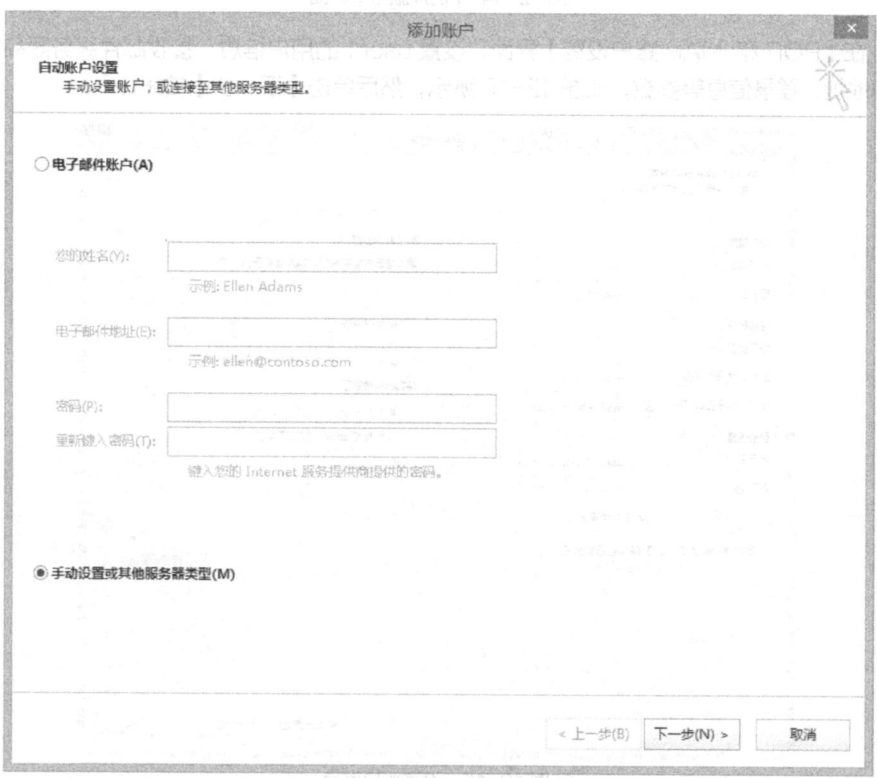

图 12-13　【自动账户设置】界面

（3）在【选择服务】界面，选择【POP 或 IMAP】单选项，然后单击【下一步】按钮，如图 12-14 所示。

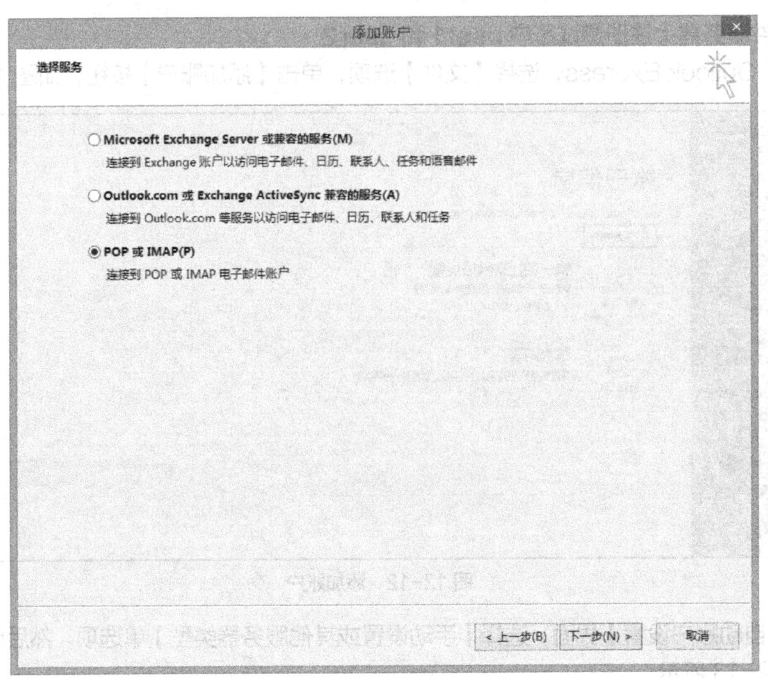

图 12-14 【选择服务】界面

（4）在【POP 和 IMAP 账户设置】界面，设置 user1 的用户信息、接收邮件服务器和发送邮件服务器的地址、登录信息等参数，如图 12-15 所示，然后单击【下一步】按钮。

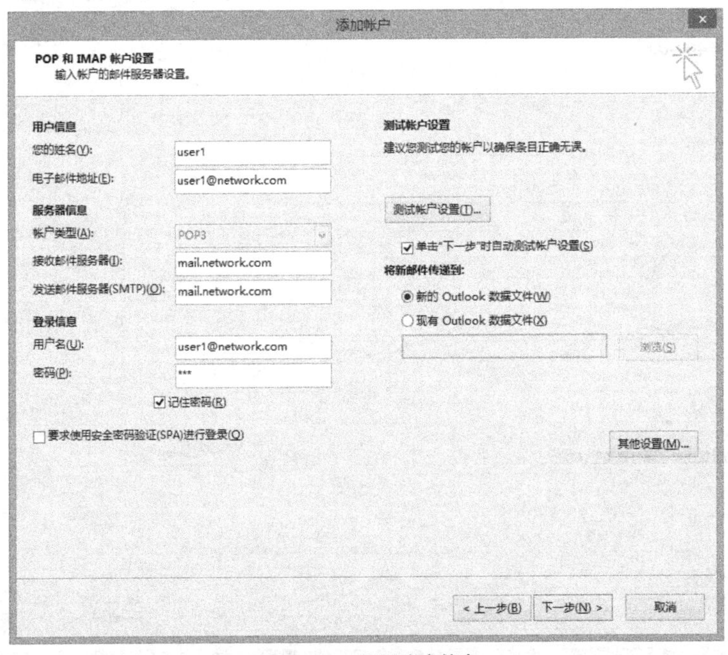

图 12-15 设置账户信息

（5）在弹出的【测试账户设置】对话框中，如果状态显示为“已完成”，表示账户注册成功，如图 12-16 所示。最后单击【关闭】按钮，完成设置。

（6）按同样的方法，注册账户 user2。

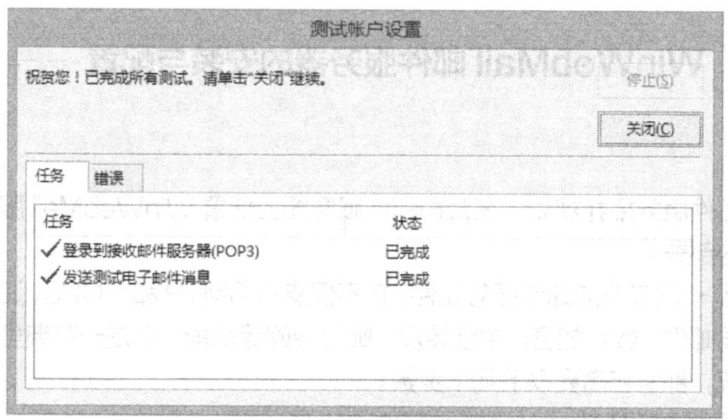

图 12-16　测试账户设置

任务验证

分别在两台客户机中打开 Outlook Express，并用刚刚注册的两个邮箱账户 user1 和 user2 配置 Outlook Express。

使用账户 user1 发送一封邮件给 user2，结果如图 12-17 所示。

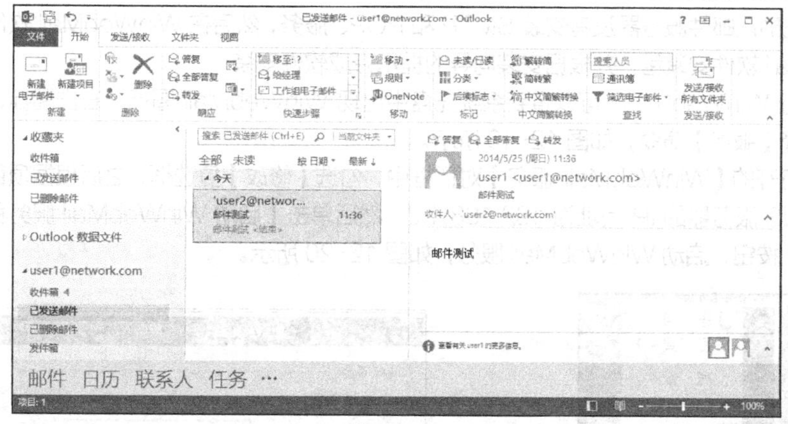

图 12-17　user1 向 user2 发送邮件

使用账户 user2 接收邮件，可以从图 12-18 所示的界面中看到 user2 收到了 user1 发送的邮件。由此可证明邮箱用户能正常收发邮件，邮件服务配置成功。

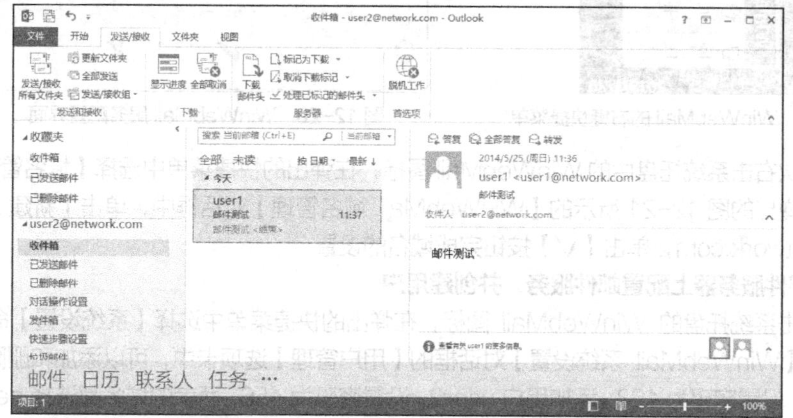

图 12-18　user2 接收 user1 发送的邮件

任务 12-2 WinWebMail 邮件服务器的安装与配置

任务规划

根据公司电子邮件服务拓扑规划，在公司邮件服务器上部署 WinWebMail 服务，实现邮件服务的部署。

V12-2 任务 12-2 演示视频

WinWebMail 是一款专业的邮件服务软件，它不仅支持 SMTP 和 POP3，还支持使用浏览器收发邮件、数字加密、中继转发、邮件撤回等功能。它是一款典型的商用电子邮件系统，部署它需要以下几个步骤。

（1）在邮件服务器上安装 WinWebMail 软件。

（2）在邮件服务器上配置邮件服务，并创建用户。

（3）在邮件服务器上发布邮件 Web 站点。

（4）在 DNS 服务器上为邮件服务器注册 DNS。

任务实施

1. 在邮件服务器上安装 WinWebMail 软件

（1）首先确认邮件服务器没有安装 SMTP 和 POP3 服务，然后在 WinWebMail 软件官网上下载 WindWebMail 软件安装包，并根据安装向导的提示完成软件安装。

（2）运行 WinWebMail，可以看到系统托盘中出现 WinWebMail 图标，右击图标，在弹出的快捷菜单中选择【服务】命令，如图 12-19 所示。

（3）在打开的【WinWebMail 服务】对话框中，勾选【修改】复选框，之后根据项目拓扑规划填写对应的 DNS 服务器的 IP 地址为 192.168.1.2，然后单击【启动 WinWebMail 服务程序】按钮，再单击【√】按钮，启动 WinWebMail 服务，如图 12-20 所示。

图 12-19 WinWebMail 的右键快捷菜单

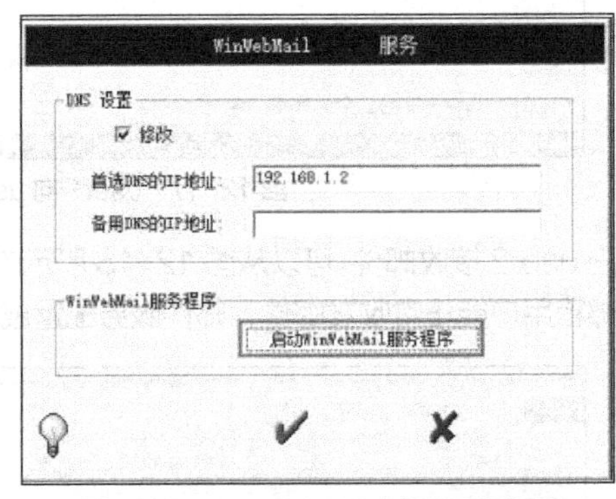

图 12-20 WinWebMail 服务配置界面

（4）再次右击系统托盘中的 WinWebMail 图标，在弹出的快捷菜单中选择【域名管理】命令。

（5）在弹出的图 12-21 所示的【WinWebMail 域名管理】对话框中，单击【新建】图标，然后输入域名 network.com，单击【√】按钮完成域名的设置。

2. 在邮件服务器上配置邮件服务，并创建用户

（1）右击系统托盘的 WinWebMail 图标，在弹出的快捷菜单中选择【系统设置】命令。

（2）在【WinWebMail 系统设置】对话框的【用户管理】选项卡中，可以添加和删除用户。添加用户 user1，设置密码为 123；添加用户 user2，设置密码为 456。两者的域名都选择 network.com，如图 12-22 所示。

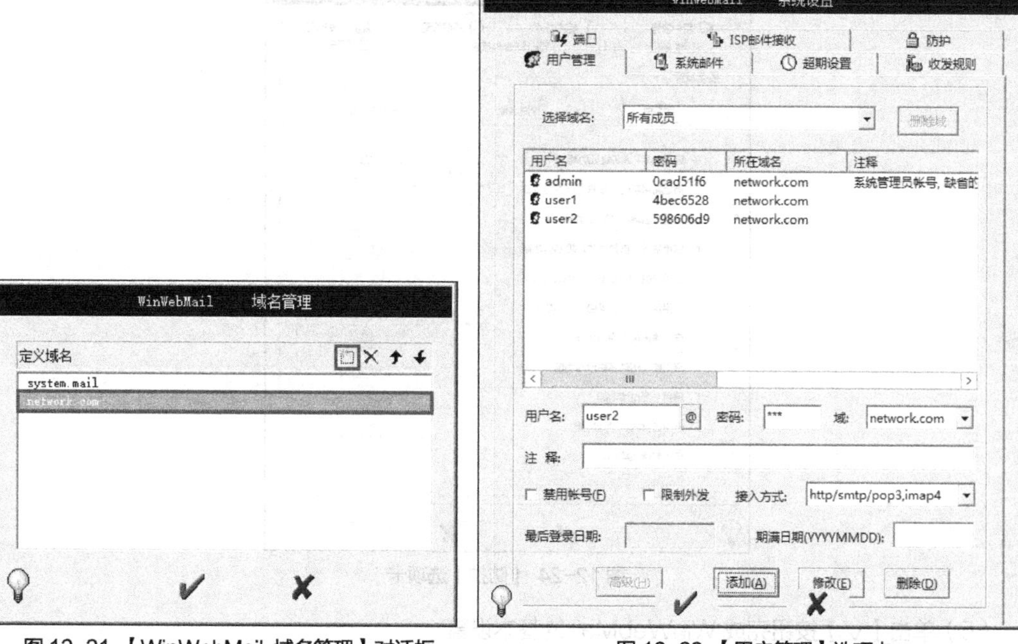

图 12-21 【WinWebMail 域名管理】对话框　　图 12-22 【用户管理】选项卡

（3）在【WinWebMail 系统设置】对话框中，选择【收发规则】选项卡，在这里可以设置【外发邮件时 Helo 命令后的内容】【缺省邮箱大小为】和【最大邮件数】等参数，如图 12-23 所示。

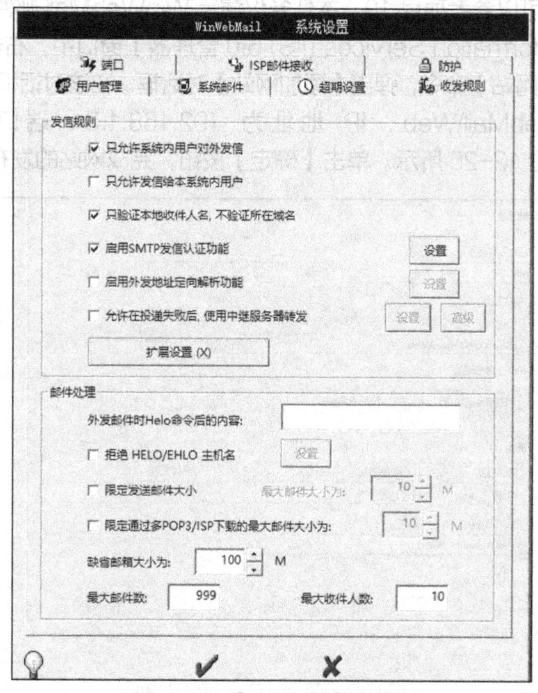

图 12-23 【收发规则】选项卡

（4）在【WinWebMail 系统设置】对话框中，选择【防护】选项卡，勾选【启用 SMTP 域名验证功能】复选框，如图 12-24 所示。

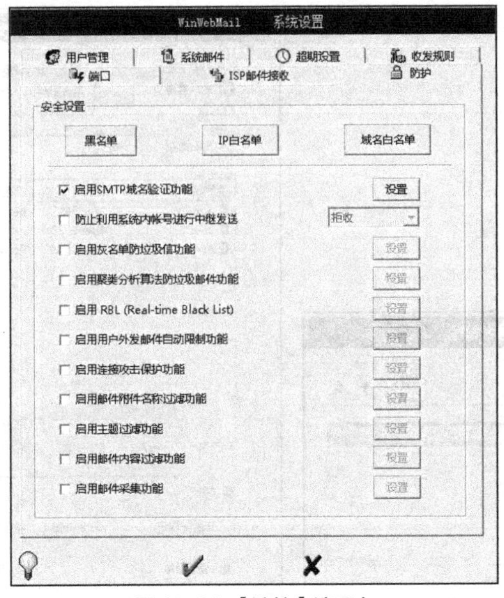

图 12-24 【防护】选项卡

（5）单击【√】按钮完成 WinWebMail 的基本设置。

3. 在邮件服务器上发布邮件 Web 站点

默认情况下，WinWebMail 服务器的主页安装在“E:\WinWebMail\Web”目录中。WinWebMail 邮件服务采用 ASP 技术实现基于浏览器收发邮件的功能，为此我们需要在 IIS 中部署一个基于 ASP 的 Web 站点，相关操作可以参考项目 10，本任务仅演示 WinWebMail 邮件服务站点的发布部分。

（1）在【Internet Information Services (IIS) 6.0 管理器】窗口中，右击【网站】选项，在弹出的快捷菜单中选择【添加网站】命令，弹出【添加网站】对话框。在该对话框中设置网站名称为 mail、物理路径为 E:\WinWebMail\Web、IP 地址为 192.168.1.3、端口号为 80、主机名为 mail.network.com，如图 12-25 所示。单击【确定】按钮，完成网站的发布。

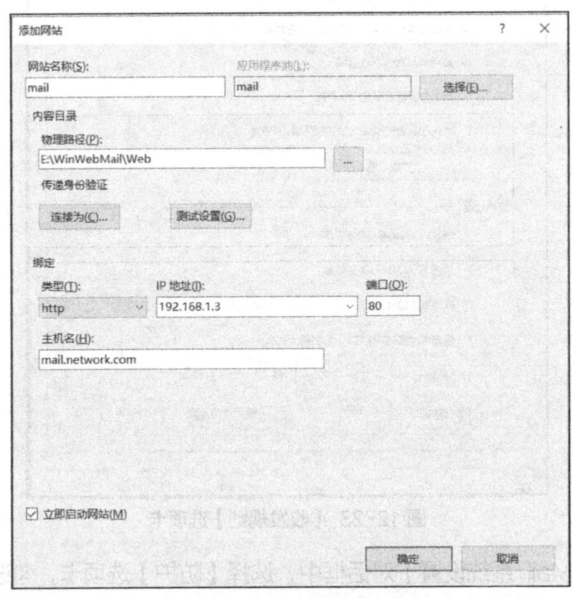

图 12-25 【添加网站】对话框

（2）在站点访问权限中，设置 Internet 用户访问权限为读取、读取和执行、列出文件夹内容，如图 12-26 所示。

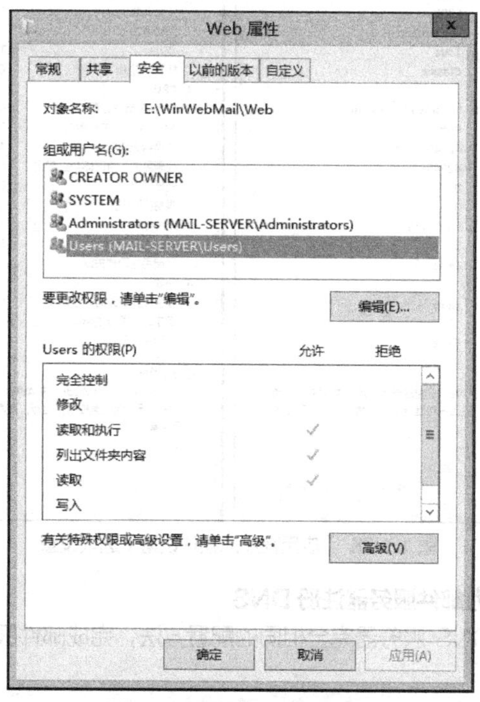

图 12-26　站点访问权限设置

（3）在【Internet Information Services (IIS) 6.0 管理器】中，选择【应用程序池】选项，在【应用程序池】界面中选择【mail】选项，然后单击【高级设置】链接，如图 12-27 所示。在弹出的【应用程序池默认设置】对话框中更改设置，将【启用 32 位应用程序】改为【True】，将【托管管道模式】改为【Classic】，如图 12-28 所示。

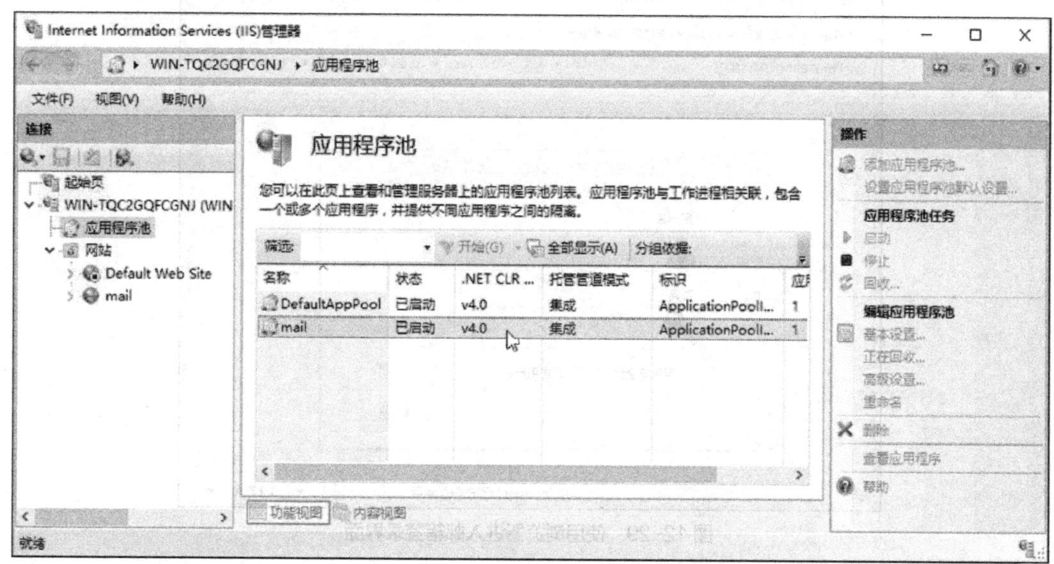

图 12-27　【应用程序池】选项设置

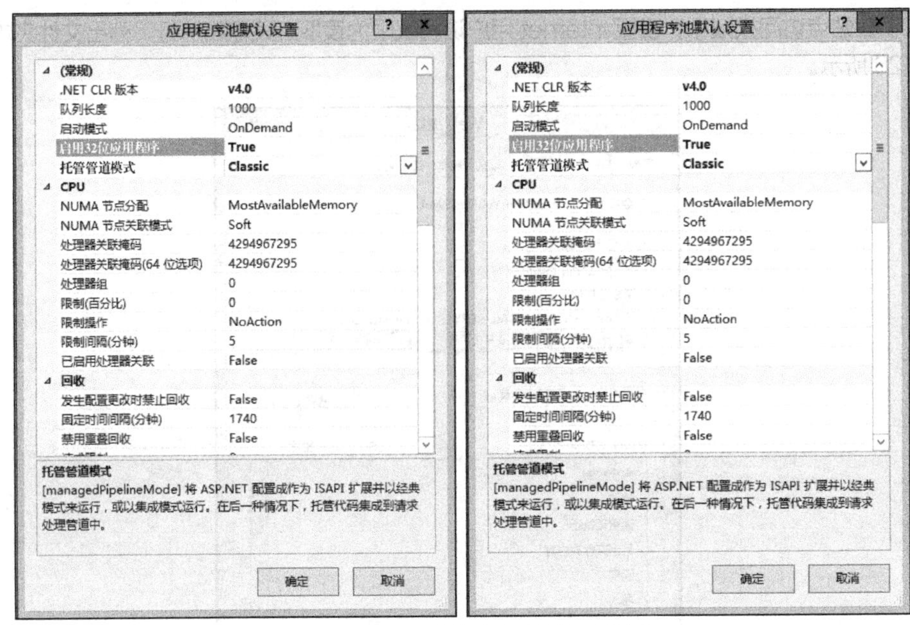

图 12-28 【应用程序池默认设置】选项设置

4. 在 DNS 服务器上为邮件服务器注册 DNS

采用与任务 12-1 中 DNS 服务器完全相同的配置方法，完成邮件服务器的主机和邮件交换记录的添加。

任务验证

（1）在公司任意一台客户机的浏览器中输入网址 http://mail.network.com，即可进入邮箱登录界面，如图 12-29 所示。

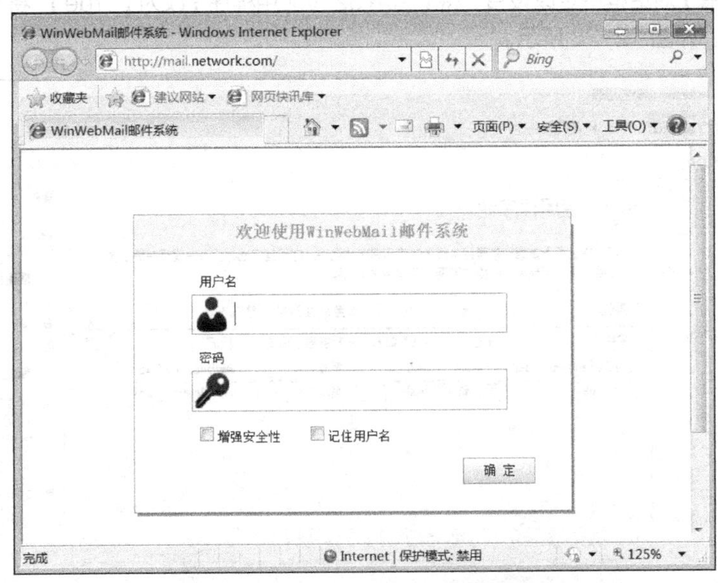

图 12-29 使用浏览器进入邮箱登录界面

（2）使用已创建的邮箱账户 user1 登录邮箱后，可以看到图 12-30 所示的邮箱管理界面。

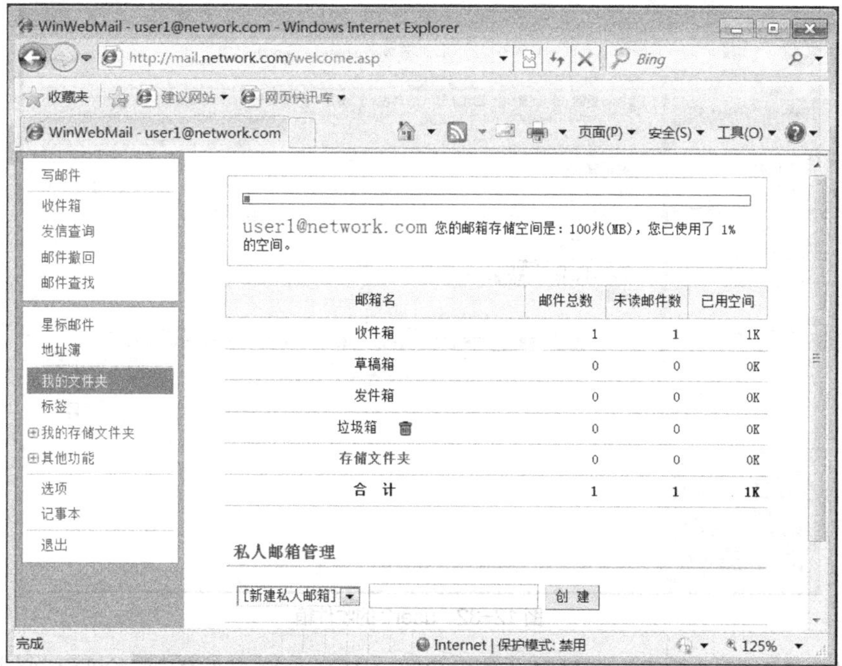

图 12-30 邮箱管理界面

（3）单击网站左侧的【写邮件】链接，在打开的邮件编辑栏的【收件人】栏中输入收件人地址 user2@network.com，在对应的栏中输入主题及内容，如图 12-31 所示。完成后，单击【发送】按钮，完成账户 user1 向账户 user2 发送一封邮件的测试。

图 12-31 user1 给 user2 写邮件

（4）使用另一台客户机以账户 user2 登录，单击网站左侧的【收件箱】链接，在图 12-32 所示的界面中可以看到账户 user2 已收到账户 user1 发送过来的邮件。

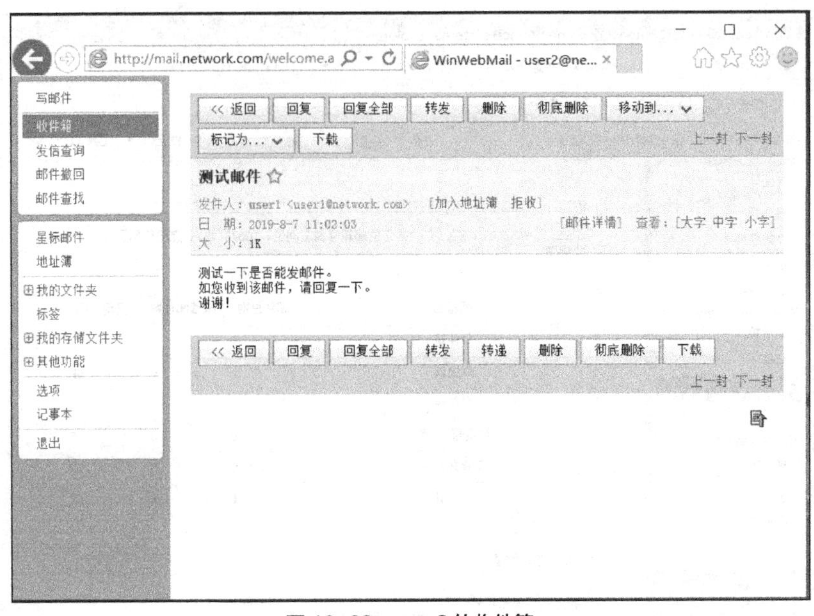

图 12-32　user2 的收件箱

（5）参考任务 12-1 的任务验证部分，使用 Outlook Express 邮件客户端验证用户的邮件收发操作，结果显示用户也可以通过邮件客户端进行邮件收发操作。

练习与实践

理论习题

1. 以下（　　）不是电子邮件系统的 3 个组件之一。
   A. POP3 电子邮件客户端　　B. POP3 服务
   C. SMTP 服务　　D. FTP 服务
2. （　　）把邮件信息从发件人的邮件服务器传送到收件人的邮件服务器。
   A. SMTP　　B. POP3　　C. DNS　　D. FTP
3. SMTP 服务的端口号是（　　）。
   A. 20　　B. 25　　C. 22　　D. 21
4. POP3 服务的端口号是（　　）。
   A. 120　　B. 25　　C. 110　　D. 21
5. 以下（　　）是邮件服务器软件。
   A. WinWebMail　　B. FTP　　C. DNS　　D. DHCP

项目实训题

1. 项目背景与需求

Jan16 公司为解决与客户的沟通问题，计划统一使用公司的邮件地址，近期采购了一套邮件服务器软件 WinWebMail，邮件服务网络拓扑图如图 12-33 所示。

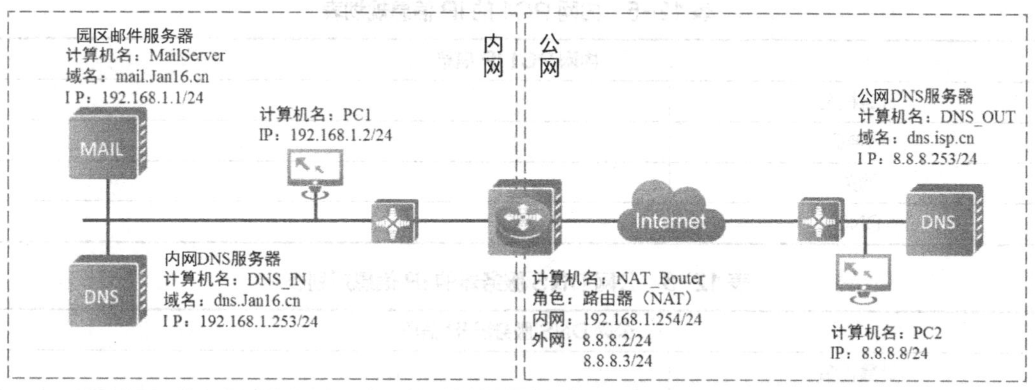

图 12-33　邮件服务网络拓扑图

公司希望网络管理员尽快完成公司邮件服务的部署，具体需求如下。

（1）邮件服务器使用 WinWebMail 软件部署，需满足客户通过 Outlook Express 和浏览器访问。

（2）公司路由器需要将邮件服务器映射到公网，映射信息如表 12-2 所示。

表 12-2　NAT 需求映射表

源 IP 地址:端口号	公网 IP 地址:端口号
192.168.1.1:25	8.8.8.2:25
192.168.1.1:110	8.8.8.2:110

（3）内网 DNS 服务器负责 Jan16 公司内计算机域名和公网域名的解析，管理员需要完成邮件服务器和 DNS 服务器域名的注册。

（4）公网 DNS 服务器负责公网域名的解析，在本项目中仅需要实现公网域名 dns.isp.cn 和 Jan16 公司邮件服务器的解析，管理员需要按项目需求完成相关域名的注册。

2. 项目实施要求

（1）根据项目拓扑背景，补充完成表 12-3～表 12-7 的信息规划表。

表 12-3　园区邮件服务器的 IP 信息规划表

园区邮件服务器 IP 信息	
计算机名	
IP/掩码	
网关	
DNS	

表 12-4　内网 DNS 服务器的 IP 信息规划表

内网 DNS 服务器 IP 信息	
计算机名	
IP/掩码	
网关	
DNS	

表 12-5　内网 PC1 的 IP 信息规划表

内网 PC1 IP 信息	
计算机名	
IP/掩码	
网关	
DNS	

表 12-6　公网 DNS 服务器的 IP 信息规划表

公网 DNS 服务器 IP 信息	
计算机名	
IP/掩码	
网关	
DNS	

表 12-7　公网 PC2 的 IP 信息规划表

公网 PC2 IP 信息	
计算机名	
IP/掩码	
网关	
DNS	

（2）根据项目的要求，完成计算机的互联互通，并截取以下结果界面。

① 在 PC1 的命令提示符窗口中执行 ping dns.isp.cn 命令的结果。

② 在 PC1 的命令提示符窗口中执行 ping mail.jan16.cn 命令的结果。

③ 在 PC2 的命令提示符窗口中执行 ping mail.jan16.cn 命令的结果。

（3）在邮件服务器创建两个账户 Jack 和 Tom，并完成以下操作。

① 在 PC1 的 IE 浏览器上用 Jack 用户登录 Jan16 的邮件服务器地址，并发送一封邮件给 Tom，邮件主题和内容均为“班级+学号+姓名”，截取发送成功后的页面。

② 在 PC2 使用 Outlook Express 登录 Tom 的邮箱账户，收取邮件后，回复一封邮件给 Jack，内容为“邮件服务测试成功”，截取回复成功后的页面。

（4）在 NAT 服务器的外网接口上，查看地址映射，并截取映射结果界面。

项目13 部署信息中心虚拟化服务

13

[项目学习目标]

（1）掌握虚拟化的概念与应用。
（2）掌握Hyper-V虚拟化的部署与应用。
（3）掌握虚拟机快照的配置与管理。
（4）掌握部署企业信息中心虚拟化简单服务的业务实施流程。

项目描述

Jan16 公司有项目部、工会、业务部、生产部和信息中心等部门。其中，信息中心负责公司所有服务器的管理，经过多年的建设已经部署有 DNS、DHCP 等服务器，公司网络拓扑规划图（服务器虚拟化前）如图 13-1 所示。

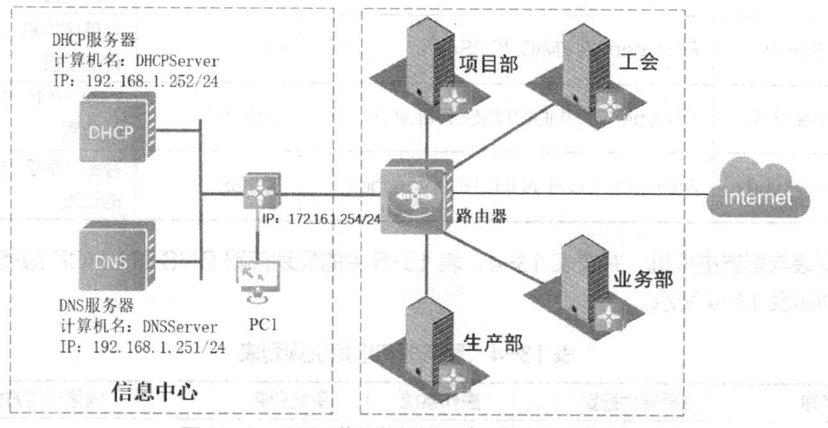

图 13-1　公司网络拓扑规划图（服务器虚拟化前）

这些服务器已经连续运行超过 5 年，近日，它们开始频繁出现故障，导致业务中断。随着服务器性能的提升和虚拟化技术的成熟，公司采购了一台安装有 Windows Server 2016 系统的高性能服务器，拟通过虚拟化的方式将这些业务系统部署到虚拟机中，以提高服务的稳定性和可靠性。改造后的公司网络拓扑图如图 13-2 所示。

为顺利完成业务系统的迁移，公司希望信息中心尽快做好前期测试工作，要求如下。

（1）在服务器上安装 Hyper-V 虚拟化角色和功能，并按表 13-1、表 13-2 和表 13-3 中的规划对服务器网络虚拟化、CPU 虚拟化和 Hyper-V 虚拟化存储进行配置。

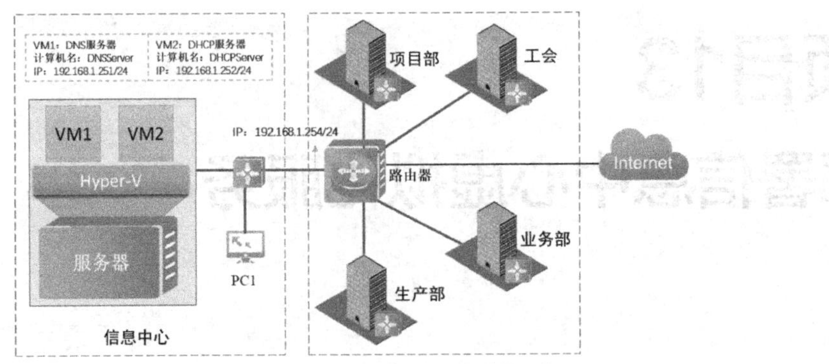

图 13-2　公司网络拓扑图（服务器虚拟化后）

表 13-1　服务器网络虚拟化规划表

虚拟交换机名称	连接方式	用途
Out_vSwitch	桥接	配置虚拟交换机关联服务器物理网卡（Ethernet1），将虚拟机和物理网卡所在网络互联

表 13-2　CPU 虚拟化规划表

功能	是否启用	备注
Intel VT-x 或 AMD-V	启用	Hyper-V 服务要求服务器 BIOS 启用 CPU 虚拟化

表 13-3　Hyper-V 虚拟化存储规划表

名称	存储位置\文件名	存储空间大小	用途
DNSServer	E:\Hyper-V\VM\DNSServer	—	存储虚拟机 VM1 配置文件的位置
DHCPServer	E:\Hyper-V\ VM\DHCPServer	—	存储虚拟机 VM2 配置文件的位置
DNSServer.vhdx	E:\Hyper-V\VHD\DNSServer.vhdx	100GB	存储 VM1 虚拟硬盘文件的位置
DHCPServer.vhdx	E:\Hyper-V\VHD\DHCPServer.vhdx	100GB	存储 VM2 虚拟硬盘文件的位置

（2）安装与配置虚拟机，并按表 13-4、表 13-5 中的规划部署 DNS 和 DHCP 服务。服务器和虚拟机规划如表 13-4 所示。

表 13-4　服务器和虚拟机规划表

服务器名称	主要硬件配置	操作系统	承载业务	网络连接方式
物理机：SERVER	CPU：2个 16核 内存：32G 硬盘：2T	Windows server 2016	Hyper-V	网卡 Ethernet1 连接到数据中心交换机
VM1：DNSServer	CPU：1个2核 内存：4GB 硬盘：100GB	Windows server 2016	DNS	虚拟网卡接入虚拟交换机 Out_vSwitch
VM2：DHCPServer	CPU：1个2核 内存：4GB 硬盘：100GB	Windows server 2016	DHCP	虚拟网卡接入虚拟交换机 Out_vSwitch

信息中心 IP 规划如表 13-5 所示。

表 13-5 信息中心 IP 规划表

机器名称	IP 地址	用途
Server	192.168.1.250/24	虚拟化服务器 IP
DNSServer	192.168.1.251/24	DNS 服务器 IP
DHCPServer	192.168.1.252/24	DHCP 服务器 IP
Router	192.168.1.254/24	出口路由 IP
PC1	192.168.1.10~100/24	客户机 IP，由 DHCP 服务器分配

（3）使用快照功能备份 DNS 和 DHCP 这两台虚拟机。

项目分析

通过虚拟化服务，可以在一台高性能计算机上部署多台虚拟机，每一台虚拟机承载一个或多个服务系统。虚拟化有利于提高计算机的利用率、减少物理计算机的数量，降低能耗，并能通过一台宿主计算机管理多台虚拟机，让服务器的管理更加便捷、高效。

如果同时部署两台 Hyper-V 服务器，则可以在两台 Hyper-V 服务器之间进行虚拟机的实时迁移，基于此，可实现虚拟机的高可用、负载均衡等功能。

根据该公司网络拓扑和项目需求，本项目可以通过以下工作任务来完成。

（1）安装和配置 Hyper-V 服务：在服务器上部署 Hyper-V 服务。

（2）在 Hyper-V 中部署 DNS 和 DHCP 两台虚拟机：在 Hyper-V 服务中部署两台虚拟机，并分别完成 DHCP 和 DNS 等服务的安装与业务部署。

（3）配置与管理虚拟机的快照：在 Hyper-V 服务中，配置虚拟机的快照，当虚拟机出现故障时，可以快速还原到快照状态。

相关知识

13.1 虚拟化的概念

虚拟化技术可以理解为对一台计算机中的所有资源进行剥离和分割的一种技术，它将一台计算机（宿主机）虚拟为多台逻辑计算机。在没有虚拟化技术的情况下，一台计算机只能同时运行一个操作系统，虽然我们可以在一台计算机上安装两个甚至多个操作系统，但是同时运行的操作系统只有一个；而通过虚拟化技术，我们可以在同一台计算机上同时启动多个操作系统，每个操作系统可以运行不同的应用，且多个应用之间互不干扰。

接下来将以一台计算机的虚拟化为例进行更加详细的讲解。虚拟化系统把宿主机的 CPU、网络、内存、磁盘、GPU 等虚拟为资源池。虚拟化系统负责给虚拟机分配 CPU、内存、网络等资源，这些资源可以是固定的，也可以是动态的。例如，一台虚拟机在业务繁忙时，其资源较为紧张，则虚拟化系统可以调度（分配）更多的资源给它，以确保业务稳定运行；反之，在其空闲时，虚拟化系统也可以回收其部分资源。因此，虚拟化技术使得宿主机可以根据虚拟机的业务状态动态分配相关资源，实现资源利用的最大化。

数据中心在没有引入虚拟化技术前，一些服务器的利用率（CPU、内存、磁盘等）都普遍较低，造成资源浪费，而一些计算机则经常在业务繁忙时出现性能瓶颈，导致业务效率低下。采用了虚拟化技术后，虚拟化系统将这些资源组合为资源池统一管理，通过对资源的动态分配，让各业务系统的资源按需分配，实现企业各虚拟机（业务系统）稳定、可靠运行。同时，虚拟化技术通过提高服务器的利用率降低了服务器的数量，也降低了数据中心的能耗。

业界常用的虚拟化产品主要有 Hyper-V、VMware Workstation、VMware Esxi、KVM 等。

13.2 Hyper-V 虚拟化

Hyper-V（HyperVisor）是 Windows Server 2016 系统中的一个功能组件，它将服务器的网络、CPU、磁盘等资源进行虚拟化后，按需分配给虚拟机使用。基于 Hyper-V 的虚拟化架构是指在宿主操作系统的基础上安装 Hyper-V 虚拟化平台，然后在 Hyper-V 虚拟化平台上进一步划分出多台虚拟机。其架构如图 13-3 所示。

图 13-3 Windows Server 2016 系统的 Hyper-V 虚拟化架构

Hyper-V 提供以下虚拟化功能。

（1）CPU 虚拟化：多个虚拟机共享 CPU 资源，因此 Hyper-V 的 CPU 虚拟化功能会对虚拟机中的敏感指令进行截获并模拟执行。

（2）内存虚拟化：多个虚拟机共享同一物理内存，因此 Hyper-V 的内存虚拟化功能会对内存间进行隔离，以保证把虚拟内存提供给每个虚拟机使用时不会冲突。

（3）I/O 虚拟化：多个虚拟机共享一个物理设备，如磁盘、网卡，因此 Hyper-V 的 I/O 虚拟化功能会通过时分多路技术对物理设备进行复用。

项目实施

任务 13-1 安装和配置 Hyper-V 服务

V13-1 任务 13-1 演示视频

任务规划

公司要求在一台已安装好 Windows Server 2016 系统的服务器上部署 Hyper-V 服务，要求按业务规划表 13-1 和表 13-2 的要求完成相关配置。

根据任务需求，需要在服务器上安装 Hyper-V 角色和功能、配置虚拟交换机 Out_vSwitch、开启 CPU 虚拟化功能，具体涉及以下几个步骤。

（1）开启服务器的 CPU 虚拟化功能。

（2）在 Windows Server 2016 系统中安装 Hyper-V 角色和功能。

（3）在 Hyper-V 服务中配置虚拟交换机 Out-vSwitch。

任务实施

1. 开启服务器的 CPU 虚拟化功能

在服务器 BIOS 的高级 BIOS 功能设置中，启用图 13-4 所示的 Virtualization Technology 功能。开启该功能是 Hyper-V 虚拟化的必要条件。

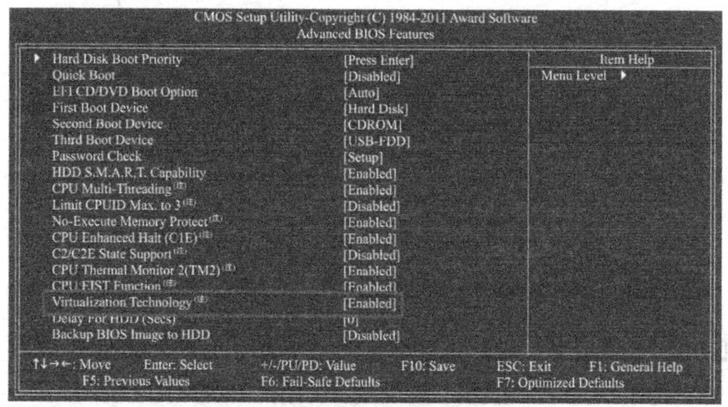

图 13-4 在 BIOS 中开启虚拟功能

2. 在 Windows Server 2016 系统中安装 Hyper-V 角色和功能

（1）在【服务器管理器】窗口中，单击【添加角色和功能】链接，在弹出的【添加角色和功能向导】对话框中，单击【下一步】按钮。

（2）在【选择安装类型】界面中，选择【基于角色或基于功能的安装】单选项，然后单击【下一步】按钮。

（3）在【选择目标服务器】界面中，保持默认设置，然后单击【下一步】按钮。

（4）在【选择服务器角色】界面中的【角色】选项列表里，勾选【Hyper-V】复选框，如图 13-5 所示。在弹出的【添加 Hyper-V 所需的功能？】界面中，单击【添加功能】按钮，如图 13-6 所示，再单击【下一步】按钮。

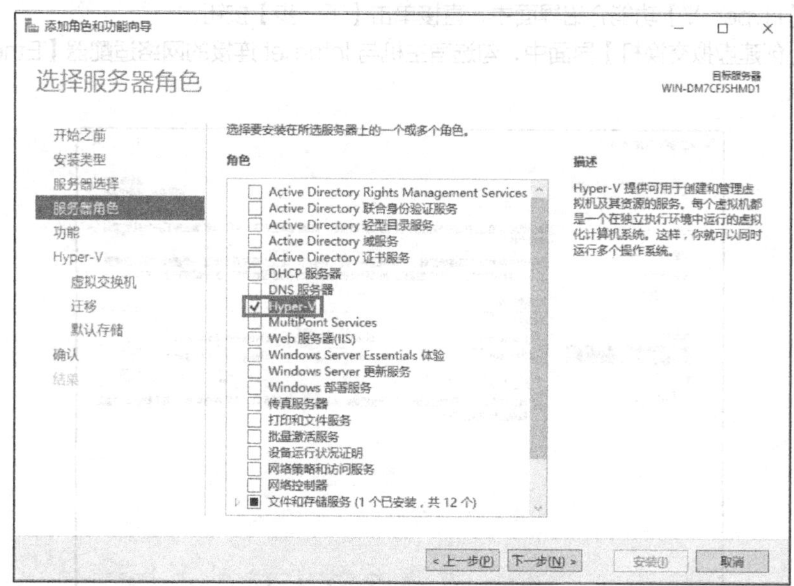

图 13-5 【选择服务器角色】界面

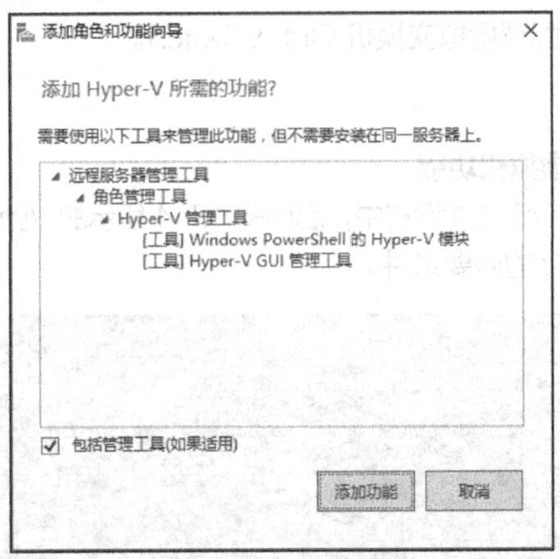

图 13-6 【添加 Hyper-V 所需的功能?】界面

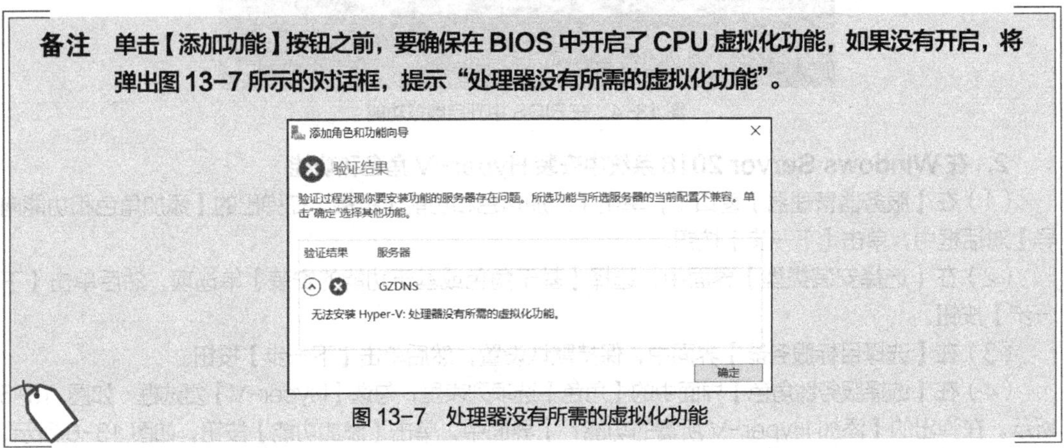

备注 **单击【添加功能】按钮之前，要确保在 BIOS 中开启了 CPU 虚拟化功能，如果没有开启，将弹出图 13-7 所示的对话框，提示“处理器没有所需的虚拟化功能”。**

图 13-7 处理器没有所需的虚拟化功能

（5）在【功能】界面中，保持默认设置并单击【下一步】按钮。

（6）在【Hyper-V】功能介绍界面中，直接单击【下一步】按钮。

（7）在【创建虚拟交换机】界面中，勾选宿主机与 Internet 连接的网络适配器【Ethernet1】，如图 13-8 所示。

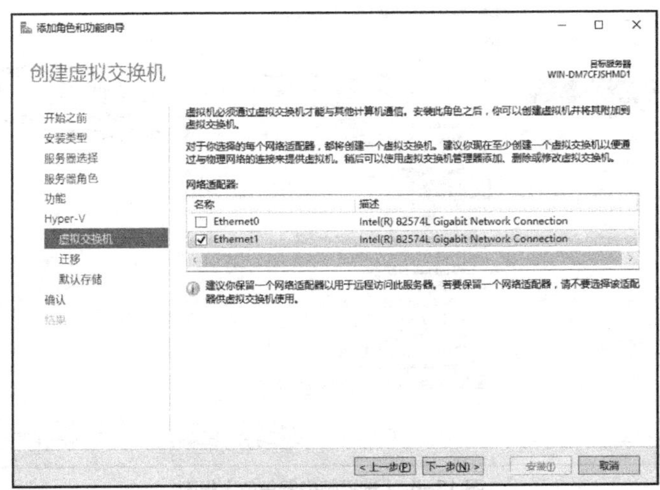

图 13-8 【创建虚拟交换机】界面

注意 对于管理员选择的任意一个网络适配器，Hyper-V 都将为其创建一个虚拟交换机。如果选择多个物理网卡，则会创建多个虚拟交换机。

（8）在【虚拟机迁移】界面中，保持默认设置并单击【下一步】按钮，如图 13-9 所示。

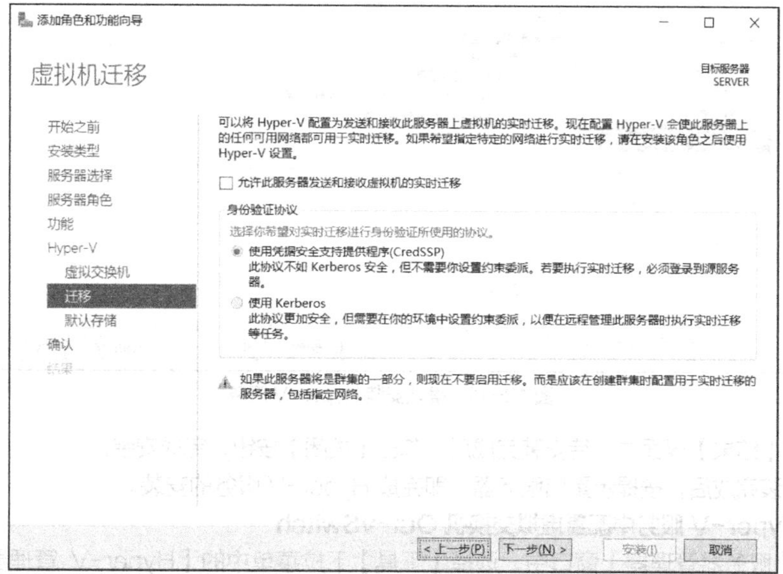

图 13-9 【虚拟机迁移】界面

（9）在【默认存储】界面中，保持默认设置并单击【下一步】按钮，如图 13-10 所示。

图 13-10 【默认存储】界面

（10）在【确认安装所选内容】界面中，单击【安装】按钮，开始安装 Hyper-V 服务，如图 13-11 所示。

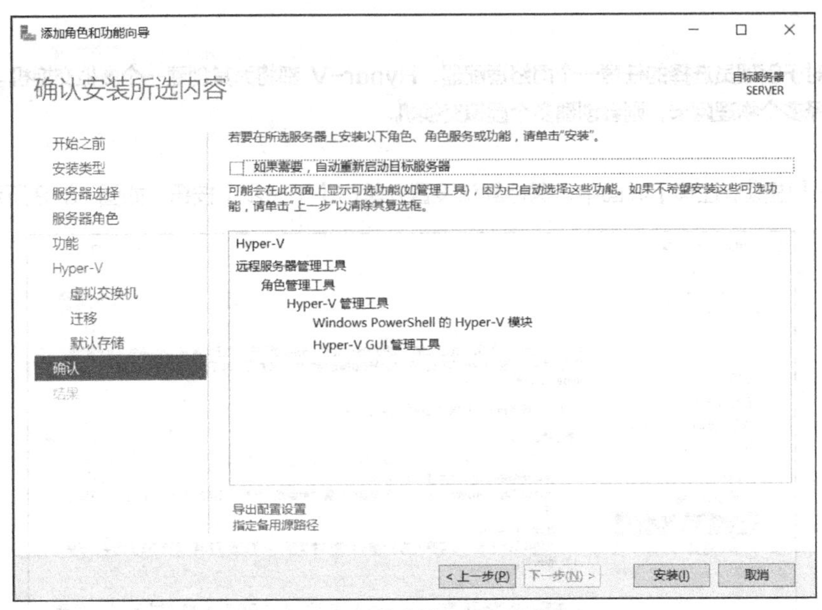

图 13-11　确认安装 Hyper-V 服务

（11）在【结果】界面中，待安装完成后，单击【关闭】按钮，完成安装。

（12）安装完成后，按提示重启服务器，即完成 Hyper-V 服务的安装。

3. 在 Hyper-V 服务中配置虚拟交换机 Out-vSwitch

（1）在【服务器管理器】窗口中，选择【工具】下拉菜单中的【Hyper-V 管理器】选项。在【Hyper-V 管理器】窗口中右击【SERVER】选项，在弹出的快捷菜单中选择【虚拟交换机管理器】命令，如图 13-12 所示。

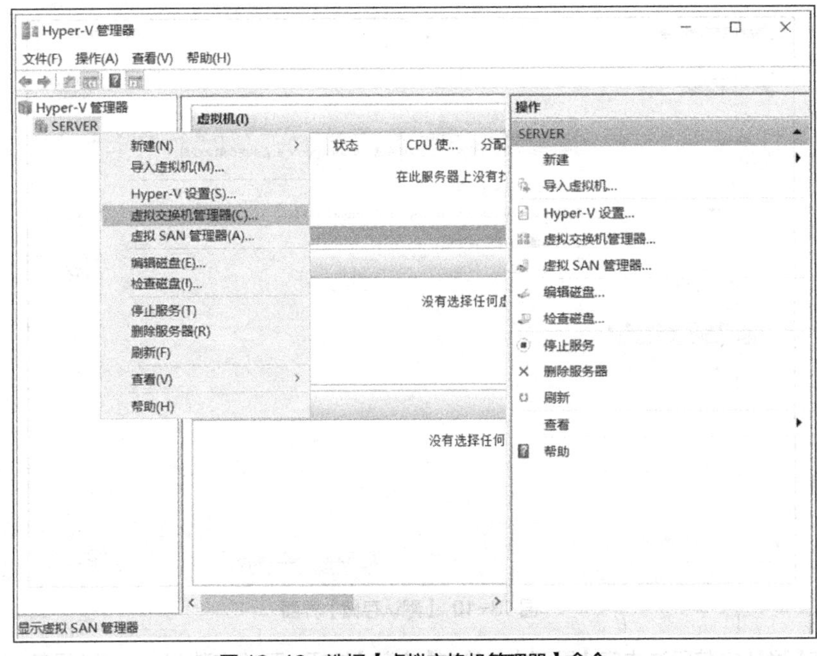

图 13-12　选择【虚拟交换机管理器】命令

（2）在打开的【SERVER 的虚拟交换机管理器】窗口中，选择上一个步骤自动创建的虚拟交换机，并在【虚拟交换机属性】栏的【名称】文本框中输入 Out_vSwitch，单击【确定】按钮，重命名交换机，如图 13-13 所示。

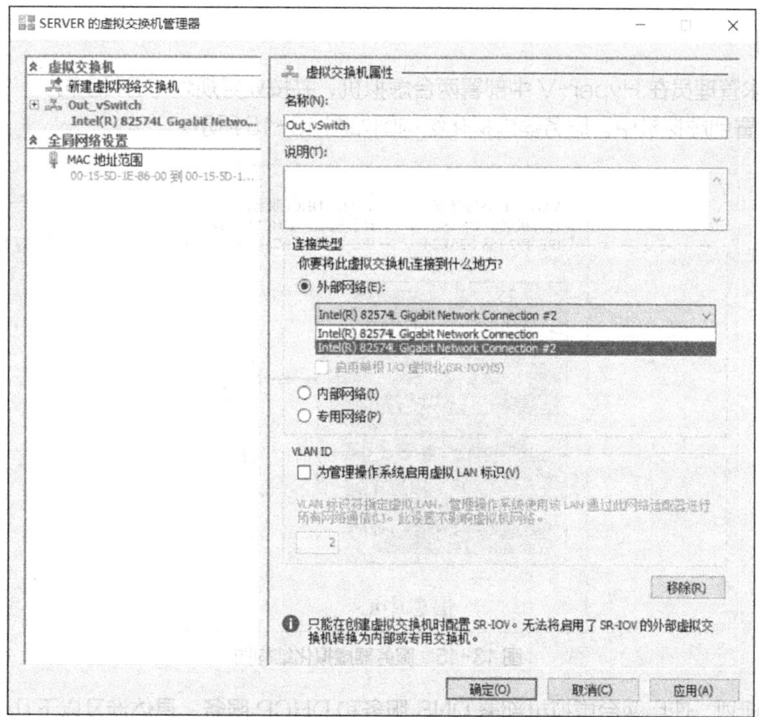

图 13-13 【SERVER 的虚拟交换机管理器】窗口

任务验证

从【服务器管理器】窗口中打开【Hyper-V 管理器】窗口，如图 13-14 所示。

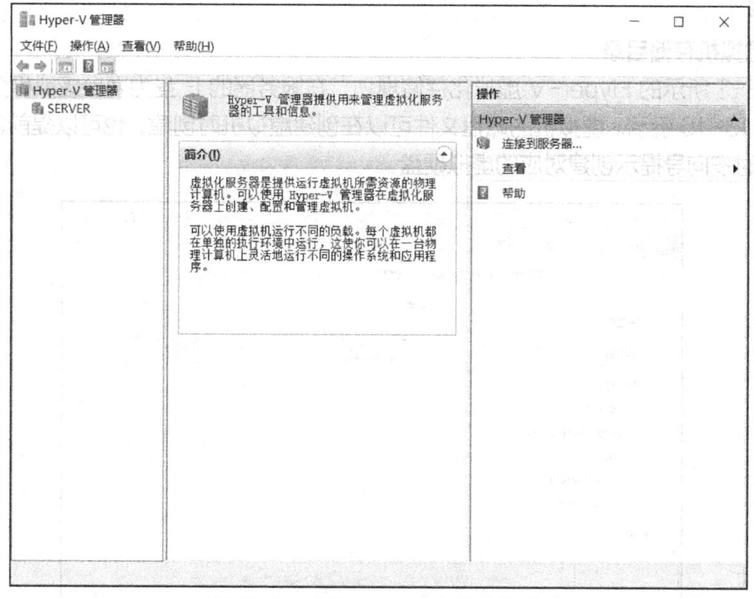

图 13-14 【Hyper-V 管理器】窗口

任务 13-2　在 Hyper-V 中部署 DNS 和 DHCP 虚拟化服务

任务规划

本任务要求管理员在 Hyper-V 中部署两台虚拟机，并按业务规划将 DNS 和 DHCP 服务部署到虚拟机中。服务器虚拟化结构图如图 13-15 所示。

V13-2　任务 13-2
演示视频

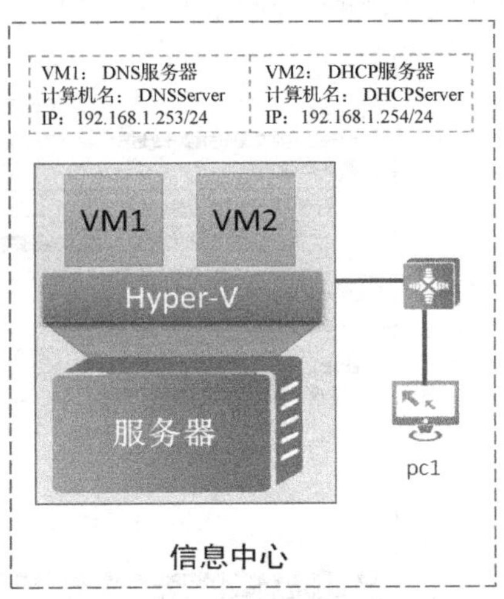

图 13-15　服务器虚拟化结构图

根据任务规划，使用两台虚拟机部署 DNS 服务和 DHCP 服务，具体涉及以下几个步骤。

（1）创建虚拟机存储目录。

（2）在 Hyper-V 中创建虚拟机 DNSServer 和 DHCPServer。

（3）在虚拟机中安装和配置 DNS 服务和 DHCP 服务。

任务实施

1. 创建虚拟机存储目录

根据表 13-3 所示的 Hyper-V 虚拟化存储规划，在服务器的 E 盘为两台虚拟机分别创建数据存储目录，如图 13-16 所示。虚拟机的磁盘文件可以在创建虚拟机时创建，也可以提前创建，本任务将在创建虚拟机时按向导提示创建对应的虚拟硬盘。

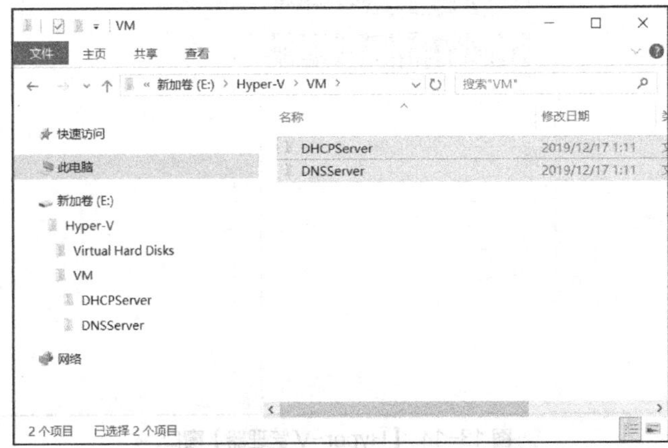

图 13-16　在服务器硬盘中创建虚拟机的数据存储目录

2. 在 Hyper-V 中创建虚拟机 DNSServer 和 DHCPServer

（1）打开 Hyper-V 服务：在【服务器管理器】窗口中，选择【工具】下拉菜单中的【Hyper-V 管理器】选项。

（2）在打开的【Hyper-V 管理器】窗口中，右击【SERVER】选项，在弹出的快捷菜单中选择【新建】子菜单中的【虚拟机】命令，如图 13-17 所示。

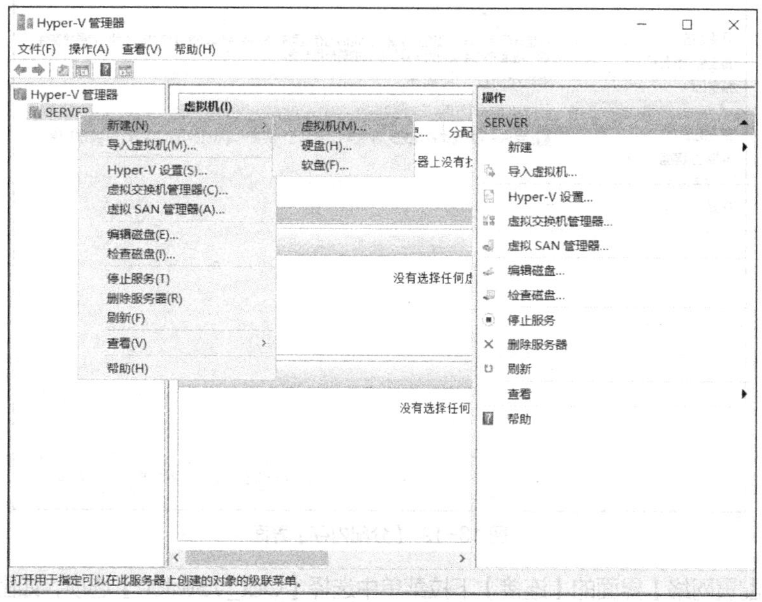

图 13-17 新建虚拟机

（3）在弹出的【新建虚拟机向导】对话框中单击【下一步】按钮。在【指定名称和位置】界面的【名称】文本框中输入 DNSServer，在【位置】文本框中输入表 13-3 中指定的路径“E:\Hyper-V\VM\DNSServer”，如图 13-18 所示，然后单击【下一步】按钮。

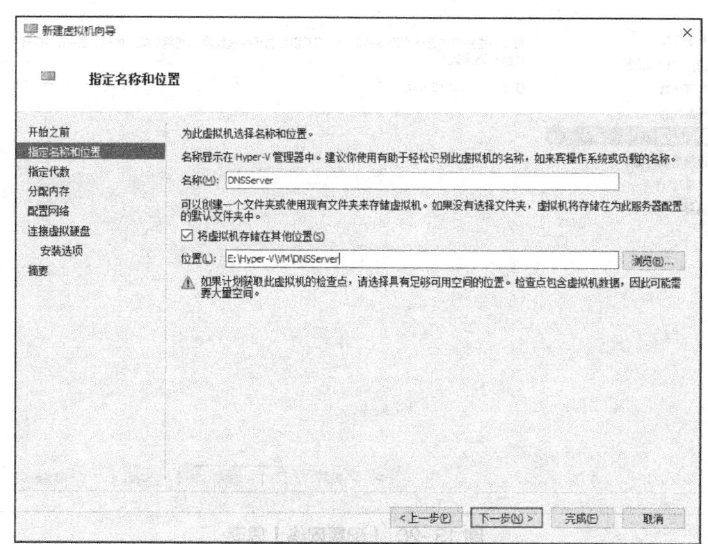

图 13-18 【指定名称和位置】界面

（4）在【指定代数】界面中，选择虚拟机的代数为【第二代】，然后单击【下一步】按钮。

（5）在【分配内存】界面中，根据表 13-4 的规划，设置【启动内存】大小为 4096MB（即 4GB），如图 13-19 所示，然后单击【下一步】按钮。

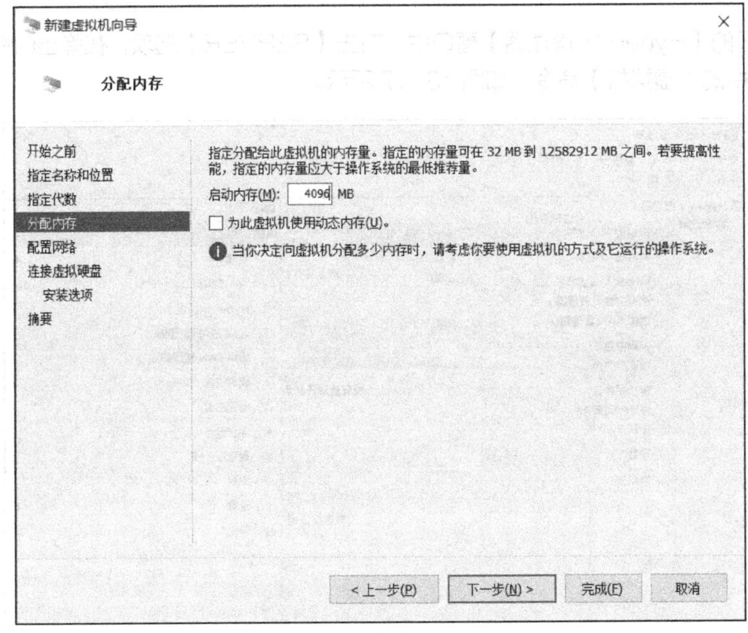

图 13-19 【分配内存】界面

（6）在【配置网络】界面的【连接】下拉菜单中选择【Out_vSwitch】选项，如图 13-20 所示，然后单击【下一步】按钮。

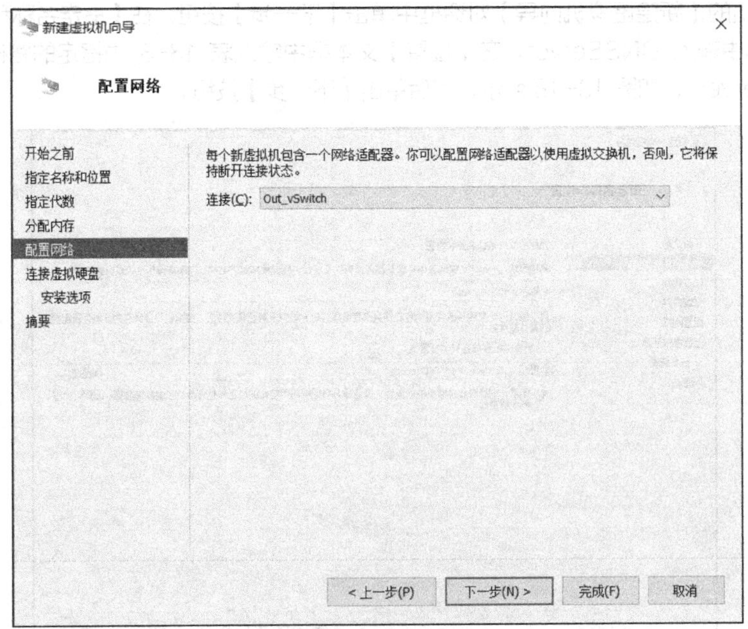

图 13-20 【配置网络】界面

（7）在【连接虚拟硬盘】界面中选择【创建虚拟硬盘】单选项。根据表 13-3 的规划，在【名称】文本框中输入虚拟机的名称为 DNSServer.vhdx，在【位置】文本框中输入虚拟机虚拟硬盘的位置为

“E:\Hyper-V\Virtual Hard Disks\”，在【大小】文本框中输入虚拟机硬盘大小为 100（GB），如图 13-21 所示，然后单击【下一步】按钮。

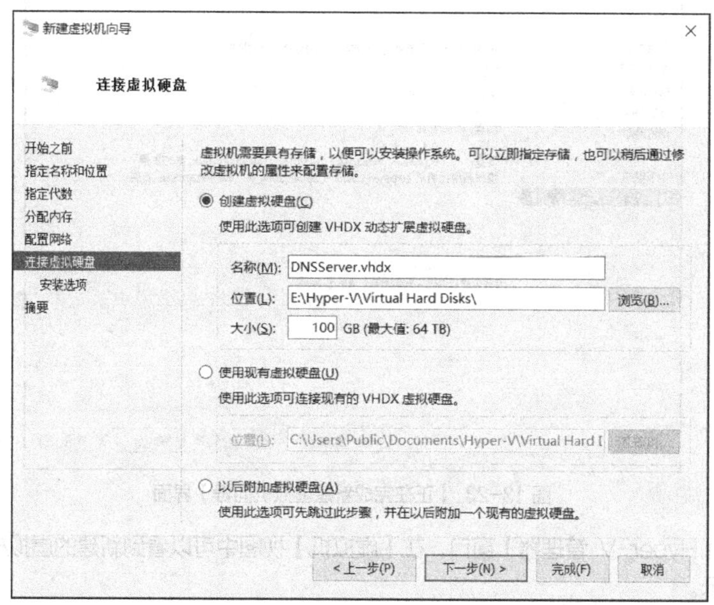

图 13-21 【连接虚拟硬盘】界面

（8）在【安装选项】界面中，有 3 种方式选择操作系统的安装源，本任务将通过映像文件的方式进行安装，选择【从可启动的映像文件安装操作系统】单选项，并指向已经下载好的 Windows Server 2016 系统安装包路径，如图 13-22 所示，然后单击【下一步】按钮。

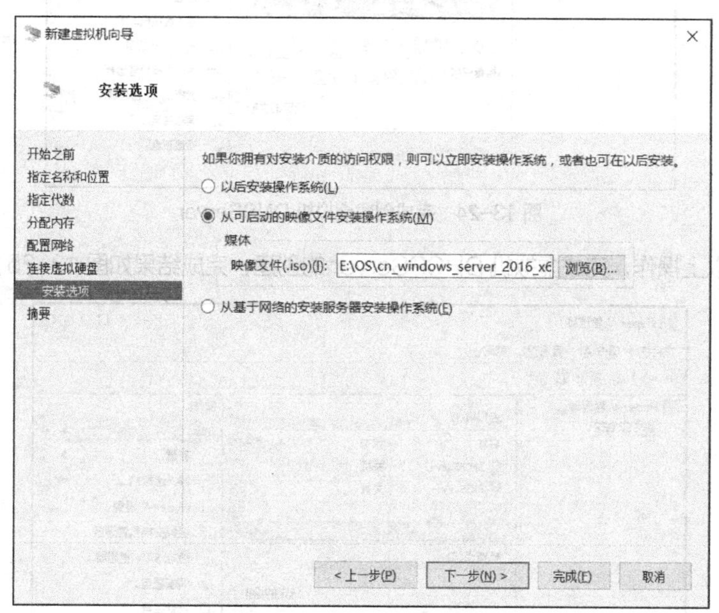

图 13-22 【安装选项】界面

（9）在【正在完成新建虚拟机向导】界面中，可以再次确认新建的虚拟机参数是否和项目规划表一致，确认无误后单击【完成】按钮，完成虚拟机的新创建，如图 13-23 所示。

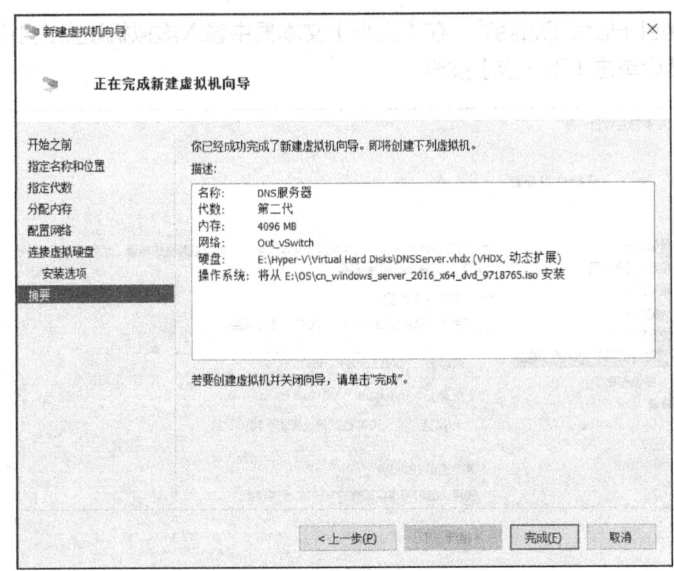

图 13-23 【正在完成新建虚拟机向导】界面

（10）回到【Hyper-V 管理器】窗口，在【虚拟机】视图中可以看到新建的虚拟机 DNSServer，如图 13-24 所示。

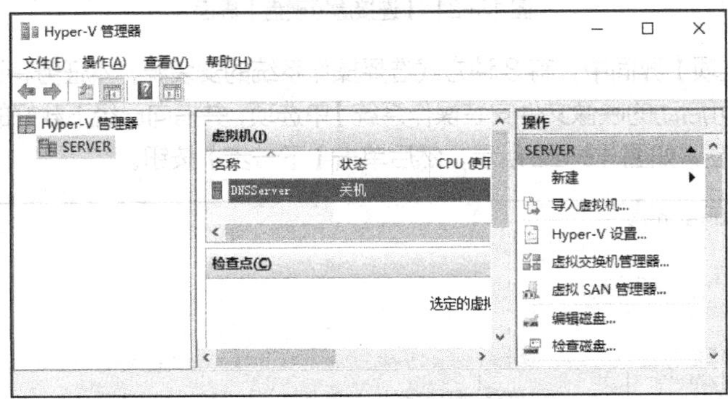

图 13-24 完成创建虚拟机 DNSServer

（11）重复以上操作，完成虚拟机 DHCPServer 的创建，完成结果如图 13-25 所示。

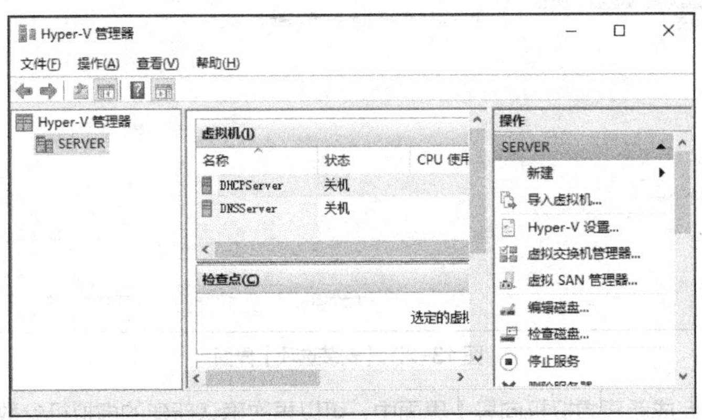

图 13-25 完成创建虚拟机 DHCPServer

3. 在虚拟机中安装和配置 DNS 服务和 DHCP 服务

（1）在图 13-26 所示的【Hyper-V 管理器】窗口中选择【DHCPServer】虚拟机，在其右键快捷菜单中选择【启动】命令来启动 DHCPServer 虚拟机。

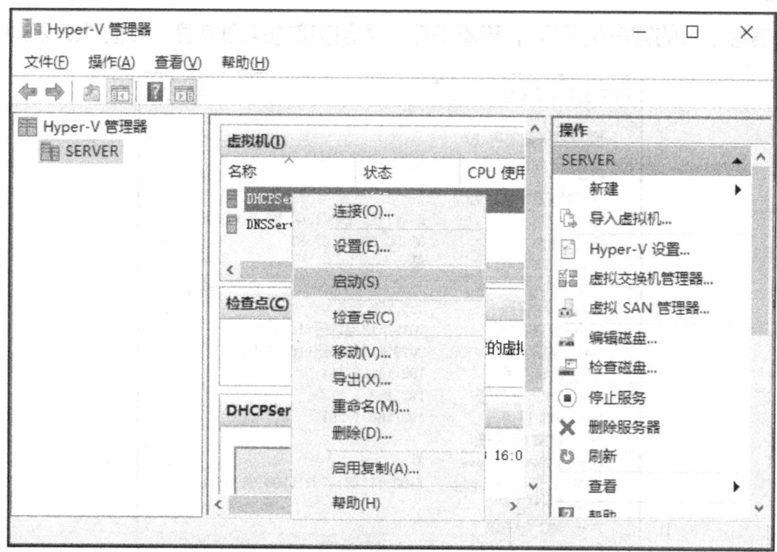

图 13-26 启动 DHCPServer 虚拟机

（2）参考上一步骤启动 DNSServer 虚拟机。

（3）右击【DNSServer】虚拟机，在弹出的快捷菜单中选择【连接】命令，进入虚拟机界面，如图 13-27 所示。

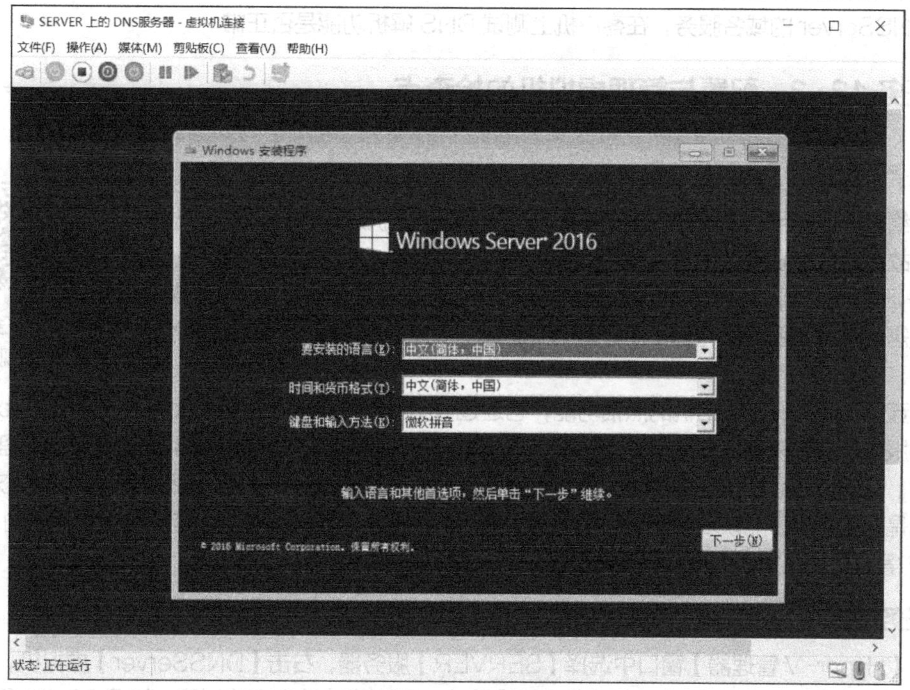

图 13-27 虚拟机界面

（4）参考项目1完成Windows Server 2016的安装，并参考项目7和项目8完成DNS、DHCP服务的部署。

任务验证

（1）启动信息中心的客户机PC1，查看PC1网络连接的详细信息，如图13-28所示。

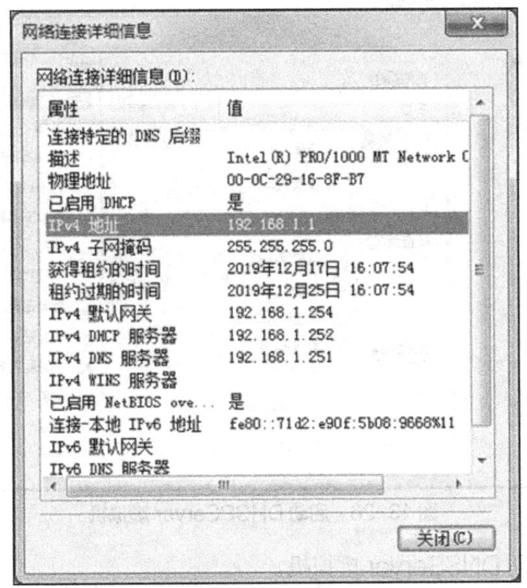

图13-28　PC1获取到DHCPServer下发的IP地址

（2）结果显示，客户机PC1成功通过虚拟机DHCPServer获取到IP地址。还可以进一步通过配置DNSServer的域名服务，在客户机上测试DNS解析功能是否正常。

任务13-3　配置与管理虚拟机的检查点

任务规划

网络管理员使用Hyper-V的检查点功能对两台虚拟机进行备份，以便在虚拟机出现故障时快速恢复。

V13-3　任务13-3
演示视频

DNS和DHCP服务作为网络基础服务，一旦部署完成，变更较少，网络管理员只需要做好其服务运行保障工作即可。因此，此类服务的稳定性和可靠性尤为重要。

检查点功能类似于照相机的照相功能，它通过Microsoft Volume Shadow Copy Service（卷影复制服务）技术来存储虚拟机建立检查点时的状态，这些状态包括虚拟机系统的内存、磁盘、网络等内容。在虚拟机后期出现故障时，应用检查点可以让虚拟机快速恢复到创建检查点时的状态。需要注意的是，检查点不能恢复创建之后系统发生变化的数据。因此，检查点功能非常适合用于对DNS、DHCP等数据变化很小的虚拟机进行备份。

任务实施

在【Hyper-V管理器】窗口中选择【SERVER】服务器，右击【DNSServer】虚拟机，在弹出的图13-29所示的快捷菜单中选择【检查点】命令，即可完成检查点的创建。如图13-30所示，在【检查点】视图中出现了一个2019年12月17日的检查点。

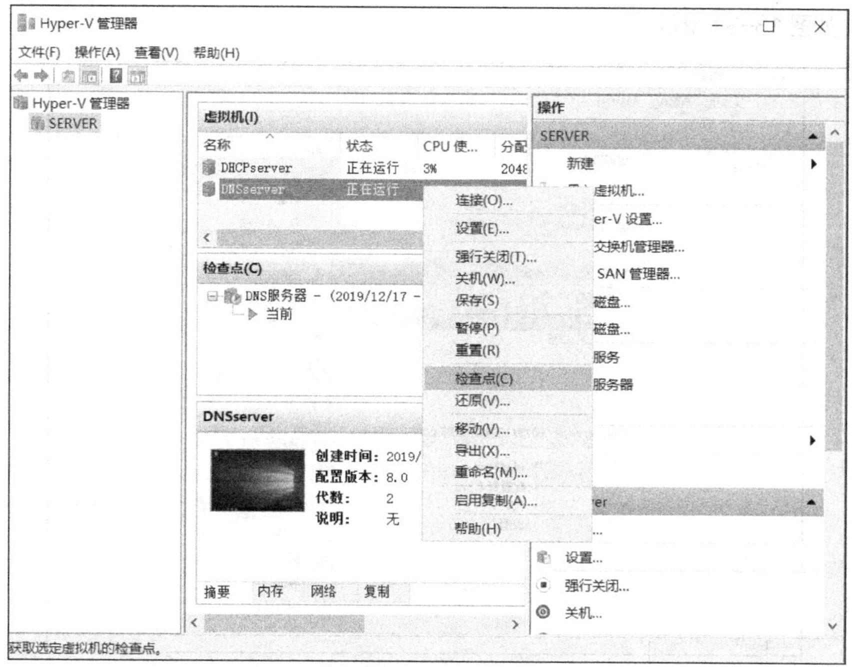

图 13-29 创建检查点

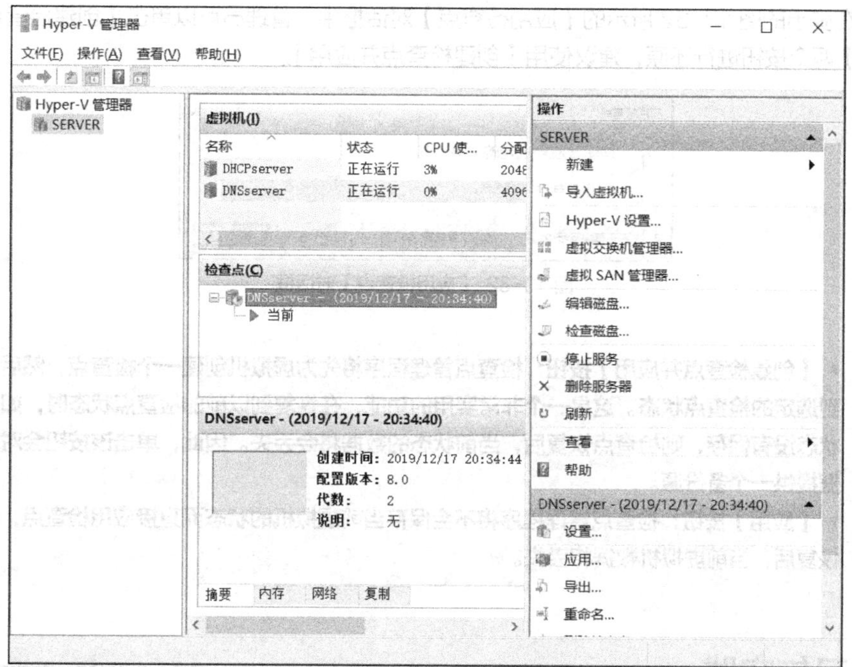

图 13-30 DNSServer 的检查点

任务验证

当虚拟机出现故障或误操作等问题时，网络管理员可以通过检查点功能进行还原。接下来将演示如何恢复虚拟机到检查点状态。

（1）在【Hyper-V 管理器】窗口中，右击【DNSServer】检查点，在弹出的快捷菜单中选择【应用】命令，如图 13-31 所示。

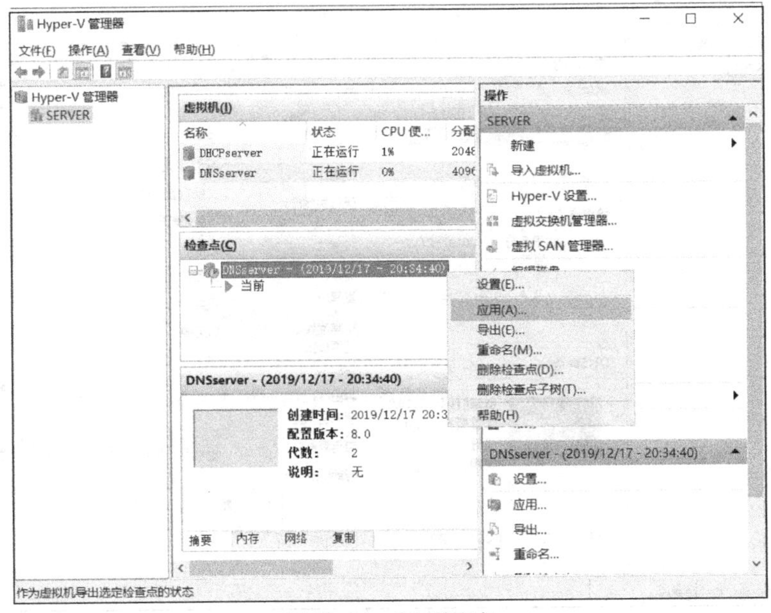

图 13-31 应用检查点

（2）在弹出的图 13-32 所示的【应用检查点】对话框中，管理员可以单击【创建检查点并应用】或【应用】两个按钮进行还原，建议使用【创建检查点并应用】。

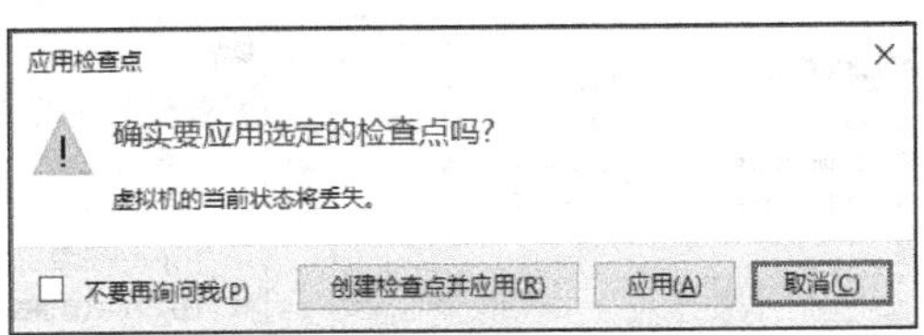

图 13-32 【应用检查点】对话框

说明

- **【创建检查点并应用】按钮：检查点管理程序将先为虚拟机创建一个检查点，然后再恢复到选定的检查点状态。这是一个非常实用的功能，在恢复到以前的检查点状态时，如果当前状态没有保存，则检查点恢复后，当前状态的数据将会丢失。因此，单击该按钮会对当前数据提供一个备份源。**
- **【应用】按钮：检查点管理程序将不会保存当前虚拟机的状态而直接应用检查点，检查点恢复后，当前虚拟机数据将丢失。**

练习与实践

理论习题

1.（　　）属于 Windows Server 2016 系统自带的虚拟化工具。

A. Xen　　B. KVM　　C. Hyper-V　　D. VMware

2. Windows Server 2016 系统的 Hyper-V 版本是（　　）。
   A. 1.0　　B. 2.0　　C. 3.0　　D. 4.0
3. Hyper-V 支持检查点功能，它允许虚拟机创建（　　）个检查点。
   A. 1　　B. 2　　C. 10　　D. 没有限制
4. Hyper-V 最多可以运行（　　）个虚拟机。
   A. 10　　B. 30　　C. 50　　D. 无限制
5. 在服务器中运行 Hyper-V，需要开启 CPU 的（　　）服务。
   A. AD　　B. DNS
   C. DHCP　　D. 英特尔 VT-x 或 AMD-V

项目实训题

1. 项目背景与需求

Jan16 公司在一台安装了 Windows server 2016 系统的服务器上部署了 Hyper-V 服务，公司要求网络管理员将 FTP、DNS、Web 和 DHCP 等服务都迁移到虚拟机上，当前将先在信息中心内部做虚拟化部署测试。Jan16 公司的网络拓扑规划和 IP 信息如图 13-33 所示，项目详细需求如下。

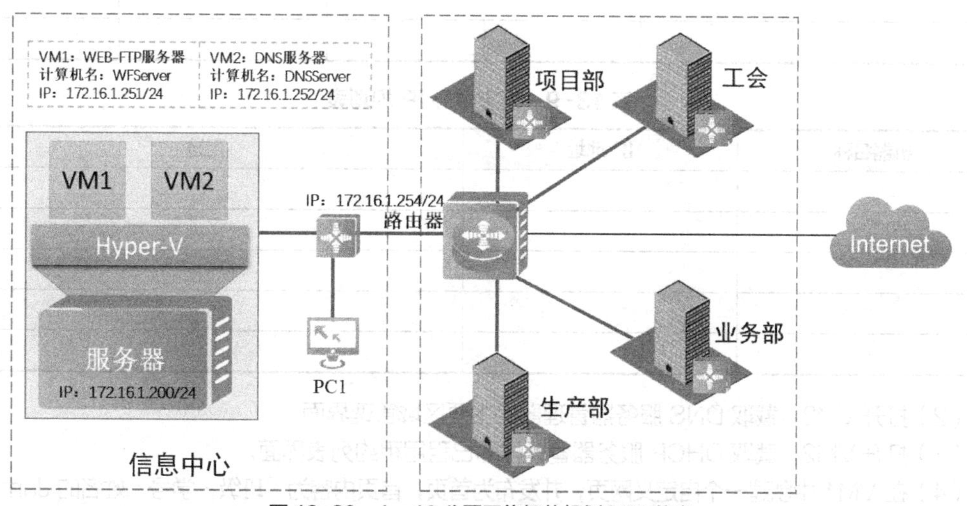

图 13-33　Jan16 公司网络拓扑规划和 IP 信息

（1）在 Hyper-V 中创建虚拟机 VM1 和 VM2，VM1 用于部署 Web 和 FTP 服务，VM2 用于部署 DNS 和 DHCP 服务。

（2）在 VM1 中部署 Web 和 FTP 服务，为方便管理员通过 FTP 更新 Web 站点，要求将 Web 和 FTP 的主目录设置为同一个目录“E:\WEB_FTP\”，VM1 的域名为 www.Jan16.com，FTP 服务的用户名和密码分别为 admin 和 123。

（3）在 VM2 中部署 DHCP 和 DNS 服务，为 Jan16 公司提供 DNS 解析服务并为网络中心客户机自动分配 IP 地址，IP 地址范围为 172.16.1.10～30/24。

2. 项目实施要求

（1）根据项目背景分析项目需求，完成网络虚拟化规划、Hyper-V 虚拟化存储规划、服务器和虚拟机规划、信息中心 IP 规划等工作，并将规划结果填入表 13-6～表 13-9 中。

表 13-6　网络虚拟化规划表

虚拟交换机名称	连接方式	用途

表 13-7　Hyper-V 虚拟化存储规划表

名称	存储位置\文件名	存储空间大小	用途

表 13-8　服务器和虚拟机规划表

服务器和虚拟机名称	主要硬件配置	操作系统	承载业务	网络连接方式	用途

表 13-9　信息中心 IP 规划表

机器名称	IP 地址	用途

（2）打开 VM2，截取 DNS 服务器管理器的主要区域管理界面。

（3）打开 VM2，截取 DHCP 服务器管理器的已租用租约列表界面。

（4）在 VM1 中创建一个自定义网页，并发布为首页，首页内容为“班级 · 学号 · 姓名的 Jan16 首页”，然后在 PC1 中打开浏览器，访问 www.Jan16.com，截取浏览器界面。

（5）在 PC1 访问 FTP://www.Jan16.com，截取 FTP 站点首页界面。

项目14 部署企业活动目录服务

[项目学习目标]

（1）了解活动目录、活动目录对象和活动目录架构的概念与应用。
（2）了解活动目录的逻辑结构和物理结构的相关知识。
（3）掌握DNS服务与活动目录的关系与协同。
（4）掌握企业组织架构下，活动目录域控制器的部署，域用户和计算机的管理等简单域服务相关业务的实施流程。

项目描述

随着 Jan16 公司规模的扩大，公司人数和计算机的数量也随之增长，以传统工作组方式管理公司大量的计算机已不能满足公司发展需求。为保障公司业务更加安全稳定，实现资源的集中管理，信息中心将引入域服务来管理公司员工的用户账户和计算机。

为让部门员工尽快熟悉 Windows Server 2016 的域环境，将在一台新安装 Windows Server 2016 系统的服务器上建立公司的第一台域控制器。公司活动目录域信息规划如下。

（1）域控制器名称为 DC1。
（2）域名为 Jan16.CN。
（3）域的简称为 Jan16。
（4）域控制器 IP 为 192. 168. 1.1/24。
（5）域用户为 Tom、Mike，其中 Mike 为实习生，仅允许他在上班时间（周一至周五的 8:00～17:00）登录到域。

域测试环境拓扑图如图 14-1 所示。

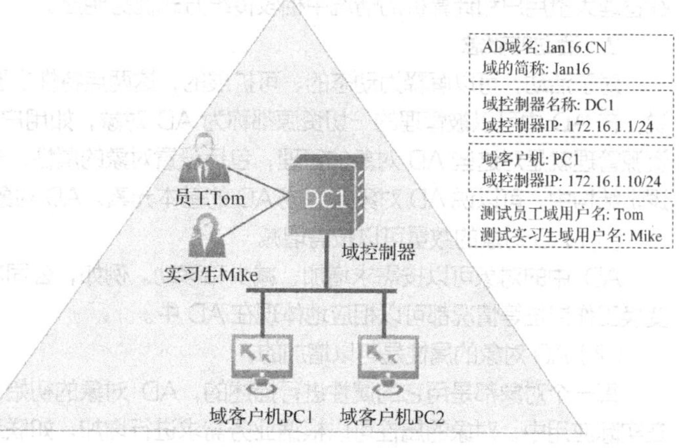

图 14-1　域测试环境拓扑图

项目分析

本项目需要管理员了解活动目录的概念、逻辑结构、物理结构、DNS 服务与 AD 的相关性等知识，并在测试环境中部署公司的第一台域控制器，然后将公司员工的用户账户和计算机加入域中，实现用域来管理公司的用户和计算机的目标。本项目管理员的工作任务如下。

（1）部署公司的第一台域控制器：根据测试环境拓扑和域相关信息，部署公司的第一台域控制器。

（2）将用户账户和计算机加入域：将客户机和测试账户加入域。

相关知识

14.1 活动目录的概念

活动目录（Active Directory，AD）是由“活动”和“目录”这两部分组成的，其中“活动”修饰“目录”，因此，该词的核心在于“目录”，而“目录”代表的是目录服务（Directory Service）。

1. 目录的概念

对于目录，大家最熟悉的就是书籍目录，通过它就能知道书的大致内容。但目录服务和书籍目录不同，目录服务是一种网络服务，它存储着网络资源的信息，目的是使得用户和应用程序能访问这些资源。

在 AD 管理的网络中，目录首先是一个容器，它存储了所有的用户、计算机、应用服务等资源，目录服务则通过一些规则让用户和应用程序可以快捷地访问它们。

例如，在工作组的计算机管理中，如果一个用户需要使用多台计算机，那么管理员到这些计算机上为该用户创建账户并授予相应的访问权限即可。但当有大量的用户提出这类需求时，管理员的管理难度将加倍。通过 AD 的管理方式，用户作为资源可以被管理员统一管理，即每一个用户拥有唯一的 AD 账户，管理员通过授权不同账户允许访问的计算机组即可完成相同工作。通过比较不难看出，AD 在管理大量用户和计算机的情况中相较传统方式优势明显。

2. 活动的概念

对于活动，可以解释为动态的、可扩展的，这两点特性主要体现在对 AD 的资源管理上。简单地说，在 AD 中可以被管理的一切资源都称为 AD 对象，如用户、组、计算机、共享文件夹等。AD 的资源管理就是对这些 AD 对象的管理，包括设置对象的属性、安全性等。每一个对象都存储在 AD 的逻辑结构中，可以说 AD 对象是组成 AD 的基本元素。AD 对象存在以下两个特点。

（1）AD 对象的数量可以按需增减

AD 中的对象可以按需求增加、减少和移动。例如，公司新购置了计算机、部分员工离职、员工变换工作岗位等情况都可以相应地体现在 AD 中。

（2）AD 对象的属性是可以增加的

每一个对象都是用它的属性进行描述的，AD 对象的初始属性不一定能满足所有业务场景，因此在实际应用中，对象的属性可以根据业务需求进行增加。如联系方式这个属性原先只有通信地址、手机、电子邮件等，随着社会发展，用户的联系方式可能需要增加微信、微博等项目，而且这些项目还在持续变化中。在 AD 中支持对象属性的增加，AD 管理员只需通过修改 AD 架构来增加属性，然后 AD 用户就可以在 AD 中使用该属性了。

需要注意的是，AD 对象的属性可以增加，但是不可以减少，如果一些对象的属性不允许再被用户使用，可以将其禁用。

综上所述，AD 实质上是一个数据库，它存储着网络中重要的资源信息。当用户需要访问网络中的资源时，就可以到 AD 中进行检索，并快速查找到需要的对象。而且 AD 是一种分布式服务，当网络的地理范围很大时，可以通过位于不同地点的 AD 数据库提供相同的服务来满足用户的需求。

14.2 活动目录的架构

架构（Schema）就是 AD 的基本结构，是组成 AD 的规则。

AD 架构中包含两个方面的内容，分别是对象类和对象属性。其中，对象类用来定义在 AD 中可以创建的所有可能的目录对象，如用户、组等；对象属性用来定义每个对象中可用来标识该对象的属性，如用户对象的对象属性可以是登录名、电话号码等。也就是说 AD 架构用来定义 AD 中对象的数据类型、语法规则和命名约定等内容。

当在 AD 中创建对象时，需要遵守 AD 的架构规则，只有在 AD 架构中定义了一个对象的属性才可以在 AD 中使用该属性。前面提到 AD 中对象的属性是可以增加的，这就要通过扩展 AD 架构来实现。AD 架构存储在 AD 架构表中，当需要扩展 AD 架构时只需要在架构表中进行修改即可，在整个 AD 林中只能有一个架构，也就是说在 AD 中所有的对象都会遵守同样的规则，这一特点有助于网络资源的统一管理。

14.3 轻型目录访问协议

轻型目录访问协议（Light Directory Access Protocol，LDAP）是访问 AD 的协议，当 AD 中对象的数量非常多时，如果要管理或使用某个对象，就需要查找并定位该对象，这时就需要一种层次结构来查找它，LDAP 就提供了这样的功能。

设想日常生活中寄快递的场景，如果要给张三寄快递，就需要知道他居住的城市、区、街道、大楼、楼层、房间号等信息，这样才能根据这个地址寄快递给他。这就是一种层次结构，LDAP 也具有类似的结构。

LDAP 有着严格的命名规范，即一个 AD 对象由 3 个命名相关的字段 DC、OU 和 CN 标识，这 3 个字段的详细介绍如表 14-1 所示。

表 14-1 LDAP 中关于 DC、OU 和 CN 的定义

名称	属性	描述
DC	域组件	AD 域的 DNS 名称
OU	组织单位	可以和实际中的一个行政部门相对应，在组织单位中可以包括其他对象，如计算机等
CN	普通名字	除了域组件和组织单位外的所有对象，如用户、打印机等

按照这个规范，假如在域 Jan16.CN 中有一个组织单位 software，在这个组织单位下有一个用户账户 Tom，那么在 AD 中 LDAP 用下面的方式来表示该对象：

```
CN=Tom; OU=software; DC=Jan16; DC=CN
```

LDAP 的命名包括两种类型：辨别名（Distinguished Names，DN）和相关辨别名（Relative Distinguished Names，RDN）。

上例中，“CN=Tom；OU=software；DC=Jan16；DC=CN”就是 Tom 这个对象在 AD 中的 DN；而 RDN 是指 DN 中唯一能标识这个对象的部分，通常为 DN 中最前面的一个。“CN=Tom”就是 Tom 这个对象在 AD 中的 RDN，该名称在 AD 中必须唯一。

14.4 活动目录的逻辑结构

在 AD 中有很多资源，要对这些资源进行有效管理就必须把它们合理组织起来，AD 的逻辑结构就是用来组织资源的。AD 的逻辑结构可以和公司的组织结构结合起来理解，通过逻辑结构对资源进行组织，用户可以通过名称而不是通过物理位置来查找资源，并且网络的物理结构对用户透明。

AD 的逻辑结构包括域(Domain)、域树(Domain Tree)、目录林(Forest)和组织单位(Organization Unit，OU)，具体如图 14-2 所示。

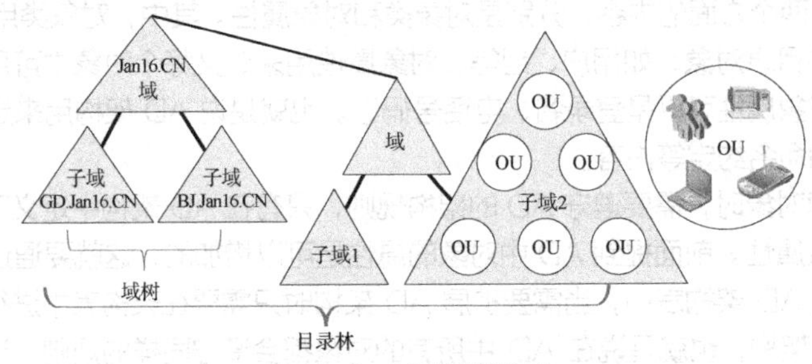

图 14-2 AD 的逻辑结构

1. 域的概念

域是 AD 的逻辑结构的核心单元，是 AD 对象的容器。在域中还定义了 3 个边界：安全边界、管理边界、复制边界，具体介绍如下。

- 安全边界：域中所有的对象都保存在域中，并且每个域只保存属于本域的对象，所以域管理员只能管理本域。安全边界的作用就是保证域的管理员只能在该域内拥有必要的管理权限，而对于其他域(如子域)则没有权限。
- 管理边界：每一个域只能管理自身区域的对象，如父域和子域是两个独立的域，两个域的管理员仅能管理自身区域的对象，但是由于它们存在逻辑上的父子信任关系，因此两个域的用户可以互相访问，但是不能互相管理。
- 复制边界：域是一种逻辑的组织形式，它其实是复制的单元，因此一个域可以跨越多个物理位置。如图 14-3 所示，Jan16 公司在北京和广州都有公司的相关机构，它们都隶属于 Jan16.CN 域，通过 ADSL 拨号进行互联，同时在两地各部署了一台域控制器。如果 Jan16 域中只有一台域控制器在北京，那么广州的客户端在登录域或者使用域中的资源时都要通过北京的域控制器进行查找，而北京和广州的连接是慢速的，在这种情况下，为了提高用户的访问速率，可以在广州也部署一台域控制器，让广州的域控制器复制北京域控制器的所有数据，这样广州的用户就可以通过本地域控制器实现快速登录和资源查找。由于域控制器的数据是动态的(如管理员禁用了一个用户)，所以域内的所有域控制器之间还必须实现数据同步。域控制器仅能复制域内的数据，不能复制其他域的数据，这就是复制边界。

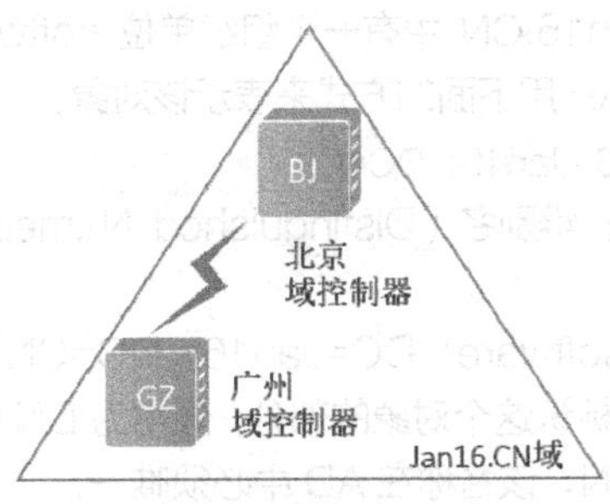

图 14-3 AD 的逻辑结构——域

综上所述，域是一种逻辑的组织形式，能够对网络中的资源进行统一管理。要实现域的管理，必须在计算机上安装 AD，而安装了 AD 的计算机就成为域控制器。

2. 登录域和登录到本机的区别

登录域和登录到本机是有区别的，在属于工作组的计算机上只能通过本地账户登录到本机，在一台加入域的计算机上可以选择登录到域或者登录到本机，如图 14-4 所示。

图 14-4 在域中的计算机的登录界面

登录到本机时必须输入这台计算机上的本地用户账户的信息，在“计算机管理”控制台可以查看这些用户账户的信息，登录验证也是由这台计算机完成的。本地登录账户通常为“计算机名\用户名”，如 SRV1\Tom。

登录到域时必须输入域用户的账户信息，而域用户的账户信息只保存在域控制器上。因此用户无论使用哪台域客户机，其登录验证都是由域控制器来完成的，也就是说默认情况下，域用户可以使用任何一台域客户机。域登录账户通常为“用户名@域名”，如 Tom@Jan16.CN。

在域的管理中，出于安全考虑，客户机的所有账户都会被域管理员统一回收，企业员工仅能通过域账户使用客户机。

3. 域树

域树是由一组具有连续命名空间的域组成的，在域中常简称为树。

例如，Jan16 公司最初只有一个域名 Jan16.CN，后来公司发展了，在北京成立了一个分公司，出于安全的考虑需要新创建一个域 BJ.Jan16.CN。可以把这个新域加入域 Jan16.CN 中，这个 BJ.Jan16.CN 就是 Jan16.CN 的子域，Jan16.CN 是 BJ.Jan16.CN 的父域。

组成一棵域树的第一个域称为树的根域，例如图 14-2 中左边第一棵树的根域为 Jan16.CN，树中其他域称为该树的节点域。

4. 树和信任关系

域树是由多个域组成的，而域的安全边界使得域和其他域之间的通信需要获得授权，在 AD 中这种授权是通过信任关系来实现的。在 AD 的域树中父域和子域之间可以自动建立一种双向可传递的信任关系。

如果 A、B 两个域之间有双向信任关系，则可以达到以下结果。

- 这两个域就像在同一个域一样，A 域中的账户可以在 B 域中登录 A 域，B 域中的账号同理。
- A 域中的用户有权限访问 B 域中的资源，B 域同理。
- A 域中的全局组可以加入 B 域中的本地组，B 域同理。

这种双向信任关系淡化了不同域之间的界限，而且在 AD 中父子域之间的信任关系是可传递的。可传递的意思是：如果 A 域信任 B 域，B 域信任 C 域，那么 A 域也就信任 C 域。在图 14-2 中，GD.Jan16.CN 域和 BJ.Jan16.CN 域由于各自同 Jan16.CN 建立了父子域关系，所以它们也相互信任并允许相互访问，可以称它们为兄弟域关系。这种双向可传递的信任关系，实际上就把这几个域融为一体了。

5. 目录林

目录林是由一棵或多棵域树组成的，每棵域树使用自身连续的命名空间，不同域树之间不存在命名空间的连续性，如图 14-5 所示。

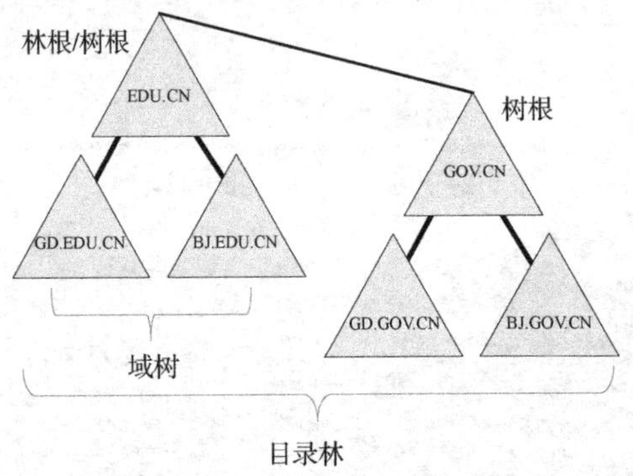

图 14-5 AD 的逻辑结构——域目录林

目录林具有以下特点。

- 目录林中的第一个域称为该目录林的根域，根域的名字将作为该目录林的名字。
- 目录林的根域和该目录林中的其他域树的根域存在双向可传递的信任关系。
- 目录林中的所有域树拥有相同的架构和全局编录（全局编录的概念在本节第 7 点中有详细介绍）。

在 AD 中，如果只有一个域，那么这个域也称为一个目录林，因此单域是最小的林。前面介绍了域的安全边界，如果一个域用户要对其他域进行管理，则必须先得到其他域的授权。但在目录林中有一个特殊情况，那就是在默认情况下目录林的根域管理员可以对目录林中所有域执行管理权限，这个管理员也称为目录林管理员。

6. 组织单位（OU）

OU 是 AD 中的一个特殊容器，它可以把用户、组、计算机等对象组织起来。与普通容器仅能容纳对象不同，OU 不仅可以包含对象，还可以进行组策略设置和委派管理，这是普通容器所不能实现的。关于组策略和委派的相关内容可通过微软官方资料和活动目录的专门图书进行查阅。

OU 是 AD 中最小的管理单元。如果一个域中的对象数目非常多，可以用 OU 把一些具有相同管理要求的对象组织在一起，这样就可以实现分级管理了。而且域管理员还可以委托某个用户去管理某个 OU，管理权限可以根据需要配置，这样能减轻管理员的工作负担。

OU 可以和公司的行政机构相结合，这样可以方便管理员对 AD 对象的管理，而且 OU 可以像域一样做成树状的结构，即一个 OU 下面还可以有多个子 OU。

规划 OU 时可以同时考虑两点因素：地点和部门职能。例如，Jan16 公司的域由北京总公司和广州子公司组成，而且每个城市都有市场部、技术部、财务部 3 个部门，可以按照图 14-6（a）的结构来组织域中的子域（在 AD 中，OU 用圆形来表示），图 14-6（b）则是在 AD 中根据左边的结构创建的 OU 结果。

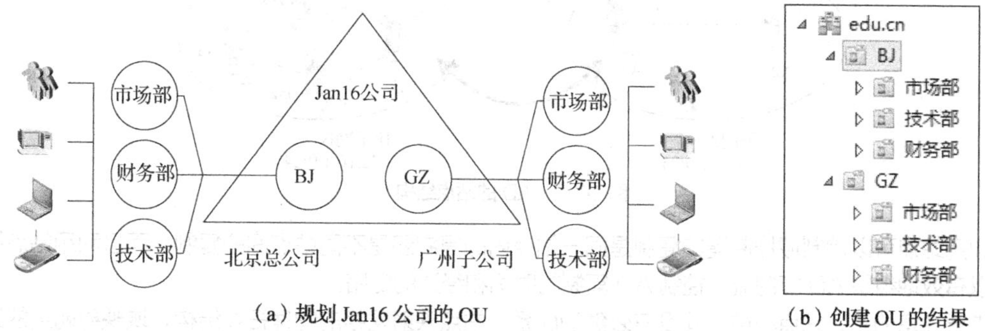

（a）规划 Jan16 公司的 OU　　（b）创建 OU 的结果

图 14-6　根据地点和部门职能来规划和创建 Jan16 公司的 OU

7. 全局编录

一个域的 AD 只能存储该域的信息，相当于这个域的目录。而当一个目录林中有多个域时，由于每个域都有一个 AD，因此如果一个域的用户要在整个目录林范围内查找一个对象就需要搜索目录林中的所有域，这时用户就需要等待较长的时间。

全局编录（Global Catalog，GC）相当于一个总目录，就像一个书架的图书有一个总目录一样，在全局编录中存储已有 AD 中所有域（林）对象的子集。默认情况下，存储在全局编录中的对象属性是那些经常用到的内容，而非全部属性。整个目录林会共享相同的全局编录信息。全局编录中的对象包含访问权限，用户只能看见有访问权限的对象，如果一个用户对某个对象没有访问权限，那么他在进行查找时将看不到这个对象。

14.5　活动目录的物理结构

前面所述的都是 AD 的逻辑结构，在 AD 中，逻辑结构是用来组织网络资源的，而物理结构则是用来设置和管理网络流量的，物理结构由域控制器和站点组成。

1. 域控制器

域控制器（Domain Controller，DC）是存储 AD 信息的地方，用来管理用户登录进程、验证和目录搜索等任务。一个域中可以有一台或多台域控制器，为了保证用户访问 AD 信息的一致性，就需要在各域控制器之间实现 AD 数据的复制，以保持同步。

2. 站点

站点（Site）一般与地理位置相对应，它由一个或多个物理子网组成。创建站点的目的是优化域控制器间复制数据的网络流量。

在图 14-7 所示的站点结构图中，没有配置站点的 AD 中所有的域控制器都将相互复制数据以保持同步，那么广州的 A1 和 A2 与北京的 B1、B2 和 B3 之间相互复制数据就会占用较长时间，同时 A1 和 B1 的同步复制与 A2 和 B1 的同步复制就明显存在重复在公网上复制相同数据的情况。但是在站点的作用下，A2 不能直接和 B1 同步复制，域控制器的同步首先在站点内同步，然后通过各自站点的一台服务器进行同步，最后各自站点内进行同步，完成全域或全林的数据同步。

显然，通过站点可以优化域控制器间的数据同步的网络流量。站点具有以下特点。

- 一个站点可以有一个或多个 IP 子网。

- 一个站点中可以有一个或多个域。
- 一个域可以属于多个站点。

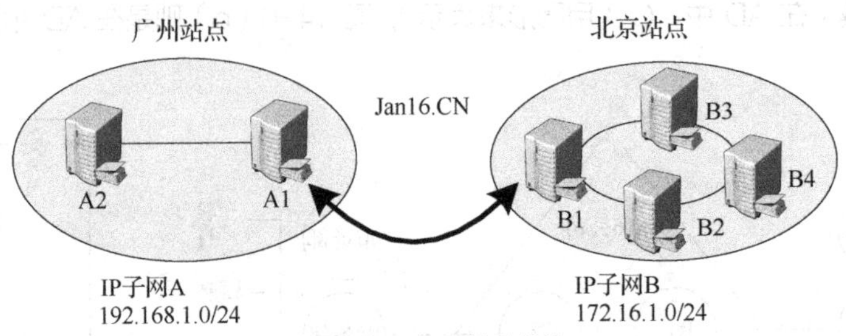

图 14-7 AD 的站点结构

利用站点可以控制域控制器的复制是同一站点内的复制还是不同站点间的复制，而且利用站点链接可以有效地组织 AD 复制流，控制 AD 复制的时间和经过的链路。

需要注意的是，站点和域之间没有必然的联系，站点映射网络的物理拓扑结构，域映射网络的逻辑拓扑结构，AD 允许一个站点有多个域，也允许一个域属于多个站点。

14.6 DNS 服务与活动目录

DNS 是互联网的重要服务之一，它用于实现 IP 地址和域名的相互解析。同时它为互联网提供了一种逻辑的分层结构，利用这个结构可以标识互联网中所有的计算机，同时这个结构也为人们使用互联网提供了便利。

与 DNS 类似，AD 的逻辑结构也是分层的，因此可以把 DNS 和 AD 结合起来，这样就可以实现 AD 中资源的便捷管理和访问。图 14-8 所示为 DNS 和 AD 命名空间的对应关系。

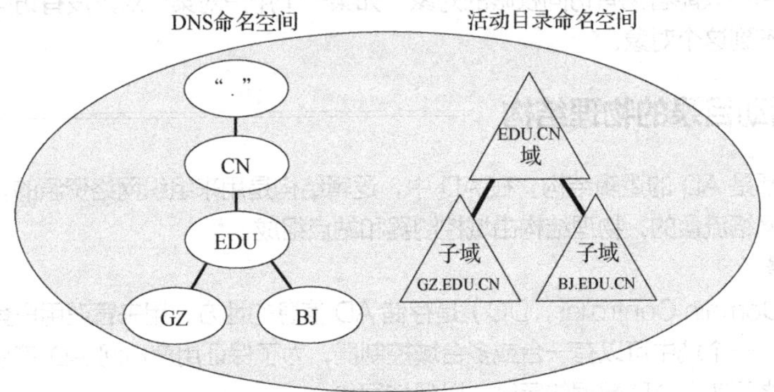

图 14-8 DNS 和 AD 命名空间的对应关系

在 AD 中，域控制器会自动向 DNS 服务器注册服务资源记录(Service Record，SRV Record)，在 SRV 记录中包含了服务器所提供服务的信息及服务器的主机名与 IP 地址等。利用 SRV 记录，客户端可以通过 DNS 服务器查看域控制器、应用服务器等信息。图 14-9 所示为在 AD 中的一台域控制器中的 DNS 控制台界面，通过该界面可以看到 Jan16.CN 区域下有“_msdcs”“_sites”“_tcp”“_udp”和“ForestDnsZones”这 5 个子文件夹，这些文件夹中存放的就是 SRV。

综上所述，DNS 是 AD 的基础，要实现 AD，就必须安装 DNS 服务。在安装第一台域控制器时，应该把本机设置为 DNS 服务器，在安装 AD 的过程中，DNS 会自动创建与 AD 域名相同的正向查找区域。

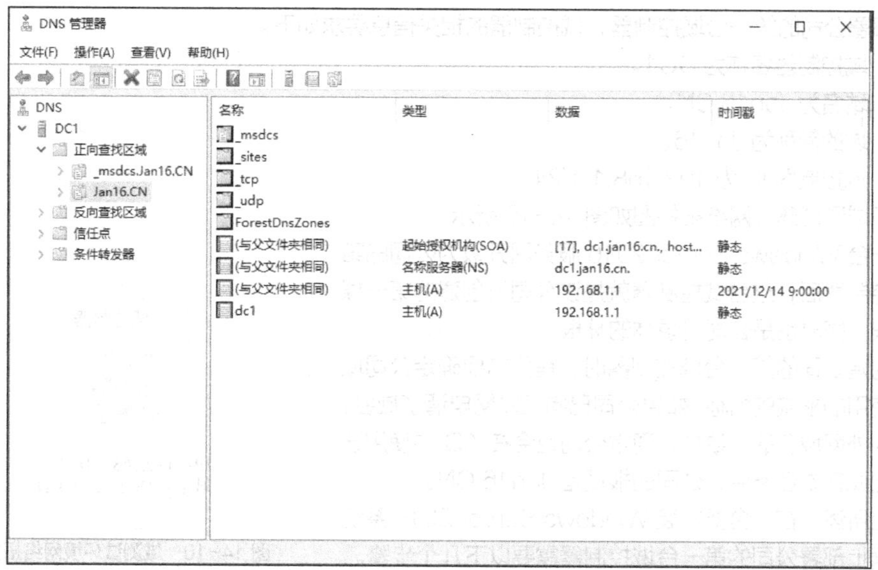

图 14-9　域控制器中的 DNS 控制台界面

14.7　活动目录的特点与优势

与非域环境下独立的管理方式相比，利用 AD 管理网络资源有以下特点。

（1）资源的统一管理

AD 是一个能存储大量对象的容器，它可以统一管理企业中成千上万的分布于异地的计算机、用户等资源，如统一升级软件等，而且管理员还可以通过委派下放一部分管理的权限给某个用户，让该用户替管理员执行特定的管理。

（2）便捷的网络资源访问

AD 将企业所有的资源都存入 AD 数据库中，利用 AD 工具，用户可以方便地查找和使用这些资源。而且由于 AD 采用了统一身份验证，用户仅需一次登录就可以访问整个网络资源。

（3）资源访问的分级管理

通过登录认证和对目录中对象的访问控制，将安全性和 AD 加密集成在一起。管理员能够管理整个网络的目录数据，并且可以授予用户访问网络上位于任何位置的资源的权限。

（4）降低总体拥有成本

总体拥有成本（Total Cost of Ownership，TCO）是指从产品采购到后期使用和维护的总成本，包括计算机采购成本、技术支持成本、升级成本等。如 AD 通过应用一个组策略，可以对整个域中的所有计算机和用户生效，能够大大减少分别在每一台计算机上配置的时间，即通过这样的方法降低了 TCO。

项目实施

任务 14-1　部署公司的第一台域控制器

V14-1　任务 14-1
演示视频

任务规划

根据域测试环境网络拓扑，在一台新安装 Windows Server 2016 系统的服务器上部署公司的第一台域控制器，域控制器的相关信息要求如下。

（1）域控制器名称为 DC1。

（2）域名为 Jan16.CN。

（3）域的简称为 Jan16。

（4）域控制器 IP 为 192.168.1.1/24。

公司域测试环境网络拓扑图如图 14-10 所示。

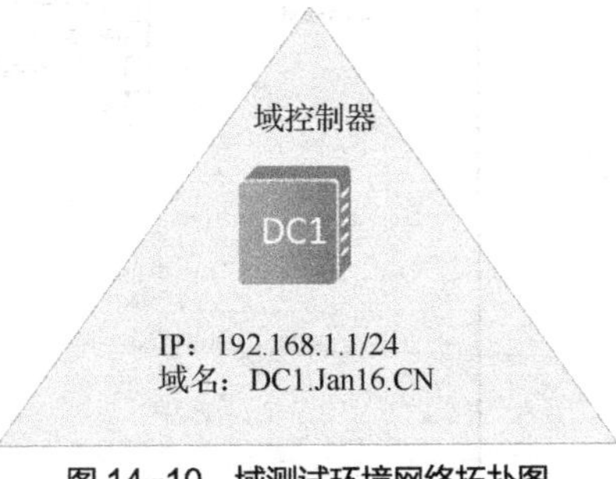

图 14-10　域测试环境网络拓扑图

将一台 Windows Server 2016 服务器升级为公司的第一台域控制器后，这台域控制器就是该公司所创建的第一棵树的树根，同时也是公司目录林的林根。

在创建公司的第一台域控制器时，首先需要确定公司域控制器使用的根域的名称，如果公司已向互联网申请了域名，为保证内外网域名的一致性，通常公司也会在 AD 中使用该域名，因此在本任务中，公司的根域是 Jan16.CN。

综上所述，在一台新安装 Windows Server 2016 系统的服务器上部署公司的第一台域控制器需要以下几个步骤。

（1）为服务器配置主机名和 IP 地址。

（2）在服务器上安装 DNS 角色和功能。

（3）在服务器上安装 AD 角色和功能。

（4）通过 AD 安装向导将服务器升级为企业的第一台域控制器。

任务实施

1. 为服务器配置主机名和 IP 地址

将 Windows Server 2016 服务器的计算机名称改为 DC1，重启后配置服务器的 IP 地址为 192.168.1.1/24，DNS 为 192.168.1.1。

2. 在服务器上安装 DNS 角色和功能

在服务器上安装 DNS 角色和功能，具体步骤可参考项目 7。

3. 在服务器上安装 AD 角色和功能

（1）在【服务器管理器】窗口中，打开【添加角色和功能向导】窗口，在【选择服务器角色】界面中勾选【Active Directory 域服务】复选框，并添加其所需要的功能，如图 14-11 所示。

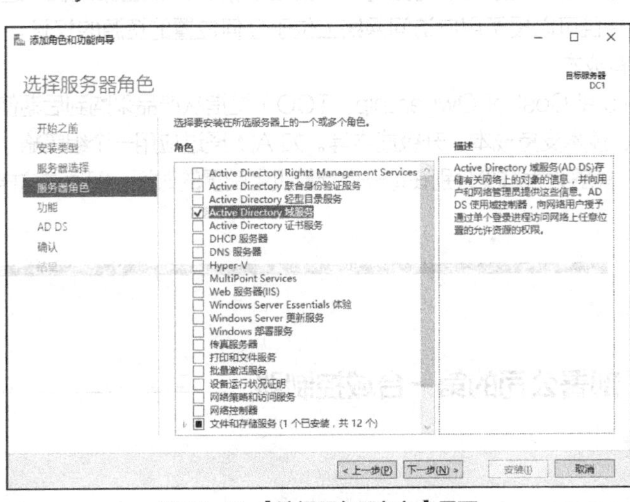

图 14-11　【选择服务器角色】界面

（2）安装完成之后，在【服务器管理器】窗口会看到图 14-12 所示的事件标识中多了一个黄色的感叹号标识，表示域服务的角色和功能安装完成。

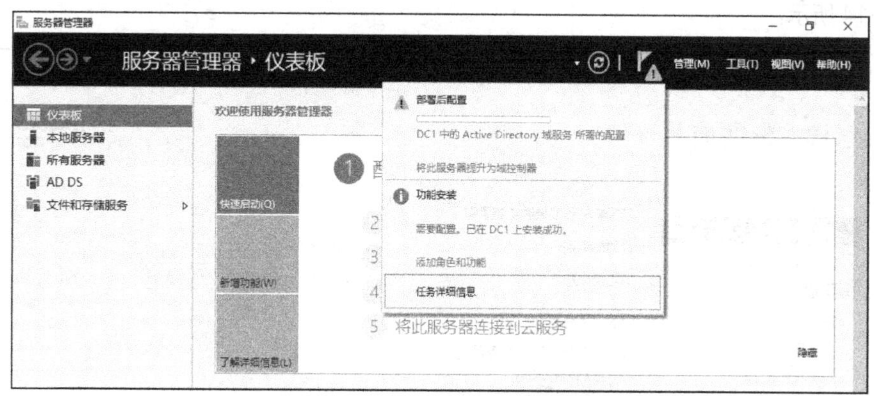

图 14-12　查看【服务器管理器】窗口中的事件

4. 通过 AD 安装向导将服务器升级为企业的第一台域控制器

（1）在图 14-12 所示的窗口中单击【将此服务器提升为域控制器】链接，在弹出的【Active Directory 域服务配置向导】窗口中，选择【添加新林】单选项，在【根域名】文本框中输入企业的根域 Jan16.CN，如图 14-13 所示。

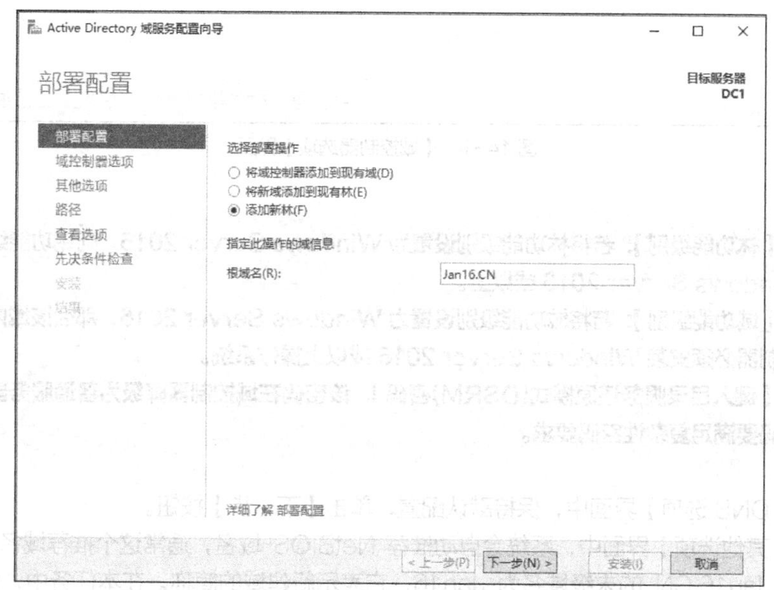

图 14-13　【Active Directory 域服务配置向导】窗口

注意

- **【将域控制器添加到现有域】：该选项用于将服务器提升为额外域只读域控制器。**
- **【将新域添加到现有林】：该选项用于将服务器提升为现有林中某个域的子域，或提升为现有林中的新域树。**
- **【添加新林】：该选项用于将服务器提升为新林中的域控制器。**
- **【根域名】：一般采用企业在互联网注册的根域名。**

（2）在【域控制器选项】界面中的【林功能级别】和【域功能级别】的下拉菜单中均选择【Windows Server 2016】选项，之后填写并确定【键入目录服务还原模式(DSRM)密码】选项中对应的密码，如图 14-14 所示。

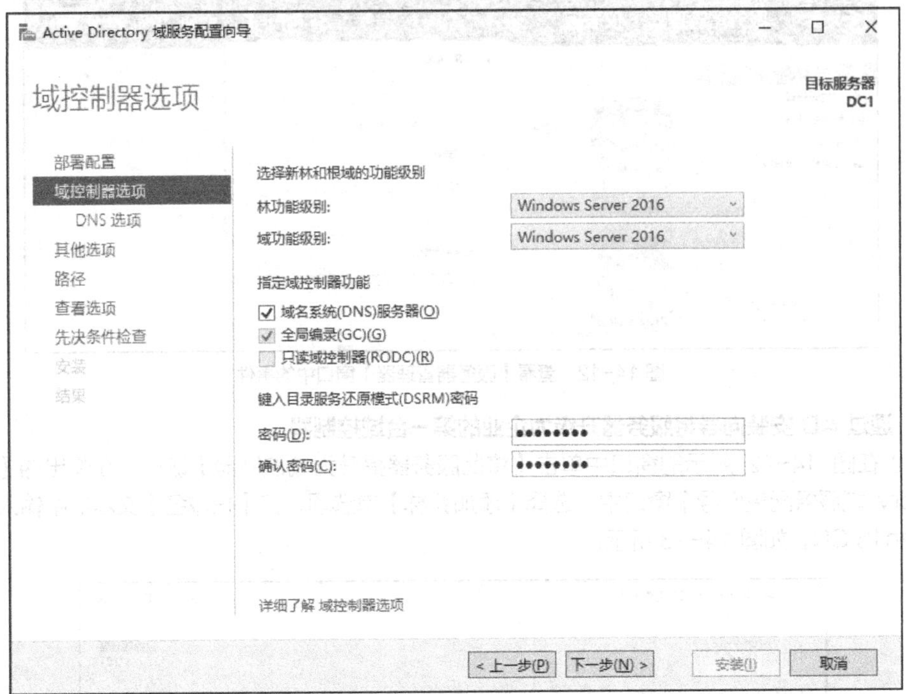

图 14-14 【域控制器选项】界面

注意
- **【林功能级别】：若将林功能级别设置为 Windows Server 2016，则域功能级别必须为 Windows Server 2016 或以上。**
- **【域功能级别】：若将域功能级别设置为 Windows Server 2016，那么该域内的其他域控制器必须安装 Windows Server 2016 或以上操作系统。**
- **【键入目录服务还原模式(DSRM)密码】：该密码在域控制器降级为普通服务器时使用，密码要满足复杂性密码要求。**

（3）在【DNS 选项】界面中，保持默认配置，单击【下一步】按钮。

（4）在【其他选项】界面中，系统会自动推荐 NetBIOS 域名，通常这个推荐域名为末级域名。在本任务中，Jan16.CN 的末级域名为 Jan16，它表示新建域的简称。在本任务中，域的简称就是 Jan16，因此保持默认配置，并单击【下一步】按钮。

（5）在【路径】界面中，使用默认的域安装路径，并单击【下一步】按钮。

（6）在【查看选项】界面中，管理员可以查看即将生效的域配置是否正确，确认无误后，单击【下一步】按钮。

（7）在【先决条件检查】界面中，系统会检查 AD 域升级的所有配置是否满足要求。检查通过，则【安装】按钮为可单击状态；检查不通过，则需要根据提示完成相关配置。

（8）单击【安装】按钮开始安装。安装完成之后，系统会自动重启。计算机重启后就可以进入登录到 Jan16 域的界面，如图 14-15 所示。

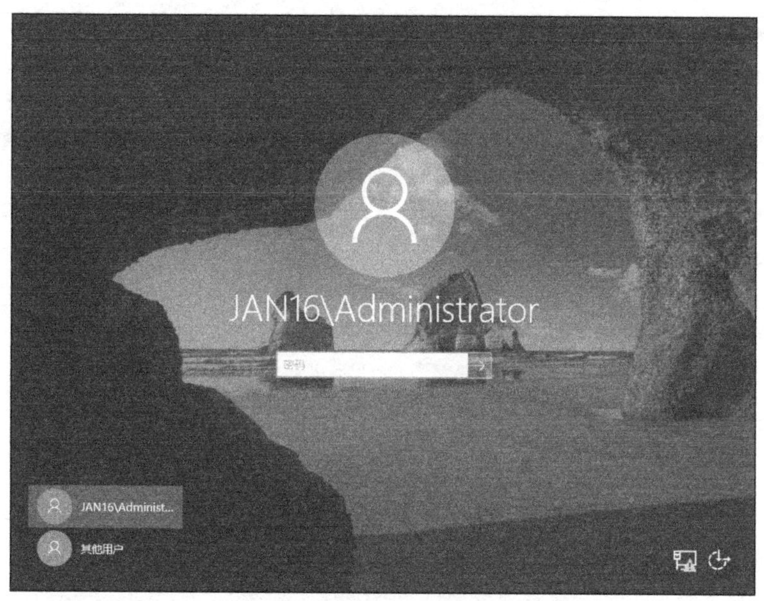

图 14-15　登录到 Jan16 域的界面

任务验证

域服务安装成功与否，可以通过以下 3 种方法进行验证。

1. 查看 3 个 AD 服务工具是否安装成功

（1）查看【Active Directory 用户和计算机】服务工具是否正常。

打开【服务器管理器】窗口，在【工具】下拉菜单中选择【Active Directory 用户和计算机】选项，打开【Active Directory 用户和计算机】窗口，服务工具正常的显示结果如图 14-16 所示。

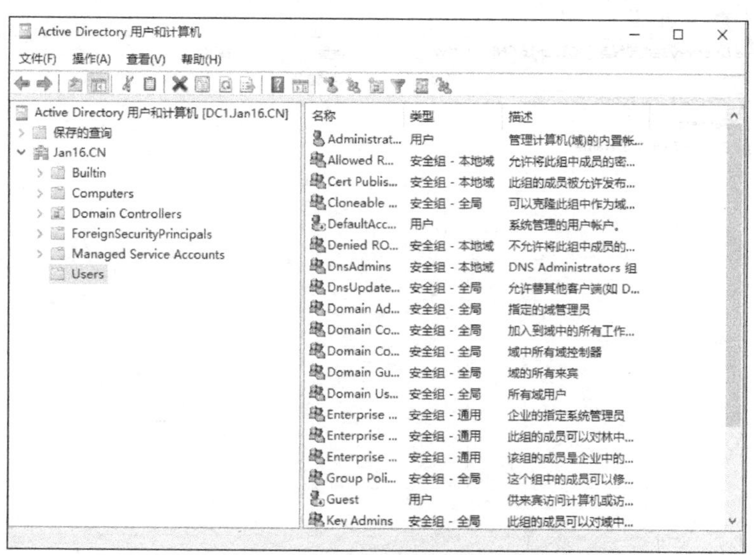

图 14-16 【Active Directory 用户和计算机】窗口

（2）查看【Active Directory 域和信任关系】服务工具是否正常。

打开【服务器管理器】窗口，在【工具】下拉菜单中选择【Active Directory 域和信任关系】选项，打开【Active Directory 域和信任关系】窗口，服务工具正常的显示结果如图 14-17 所示。

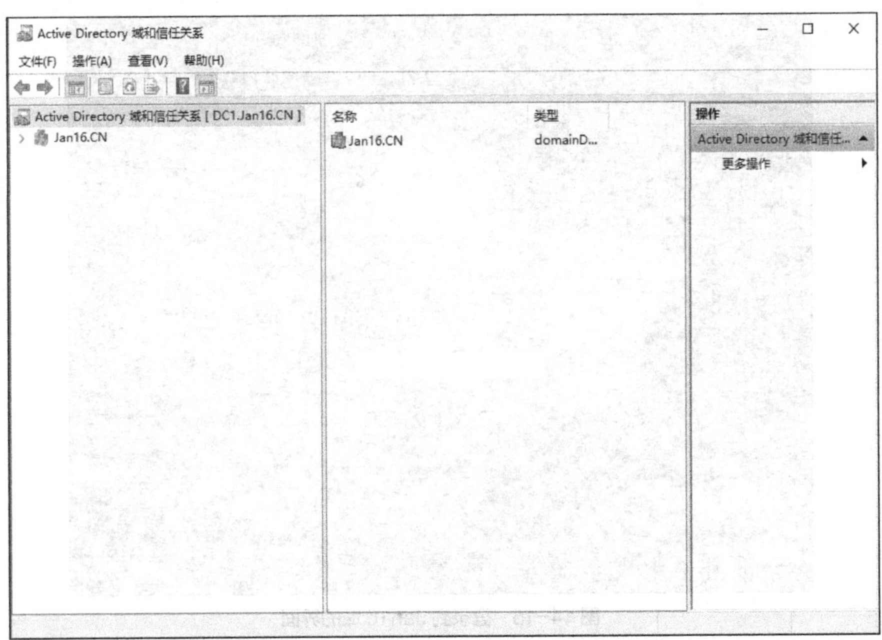

图 14-17 【Active Directory 域和信任关系】窗口

（3）查看【Active Directory 站点和服务】服务工具是否正常。

打开【服务器管理器】窗口，在【工具】下拉菜单中选择【Active Directory 站点和服务】选项，打开【Active Directory 站点和服务】窗口，服务工具正常的显示结果如图 14-18 所示。

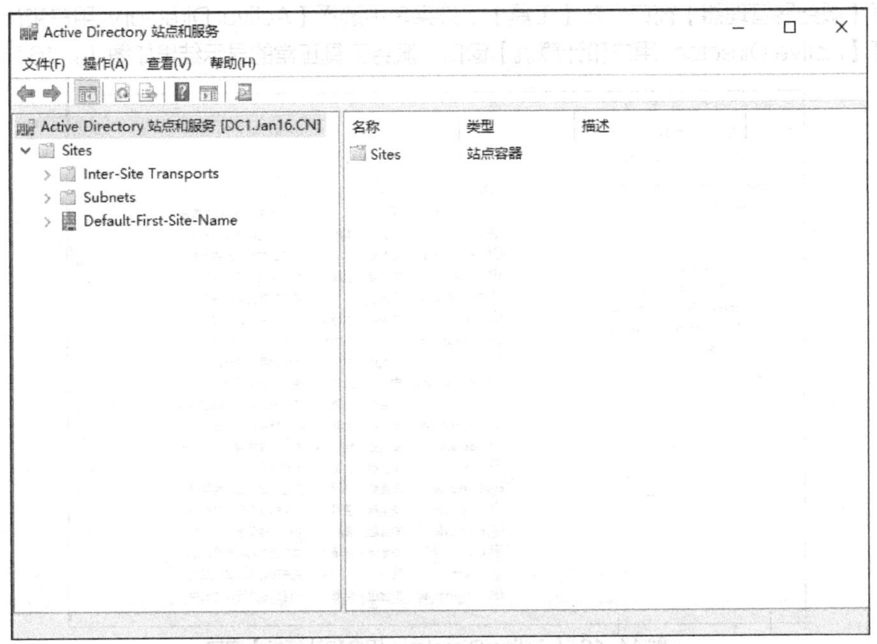

图 14-18 【Active Directory 站点和服务】窗口

2. 查看 AD 默认共享目录是否创建成功

在【运行】对话框中输入\\Jan16.CN，查看 AD 默认共享目录“NETLOGON”和“SYSVOL”是否创建成功，创建成功的显示结果如图 14-19 所示。

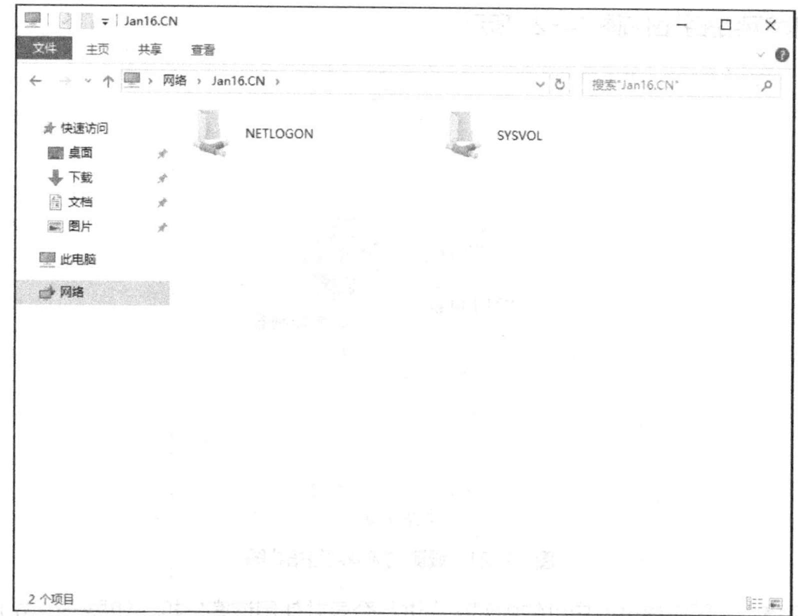

图 14-19　AD 自动创建的两个共享目录

3. 查看 DNS 是否自动创建相关记录

打开【DNS 管理器】窗口，可以看到系统自动注册的 AD 相关的 DNS 记录，如图 14-20 所示。

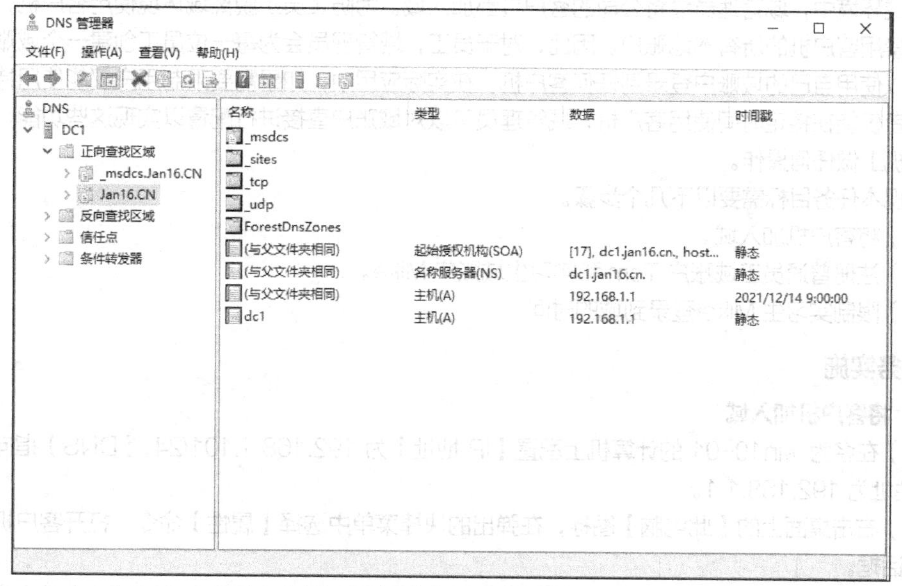

图 14-20【DNS 管理器】窗口

任务 14-2　将用户账户和计算机加入域

V14-2　任务 14-2 演示视频

任务规划

公司已经建立了第一台域控制器，接下来需要将公司的客户机加入域，注册普通员工账户和实习生账户，并限制实习生账户只能在上班时间登录到域。

域测试环境网络拓扑图如图 14-21 所示。

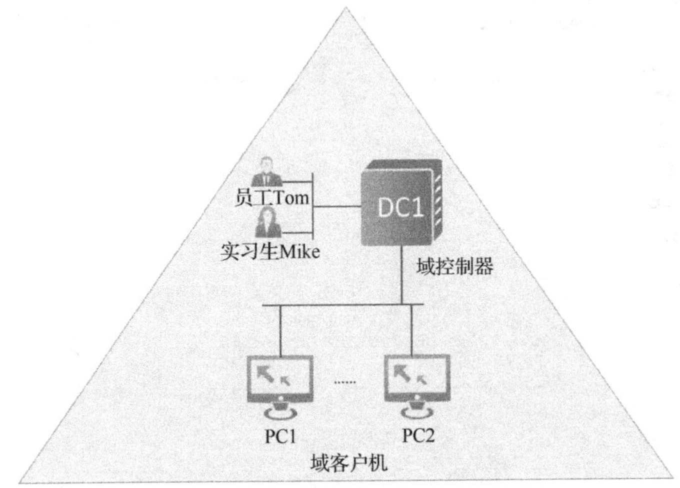

图 14-21 域测试环境网络拓扑图

在非域环境中，用户通过客户机的内部账户进行登录并使用该客户机。如果一个员工需要使用多台客户机，那么必须在这些客户机上都创建一个账户供该员工使用。如果有更多的员工存在类似需求，那么网络管理员就需要管理大量客户机上的大量账户，此时连最为简单的操作，如更改员工的账户密码都会花费管理员大量的时间。

在域环境中，域管理员会将公司的客户机都加入域。为防止员工脱离域环境使用客户机，管理员往往会禁用客户机的所有本地账户。因此，对于员工，域管理员会为每一位员工创建一个域账户，员工就可以使用自己的域账户登录到任何客户机。在实际应用中，如果需要限制用户仅能使用特定客户机，或者仅能在特定时间使用客户机，域管理员可以对域账户直接进行配置以实现这些功能，而无须在客户机上做任何操作。

实现本任务目标需要以下几个步骤。

（1）将客户机加入域。

（2）注册普通员工域账户 Tom 和实习生域账户 Mike。

（3）限制实习生 Mike 登录到域的时间。

任务实施

1. 将客户机加入域

（1）在名为 win10-01 的计算机上配置【IP 地址】为 192.168.1.101/24，【DNS】指向域控制的 IP 地址为 192.168.1.1。

（2）右击桌面上的【此电脑】图标，在弹出的快捷菜单中选择【属性】命令，打开客户机的系统设置对话框。

（3）单击【更改设置】命令，弹出【系统属性】对话框，在【计算机名】选项卡中单击【更改】按钮，在弹出的【计算机名/域更改】对话框中选择【域】单选项，然后在文本框中输入企业的根域名称 Jan16.CN，并单击【确定】按钮，如图 14-22 所示。此时，客户机会联系域控制器，并被要求进行加入域的权限认证。

（4）在弹出的【Windows 安全性】对话框中，输入域管理员 administrator 的账户和密码，然后单击【确定】按钮，如图 14-23 所示。

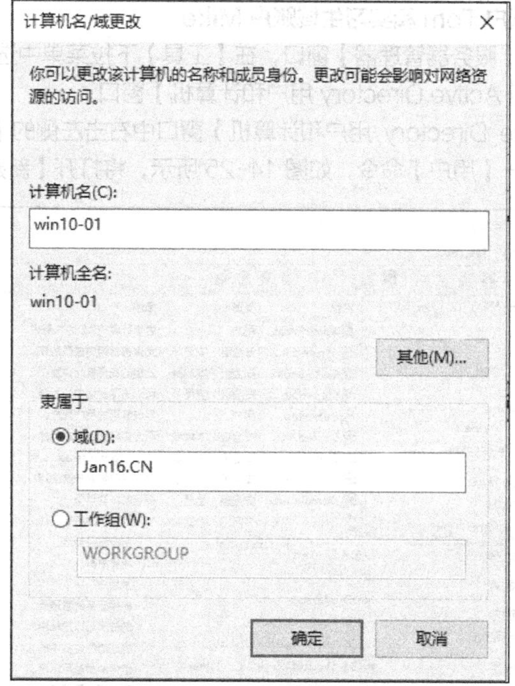

图 14-22 客户机的【计算机名/域更改】对话框

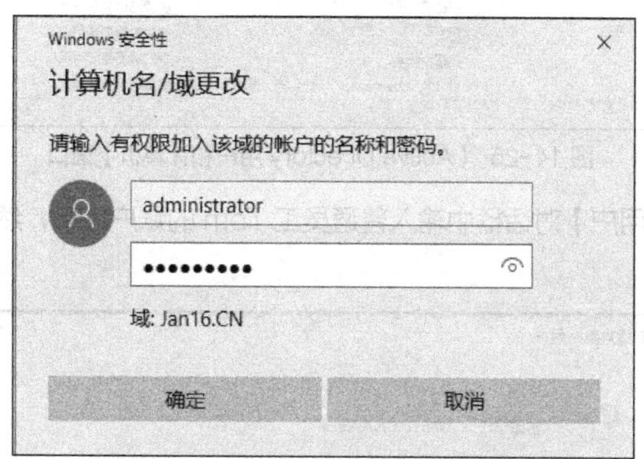

图 14-23 【Windows 安全性】对话框

（5）域控制器完成权限确认后，将允许该客户机加入域，并自动完成该客户机的注册工作。在弹出的提示对话框中单击【确定】按钮，如图 14-24 所示。系统将提示重启计算机，重启后即完成客户机加入域的任务。

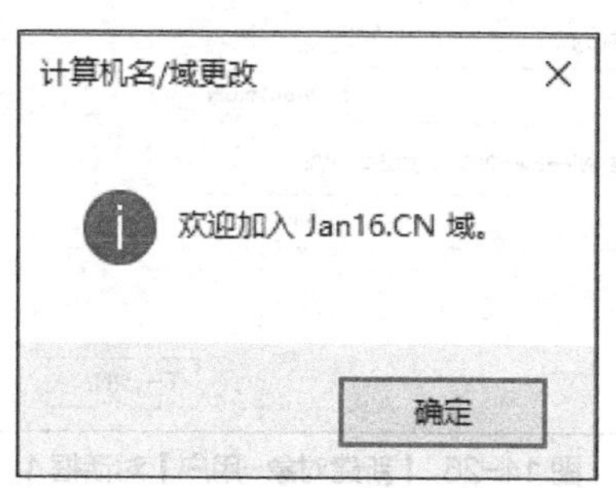

图 14-24 【计算机名/域更改】提示对话框

2. 注册普通员工域账户 Tom 和实习生域账户 Mike

（1）打开域控制器的【服务器管理器】窗口，在【工具】下拉菜单中选择【Active Directory 用户和计算机】选项，打开【Active Directory 用户和计算机】窗口。

（2）在打开的【Active Directory 用户和计算机】窗口中右击左侧的【Users】选项，在弹出的快捷菜单中选择【新建】→【用户】命令，如图 14-25 所示，将打开【新建对象-用户】对话框。

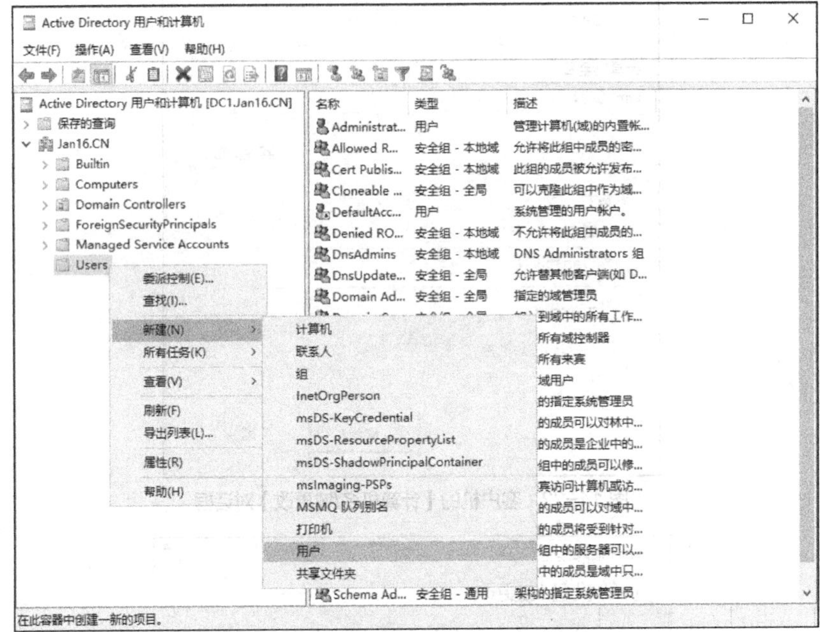

图 14-25 【Active Directory 用户和计算机】窗口

（3）在【新建对象-用户】对话框中输入普通员工 Tom 的账户信息，然后单击【下一步】按钮，如图 14-26 所示。

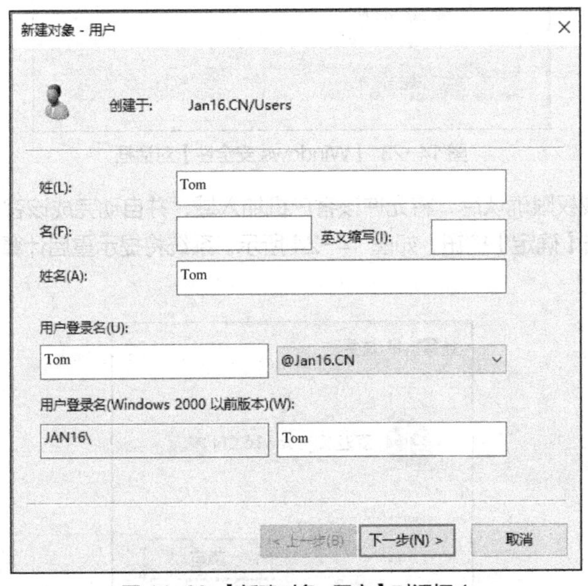

图 14-26 【新建对象-用户】对话框 1

（4）在图 14-27 所示的【新建对象-用户】对话框中输入并确认密码，其他使用默认配置，然后单击【下一步】按钮，确认注册信息无误后，单击【完成】按钮，完成普通用户 Tom 的注册。

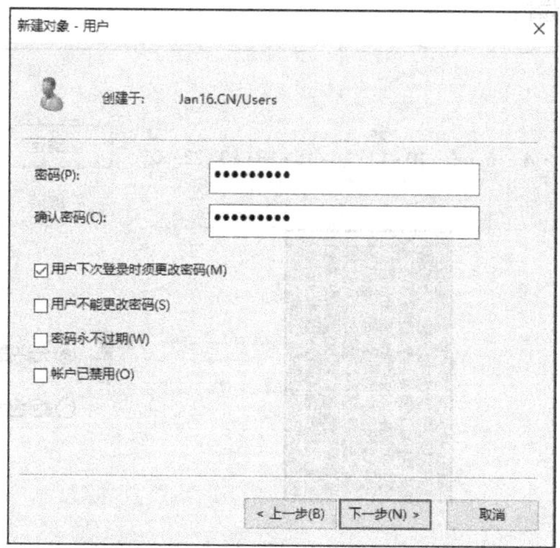

图 14-27 【新建对象-用户】对话框 2

（5）使用同样的方式，创建实习员工用户 Mike。

3. 限制实习生 Mike 登录到域的时间

（1）打开【Active Directory 用户和计算机】窗口，找到实习生用户 Mike，并在该用户的右键快捷菜单中选项【属性】命令，打开【Mike 属性】对话框，如图 14-28 所示。

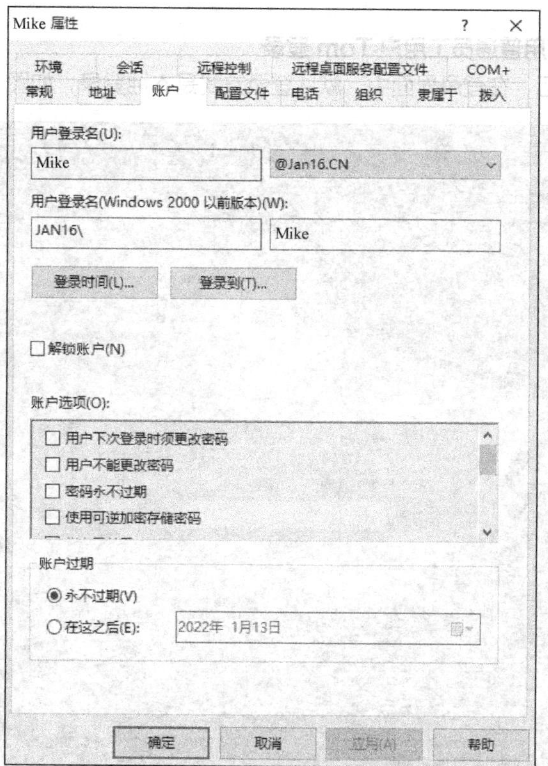

图 14-28 【Mike 属性】对话框

（2）选择【账户】选项卡，单击【登录时间】按钮，在弹出的【Mike 的登录时间】对话框中设置用户 Mike 的允许登录时间为上班时间（星期一至星期五的 8:00~17:00），如图 14-29 所示，然后单击【确定】按钮完成配置。

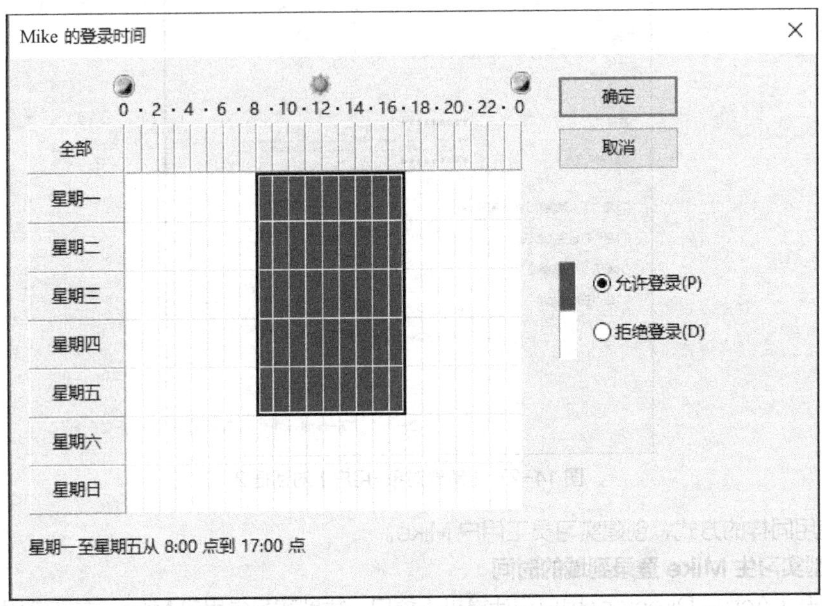

图 14-29 【Mike 的登录时间】对话框

任务验证

1. 在域客户机上使用普通员工用户 Tom 登录

（1）域客户机启动后，在登录界面中，默认登录方式是本地登录，如图 14-30 所示。

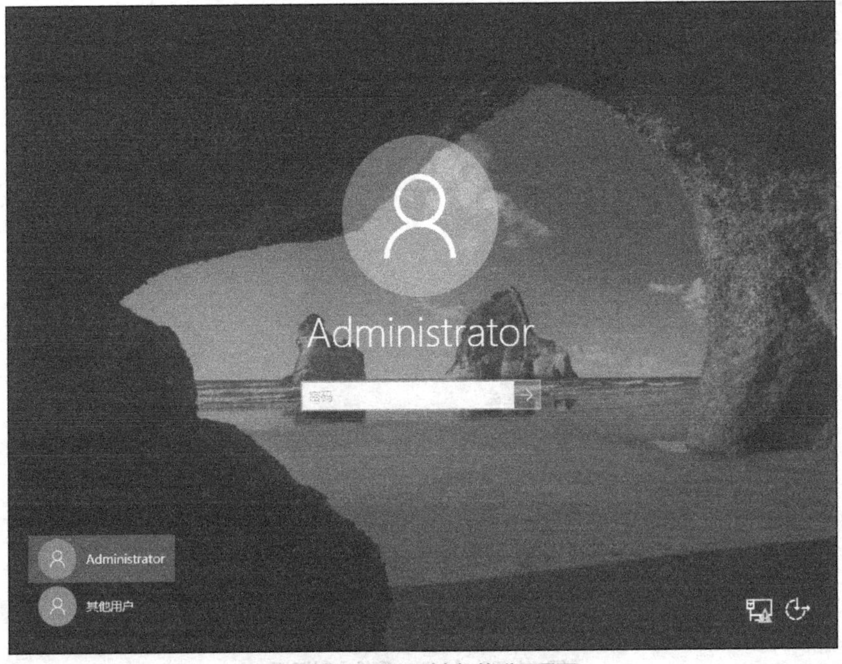

图 14-30 登录到本机的登录界面

要登录到域需要先单击【其他用户】选项，切换到 Jan16 域的登录界面，如图 14-31 所示。

图 14-31　登录到 Jan16 域的登录界面

（2）输入用户 Tom 的账户和密码后，因第一次登录需要修改用户的密码，所以按系统提示修改账户的密码后，才能成功登录到域，如图 14-32 所示。

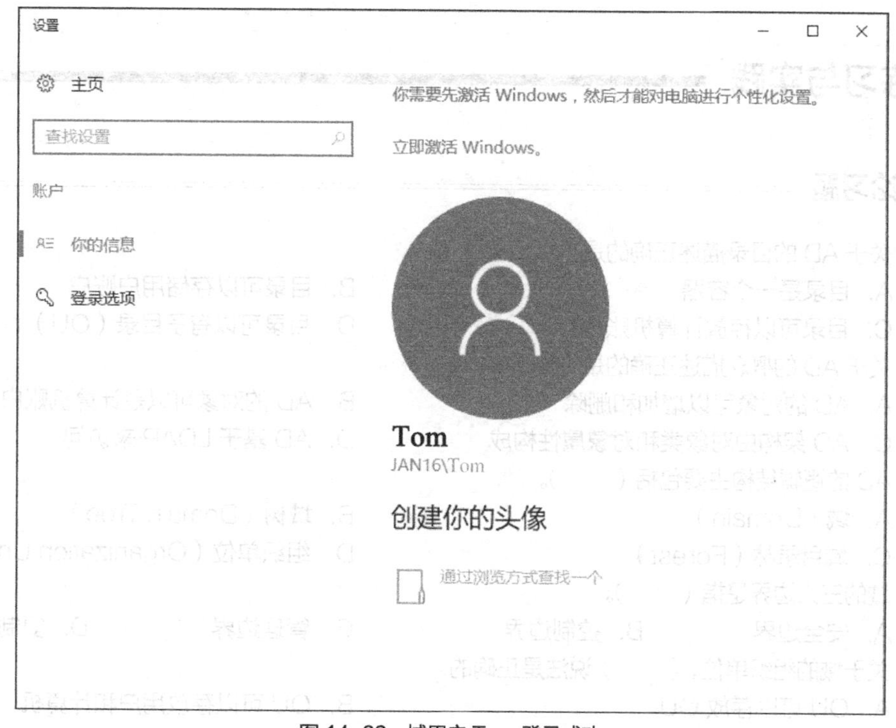

图 14-32　域用户 Tom 登录成功

2. 在域客户机上使用实习生账户 Mike 登录

在非上班时间，使用账户 Mike 登录到域后将出现图 14-33 所示的“你的帐户有时间限制，因此现在不能登录。请稍后再试。”的提示，表示权限设置成功。

图 14-33 实习生账户 Mike 无法在非上班时间登录到域

练习与实践

理论习题

1. 关于 AD 的目录描述正确的是（　　）。
   A. 目录是一个容器　　B. 目录可以存储用户账户
   C. 目录可以存放计算机账户　　D. 目录可以有子目录（OU）
2. 关于 AD 的概念描述正确的是（　　）。
   A. AD 的对象可以增加和删除　　B. AD 的对象可以是计算机账户
   C. AD 架构由对象类和对象属性构成　　D. AD 基于 LDAP 来访问
3. AD 的逻辑结构主要包括（　　）。
   A. 域（Domain）　　B. 域树（Domain Tree）
   C. 域目录林（Forest）　　D. 组织单位（Organization Unit）
4. 域的三大边界是指（　　）。
   A. 安全边界　　B. 控制边界　　C. 管理边界　　D. 复制边界
5. 关于域的组织单位，（　　）说法是正确的。
   A. OU 可以存放 OU　　B. OU 可以存放用户和计算机
   C. OU 是 AD 中最小的管理单元　　D. OU 的管理权限按需配置

6. 关于域的优势与特点，（　　）说法是正确的。

A. AD 有利于资源的统一管理　　B. AD 提供了便捷的网络资源访问

C. AD 提供了资源访问的分级管理　　D. AD 降低了企业的总体拥有成本

项目实训题

1. 项目背景与要求

Jan16 公司网络管理部将引入全新的 Windows Server 2016 域来管理公司的用户和计算机。为让网络管理部员工尽快熟悉 Windows Server 2016 域环境，将在一台新安装 Windows Server 2016 系统的服务器上建立公司的第一台域控制器。

公司 AD 域信息规划如下。

（1）域控制器名称：DC1。

（2）域名：Jan16.CN。

（3）域的简称：Jan16。

（4）域控制器 IP 地址：172.16.1.1/24。

（5）域客户机 1 的名称和 IP 地址：PC1，172.16.1.10/24。

（6）域客户机 2 的名称和 IP 地址：PC2，172.16.1.11/24。

（7）域用户为 Tom 和 Mike，其中 Mike 为实习生，仅允许他登录到 PC1。

域测试环境网络拓扑图如图 14-34 所示。

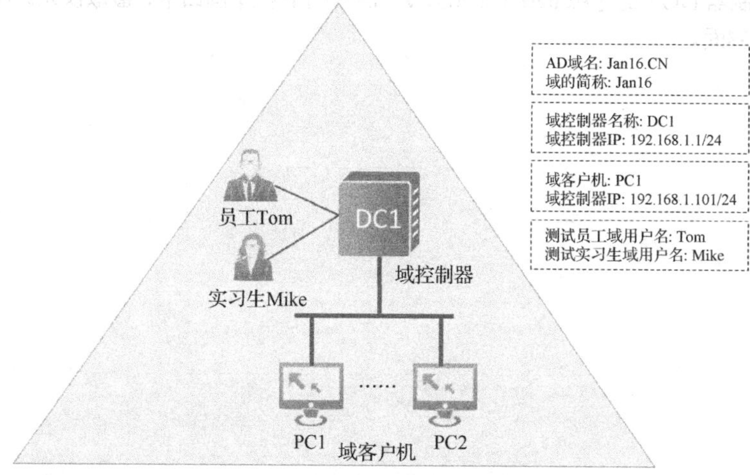

图 14-34　域测试环境网络拓扑图

2. 项目实施要求

（1）根据项目背景，补充完成表 14-1～表 14-3 的规划信息。

表 14-1　服务器 DC1 的 IP 信息规划表

服务器 DC1 的 IP 信息	
计算机名	
IP/掩码	
网关	
DNS	

表 14-2　域客户机 PC1 的 IP 信息规划表

域客户机 PC1 的 IP 信息	
计算机名	
IP/掩码	
网关	
DNS	

表 14-3　域客户机 PC2 的 IP 信息规划表

域客户机 PC2 的 IP 信息	
计算机名	
IP/掩码	
网关	
DNS	

（2）根据项目要求，给各计算机配置 IP、DNS、路由等，实现相互通信，完成 AD 配置，完成后，执行以下操作。

① 在域控制器 DC1 截取 DNS 服务器管理器的正向查找区域管理界面。

② 截取域控制器 DC1 的【Active Directory 用户和计算机】窗口中的【user】组织界面。

③ 在域控制器 DC1 的【Active Directory 用户和计算机】窗口中，截取仅允许用户 Mike 登录到 PC1 的配置界面。